燃气–蒸汽
联合循环发电设备
本质安全建设手册

中山嘉明电力有限公司　编

中国电力出版社
CHINA ELECTRIC POWER PRESS

内 容 提 要

本书系统阐述燃气轮机发电厂主、辅机系统及设备，全面解析设计与施工阶段工艺、建模、可靠性、自动化及设备设施完整性的建设规范与质量标准。

本书聚焦燃气－蒸汽联合循环项目，为设计、施工、运营维护等环节的专业技术人员，以及相关领域的研究者、高校师生，提供实用参考。期望本书能助力燃气－蒸汽联合循环发电领域实现安全可靠运行与数智化升级。

图书在版编目（CIP）数据

燃气－蒸汽联合循环发电设备本质安全建设手册／中山嘉明电力有限公司编.
—北京：中国电力出版社，2025.5
ISBN 978-7-5198-8526-7

Ⅰ.①燃… Ⅱ.①中… Ⅲ.①燃气－蒸汽联合循环发电－发电设备－安全管理－手册
Ⅳ.① TM611.31-62

中国国家版本馆 CIP 数据核字（2024）第 007647 号

出版发行：中国电力出版社
地　　址：北京市东城区北京站西街 19 号（邮政编码 100005）
网　　址：http://www.cepp.sgcc.com.cn
责任编辑：畅　舒
责任校对：黄　蓓　郝军燕　李　楠
装帧设计：王英磊
责任印制：吴　迪

印　　刷：三河市万龙印装有限公司
版　　次：2025 年 5 月第一版
印　　次：2025 年 5 月北京第一次印刷
开　　本：787 毫米×1092 毫米　16 开本
印　　张：31.5
字　　数：607 千字
印　　数：0001—1000 册
定　　价：145.00 元

《燃气－蒸汽联合循环发电设备本质安全建设手册》

——————— 审定委员会 ———————

——————— 编写委员会 ———————

前 言

PREFACE

近年来，国家大力推动实体经济与数字经济深度融合，数智化浪潮席卷各行业。作为传统能源企业的发电厂，纷纷开启数字化转型与智能化发展新征程。中山嘉明电力有限公司，这家拥有30余年历史的老电厂，自2019年起勇立潮头，在智能生产、安防、仓储等领域积极探索实践，持续推进数字化技术应用与管理模式创新。

在智能化建设进程中，我们愈发深刻认识到：设备本质安全是发电厂智能化转型的根基。对于老电厂而言，需从日常维护、计划性检修和强化监控等方面筑牢安全防线；而新建电厂更可从设计、采购、施工等源头环节系统规划，打造安全可靠的"基因"。《燃气—蒸汽联合循环发电设备本质安全建设手册》正是基于这一实践感悟应运而生。

本书立足行业实际需求，以设备本质安全为核心，聚焦燃气—蒸汽联合循环发电设备建设。在遵循国家标准与行业规范的基础上，深度融合生产运行、检修维护、工程建设及智能化实践经验，系统梳理设计、施工阶段的关键建设规范与质量要求，为项目全生命周期安全保障奠定基础。

本书旨在为行业从业者提供从理论到实践、科学规范且具操作性的参考指南，引导读者思考如何确定统一技术路线、优化设计思路、选用优质设备并严格把控施工质量，从而在保障设备本质安全的同时，推进智慧化建设。

作为面向行业专业人士的实用手册，本书不仅着眼于设备安全与质量管理，更致力于推动在基建阶段融入智能化建设理念，助力实现更高水平的自动化、信息化、智能化目标，为燃气—蒸汽联合循环发电领域发展提供助力。

本书编制专项小组于2020年12月组建，2021年1~5月完成初稿，期间经多次征求意见、修订与审定。因篇幅限制，出版时删减了行业标准引文及招标采购相关内容。编写过程中，团队成员查阅海量资料，调研多家企业，结合实践经验与智能化方案深入研讨。在此，衷心感谢所有参与人员的专业付出与专注投入。

谨以此书致敬为能源行业发展贡献智慧的每一位奋斗者！鉴于水平有限，书中难免存在疏漏，恳请广大读者批评指正。

编 者

2025年3月

手册使用说明

1. 本手册按照所属阶段分为设计、施工两篇。

2. 本手册按照工艺系统顺序为主线分章节。

3. 标注必要性等级："应当实施"不做任何标注，"可以实施"的标注 $。

4. ★表示个性要求且可以实施。

5. ☆表示个性要求但要进一步决策审核。

6. 此格式应重点关注。

7. ◆、❖表示标题。

前言
手册使用说明

第一篇
PART ① 设计篇

1 天然气调压站系统 003
　1.1 通用要求 003
　1.2 机务 004
　1.3 电气 006
　1.4 热控 006
　1.5 土建 007

2 燃气轮机系统（燃料、水洗、滑油、控制油） 009
　2.1 通用要求 009
　2.2 机务 009
　2.3 热控 013

3 汽轮机系统（蒸汽、滑油、控制油、凝结水、冷却水等） 016
　3.1 通用要求 016
　3.2 机务 016
　3.3 电气 022
　3.4 热控 022

4 锅炉系统（烟气、给水、高压主汽、低压主汽、辅助系统等） 024
　4.1 概述 024
　4.2 通用要求 024
　4.3 机务 026

4.4　电气 ··· 029

4.5　热控 ··· 029

5　启动炉系统 ·· 031

5.1　通用要求 ·· 031

5.2　机务 ··· 032

5.3　热控 ··· 032

6　空气压缩机系统 ·· 033

6.1　机务 ··· 033

6.2　热控 ··· 033

7　电气系统 ·· 035

7.1　通则 ··· 035

7.2　发电机及辅助设备 ··· 036

7.3　厂用电气系统部分 ··· 045

7.4　涉网变电部分 ·· 057

7.5　自动化、通信系统 ··· 060

8　仪表控制 ·· 066

8.1　机组控制系统 ·· 066

8.2　蒸汽轮机及其辅机的控制和保护 ·································· 073

8.3　机组本体监测仪表系统（TSI） ··································· 075

8.4　机组TDM系统 ·· 078

8.5　就地仪表阀门 ·· 079

8.6　能耗在线监测系统 ··· 104

8.7　烟气在线监测系统 ··· 104

8.8　温室气体在线监测 ··· 104

8.9　安全态势感知系统 ··· 104

8.10　等级保护测评要求 ·· 105

8.11　热工计量实验室 ··· 105

9 化水系统 ··· 107

  9.1 水处理系统 ··· 107

  9.2 水汽取样、炉内加药系统 ················ 118

  9.3 废水处理系统 ······································· 122

  9.4 制供氢系统 ··· 128

10 消防系统 ··· 133

  10.1 一般规定 ··· 133

  10.2 水消防 ··· 134

  10.3 气体灭火系统 ····································· 135

11 暖通系统 ··· 136

12 冷却塔系统 ··· 137

  12.1 通用要求 ··· 137

  12.2 机力冷却塔 ··· 137

  12.3 自然通风冷却塔 ································· 137

13 土建 ·· 139

  13.1 总图设计 ··· 139

  13.2 主厂房区域 ··· 140

第二篇 PART ② 施工篇

1 通用要求 ·· 143

  1.1 施工项目部关键岗位配置要求 ······ 143

  1.2 工程施工安全文明施工要求 ·········· 145

  1.3 工程质量要求 ······································· 150

  1.4 物资管理要求 ······································· 157

  1.5 档案管理要求 ······································· 168

1.6 项目进度管理要求 ··· 170

1.7 风险管控要求 ··· 172

2 机务 ··· 174

2.1 引用规范 ·· 174

2.2 机务通用要求 ··· 174

2.3 专项技术安装验收要求 ······································· 179

2.4 燃气轮机本体安装验收要求 ···································· 204

2.5 余热锅炉本体安装验收要求 ···································· 213

2.6 汽轮机本体安装验收要求 ····································· 241

2.7 工程质量验收要求 ·· 269

3 电气系统 ··· 272

3.1 引用规范 ·· 272

3.2 电气通用要求 ··· 272

3.3 高压电器技术要求 ·· 275

3.4 电力变压器、油浸电抗器、互感器技术要求 ························ 281

3.5 母线装置技术要求 ·· 290

3.6 电缆线路技术要求 ·· 291

3.7 接地装置技术要求 ·· 298

3.8 旋转电机技术要求 ·· 302

3.9 盘、柜及二次回路接线技术要求 ································· 307

3.10 蓄电池技术要求 ··· 312

3.11 通信工程技术要求 ·· 314

3.12 电气照明技术要求 ·· 314

4 仪控 ··· 317

4.1 基本规定 ·· 317

4.2 仪表设备和材料的检验及保管 ·································· 321

4.3 取源部件安装 ··· 322

4.4 仪表设备安装 ··· 328

4.5 仪表线路安装 ··· 340

4.6 仪表管道安装 ··· 349

　　4.7　脱脂 ··· 358

　　4.8　电气防爆和接地 ··· 360

　　4.9　防护 ··· 365

　　4.10　仪表试验 ·· 368

　　4.11　工程交接验收 ·· 377

5　化水系统 ··· 378

　　5.1　化水系统通用要求 ·· 378

　　5.2　专项技术安装验收要求 ··· 379

　　5.3　预处理设备安装验收要求 ······································ 388

　　5.4　水处理设备安装验收要求 ······································ 391

　　5.5　循环冷却水处理设备安装验收要求 ·························· 394

　　5.6　水汽取样和加药系统安装验收要求 ·························· 394

　　5.7　制供氢设备安装验收要求 ······································ 396

　　5.8　工程质量验收要求 ·· 400

6　土建 ·· 403

　　6.1　土建工程部分 ··· 403

　　6.2　装饰装修 ··· 425

　　6.3　建筑材料选择要求 ·· 477

附　录 ·· 481

　　附录A　自动化仪表分项工程质量验收记录 ··················· 483

　　附录B　节流装置所要求的最短直管段长度 ··················· 484

第一篇
PART 1

设计篇

1 天然气调压站系统

天然气调压站系统主要由入口单元、加热电源、分离过滤单元、计量单元、调压单元和充氮单元组成。其中入口单元、加热单元、分离过滤单元按 $2 \times 100\%$ 设计，计量单元按照 $3 \times 100\%$ 单体燃气轮机设计（外加一条启动炉支路），调压单元按 $6 \times 100\%$ 单台燃气轮机设计（外加一用一备两条启动炉支路）。

1.1 通用要求

1.1.1 天然气调压站功能单元依次为入口单元、加热单元、分离过滤单元、计量单元和调压单元。

1.1.2 ☆由于每个单元均有冗余设置，所以各单元的天然气进口隔离阀设置小旁路，切换时用来平衡压力。

1.1.3 各单元均设置安全门，安全门选用弹簧式安全门，且门前设置手动门（建议选用全通径球阀）。

1.1.4 采用成撬安装，预留足够检修空间（建议不小于1m）。

1.1.5 成撬组装时管道支撑点应避开连接法兰，便于法兰防腐设计。

1.1.6 管路应视运行和维护需求设计配套操作平台。

1.1.7 厂区天然气埋地管道弯头满足管道通球器清洁设计要求。

1.1.8 涉及液位、温度、压力、压差、调节阀开度状态等数据监测的，监测数据均远传至DCS。

1.1.9 调压站进/出口管道、前置模块进口管道等埋地天然气管道接口位置设计绝缘接头连接。

1.1.10 球阀：

（1）所有隔断球阀的泄漏等级应不低于为CLASS VI。

（2）球阀制造商应获得API6D认证证书和SIL3认证证书。

（3）球阀的设计及制造应符合API6D标准的规定，阀体及承压部件的设计满足ASME B16.34的相关标准，应按API6D的规定，对隔断球阀进行压力、密封试验，并提供测试报告。

（4）球阀应具备DBB（双关中排）和DPE（双活塞效应）功能，阀门应具有紧急注脂密封功能。

（5）球阀采用"软硬双层密封"，双向密封。

（6）球阀应达到API6FA防火等级。

1.1.11 防雷满足GB/T 32937—2016《爆炸和火灾危险场所防雷装置检测技术规范》。

1.1.12 防静电参考DB 13/T 2808—2018《危险场所防静电设施安全检测技术规范》。

1.1.13 天然气系统消防及安全设施设计应符合GB 50028、GB 50183、GB 50229、GB 50493的规定。

1.1.14 油漆防腐问题可参考GB/T 37594—2019《钢制管道抗紫外线三层熔结粉末防腐外涂层技术规范》。管道、设备表面防腐要求在St3级钢材除锈等级上涂刷总干膜厚度不低于200μm的三层防腐涂层。埋地管道采用无缝钢管，采用3PE防腐方式。

1.1.15 厂区天然气埋地钢质管道阴极保护设计应满足GB/T 21448—2017《埋地钢质管道阴极保护技术规范》的要求。

1.1.16 天然气进站管道支架，采用可调节型式支架。

1.1.17 埋地管道转架空部分，在埋地管道设置不少于50m的过渡段，防止不均匀沉降拉裂管道。

1.2 机务

1.2.1 ★进站气源设置1个ESD阀及一个70%～100%旁路，ESD阀门关闭时间应小于等于10s，设计应符合ANSI B16.34。若全厂每年可以安排大于7天的全厂停机检修时间，则旁路设计为手动；若无法安排，则旁路设计为100%额定流量的ESD阀。设置为双ESD阀时，采用一运一备运行方式。主要考虑定期检修机会，不受机组运行状态影响。

1.2.2 ★加热单元采用母管制，建议由独立模块对天然气进行一次加热（加热单元主要用于保护过滤器和流量计，并在天然气前置模块设置性能加热器做二次加热）。

1.2.3 换热器气侧进口阀门设置为电动阀，可远方控制。

1.2.4 换热器气侧设置手动旁路。

1.2.5 换热器水侧进口、出口阀门设置为电动阀，可远方控制。

1.2.6 换热器气侧入口、出口母管设置温度远方监视。

1.2.7 换热器设置内漏监测和内漏自动报警功能。

1.2.8　分离过滤器包含旋风分离器和过滤滤芯，过滤等级需达到 $3 \sim 5\mu m$ 精度。

1.2.9　分离过滤器设置一主一备（容量可满足 100% 天然气流量）。

1.2.10　精过滤器进口隔断门设置为电动阀，可远方控制。

1.2.11　精过滤器设置液位高开关和自动疏水、手动旁路疏水，疏水出口母管设置止回阀。

1.2.12　超声波流量计设置在调压支路前，分别测量单台燃气轮机（及启动炉）的天然气流量。

1.2.13　调压单元每台机组设置 2 条调压支路和每台启动炉设置 2 条调压支路。

1.2.14　调压支路管径小于母管管径，支路确保压力稳定。

1.2.15　每台燃气轮机对应两条调压支路，一用一备。

1.2.16　各调压支路进口隔断门设置为电动阀，可远方控制。

1.2.17　调压支路的调压阀阀位可远方监控。

1.2.18　调压单元进、出口管道设置快速放散阀，放散二次门选用远控气动阀，气源采用天然气，设置气开阀。

1.2.19　机组调压支路出口母管压力、温度远方监视。

1.2.20　充氮单元氮气瓶固定汇流排设计。

1.2.21　充氮母管压力远方监视，现场调压。

1.2.22　充氮母管至各充氮支路设置手动阀。

1.2.23　充氮支路至充氮点采用高压软管连接配置快速接头（不用时取下）。

1.2.24　充氮母管选用 304 不锈钢材质。

1.2.25　各天然气单元均需设置充氮口和放散口。

1.2.26　各天然气单元入口设置有进口隔断门和进口隔离门，在两个门之间应设置放散口。

1.2.27　天然气管道充氮口设置一、二次门和止回阀；天然气管道放散口设置一、二次门。

1.2.28　冷凝储罐液位远方监视，冷凝储罐排污泵及其阀门可就地控制（操作频次较低）。

1.2.29　天然气调压支路采用自力式调压器，控制燃气压力，并满足如下要求：

（1）天然气压力调节应采用串联式工作调压器和监控调压器，工作调压器和监控调压器的调压精度应小于等于 ±1%，测量管路应采用 316L 及以上不锈钢材质。

（2）每台调压器要求进行气密性测试，在零流量时应完全密封，无气泡出现。符合欧洲调压器标准 EN 334 的要求，泄漏等级应不低于 CLASS VI。正常运行时，调压器安装处应无气体泄漏，由于工作膜片损坏而导致的故障也应无泄漏。

（3）调压器须取得 DVGW 认证、PED 认证等。

（4）每条调压管线上的紧急切断阀不应与调压器合并。

（5）调压支路前的紧急切断阀，超压切断精度应不大于 ±1%、反应时间应小于等于1s，阀门设计应符合 ANSI B16.34。

（6）☆调压器在极限最差工况使用时，距离调压器下游1m处的最大噪声应小于85dB，如果需要采取降噪措施，应提供消声/降噪设备的材料，以及结构、型式、制造商、工作原理、消声量、有害频率的衰减率等。

（7）调压阀取样管需设置伴热，避免冬季太冷脆化。

1.3 电气

1.3.1 在降压站配置MCC电源柜，电源柜两路进线取自机组公用段，两路电源应具失压自动切换功能。

1.3.2 MCC电源应考虑项目二期扩容的需求。

1.3.3 在降压站配置一套UPS专供1号ESD阀，该UPS交流输入取自降压站MCC输出，并且可实现旁通UPS，直接由交流进线对ESD阀供电，方便UPS运维。

1.3.4 ESD阀控制电源取自机组或公用UPS，优先使用公用UPS。

1.4 热控

1.4.1 控制方式：DCS分散控制，调压站配置Drop站或远程站（根据控制系统厂家对距离的要求而定，200m以内使用Drop站）。

1.4.2 控制系统卡件与户外远传仪表间的电气连接做好隔离或者保护措施，如加装安全栅、防浪涌保护装置（两者作用不等同）。避免户外电气回路故障引起卡件故障。

1.4.3 仪表布置：减少压力开关，改为变送器显示并远传。

1.4.4 仪表取样统一接头：现场表计与取样管连接使用m20×1.5接头，并使用铜材质法兰垫片。

1.4.5 户外就地显示温度表和压力表均应为不锈钢材质外壳，表盘直径为100mm。压力表不宜采用含阻尼液的防振压力表，因为暴晒后阻尼液容易滴漏。

1.4.6 ☆ESD阀选型：采用油动执行机构（油位、油压、油温远方监视，当电磁阀带电时，液压驱动油缸活塞开阀，电磁阀失电，油路泄流，液压消失，弹簧力驱动活塞关阀）。

1.4.7　天然气流量计选型建议采用超声波流量计。

1.4.8　流量计配置数量要求。第1级：超声波流量计分别设置在ESD阀后母管上；第2级：调压条支路母管上、启动路调压支路母管上；第3级：燃气轮机前置模块供气母管上、启动炉各燃烧器母管上。且计量精度不低于1.0级。

1.4.9　天然气管道设计时满足超声波流量计的安装要求，流量计上游直管段至少10D长度，流量计下游直管段至少5D长度（D为管道直径）。

1.4.10　电缆敷设方式：取消桥架，使用热镀锌钢管敷设加短软管方式。

1.4.11　仪表电缆引入口：户外露天电缆引入口宜水平或向下朝向，不应向上朝向，防止雨水顺着电缆套管流入仪表内部。

1.4.12　电缆材质：阻燃型铠装屏蔽电缆。

1.4.13　防爆电气要求：现场电气设备选型应按现场防爆等级（Ⅱ区）选择合适的防爆设备。

1.4.14　防爆区域内防爆箱有增安型和隔爆型两种。在正常运行条件下，箱内不含不会产生电弧和火花的电气设备时宜采用增安型防爆箱，箱体在采购时宜多预留2~3个电缆引入口，预留技改或增加设备时使用，箱体内接线端子应使用增安型接线端子。若防爆箱内含有易产生电弧和火花的电气设备，宜采用隔爆型防爆箱。为便于日后维护，防爆箱体均应采用不锈钢材质304。

1.4.15　☆取消热值仪设计，保留色谱分析仪采样，色谱仪加装分析小屋。

1.4.16　可燃气体检测使用开路式可燃气体检测系统，即红外线对射"线"测量方式。

1.5　土建

1.5.1　调压站设置应远离厂前区，布置在全年最小频率风向的上风侧。

1.5.2　调压站距离明火或散发火花区域不小于30m。

1.5.3　在满足防火间距要求的同时，尽量靠近主厂房，减少天然气管道长度。

1.5.4　站内地坪应高于厂区室外标高0.5m，站内建筑室内地坪高于站内地坪0.4m。

1.5.5　充分考虑既有地形，在工艺流程顺畅合理的情况下，确定各生产区域标高，尽可能减少土石方工程量，降低场地高差。

1.5.6　调压站充分考虑扩建需求，按近期紧凑、远期满足控制调压站用地面积。

1.5.7　调压站远程站（如有）采用钢筋混凝土结构或轻钢结构（无台风地区推荐），建筑耐火等级不低于二级。

1.5.8　站内采用有组织排水。

1.5.9　站外采用1.8m高混凝土格栅围栏。

1.5.10　站内车道采用不发火花混凝土路面，按消防环形车道考虑，宽度不小于4m，转弯半径不小于9m。

1.5.11　装置区地面底层铺设石粉，面铺碎石。

2 燃气轮机系统（燃料、水洗、滑油、控制油）

2.1 通用要求

2.1.1 燃气轮机满足效率高、排放达到当地环保要求（可略高于）、FCB功能、深度调峰、能适应快速启动和变负荷等要求，采用耐高温轴瓦。

2.1.2 燃气轮机天然气组分适应性强，需有一定的掺氢燃烧功能。

2.1.3 燃气轮机前置模块系统主要由前置过滤器、性能加热器、洗涤器、计量单元和充氮单元组成。其中前置过滤器按2×100%容量设计，性能加热器、洗涤器和计量单元按100%容量设计。

2.1.4 燃气轮机润滑油系统主要由一台主润滑油泵、一台满载辅助润滑油泵、一台直流事故油泵、两台交流顶轴油泵、2×120%（参考万宁）容量的润滑油板式冷却器、100%容量的双联过滤器（2×100%容量的过滤器）、主油箱（包括油烟分离器、排油烟风机、电加热装置）和检修油箱（公用）组成。液压油系统采用独立油箱设计。

2.1.5 KKS码建议要求控制系统供应商全厂统一编码格式。

2.2 机务

一、燃料系统

2.2.1 ★前置模块设置启动电加热器、性能加热器和独立换热模块，独立换热模块通过锅炉尾部的独立辅助热水换热供应模块升温（空调热水回收）。

2.2.2 前置模块的性能加热器，通过锅炉中压省煤器系统接入的热水，加热天然气。

2.2.3 前置模块性能加热器前设置一主一备过滤精度为5μm的过滤器，性能加热器后设置洗涤器。

2.2.4 前置过滤器进口隔断门设置为电动阀，可远方控制；设置液位高开关和自动疏水、手动旁路疏水，疏水出口母管设置止回阀，自动疏水阀采用压缩空气气动阀。

2.2.5 性能加热器选用管式换热器，水侧阀门和温度控制阀采用压缩空气气动阀，性能加热器气侧设置旁路手动阀，设置内漏监测和内漏自动报警功能。

2.2.6　洗涤器设置液位高开关和自动疏水、手动旁路疏水，疏水出口母管设置止回阀，自动疏水阀采用压缩空气气动阀。

2.2.7　洗涤器后设置辅助关断阀，辅助关断阀与阀组之间设置气动放散阀。辅助关断阀和气动放散阀采用压缩空气气动阀，其压缩空气采用双回路，各回路采用滤网、压力调节和前后隔离阀设置。

2.2.8　辅助关断阀后设置充氮口，辅助关断阀后气动放散阀后设置超声波流量计（按照能源管理体系要求设置），超声波流量计设置前后隔离阀和旁路阀（运行时机组可检修流量计，旁路应设置在前10D、后5D的直管段外）。

2.2.9　前置模块充氮单元和冷凝储罐的设计参考天然气调压站。

2.2.10　阀组间各放散阀设置独立排空管，仪表盘、电磁阀等放置阀组间外，入口滤网压差及各燃烧器入口滤网差压可远方监控。

2.2.11　燃料系统所有阀门应防静电和防火。

2.2.12　燃烧器采用无冷却水火焰探测器。

2.2.13　燃料小间应与燃气轮机罩壳分开布置，内部设计防爆球形摄像机，便于机组运行中检查燃料控制阀。

2.2.14　燃料阀排空管管径和管线设计应尽量简短，减少排空阻力。

2.2.15　燃气轮机阀组间模块设置充氮口，充氮口在0m方便气瓶运输位置（或与前置模块汇流排一并设置）。

二、油系统

2.2.16　润滑油主油箱设置电加热器且可远方控制，防止油温过低影响机组运行。

2.2.17　主油箱排油烟风机一主一备，排油烟风机宜选用变频，或者设置入口电动调节阀，油烟排放口须远离燃气轮机进气过滤房，各风机设置入口电动阀、出口止回阀、放油阀。

2.2.18　主油箱、液压油箱设置在线再生装置（离子交换树脂过滤器）和在线化验监视，主油箱事故放油阀应串联设置两个钢制截止阀。

2.2.19　交流润滑油泵设置一主一备和一台直流事故油泵，各油泵设置出口止回阀、出口手动阀，宜设置远方监控油泵是否反转。

2.2.20　主油箱、交流油泵出口母管和过滤器后各设置一个取油样口，油压力母管设置足够的蓄能器。

2.2.21　由于控制油系统独立于润滑油系统，所以直流润滑油泵出口管接至压力调节阀后。

2.2.22　冷油器设置在过滤器前，冷油器一主一备，选用板式换热器，换热板片采用SUS316板片，并有不少于20%的安全裕量，以便换热片长时间使用性能下降后仍能满足运行要求。进口设置电动门，出口设置手动阀。

2.2.23 油过滤器一主一备，进出口设置手动阀，每个过滤器应配备压差表及变送器，油过滤器应能底部排油和排空以便维修。

2.2.24 设置公用检修油箱，可供机组检修时存储润滑油。

2.2.25 油系统严禁使用铸铁阀门，各阀门门芯应与地面水平安装。

2.2.26 油箱事故放油阀应串联设置两个钢制截止阀。

2.2.27 油净化装置应能滤掉水、杂质，油质达到标准，要求净化后油质无游离水，颗粒度至少为NAS6级。

2.2.28 油净化装置的每小时处理能力应不小于润滑油系统和其他系统中的总油量的20%。

2.2.29 油净化装置系统应能独立于润滑油系统运行。应提供诸如防油箱虹吸器等措施，以防止油从润滑油箱通过净化装置系统流失。

2.2.30 顶轴油泵设置100%一主一备，各顶轴油泵配置进口手动阀、出口止回阀、出口滤网、出口手动阀，出口滤网设置放油阀。

2.2.31 液压油系统采用独立油箱，油箱设置辐射式加热器且可远方控制。

2.2.32 液压油泵一主一备，各泵设置进口手动阀、出口止回阀、出口手动阀，油泵出口母管设置再循环管路及手动阀。

2.2.33 液压油过滤器设置一主一备，过滤器有降酸值和电阻率的功能（离子交换树脂过滤器），单独设置进出口手动阀，过滤器后设置足够的蓄能器。

2.2.34 液压油温度控制模块再循环泵设置一主一备，冷却模块采用一主一备，相应阀门采用远方控制。

2.2.35 回油管配置窥视镜。

2.2.36 燃料控制阀前设置压力变送器，监视阀前油压实际值。

2.2.37 油管道要保证机组在各种运行工况下自由膨胀，设置的软连接必须为金属软管或金属膨胀节，不能用橡胶管。

2.2.38 燃气轮机组轴系应安装两套转速监测装置。

2.2.39 润滑油油箱若为方形，底部应连续倾斜以便于完全排放积油，油箱容积不小于全套机组油量的120%，顶部四周应设置安全围栏。

2.2.40 润滑油管道法兰接口尽可能用到最少，除了与设备或外部连接的地方外。

三、进气系统和空气过滤

2.2.41 燃气轮机进气系统设置防雨罩、防鸟网、除湿百叶窗，建在严寒地区的燃气轮机进气系统还应设置防冻装置，建在海边或大气环境不良地区的燃气轮机的进气道应有有效防腐措施。

2.2.42　进气过滤系统按气流方向设置除湿滤、粗滤和精滤。过滤等级若为F9（2012）级，则应设置两级滤，一级宜为G4/M5等级，二级为F9等级；若是H12（2012）等级，则应设置三级过滤，一级宜为G4/M5等级，二级宜为F9等级，三级为H12等级。

2.2.43　进气道设置消声装置（距离进气道下游1m处的最大噪声应小于85dB），设置带限位开关的人孔门，信号远传至控制系统。

2.2.44　进气室照明应使用防爆灯具。

2.2.45　为提高部分负荷下燃气轮机效率，宜设置空气进气加热系统。$

2.2.46　安装在较高环境温度或较高空气湿度地区的燃气轮机，经技术经济比较合理时，可安装压气机进气冷却装置。$

2.2.47　为应对雾霾、雨雾等极端恶劣天气，应适度增大燃气轮机压气机进气滤网面积（20%），降低滤网阻力。$

四、燃气轮机通风系统

2.2.48　润滑油模块间风机设置一主一备，各风机单独配置出口挡板。

2.2.49　润滑油模块间风机出口挡板及润滑油模块间挡板位置开关，各风机电流远方监控。

2.2.50　天然气燃料模块间风机设置一主一备，采用防爆电动机，各风机单独配置出口挡板。

2.2.51　天然气燃料模块间风机出口挡板及天然气燃料模块间挡板位置开关，各风机电流远方监控。

2.2.52　燃气轮机罩壳通风风机入口挡板应设置检修平台。

2.2.53　燃气轮机罩壳通风风机应设置起重设备，便于起重、检修，排气管道出口应设置防鸟网。

五、水洗模块

2.2.54　水洗模块可根据压气机的运行参数，实时计算压气机的性能，监测通流恶化及部件老化程度，及时预测性能偏离，并根据压气机健康状态推荐机组是否需要水洗。$

2.2.55　水洗水箱、洗涤剂箱和水洗排污箱模块采用公用设计，水洗母管至机组单元设置电动截止阀和水洗远方控制阀。

2.2.56　机组单元水洗系统排污阀设置手动门和电/气动二次门且集中布置在透平间外。

2.2.57　水洗水箱设置电加热器且可根据温度需求远方自动控制，水洗水箱液位、温度远方监控，水洗水箱设计自动补水。

2.2.58　水洗水箱至水洗泵加药管间设置手动阀和止回阀，加药管至水洗泵间设置三通滤网，水洗泵出口设置止回阀，出口阀为远方电动截止阀，止回阀与出口阀间设置再循环管路，再循环管路设置手动阀、远方电磁阀。

2.2.59　洗涤剂加药远方控制，洗涤剂箱至混合器设置手动阀、远方电磁阀。

2.2.60　机组单元水洗管设置电动三通阀（排污母管、水洗控制阀）、在线/离线水洗控制阀（远方控制）。

2.2.61　水洗排污泵进口设置手动阀，出口设置电动阀、旁路手动阀，水洗排污泵和出口电动阀可远方控制。

2.2.62　水洗排污应设置排污收集箱，排至化学中和池或集中处理。

2.2.63　实现一键在线/离线水洗。

六、其他

2.2.64　燃气轮机优先选用水雾消防系统，具有远方监视功能。

2.2.65　★若采用气体消防，则应设计为瓶装气体。就地消防母管设置检修放散管，放散管设置两个手动门。

2.2.66　燃气轮机盘车除主盘车外，配置气动或电动检修盘车，方便检修对中，可做主盘车紧急备用。

2.2.67　空冷器冷却水进水母管应设置为电动调整门，便于远方操作。

2.2.68　主机轴系振动应采用具有图谱分析功能的软件进行实时振动在线监测。

2.2.69　主机轴系振动宜配置与振动在线监测系统同厂家的状态监测预警及诊断系统。$

2.2.70　燃气轮机化妆版罩壳顶四周，应设置便于检修人员工作的安全围栏。

2.2.71　燃气轮机转子与发电机转子对轮螺栓应采用液压拉杆螺栓，对轮宜设计在轴承箱内防尘、润滑，避免检修时拉铆报废。

2.3　热控

2.3.1　控制系统机柜需配置无扰切换电源模块以保障供电安全。

2.3.2　控制系统机柜侧信号点通道预留20%裕度。

2.3.3　控制系统需要具备射频抗干扰能力。

2.3.4　阀门试验需要挂闸时设计单独试验回路，避免试验时需要人为短接信号或过多强制。

2.3.5　燃料阀组间控制用电磁阀须设计安装在燃料阀组间外面。

2.3.6　燃气轮机阀组间控制用压缩空气建议在阀前增加两路压缩空气过滤器，两路互为备用。

2.3.7　防喘阀若采用气动结构，则压缩空气进气管采用金属软管，防止应力振断。

2.3.8　防喘阀反馈信号不得采用公共线，需要独立信号，即开、关各一对。

2.3.9　防喘阀后须设置温度测点传入控制系统。

2.3.10　在燃气轮机上敷设信号电缆时须预留与热辐射源足够的距离，并采用优质耐高温信号电缆，防止电缆高温受损。

2.3.11　火检检测装置采用无水火检形式，避免采用水冷却时，冷却水管漏水的风险。

2.3.12　TSI振动测量信号容易在雷电天气时偶发故障，建议加装防雷击保护装置，信号电缆宜采用铠装带屏蔽电缆。

2.3.13　润滑油系统取样管建议使用14mm直径取样管。

2.3.14　润滑油油箱跳机用液位开关需独立安装3套，不得共用一个液位计安装3个液位开关。

2.3.15　顶轴油泵、控制油泵出口压力开关取样管加装缓冲装置。

2.3.16　罩壳内二氧化碳灭火系统电缆管线焊接在不常拆装的化妆板上，不宜安装在罩壳上，有利于检修时快速拆装罩壳。

2.3.17　罩壳内电缆管线布置应避开缸体，更不得上方横跨，妨碍吊缸作业。

2.3.18　机岛风机出口压力采用变送器模拟量远传至控制系统，再通过控制系统逻辑联动风机。

2.3.19　罩壳外可燃气体探测器设置在燃气管线法兰连接处。

2.3.20　罩壳内可燃气体探测器不宜直接在高温环境下测量，建议采用抽气取样，将探头设计在透平间外，提高安全性。

2.3.21　涉及跳机设备，全部标识跳机设备标签，并醒目标识（包括就地设备、中间转接箱、控制系统接线位置）。

2.3.22　辅机测点配置

本项目所监测辅机主要为机泵类设备，泵的振动测点应选在振动能量向弹性基础或系统其他部件进行传递的地方，通常选在轴承座、底座和出口法兰处。把轴承座处和靠近轴承处的测点称为主要测点，把底座和出口法兰处的测点称为辅助测点。根据现场的实际情况要求，大型泵应选择三个互相垂直的方向（水平、垂直、轴向）进行振动测量，投标方需根据辅机特点、现场工况、设计需求，合理安排传感器测点分布，并明确安装位置及方式，确保达到监测数据的技术要求。

探头应为压电式速度传感器，为保障监测信号的精度和稳定性，探头选型采用性能稳定可靠的知名产品，推荐采用BENTLY、EPRO、CTC和PCB。速度传感器由航空插头、连接螺钉等组成。壳体为全密封不锈钢壳体，可充分满足电力行业的防水、防喷溅、防腐蚀、高粉尘等恶劣环境要求。出线方式采用顶端出线，适宜生产现场的要求，减少对安装空间的占用。

投标方提供的传感器性能需不低于以下配置：

（1）灵敏度：100mV/g；

（2）频响范围：0.5Hz～10kHz；

（3）量程范围：−50～50g；

（4）抗冲击：5000g；

（5）振幅线性度：±1%；

（6）温度范围：−54～121℃；

（7）相对湿度：100%冷凝，不浸水；

（8）电气隔离（壳体）：大于100MΩ；

（9）防护等级：IP68；

（10）防爆等级：ExiaIICT4；

（11）安装方式须同时提供：磁座安装、螺栓安装（M8×1.25）以及胶粘安装；

（12）自带延长线15m。

3 汽轮机系统（蒸汽、滑油、控制油、凝结水、冷却水等）

3.1 通用要求

3.1.1 同轴的联合循环汽轮机一般只有电超速装置，动作值一般为108%~110%。对同轴的联合循环汽轮机而言，至少应供应一套独立的超速保护装置；每个液压阀门采用独立的保护电磁阀，电磁阀动作时能关闭相应的主汽阀或调节阀。

3.1.2 多轴联合循环汽轮机：除调节器之外，汽轮机和发电机还应有一个独立动作操纵机组跳闸的超速保护系统，以防止过度超速。对小功率汽轮机，应供应一套独立于调节器的超速保护，当其动作时应关闭主汽阀和调节阀。对大功率汽轮机，至少应供应两套独立于调节器、完全分开作用的超速保护装置；任何一套动作时应关闭所有主汽阀和调节阀。对于NBC型机组，高（中）压缸和低压缸应分别设置超速保护装置。

3.1.3 公称压力大于等于4.0MPa或温度在400℃及以上的疏水管道上应设两道串联的阀门，一次门为手动门，二次门为电/气动门，失电/气时开。

3.1.4 汽轮机系统的本体疏水阀泄漏等级不低于5级（美国ANSI B16的阀门泄漏量标准要求），可承受长期冲刷，采用复合阀（双执行机构），阀座和阀芯应用不同的硬度，较硬的材料用于阀座。

3.1.5 用于高压系统的疏水阀应有低的噪声水平，阀后设置具有远传功能的温度传感器。

3.1.6 汽水系统所有阀门应设计在方便操作的地方，架空阀门应设置固定的运维操作平台。

3.2 机务

一、汽轮机设备及系统

3.2.1 汽轮机进口最大蒸汽压力为余热锅炉过热器出口最大蒸汽压力减去管道压力损失，汽轮机最高进汽温度比余热锅炉过热器出口最高蒸汽温度低1.0~2.0℃。

3.2.2 若具有再热循环系统，汽轮机低压缸或中压缸进口最高蒸汽压力为余热锅炉再热器出口最高蒸汽压力减去再热热段管道压力损失；汽轮机低压缸或中压缸进口最高蒸汽温度比余热锅炉再热器出口最高蒸汽温度低 0.5～1.0℃。

3.2.3 联合循环发电机组中的汽轮机性能应与机组的负荷要求相适应。带尖峰负荷和中间负荷的机组，配套的汽轮机应具有滑压运行、适应频繁快速启停、参与调峰的功能。

3.2.4 汽轮机设备及系统应设有可靠的防止汽轮机进水的措施。主蒸汽等与汽轮机相连管道上的最低点应设疏水点，这些疏水管道应有足够的内径，并配有动力操作疏水阀。

3.2.5 汽轮机高温部件应安装保温，保温层材料外表面温度应符合要求（通常不超过环境温度 40℃）。汽轮机缸体应采用良好的保温材料（不宜使用石棉制品）和施工工艺，保证机组正常停机后的上下缸温差不超过 35℃，最大不超过 50℃。保温设计应便于汽轮机检修。

3.2.6 汽轮发电机组轴系应设计安装两套独立的转速监测装置，保证转速测量准确可靠。

3.2.7 汽轮机应提供合适的隔声处理，保证装置在任何不超过（包括）最大出力的负荷运行时，在稳定状态下距装置及其辅机或其外罩轮廓 1m 处声压值不超过 85dB（A）。

二、汽水系统

3.2.8 疏水联箱的标高应高于凝汽器热水井最高点标高。高、低压疏水联箱应分开，疏水管应按压力顺序接入联箱，并向低压侧倾斜 45°。疏水联箱或扩容器应保证在各疏水门全开的情况下，其内部压力仍低于各疏水管内的最低压力。冷段再热蒸汽管的最低点应设有疏水点。防腐蚀汽管直径应不小于 76mm。

3.2.9 减温水管路阀门应能关闭严密，自动装置可靠，并应设有截止门。

3.2.10 门杆漏汽至除氧器管路，应设置止回门和截止门。

3.2.11 汽轮机盘车在润滑油供给不充分或齿轮未能完全啮合以前不能盘转，当汽轮机转速超过盘车转速时，盘车装置应自动脱开。

3.2.12 汽轮机盘车除主盘车外，配置气动或电动检修盘车，方便检修对中，可做主盘车紧急备用。

3.2.13 主汽门、调节门需拆卸部分的保温应易于拆卸，并配有可拆卸的罩壳。

3.2.14 低压缸排汽和凝汽器水室应设置必要的爬梯。

3.2.15 主机轴系转子对轮螺栓应采用液压拉杆螺栓。

3.2.16 汽水系统宜设置快冷装置，建议采用电加热设计（温度可调范围更大），该装置冷态开机时也可以作为暖机用。

3.2.17 汽轮机管道排空管道应设置汇流，避免排空时现场到处积水。

3.2.18 支吊架应在管道安装前定位并且尽量靠阀门，不应设置在法兰和焊接接头周围使用支撑箍。

3.2.19 工作温度高于450℃，蒸汽管道蠕变测点设置应符合DL/T 441—2004《火力发电厂高温高压蒸汽管道蠕变监督规程》，且设置有明显标识，便于后期复测检验。

3.2.20 所有蒸汽、水、油或空气管道应采用符合合同规定标准的钢材，应尽可能用焊接接头。

三、油系统

3.2.21 润滑油、顶轴油和EH油系统配置参考燃气轮机油系统。

3.2.22 EH油单独模块，采用抗燃油。

3.2.23 汽轮机主油箱应设置排油烟风机，排油烟管道应引至厂房外无火源处且避开高压电气设施；在汽机房外，应设密封的事故排油箱（坑），其布置标高和排油管道的设计，应满足事故发生时排油畅通的需要；事故排油箱（坑）的容积，不应小于1台最大机组油系统的油量；油管道应避开高温蒸汽管道，不能避开时，应将其布置在蒸汽管道的下方。

3.2.24 事故油箱（坑）的容积应达到一套机组油系统的油量的1.5倍。

四、开式水系统

3.2.25 凝汽器及辅机冷却管材的选用原则满足DL/T 712—2010《发电厂凝汽器及辅机冷却器管选材导则》，凝汽器换热管束材料应预留不低于5%的换热面积。

3.2.26 凝汽器循环水入口配置电动蝶阀、出口配置电动调整蝶阀，根据冷却水方式及水质情况决定是否配置二次滤网。

3.2.27 凝汽器循环水侧设置放水手动阀、放空气手动阀且易于操作和观察。

3.2.28 凝汽器排污坑设置潜水泵（软管连接）两大一小且远方控制（大泵按检修排水设计，小泵按运行排水设计），抽水泵设置出口止回阀、出口手动阀。

3.2.29 ★汽轮机凝汽器钛管宜采用在线电磁共振装置，若需配置胶球清洗装置，应满足自动远方控制要求。

3.2.30 凝结水泵、循环水泵电动机应采用变频节能（永磁出现故障时维修时效较慢）。

3.2.31 循环水泵采用单元制设计，按100%容量设置一主一备。其中100%容量，单元制变频一拖二；70%容量，变频一拖一。单套机组的循环水出口母管设置联络门。

3.2.32 循环水电动自动滤水器一主一备且具有反冲洗功能，滤水器设置前、后电动阀。管道应视水质情况，提高防腐等级。

3.2.33 燃气轮机和汽轮机冷却水用户采用单元制闭式水冷却，水水交换器一主一备，水水交换器宜采用管式换热器（空间较小可考虑采用板式换热器）。

3.2.34 水水交换器开式水取自电动自动滤水器后，入口设置电动阀，出口设置电动调节阀。

3.2.35 取水口离厂区较远的，设双管取水，设计上采取防止取水口堵塞措施。拦污栅设置自动清污或者自动更换。北方地区为防止结冰需加深取水口。

五、闭式水系统

3.2.36 闭式水泵设置一主一备（单台变频器），设置入口电动阀、入口滤网、出口止回阀、出口电动阀。

3.2.37 闭式膨胀水箱补水取自除盐水和凝结水泵出口母管凝结水，除盐水和凝结水至闭式水补水设置电动阀。

3.2.38 闭式膨胀水箱补水设置主路电动调节阀、旁路电动阀，闭式水箱至母管设置电动阀，满足调峰机组停运后转运行机组供闭式水远方操作。

3.2.39 水水交换器闭式水侧出入口设置电动阀。

3.2.40 发电机空冷器采用闭式水冷却。

3.2.41 发电机空冷器材质采用不锈钢316L。

3.2.42 燃气轮机和汽轮机冷油器闭式水侧出口设置电动阀。

3.2.43 发电机冷却器闭式水母管设置电动调节阀，闭式水母管至余热锅炉冷却水设置电动阀，系统母管最高点设置手动阀（设置在方便操作处）和自动排空气阀。

六、凝结水系统

3.2.44 凝结水泵设置一主一备（单台变频器），设置入口电动阀、入口滤网、入口安全阀、出口止回阀、出口电动阀。

3.2.45 除盐水至凝结水系统处加电动截止阀。

3.2.46 ★除盐水接一路去凝结水杂用水管（减少开凝结水泵）。

3.2.47 热井补水主路设置电动截止阀、电动调节阀，旁路设置电动截止阀。

3.2.48 凝结水泵密封水设置远控电磁阀。

3.2.49 轴封加热器入口、出口、旁路设置电/气动阀，凝结水杂项用水各用户采用电动调节阀控制。

七、真空系统

3.2.50 真空破坏阀补水取自凝结水泵出口母管，设置手动阀、电磁阀远方控制。

3.2.51 凝汽器抽空气阀采用电动截止阀，真空泵一主一备一高效，正常运行时保持高效真空泵运行。

3.2.52 真空泵入口一个电动阀、一个气动阀，真空泵入口设置止回阀。

3.2.53 汽水分离器出口采用母管制并设置防鸟装置，各分离器设置出口止回阀、滤网。

3.2.54 分离器工作水补水取自闭式水/除盐水，补水主路和旁路设置电磁阀。

3.2.55 ☆真空泵热交换器考虑用板式换热器，冷却水采用空调冷冻水，闭式水作为备用，工作水设置入口滤网。

八、轴封系统

3.2.56 高、低压轴封应分别供汽。特别注意高压轴封段或合缸机组的高中压轴封段应有良好的疏水措施。轴封系统配备喷水减温装置的低压汽封温度测点应与喷水装置保持不小于2m的距离。轴封系统宜加装低压汽封管道上下管壁温度测点，以监视减温水喷嘴的雾化效果，防止水进入低压轴封。

3.2.57 汽轮机在结构和系统设计上，应有防止汽水由轴封漏汽等处进入油系统的措施。

3.2.58 高压蒸汽至均压箱管道设置主路（调压阀+前后手动阀）+旁路电动阀，辅汽至均压箱前设置疏水。

3.2.59 均压箱至高压、低压轴封分别供汽，均压箱至凝汽器溢流设置主路（调压阀+前后手动阀）+旁路电动阀。

3.2.60 均压箱至凝汽器溢流、高压轴封、低压轴封管路低点设置疏水。

3.2.61 均压箱设置无压放水手动阀和安全阀。

3.2.62 均压箱设置减温水主路（温度控制阀+前后手动阀）+旁路手动阀，减温水取自凝结水。

九、轴封及阀杆漏气系统

3.2.63 轴封加热器汽侧入口前低点设置疏水。

3.2.64 轴封风机设置一主一备，变频运行，设置入口电动阀、出口止回阀、出口疏水阀，出口母管设置疏水阀。

3.2.65 轴封加热器疏水接至凝汽器（若有连大气的管道疏水扩容器可考虑接入），轴封加热器疏水器水封远方控制。

十、高低压蒸汽系统

3.2.66 主汽阀可与调节阀合在一起，在主汽阀上游应在尽可能靠近的位置上装设一个蒸汽滤网。

3.2.67 对再热式汽轮机而言，应配有适当数量的再热调节阀，在阀门上游应在尽可能靠近的位置上装设一个蒸汽滤网。

3.2.68　设置低压补汽阀组，其包括串联配置主汽阀和调节阀，也应装设一个蒸汽滤网。

3.2.69　设置串联旁路应充分考虑高压旁路三通的应力分析和热力分析。

十一、供热及辅汽系统

3.2.70　抽汽管道必须设置能够快速、可靠、联锁关闭的止回门，布置应靠近抽汽口。供热机组应在抽汽止回门后设置能够快速联锁关闭的抽汽快关门、截止门，以防止抽汽倒流引起超速。

3.2.71　余热锅炉高压主蒸汽应急供热至供热母管段应装设电动隔离阀，并设置疏水。

十二、本体疏水系统

3.2.72　汽轮机各蒸汽管路（轴封系统、高低压蒸汽及旁路系统、供热及辅汽系统）的疏水设置为疏水气动阀（通过阀前后温度测点，做逻辑控制疏水阀开合）+旁路自动疏水器+无压放水手动旁路，部分疏水可以减少旁路自动疏水器（详见图1-3-1）。

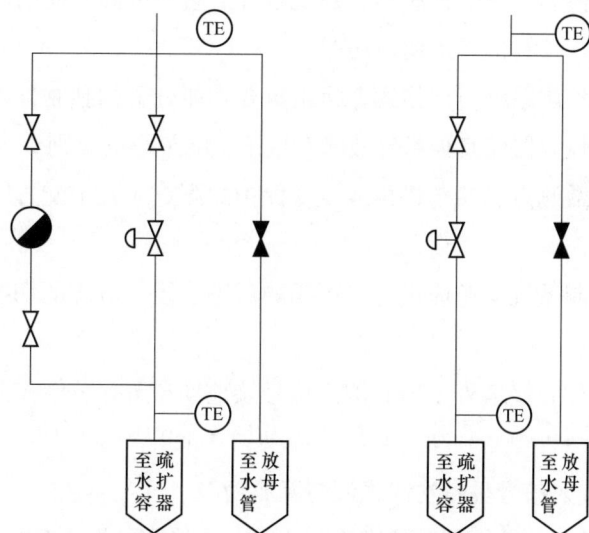

图1-3-1　汽轮机各蒸汽管路的疏水设置

3.2.73　各压力系统设置100%旁路系统，旁路减温水取自凝结水，减温水设置主路（电动截止阀+电动调节阀）+旁路电动阀，机组侧连至供热母管设置电动阀+手动阀。

3.2.74　各主汽阀前、后设置疏水。

3.2.75　疏水扩容器设置减温水，疏水管应按压力顺序接入扩容器，并向低压侧倾斜45°。疏水扩容器及疏水汇集管温度远方监测。

3.3 电气

3.3.1 汽轮机缸体周边就近应设置检修电源箱，便于检修时螺栓加热器接入。

3.4 热控

3.4.1 ★排污坑液位计采用翻板式，排污坑平面以上再设置翻板式液位计，抽水泵可根据排污坑液位和排污坑平面以上液位实现自动抽水。

3.4.2 在现有热井水位布置的基础上，另外增加两个水位测量仪表测量热井满水状态（满足上水查漏的水位监视）。一个采用磁翻板带远传功能的液位计；另一个采用表压型压力变送器。

3.4.3 汽轮机控制系统建议采用嘉明同样品牌，减少控制卡件备品备件库存，实现本质安全及一键启停功能。

3.4.4 汽轮机控制系统统筹所有辅助系统控制，取消就地PLC控制。

3.4.5 汽轮机控制系统的控制器、系统电源、直流电源、通信网络等均应采用完全独立的冗余配置，且具备无扰切换功能。

3.4.6 汽轮机控制系统应严格遵循机组重要功能分开的独立性配置原则，各控制功能应遵循任一组控制器或其他部件故障对机组影响最小的原则。

3.4.7 重要参数测点、参与机组或设备保护的测点应冗余配置，并分配在不同卡件上。

3.4.8 分散控制系统电源应设计有可靠的后备手段，电源的切换时间应保证控制器不被初始化。

3.4.9 除仪表外壳接地外，所有测点信号接地均布置在分散控制系统侧，就地不再接地。

3.4.10 所有接入信号具备在线强制与释放功能。

3.4.11 多台机组分散控制系统网络互联时，应采取可靠隔离措施，防止误操作。

3.4.12 汽轮机温度测点要求厂家供应时采用K分度。

3.4.13 TSI现场端子箱安装高度宜高于轴承箱中分面。

3.4.14 凝汽器液位计建议采购同一品牌，采用三种原理测量方式（磁翻板带远传、雷达、超声波），不建议采用差压式。

3.4.15 顶轴油泵出口压力开关取样管建议加装缓冲装置。

3.4.16 控制油模块监视仪表安装距离太近，且检修位置过高，建议工程阶段出厂验收时注意该细节，将仪表安装在便于检修的高度，或增加模板基座宽度。

3.4.17　压力开关直接接到断路器上有接地或短路风险，建议购买压力开关自带引出线，统一接到中间转接箱内，便于拆装定检。

3.4.18　将重要阀门的运行时间采集至DCS，便于分析。

3.4.19　建议统一现场电动调节门或电动截止门或气动阀门定位器供货厂家，减少备品备件库存，提升维护效率。

3.4.20　气动执行机构信号线需含有指令和反馈信号，不得通过逻辑判断使用指令信号作为反馈信号使用。

3.4.21　仪表取样管一次隔离门安装位置较高或者间隙狭窄不方便操作，宜在接入仪表柜侧取样管上再加装隔离门（或将一次门移至低位，或增加平台），方便运行人员操作。

3.4.22　在电子间加装2～3个温湿度仪并上传至DCS监视。

3.4.23　疏水系统采购质量可靠的磁翻板液位计，液位开关从磁翻板上安装并上传至DCS。

3.4.24　控制用起源动态净化装置采用机械式自动排污过滤器，不建议采用小型PLC定时排污。

3.4.25　气动执行机构气源管路采用不锈钢材质，不建议采用铜管代替。

4 锅炉系统（烟气、给水、高压主汽、低压主汽、辅助系统等）

4.1 概述

余热锅炉（HRSG）是燃气–蒸汽联合循环的重要组成部分，其主要是通过布置在炉内的螺旋鳍片换热管吸收燃气轮机排烟所带来的余热，产生蒸汽，经蒸汽管道供给汽轮发电机或通过旁路应急供热管道直接供给下游热用户。

余热锅炉系统主要包括：炉膛（钢结构和保温）、螺旋鳍片换热管［一般包括高压过热器管箱、再热管箱（热端再热器和冷端再热器）、高压蒸发器管箱、高压省煤器管箱、低压过热器管箱、低压蒸发器管箱、低压省煤器管箱等］、高/低压循环系统、汽/水管道、汽包、除氧系统、给水系统、再循环水系统、辅助加热/减温系统、化学清洗系统、阀门、仪表、支吊架、膨胀节、疏水排污系统、进出口烟道、加药、取样、充氮、消声器、烟囱等。

余热锅炉的型式主要有：自然循环和强制循环；补燃型和无补燃型；单压、双压和三压；再热和非再热余热锅炉等。

4.2 通用要求

4.2.1 余热锅炉建议选用"三压、再热、卧式自然循环锅炉"。

4.2.2 锅炉整体设计应满足联合循环机组一键启/停的自动化控制要求。

4.2.3 锅炉设计上应充分考虑满足项目去工业化半封闭的通风设计条件。

4.2.4 锅炉应设有宜在露天工作的客/货两用电梯。

4.2.5 锅炉所有的管道和支吊架的设计遵循 DL/T 5054—2016《火力发电厂汽水管道设计规定》及 GB 50764—2012《电厂动力管道设计规范》等有关标准和规范的要求。管道设计压力和温度的选择基于预计的最大运行工况，并加上一个适当的裕度。

4.2.6 锅炉除氧器水箱与低压汽包采用一体化设计，一体化设备的设计压力需大于对应除氧蒸汽压力的 1.25 倍。

4.2.7　除氧器除氧能力不小于锅炉100%性能保证工况下，高、低压蒸发段110%所需的给水量。

4.2.8　除氧器高度应保证给水泵进口气蚀余度值的1.8倍，并在除氧器与给水泵入口直接相连的接管设置特殊的防漩涡装置。

4.2.9　除氧器内部s包括：挡板、孔板、内衬和内部螺栓等，以及安全阀阀芯和排汽阀阀芯等。附件均应选用304不锈钢材质。

4.2.10　锅炉高、低压汽包（包括其管接头）应采用工厂制造，全部采用熔焊方式。

4.2.11　锅炉正常水位应设计在汽包的几何中心线以下50mm。

4.2.12　锅炉高、低压汽包应有足够大的容积，当锅炉带基本负荷而给水系统出故障不能向锅炉正常供水时，可保证汽包正常水位至低水位（高于最低安全水位50mm）处水位的维持时间不小于以下要求：高压汽包为5min，一体化低压汽包水箱为10min。

4.2.13　汽包壁应采用同一种化学成分的金属材料，具有相同的物理性质，并由同一制造商供货。

4.2.14　锅炉受热面管屏应采用冷拔管道，所有管道设计应适当考虑腐蚀裕量。

4.2.15　锅炉联箱及其接口在工厂制造时，应全部采用熔焊（全焊透结构），不能采用承插焊接方式；管道鳍片应采用连续焊接或拔制，不能采用压模式；弯头与翅片管的连接应采用渗透焊。

4.2.16　锅炉整体系统应具有较低的热惯性，满足燃气轮机的快速启停要求，以及满足机组负荷调节要求，负荷变动率不得小于每分钟4.5%。

4.2.17　锅炉整体系统应满足机岛提出的联合循环机组的最小稳定负荷30%（蒸汽旁路阀关闭）的运行要求。在高于该最小稳定负荷时，锅炉产生的蒸汽参数确保汽轮机安全稳定运行，同时，满足汽轮机滑压和定压方式运行要求。

4.2.18　在保证期内（在机组交付投产后24个月内），锅炉的强迫停机率（FOR）不能超过2%。

4.2.19　高温过热器和再热器（热端再热器）系统应充分考虑机组启动干烧工况（应满足燃气轮机最大排气温度下，可承受不低于20min干烧的能力），并不能使用奥氏体不锈钢材料。

4.2.20　除特别说明外，所有设备在30年的寿命期内应能安全、连续和有效运行，不致在有关章节规定的运行条件下产生不应有的变形、振动、腐蚀或其他任何问题，大修周期不低于6年，小修间隔应不低于12000运行小时。

4.2.21　根据项目所在地方环保的要求，选用"设置脱硝装置"或"预留脱硝装置空间"。

4.2.22 炉顶应设置裙带式雨棚（裙带不小于1.5m）。

4.2.23 停炉保护充氮气系统设计成母管制，母管采用304不锈钢，接口宜设置在锅炉0m。

4.2.24 为方便锅炉本体外侧检修，锅炉烟气方向的两侧（主厂房运转层出口）应设计足够的检修平台。

4.2.25 锅炉高温主蒸汽出口阀位置应设置检修小车。

4.2.26 给水泵上方应设置电动葫芦装置。

4.2.27 高温高压蒸汽管道和再热系统（热端再热器）系统应采用P91/T91管材（管材坯料应选用瓦卢瑞克曼内斯曼、威曼高登、住友等进口品牌）。

4.2.28 在各种正常运行工况条件下（距离设备外1m处），各种给、排水泵、阀噪声值不大于85dB（A）（安全阀排汽及PCV排汽应设置消声器）；锅炉外壳、进口烟道和除氧器噪声值不大于80dB（A）；锅炉本体、烟囱出口和给水泵房间外噪声值不大于70dB（A）；如需采取降噪措施，须提供消声/降噪设备和材料，以及结构、型式、制造商、工作原理、消声量、有害频率的衰减率等（参考中山嘉明电力三期项目和江苏阜宁项目）。

4.2.29 锅炉高压蒸发器的节点温差不大于5℃，省煤器的接近点温差为3~5℃（如果锅炉尾部带有独立辅助热水供应换热模块，应满足节点温差+接近点温差大于等于9℃）（参考中山嘉明电力三期项目和江苏阜宁项目）。

4.2.30 锅炉整体当量热效率纯凝性能保证工况下应不小于89%（如果锅炉尾部带有独立辅助热水供应换热模块，锅炉整体当量热效率应不小于90%）。

4.2.31 为了防止锅炉尾部管簇发生低温硫化腐蚀，排烟温度应比酸露点高10℃以上（当燃用无硫燃料时，排烟温度应比水露点高10℃以上）。

4.2.32 为有效防止穿墙管位置出现超温现象，锅炉穿墙管应尽可能设置在锅炉膨胀量较小的位置。

4.2.33 锅炉设备、管道膨胀指示器和支吊架状态宜设计带有数字指示功能。

4.3 机务

4.3.1 为提高联合循环整体效率，锅炉高温高压主蒸汽温度选用560℃等级设计。

4.3.2 根据项目工期总体进度，选用锅炉管屏"大模块"或"小模块"供货模式。

4.3.3 优化余热锅炉换热系统的设计，在锅炉尾部和烟囱之间设置独立辅助热水供应换热模块，给前置模块天然气性能加热器和溴化锂制冷空调系统提供热源，充分利用烟气余热，降低锅炉排烟温度，有效提高锅炉效率（考虑溴化锂空调热水回水水质要求）。

4.3.4　为提高启动供热锅炉的应急供热能力，辅助蒸汽系统设计连通到启动供热锅炉，让启动供热锅炉保持热态备用状态。

4.3.5　为方便锅炉检修或监测时，快捷确定焊口位置，换热模块、汽包、阀门和汽水管道的所有焊口都应为建模提供基础数据。

4.3.6　为方便锅炉检漏，锅炉每个换热模块底部都应设置疏水阀。

4.3.7　为有效防止锅炉低温汽水两相流动加速腐蚀现象，低压蒸发器弯头的材质选用12Cr1MoVG。

4.3.8　为减轻烟道低温端酸露点或水露点腐蚀，低温区（省煤器）和独立辅助热水供应换热模块应采用耐低温腐蚀的ND（耐腐蚀）钢（参照阜宁项目）。

4.3.9　锅炉每个换热模块都设置压力探头，分析烟气压降。

4.3.10　给水系统采用单元制，每台炉配置 $2 \times 100\%$ 容量的高压给水泵，高压给水泵选用变频方式，出口设置机械式最小流量阀。

4.3.11　锅炉炉墙保温材料应采用高效超级保温棉材料（满足ASTM C-201规范的要求）：烟气进口烟道和高温过热器区域，厚度 $\delta \geqslant 280mm$，密度 $\rho \geqslant 128kg/m^3$，热导率 $\lambda < 0.12W/(m \cdot K)$；烟温低于350℃的区域，密度 $\rho \geqslant 96kg/m^3$，热导率 $\lambda < 0.14W/(m \cdot K)$。

4.3.12　锅炉本体底部钢架与地面（0m）之间的净高不小于3m。

4.3.13　锅炉内护板（内衬板）材质全部采用SUS304不锈钢：进口烟道及高温段的侧墙及顶部、中、低温段侧墙及顶部不小于2.5mm，底部内护板厚度全部不小于4mm；外护板厚度 $\delta > 6mm$。

4.3.14　锅炉内护板保温螺杆选用SUS304不锈钢，进口烟道及高温段区域的螺杆直径 $\phi \geqslant 20mm$，中、低温段区域直径 $\phi \geqslant 18mm$。

4.3.15　锅炉所有疏水系统的二次疏水阀均采用电动疏水门，定期排污电动疏水门采用复合型疏水阀。

4.3.16　锅炉保温设计在环境温度低于27℃时，表面温度不超过50℃；环境温度高于27℃时，外表面温度小于等于25℃+环境温度。

4.3.17　供热机组项目，锅炉应设计应急供热系统，在汽轮机故障时，满足连续对外供热要求。

4.3.18　锅炉烟囱标高设计需满足当地规划、环保要求。

4.3.19　烟囱应设置满足地方政府要求的在线烟气连续排放监视系统（CEMS）。

4.3.20　给水泵房设计成封闭式给水泵房结构。

4.3.21　给水泵的容量满足锅炉最大蒸发量与减温水量之和并考虑至少10%的裕量。

4.3.22　给水泵的最小流量不超过额定流量的25%。

4.3.23　给水泵的最高效率应在90%额定工况流量的工作点附近，泵效率不低于75%。

4.3.24　给水泵大修周期不少于6年，机械密封可连续运行12000h以上。

4.3.25　高压给水泵采用自润滑方式，油系统的管道全部采用304不锈钢材料。

4.3.26　给水泵入口设置入口手动阀、入口滤网；出口设置出口止回阀（再循环手动阀）、出口电动阀、出口手动阀。

4.3.27　给水泵进口滤网、泵体和出口管道均应设置放水阀。

4.3.28　锅炉放水系统应能在1h内，将整台锅炉的水以重力放空。

4.3.29　排污系统正常排污量不超过锅炉给水流量的0.5%。

4.3.30　为了检查和维修热交换器，锅炉下部和上部都应装有足够大的检修门和人孔门（不小于600mm×550mm），上部人孔门不少于2个。

4.3.31　金属波纹管型的膨胀节应采用304不锈钢材质，使用寿命要求为：金属波纹管膨胀节120000h以上，织物式膨胀节30000h以上。

4.3.32　安全阀的严密性符合美国国家标准学会（ANSI）的规定和国内地方政府特种设备检验部门的规定要求，安全阀应按要求设置304不锈钢材质的消声器。

4.3.33　烟囱挡板应设计远程电动控制，挡板设计在故障时，如果烟道中有超压的趋势，可以自动打开。

4.3.34　烟囱保温应设计到烟囱隔热挡板上方2m。

4.3.35　高压给水调节阀设计在省煤器联箱入口端还是出口端，如设计在入口端，高压省煤器需设置旁路且可调节。

4.3.36　给水系统设置100%+30%容量的两路电动调节阀，并设置100%手动旁路，通过电动调节阀调整汽包水位。

4.3.37　凝结水加热器设置旁路，且可远方调节。

4.3.38　锅炉汽包不设置双色球水位计，改为多设置一个磁翻板液位计。

4.3.39　连续排污阀设置电动截止阀和电动调整阀。

4.3.40　定排扩容器疏水管应按压力顺序接入联箱，并向低压侧倾斜45°，疏水联箱或扩容器应保证在各疏水门全开的情况下，其内部压力仍低于各疏水管内的最低压力。

4.3.41　定排扩容器减温水入口阀设置为电动调节阀，远方操作。

4.3.42　锅炉排污水池设置水位自动调节功能。

4.3.43　独立辅助热水供应系统换热器模块采用单元制设计，热水膨胀水箱设置自动补水功能，循环水泵设置一主一备。

4.3.44 如条件允许，每套机组的独立辅助热水供应系统换热器模块可在水泵出口处设置联络管。

4.3.45 除盐水补水至独立辅助热水供应系统换热器模块的入口阀设计为电动阀，可远方操作。

4.3.46 烟囱巡检楼梯，采用螺旋式楼梯。

4.3.47 锅炉调节阀、PCV阀、电动阀和安全阀，以及工作温度大于等于300℃或工作压力大于等于3.92MPa的阀门满足以下要求：

（1）须按ANSI ASME B16.34、B31.1、B16.20、B16.5API、FCI及ASTM等相关标准执行设计、选材、制造和试验。

（2）应有压力、直径、阀体材料和流向标识，并应清晰、永久性地标在阀门上。

（3）调节阀门采用硬密封，须按规定进行有关试验，还应满足双向关闭严密性试验的要求。

（4）调节阀泄漏等级不低于ANSI B16.104标准中要求的Class V及以上。

（5）调节阀在正常工况参数下，开度在60%～80%范围，在最大运行工况下，阀门开度为80%～85%。

（6）调节阀对两相流工况的阀芯出口流速小于22.5m/s。

（7）调节阀和疏水阀不接受在阀后加装节流孔板或加大阀后管道壁厚实现阀门性能要求。

（8）调节阀阀杆应采用不锈钢材料。

（9）截止阀应能同时满足水平安装及垂直安装的要求。

（10）钢制截止阀都应采用不锈钢阀杆，并采用司太立合金的材质堆焊的阀座（包括上密封）。ANSI 600级及以上或用于蒸汽的ANSI 300级及以上的钢制阀门的阀座圈和阀盘应堆焊司太立合金。

4.4 电气

4.4.1 在线烟气连续排放监视系统（CEMS），需设置UPS。

4.4.2 高压给水泵需使用变频。

4.5 热控

4.5.1 在线烟气连续排放监视系统（CEMS）停机时需考虑是否超标。

4.5.2 变送器保护柜不设中间转接箱，电缆由DCS直接接到仪表本体。

4.5.3　PCV 阀控制箱安装在适合检修的高度，进出口压缩空气需预留足够空间安装过滤器。

4.5.4　PCV 阀控制用压力取样需通过取样管取样并安装在振动较小位置，不得直接装在管道上。

4.5.5　PCV 阀控制用温度元件需安装到振动较小位置。

4.5.6　汽包给水主、旁路电动阀需考虑共振问题，要求设计院设计时充分考虑振动问题。

4.5.7　给水泵滤网差压使用变送器测量。

4.5.8　锅炉上变送器排污管须设置汇流管道。

4.5.9　定排坑水位计采用带远传功能的浮球式磁翻板液位计，浮球要求较厚材质，避免穿孔。

4.5.10　疏水罐液位计采用磁翻板带远传功能的液位计。

4.5.11　压力容器压力表应采用取样管引接至振动小且方便拆卸的位置安装。

4.5.12　按 DL/T 1393—2014《火力发电厂锅炉汽包水位测量系统技术规程》要求，在新建锅炉时，取消云母水位计设计。

4.5.13　按照市监特函〔2018〕515 号《市场监管总局办公厅关于开展电站锅炉范围内管道隐患专项排查整治的通知》，以及相关质监单位的要求，余热锅炉系统所有主给水管道、主蒸汽管道、再热蒸汽管道上的流量计的结构选型不得有两节管段环缝焊接式流量计（壳体）。流量计更换前的选型、设计由"具有相应级别压力管道设计资质及火力发电厂汽水管道设计经历"的单位以及流量计生产厂家通力配合完成，并按要求出具选型、安装等设计、制造相关文件。流量计（壳体）原则上应由整段无缝钢管制成，不得存在异种钢焊接的环缝。

5 启动炉系统

锅炉给水经除氧器加热除氧后，由给水泵输送给启动锅炉。锅炉燃烧需要的空气由送风机送至燃烧室。启动锅炉为微正压或平衡通风锅炉，烟气由烟囱直接排入大气。

启动锅炉主要用于机组启动除氧和后期运营的应急供热：机组启动时，启动锅炉可为余热锅炉除氧器除氧用蒸汽提供辅助汽源，同时，启动锅炉出口蒸汽还可接入供热母管，作为项目对外供热的紧急备用热源。

5.1 通用要求

5.1.1 启动锅炉的蒸汽出力统一以净出力（扣除自用汽）为准，应结合项目热用户的特点，启动锅炉的蒸汽出力，不但要满足机组启动除氧功能，还须满足项目应急供热需求。

5.1.2 启动锅炉采用室内布置方式。

5.1.3 启动锅炉应采用低氮燃烧器，烟气氮氧化物排放 $NO_x \leq 50mg/m^3$，烟气排放还应符合国家和地方的环保要求。

5.1.4 启动锅炉烟囱高度应满足国家和地方的环保标准。

5.1.5 启动锅炉为满足应急供热功能，应满足快速启动要求：冷态（温度小于等于95℃）启动时间（0～100%）小于40min；温态（温度为95～170℃）启动时间（0～100%）小于10min；热态（温度大于等于170℃）启动时间（0～100%）小于5min。

5.1.6 性能保证工况下，启动锅炉效率应不低于94%（按有省煤器的考虑）。

5.1.7 启动锅炉采用与燃气轮机相同的天然气燃料气源。

5.1.8 启动锅炉给水采用除盐水，排污扩容器的减温水采用工业水。

5.1.9 启动锅炉按全自动无人值班控制方式设计，锅炉启/停控制和升/降负荷等自动调节控制应集中设计到DCS控制系统（包括除氧、给水等辅机系统的控制），在集中控制室DCS操作员站上，运行人员可以对启动锅炉进行启、停和加、减负荷控制的操作。

5.1.10　锅炉及附属设备应采取可靠的降噪声措施，使锅炉正常运行时，距离锅炉及附属设备1m处的噪声不得超过85dB（A）。

5.1.11　启动锅炉排烟温度应小于80℃。

5.2　机务

5.2.1　启动锅炉蒸汽出口管道应与供热母管、辅汽母管连通，同时满足机组启动除氧和项目应急供热的要求。

5.2.2　启动锅炉向供热母管方向加设止回门，防止供热母管向启动锅炉串气。

5.2.3　启动锅炉的蒸汽压力和温度参数应与项目供热母管供热参数匹配。

5.2.4　启动锅炉系统的安全阀须配置不锈钢消声器。

5.2.5　启动锅炉的疏水二次阀门应全部按远程电动/气动操作设计。

5.2.6　启动锅炉主蒸汽出口应设置远方操作电动隔离阀门。

5.2.7　启动锅炉取样水路系统均应采用不低于304不锈钢材质。

5.2.8　锅炉及其附属设备和系统管道，凡外表面温度超过50℃的部件均需做保温层，当环境温度小于等于27℃时，保温层表面最高温度小于等于50℃。当环境温度高于27℃时，保温层表面温度可比环境温度高25℃，对于防烫伤保温，保温结构外表面温度不超过60℃。

5.2.9　启动锅炉保温材料应采用高效超级保温棉材料满足ASTM C-201规范的要求：密度$\rho \geqslant 96kg/m^3$，热导率$\lambda < 0.14W/（m·K）$。

5.3　热控

5.3.1　启动炉安装的仪表应配备有便于检修的固定平台，安装在高位的仪表如电导率表、水位计等，应搭设平台便于检修。

5.3.2　电导率表采用兼容能测量纯水的功能。

5.3.3　启动炉的完整控制（从启动、加负荷、至额定负荷、减负荷、停炉全过程）由独立的控制模块完成，不依赖机组DCS控制，启动炉实现由DCS远方硬接线启停及故障报警等功能。

5.3.4　启动炉状态参数采用数据通信的方式与DCS连接，运行人员可在远方监视启动炉状态，数据接口协议类型由DCS侧决定。

5.3.5　启动炉内应按照Ⅱ区防爆标准区域设计。

6 空气压缩机系统

6.1 机务

6.1.1 空气压缩机干燥装置过滤器底部疏水阀采用机械式自动疏水装置，并在该装置前安装手动隔离阀。

6.1.2 空气压缩机机房内压缩空气中间储罐疏水采用机械式自动疏水装置，疏水罐依次安装手动隔离阀、Y型滤网及机械式自动疏水装置（注意选型，能排锈迹，Y型滤网采用耐锈蚀材质）。

6.1.3 闭式水至空气压缩机冷却的总门设置为电动阀。

6.1.4 ★每台空气压缩机冷却水设置增压泵（最好空气压缩机自带）。

6.2 热控

6.2.1 空气压缩机应具备下列两种运行方式：

第一种方式：监控人员可通过DCS控制系统远方启动和停止空气压缩机，空气压缩机根据空气压缩机出口压缩空气母管压力自动加、卸载。

第二种方式：操作人员可在就地空气压缩机控制屏上进行空气压缩机启动、停止操作。

6.2.2 每台空气压缩机都能设置成热备用状态，当运行的空气压缩机发生故障或母管压力过低时备用空气压缩机可自动启动。

6.2.3 空气压缩机本体与机组DCS的硬接线信号应包括空气压缩机启动指令、停止指令、故障状态、压缩机电动机运转状态四个信号，空气压缩机制压缩空气过程完全由空气压缩机本体控制系统完成，不应依赖DCS。空气压缩机本体其他状态信号传输由通信电缆完成。

6.2.4 在仪控控制系统中，设有机组自动启动及超载自动停车装置。自动启动为直接全电压启动。

6.2.5 空气压缩机的保护及控制，包括压缩机的启动条件、联锁和压缩机运行过程中，对冷却水压力、润滑油压力、排气压力、电动机轴承温度、绕组温度、三相电流等进行自动保护及故障显示。

6.2.6 空气压缩机可输入参数至少为：卸载压力、加载压力、最短停机时间、电动机最多连续启动次数等。

6.2.7 空气压缩机故障跳闸信号需包括轴承温度高、绕组温度高、电动机过载、电源跳闸、控制系统故障、紧急停机按钮被激活等故障。故障信息需保留在现场操作屏上，并可保存不少于一个月的历史记录，以便查询、复位。

6.2.8 空气压缩机远传信号包括：空气压缩机运行/启停状态，加载、卸载状态，故障跳闸指示，远方/就地控制状态，出口空气压力，出口空气温度，轴承温度，绕组温度，电流信号，过滤器前后压差高报警，出口母管压力。

6.2.9 空气压缩机储罐压力表须安装在可方便拆卸的位置，也有利于压力容器检查，且加装隔离门。

6.2.10 空气压缩机干燥装置气动阀门控制用气源管采用S31603不锈钢材质，不得使用塑料或橡胶材质。

7 电气系统

7.1 通则

7.1.1 设备采用的专利涉及的全部费用均被认为已包含在设备报价中，投标方应保证招标方不承担有关设备专利的一切责任。

7.1.2 为能清楚区分各屏柜，防止走错间隔，卖方供应的装置（全部供货屏柜）前后屏顶位置应有5cm高度的"黑体"字体和屏柜等宽分散布置的屏体名称双重标识（装置型号+名称），标识为红色字体。

7.1.3 干式变压器应具有：变压器的绕组温度应有远方监视功能（包括温度信号及温控告警信号），并控制其温度在设备允许的范围之内。有条件的可装设铁芯温度在线监视装置（引自《防止电力生产事故的二十五项重点要求》第11.1.5条）。温度控制或监视的设置点应设置于低压侧。采用通风强冷的还应该每个风机配备独立空气开关。

7.1.4 KCT监视应能监视"远方/就地"切换把手、断路器辅助接点、合闸线圈等完整的合闸回路；KCC监视应能监视"远方/就地"切换把手、断路器辅助接点、跳闸线圈等完整的跳闸回路。

7.1.5 屏柜要求。屏柜外引端子应按功能分区，且有明显的标志，以便于施工及检修。投标方所配电气元件（包括断路器、接触器、热继电器、控制开关、按钮、继电器等）采用优质设备，所有的电气元件选用ABB、施耐德、西门子等公司的优质节能产品，不使用已经淘汰的产品。提供的电气柜内的接线端子应提供15%的余量，保证接线的可靠性。变频柜中的电流电缆不得小于$4mm^2$，其他电缆不得小于$1.5mm^2$。电流端子应为可断开的试验端子，端子应按菲尼克斯或魏德米勒品牌选配。接线端子距离地面500mm以上，方便接线。

7.1.6 三维数字化电厂要求

（1）建模范围：投标方三维建模的范围应该涵盖供货范围内所有设备和系统，包括主体设备、附属设备和系统，以及投标方设计供货范围内的附属支撑结构和支吊装置、阀门管件等。

（2）建模内容：投标方应将建模范围内的所有设备完成三维数字化建模。三维数字化电厂就是要建立一个与现实物理电厂一模一样的三维虚拟电厂，三维模型建立的正确性直接影响设计的准确性和数字化电厂的运行管理。因此投标方的三维建模工作不仅要全面反映供货范围内的所有内容，而且要精确地如实反映设备的外观尺寸、摆放位置、接口定位等。

（3）建模深度：投标方在建模时主要是保证三维模型的外观尺寸与实际尺寸一致（设备内部详细结构可以不建模），需要保温的要以保温后的尺寸为准。特别要注意的是设备与管道的接口定位尺寸和规格要准确。

（4）模型移交：根据三维数字化电厂要求，在设备、材料发货前，投标方提前30天将详细发货清单以Excel电子版形式发到招标方；投标方提供全部图纸、说明书、合格证、技术资料等电子版一套。电子版为可编辑最终版本，设备清单中需标列对应KKS编码。提交的图纸和操作手册、维护手册等文件的描述中，涉及设备及部件名称的内容必须使用KKS编码进行标注；提供多台套相同设备时，上述描述必须分别使用全部台套设备各自的KKS编码进行标注。投标方需配合最终招标方完成智慧工地系统有关设备信息和相关电子信息档案数据录入工作，并根据生成二维码指定标准标识牌，悬挂在设备上，能实现设备进场扫码。录入信息和文档由招标方提供。

7.2 发电机及辅助设备

发电机是高效、全封闭、三相、隐极式同步发电机。发电机定、转子采用氢气冷却方式。发电机及辅助设备主要由发电机、冷却系统、电流互感器、中性点设备、发电机在线监测、励磁、静态启动装置。

一、发电机

◆ 发电机运行要求

7.2.1　氢冷发电机的机内氢气的纯度不低于95%时，应能在额定条件下发出额定功率，但计算和测定效率时的基准氢气的纯度应为98%。

7.2.2　配置加热装置，保证停机时机内相对湿度低于50%（湿度、温度接电接至主机控制系统，由控制系统控制电源开关分合，不再设置就地控制箱）。

7.2.3　非正常运行工况性能要求满足甚至高于GB/T 7064—2017《隐极同步发电机技术要求》及其他相关最新标准。

7.2.4　发电机应能作为电动机运行，满足静态启动装置的启动要求。

7.2.5　应采用有效措施防止产生有害的轴电流和轴电压，并在转子合适地方良好接地，在燃气轮机端、励端和滑环轴承等一切可能引起接地的地方均设有良好的绝缘措施，以杜绝一切可能形成轴电流的回路，轴电压控制在5V以下。发电机在运行中应能测量出对地绝缘电阻值。励磁端测量轴电压采用电刷连接。

◆发电机结构要求

7.2.6　定子绕组的绝缘材料应采用F级的绝缘材料，优先采用VPI（环氧真空浸渍）工艺，采取防止电晕、吸潮及老化的措施。

7.2.7　发电机定子线棒槽内固定及绕组端部结构应能轴向自由伸缩，以适应调峰运行的能力。紧固件应采用非磁性材料，并可靠锁紧。

7.2.8　发电机集电环采取有效的降低噪声的技术措施，发电机滑环处设有钢结构隔声罩，罩内喷涂有隔声材料，能有效降低噪声。集电环和电刷应满足国标要求，电刷架采用可插拔一体式刷盒，刷握采用组合型安全刷握，为易拆式，具有绝缘手柄，集电环采用恒压弹簧。

7.2.9　电刷应能在各种运行工况下使用6个月而不必更换。电刷的安装要防止集电环有不均匀磨损，发电机励磁引线应牢固支撑以防由于振动或短路损坏。进风装有可拆卸滤网，方便清理。电刷要具有低的摩擦系数和自润滑作用。采取防止集电环过热的措施，电刷、滑环按连续电流1.5倍设计。电刷结构应能防止碳粉落在集电环上。

7.2.10　电刷应可以分组取下，取下一组时不应影响机组满负荷运行；集电环小室设干燥系统（停启机时可自动投切）。

7.2.11　转子只应设置一点直接接地，大轴接地采用全碳大电刷＋铜辫结构，利用原有轴承上固定杆螺孔位置，就地直接加装，并有措施检测轴电流并报警。

7.2.12　发电机冷态下端部绕组模态试验的椭圆形固有振动频率及端部绕组中的鼻端、引线、过渡引线固有振动频率应小于93Hz或大于115Hz。振幅控制值为小于150μm。发电机在42.5～57.5Hz和93～108Hz频率范围之间不允许发生共振。临界转速应避开额定转速的−10%～+15%范围，通过临界转速时，轴的振动值不大于0.26mm，轴承座的振动值不大于0.16mm。

◆发电机监测

7.2.13　集电环电刷磨损程度监视，在每一个电刷加装电流监测，将每一支电流信号传至电气在线监测后台。

7.2.14　在集电环内增加一温度监测，并将报警、温度监测通信至主机控制系统或DCS。

7.2.15　定子槽上下层绕组间埋置热电阻检温元件不少于9个点（每个点双支布置）。

7.2.16　在定子端部铁芯、压指、压圈和屏蔽层等处应埋置热电偶检温元件。装设位置要考虑到端部漏磁场的影响，以满足进相试验的要求。

7.2.17　各轴承上均应装置测量出油温度的温度计，在出油管上设有视察窗，并应装设遥测轴瓦温度的检温计。

7.2.18 对于匝间保护在线监测视定子绕组结构而定，双Yy连接存在匝间短路可能性的需要加装定子在线监测。

7.2.19 发电机本体出来的线及其中间端子箱应方便检查维修人员拆装，并且不能挂装在发电机本体上，以避免振动造成端子松动。

7.2.20 增加发电机定子绕组端部振动监测。

注：发电机定子绕组端部的振动状态不可能是一成不变的，在交变电磁力和热应力的作用下，可能因绝缘的微缩作用及磨损或紧固件的局部松动，绕组端部模态参数会发生变化。投运时合格的发电机在经长期运行后，其固有频率可能落入两倍频电磁力谐振范围内，造成振动状态逐步或突然恶化。而一般的电气监测和外部部件振动监测反映不出这种危险的振动变化，难以避免突发事故的发生。

7.2.21 氢冷发电机装设绝缘过热监测装置，在线监测发电机定、转子绕组及铁芯绝缘局部过热情况。采用新型监测原理：通过安装在发电机温度信号接线板内部的四个冷凝核光感传感器来监测发电机绝缘过热情况。

原理说明：四个冷凝核光感传感器随温度信号接线板分布在发电机四个区域，完全置于一定压力下的冷却气体环境中。当发电机运行时，某区域绝缘部件有绝缘过热，过热的绝缘材料分解后，遇冷会产生冷凝核，冷凝核随气流流动，流到就近的冷凝核光感传感范围内，传感器会根据冷凝核的浓度发出 $0 \sim 10V$（或 $4 \sim 20mA$）的输出来判断发电机绝缘过热情况及过热绝缘部件的大致区域。输出电压（或电流）的大小与发电机绝缘过热程度有关，当电压（或电流）升到某一整定值时，代表着绝缘早期故障隐患的发生和存在，装置发出报警信号。

◆互感器

7.2.22 电流互感器的二次引出线应采用$4mm^2$以上，端子排采用带短接排的凤凰试验型端子。端子箱应单独提供，不能挂装在发电机本体上以避免振动造成端子松动。电流互感器接线端子箱内应设置防凝露加热器。

7.2.23 新投运电压互感器的二次绕组二次电压回路采用分相总空气开关，并实现有效监视。

7.2.24 发电机—变压器组差动保护及主变压器引线差动保护各侧应选用特性一致的TA（如同厂家、同批次）；差动保护各侧不应混用P级和TPY级TA；300MW及以上发电机—变压器组差动保护宜选用TPY级TA；断路器失灵保护宜选用二次电流可较快衰减的P级TA，不宜选用TPY级TA。

◆中性点接地变压器

7.2.25 发电机中性点经隔离开关连接高阻接地，隔离开关采取电动方式，并将开关位置信号做进DCS画面。

二、GCB开关

7.2.26 根据广电调控方〔2015〕75号《关于直调电厂开展机组涉网状态判别相关控制逻辑隐患排查工作的通知》，接至控制系统的并网开关接点宜采用三冗余，以满足三选二要求，严防机组"脱网"等重要信号在单一回路、接点出现异常时引发功率振荡。地调电厂可参考。开关厂家应配置足够的辅助接点。

三、发电机保护

7.2.27 发电机保护采用跳闸出口箱方式，具备远方防跳，可以就地监视跳闸回路，并且也比较集成。

7.2.28 新投运设备电压切换装置的电压切换回路及其切换继电器同时动作信号采用保持（双位置）继电器触点，切换继电器回路断线或直流消失信号，应采用隔离开关动合触点启动的不保持（单位置）继电器触点。

7.2.29 发电机保护采用不同厂家双重化保护配置，保护装置应符合国家、行业和电网相关技术规范的要求，采用的装置型号及软件版本应通过南方电网组织的入网测试；发电机—变压器组保护型号和版本应采用技术成熟、性能可靠的装置，需通过国家和行业标准的动模测试，负责动模测试的机构须通过国家认证认可监督委的合格评定并具备相应的检测资质。

7.2.30 结合主变压器保护的组屏方式为发电机A屏、发电机B屏、变压器保护A屏、变压器保护B屏及变压器非电量保护C屏。

7.2.31 300MW及以上容量发电机应配置失步保护，并能正确区分振荡中心位置。300MW及以上容量发电机应配置启、停机保护及断路器断口闪络保护。

四、故障录波装置

7.2.32 将同期合闸继电器触点及同步表合闸触点接入故障录波装置进行监视。

五、离线封闭母线

7.2.33 离相封闭母线的母线导体采用圆管铝母线，材料采用工业纯铝1060。

7.2.34 离相封闭母线的外壳采用全连式，冷却方式为自然冷却。离相封闭母线应防止灰尘、潮气、盐雾腐蚀及雨水浸入外壳内部，外壳防护等级不低于IP66。

7.2.35 封闭母线支持结构的金属部分应可靠接地。全连式离相封闭母线的外壳采用多点接地方式，外壳短路板处应设可靠接地点。接地导体应有足够的截面，以保证具有通过短路电流的能力。

7.2.36 当母线通过短路电流时，外壳感应电压不超过24V。

◆结构

7.2.37 封闭母线的主回路和各分支回路为全连式，要求同相外壳各段有良好的电气连接，并分别在回路的首末端装设短路板，以构成三相外壳间的闭合回路，保证距母线外壳150mm处的钢铁支架、结构及混凝土中的钢筋温升不超过有关标准。主回路和各分支回路末端的短路板，尽量靠近该处所连设备，以减少端部漏磁范围。

7.2.38 封闭母线的结构，应能布置在楼板的支架上，能悬挂在梁或其他构筑物上，并采用热浸镀锌防腐处理。

7.2.39 与设备连接处采用外壳带密封套的活动套筒或带橡胶波纹管的可拆伸缩装置。

7.2.40 导体采用螺栓连接的部位或有温度测点处，外壳应设观察窗。

7.2.41 封闭母线在适当位置设检修孔，以便进入壳内进行检查和维护。发电机和变压器的套管、发电机和GCB的连接处、母线及支持绝缘子、可拆连接点、母线接头以及断开装置，均可通过手孔或人孔方便地进行维护、试验和装卸。

7.2.42 封闭母线在轴向和辐向，应能满足吊架、支架或基础在50mm以内的不同沉降和位移。

7.2.43 在封闭母线布置最低点的适当位置（如主变压器、高压厂用变压器升高座法兰处等）设置排水阀，以便定期排放壳内凝结水。

7.2.44 与封闭母线成套供货的电压互感器、避雷器柜应为封闭防尘的分相插入式结构。电压互感器柜内抽屉和母线间设置隔板，当抽屉拉出后插头孔处按IEC标准有挡板自动落下，保证在检测电压互感器时可与母线带电部分完全隔开。

7.2.45 自然冷却离相封闭母线，应在户内穿墙处设置密封绝缘套管或采取其他措施，防止外壳中户内外空气对流而产生结露。

◆ 附属设备结构

7.2.46 所有设备柜应是防尘、防潮、防滴、分相式，户内设备防护等级为不低于IP54，户外设备防护等级为不低于IP66，并有带锁的活动门。

7.2.47 在封闭母线的适当位置，设置三相短路试验装置。短路排应是一套完整的装置，包括导体、绝缘子、外壳、连接装置、支撑等部件，可放置在就地，需要时连接上即可使用。

◆ 大流量热风循环干燥装置

7.2.48 封闭母线采用大流量空气闭式热风循环干燥方式，对母线内空气循环不断地进行干燥。干燥空气由主回路A、C相进入，通过各回路末段连通管汇入B相后汇入空气循环干燥装置，经干燥后再返回A、C相，形成闭式干燥循环。通过对母线内空气进行循环干燥，确保母线内部空气相对湿度低于设定值。该干燥装置应设有两个加热再生干燥筒，一个工作，一个再生，轮流转换，转换时间为6～8h。应带有可手动切除的加热器。每个回路末端均应设置汇流管及流量调节装置，确保每个回路皆能达到干燥效果。与主变压器及厂用变压器连接处也应纳入循环干燥范围。该装置应设有手动及自动运行模式。

7.2.49 封闭母线内所充的气体应经分子筛过滤干燥后才能充气，且有压力自动调节装置。

7.2.50 空气循环干燥装置应设温度、湿度、压力监测仪表和运行状态的信号，并可远传信号。信号接口设置在控制柜外接端子排上。

7.2.51 燃气轮机发电机出线端至出口断路器采用全连式离相封闭母线相连接，出口断路器至主变压器之间以及分支回路采用全连式离相封闭母线相连接，励磁变压器高压侧采用全连式离相封闭母线与燃气轮机发电机出口主封闭母线相连；汽轮机发电机出线端、汽轮机发电机出口断路器以及主变压器之间采用全连式离相封闭母线相连接，汽轮机励磁变压器与汽轮机发电机出口断路器拼柜布置，低压侧通过电缆与励磁柜连接。

六、励磁系统

7.2.52 燃气轮机控制系统应能完全兼容、支持我国国产励磁系统的控制。

7.2.53 燃气轮机发电机励磁系统应采用具有成熟运行经验的产品。励磁型式应为高起始响应自并励静止励磁系统。励磁系统与静态燃气轮机启动器为同一厂家，更具兼容性、运维更方便。厂家推荐：南自电控、南京南瑞、ABB。

7.2.54 自动电压调节器（AVR）采用完全双重化的数字微机型，每个通道具有自动和手动控制功能，各通道之间相互独立，可随时停运任一通道进行检修。各备用通道可自动跟踪，保证无扰动切换。AVR应具有电压互感器回路失压时防止误强励的功能，并具备独立通道、软件脉冲、交流采样、智能报警等功能。

7.2.55 控制器与GPS对时。

7.2.56 AVR应具有RS485（Modbus等协议）的通信接口，以实现与电气监控系统的信息交换。

7.2.57 转子接地保护宜设置在励磁系统本体柜处。采用注入式转子接地保护装置，停机状态下也能监控转子绝缘情况，且转子接地保护宜设置在励磁系统本体柜处。

7.2.58 接入保护柜或机组故障录波器的转子正、负极采用高绝缘的电缆，且不能与其他信号共用电缆。

7.2.59 发电机励磁系统应满足与TCS、调度、PMU（同步相量测量）、AVC（电压自动调节控制）信号交接的要求。

7.2.60 需外送励磁电流、励磁电压4~20mA变送器，精度应不低于0.5级。

7.2.61 励磁系统的灭磁能力应达到国家标准要求，且灭磁装置应具备独立于调节器的灭磁能力。灭磁开关的弧压应满足误强励灭磁的要求。

7.2.62 正常停机包括用于正常停机的逆功率保护停机采用逆变灭磁，其余保护动作等事故紧急停机用事故灭磁方式。

7.2.63　励磁变压器能效等级须达到2级或以上。

7.2.64　励磁变压器与发电机主封闭母线之间采用离相封闭母线连接。

7.2.65　励磁变压器的绕组温度应有远方监视功能（包括温度信号及温控告警信号），并控制其温度在设备允许的范围之内。有条件的可装设铁芯温度在线监视装置（引自《防止电力生产事故的二十五项重点要求》第11.1.5条）。温度控制或监视的设置点应设置于低压侧。每个风机应有独立空气开关。

7.2.66　励磁系统的交流励磁和直流励磁母线采用铜导体浇筑母线。

7.2.67　励磁变压器高压侧封闭母线外壳用于各相别之间的安全接地连接应采用大截面金属板，不应采用导线连接，防止不平衡的强磁场感应电流烧毁连接线。

7.2.68　电力系统稳定器（PSS）必须满足广东电网对此的所有要求，并具有入网试验报告。

7.2.69　晶闸管应采用质量与ABB、西门子、PowerEx（宝誉斯）等品牌相当的产品。

七、燃气轮机静态启动器

7.2.70　燃气轮机控制系统应能完全兼容、支持我国国产静态启动系统的控制。

7.2.71　隔离变压器的能效等级须达到2级或以上，绝缘等级为F级，并满足GB 20052《电力变压器能效限定值及能效等级》的要求。

7.2.72　采用两套启动变频装置拖动三套燃气轮机的方式，两套启动变频装置能同时启动任意两台机组。不再配置逻辑切换盘方式，将启动前所需操作的断路器、隔离开关在静态启动装置SFC中控制操作。如图1-7-1所示。

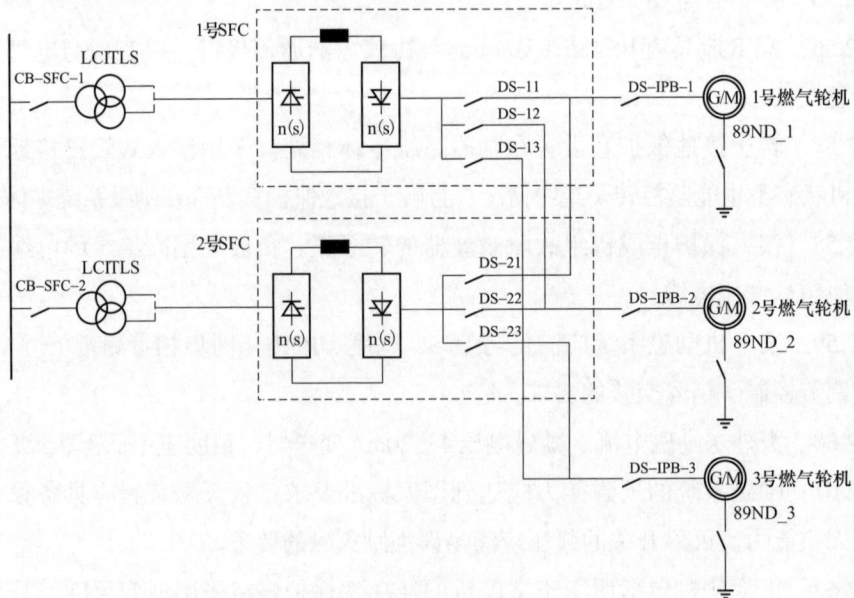

图1-7-1　静态启动装置SFC

7.2.73　控制器与GPS对时。

7.2.74　AVR应具有RS485（Modbus等协议）的通信接口，以实现与电气监控系统的信息交换。

7.2.75　静态启动装置就地控制窗口宜采用中文操作界面，并且就地故障信号消除后可以在远方复位。

7.2.76　若开关速断保护装置无法满足灵敏性要求而需增设变压器差动保护，则变压器本体差动保护采用与中压开关柜保护同一厂家品牌。

八、机组变送器屏

7.2.77　应满足或高于GB/T 50063—2017《电力装置电测量仪表装置设计规范》。

7.2.78　发电机的有功功率，如果参与燃气轮机的燃烧控制和保护跳机逻辑，其发电机功率装置必须同时引入测量级、保护级的TV、TA，功率变送器采用智能型数字功率变送器，具备抗暂态干扰能力。

7.2.79　电气量变送器可选用上海电院、浙江涵普或南自仪表等品牌的产品。

7.2.80　电气量表计及变送器精度为0.2S级。

九、同期装置

7.2.81　同期合闸继电器合闸触点及同步表合闸触点接入故障录波装置进行监视。

7.2.82　采用独立的微机同期装置装盘，同期装置需含有燃气轮机发电机机端出口和主变压器高压侧两个同期点，每套同步装置包括自动和手动同步装置，每台机组提供一面同期盘。

7.2.83　自动同步装置应与燃气轮机控制系统以及发电机励磁系统AVR相联。当发电机和系统并网时，同步必须位于"自动"位置。

7.2.84　应提供手动同步装置。

7.2.85　微机自动准同期装置应安装独立的同期鉴定闭锁继电器。

十、燃气轮机配套MCC

7.2.86　相同负荷必须分挂于不同MCC段。

7.2.87　MCC段控制电源不得引自自身母线交流电源，可以引自UPS或者直流电源。

7.2.88　减少就地控制箱，动力电源的接通、分断直接由远方控制电源开关的分合（参照仪控要求）。

7.2.89　MCC运行过程中，为避免因系统电压波动导致接触器失磁、再励磁而对厂用电产生冲击，以及防止MCC进线电源切换可能导致负荷开关跳闸，首选采用带位置保持的开关方式。

7.2.90　进线电源切换时间要求不高于2s，采用数字式时间设定切换时间。

7.2.91　MCC/EMCC的进线回路应设置电源快速切换装置，双电源切开关应与全厂保持一致。采用 ASCO 300 系列、GE ZTG 系列、施耐德 W-OTPC 系列等品牌适用于工业及电厂级紧急重要供电场合的高可靠性产品。

7.2.92　设计上应允许将来扩建并应提供 20% 的馈线备用回路。每种型式的设备至少提供一个备用。

7.2.93　MCC 母线及引下线均为绝缘母线。采用四线制系统，中性线母线绝缘和主母线相同。

7.2.94　抽屉单元一次插头是弹性的指型插头，表面镀银，保证抽出部分与盘体之间存在允许位置偏差时能保持良好的电接触。

7.2.95　抽屉单元的一次插头和活门应由 SMC（片状模塑料）或更高规格的阻燃绝缘板制成。活门能随抽出部件插入、抽出、自动打开和关闭。配电盘检修时，活门的联锁可以解除，除检修外，任何情况下都能防止带电静触头外露。

7.2.96　MCC 应允许或能够从上部或下部进、出电缆，并应配备上部走线槽。该槽高度小于 300mm，宽度和长度与 MCC 尺寸一致，其上应有盖，侧面及两端应有敲落孔便于电缆安装及引出。

7.2.97　屏柜背后应考虑可移开的耐火绝缘"隔挡"，用在垂直母线与电力/控制电缆之间和运行人员易触及母线的部件（如后门打开，人可能接触垂直母线）。

7.2.98　MCC 柜的主要电气元件，如断路器、脱扣器、接触器等可使用 ABB、施耐德、西门子、GE 等品牌的产品。

7.2.99　屏内的端子可选用菲尼克斯产品，微型断路器可选用西门子、ABB、施耐德公司的产品。

7.2.100　屏内继电器可选用深圳锦祥、深圳瑞能、江阴新长江的产品，控制和切换开关、按钮和指示灯等可选用深圳瑞能、上海二工、江阴新长江的产品，电能表和变送器可选用南自仪表、浙江涵普、上海利乾等品牌的产品。

7.2.101　重要馈线回路应配置智能测控装置，所有电动机应配置智能电动机控制器，智能测控装置及电动机控制器选型应和全厂选型相一致。所配综合保护应具功能：当故障电流小于接触器允许分断最大电流时，保护出口跳接触器；当故障电流大于接触器允许分断最大电流时，保护出口跳断路器；装置的接地保护必须保证回路单相接地短路的灵敏性。电源馈线回路所配智能测控装置配置具有接地保护功能。

7.2.102　智能测控装置和智能电动机控制器应具有 GPS 通信对时功能，可实现基于现场总线（具体协议联络会定）的通信。智能电动机控制器应具备"抗晃电"功能。

7.2.103　智能测控装置和智能电动机控制器可通过硬线及通信组网以总线的方式分别将信息传送至指定的后台系统。

7.2.104　MCC配置电动机绝缘监测功能，机组配套MCC共用一个绝缘监测主机，并将数据远传至电气在线监测后台。监测后台设置自动周期巡检电动机绝缘，也可以在监控后台手动启动任一台电动机的绝缘监测。

7.2.105　每个开关柜应具有能量隔离与挂牌锁定接口。

十一、油系统

7.2.106　交、直流润滑油泵之间的电气联锁、压力联锁采用硬接线方式。

7.2.107　润滑油泵作为 I 类重要负荷，综合保护低电压保护动作时间一般设置较长。在动力电源失压的情况下，低电压保护未动作，开关未分开，且母管压力联锁也未启动，这时交流润滑油泵将无法联锁启动直流油泵。因此在交流润滑油泵中增加母线低电压继电器，两台交流润滑油泵的低电压继电器触点串联联锁启动直流油泵。

7.2.108　交流润滑油泵电源的接触器，应采取低电压延时释放措施，同时要保证自投装置动作可靠。

7.2.109　直流润滑油泵的直流电源系统应有足够的容量，其各级保险应合理配置，防止故障时熔断器熔断使直流润滑油泵失去电源。

7.2.110　直流电动机就地控制柜的控制电缆从柜底部进入，柜外壳防护等级满足周围环境要求，防护等级不低于IP54。

7.2.111　电动机的功率要与油泵匹配，并且采用低能耗，参照国家节能目录。

十二、盘车

7.2.112　盘车采用软启装置平滑启动。

7.2.113　采用单独啮合电动机，不采用主盘车电动机兼做啮合功能。

7.2.114　盘车正常由机组控制系统启动，就地控制箱不再设置PLC控制。在零转速、油压等正常情况下，就地可手动啮合并紧急启动盘车。

7.3　厂用电气系统部分

厂用配电系统主要包括厂用10.5kV中压段、干式变压器、400V低压厂用电、直流系统、UPS、照明、辅机及节能技术等。

一、中压厂用开关

7.3.1　6.3kV中压电源段配置电动机绝缘监测功能，相应机组中压电源段共用一个绝缘监测主机，并将数据远传至电气在线监测后台。监测后台设置自动周期巡检电动机绝缘，也可以在监控后台手动启动任一台电动机的绝缘监测。

7.3.2　每个开关柜应具有能量隔离与挂牌锁定接口。

7.3.3 ★采用智能型开关，能实现远程对开关的运行、试验、检修位置切换操作。

7.3.4 高压厂用变压器低压侧至6.3kV中压母线连接采用铜导体浇筑母线。

7.3.5 每个电源间隔均装电能表，电能表采用0.5能级，每台机组中压开关电能表串接后与相应机组DCS通信，上传电能数据。

7.3.6 不配置弧光保护。

7.3.7 若采用非原厂专利技术，需有授权证明。

7.3.8 同型产品内额定值和结构相同的组件应能互换。断路器小车的推进、抽出应灵活方便，对仪表小室无冲击影响。

7.3.9 开关柜需安装多功能、智能化模拟动态显示装置。装置集成一次回路模拟图、动态显示断路器分合闸状态、开关小车位置、接地开关位置、弹簧储能状态、高压带电闭锁、温湿度控制、柜内照明、RS485通信等功能。可分元件进行更换，方便运行、检修。能准确反映设备的实际温度，并对运行设备绝缘等级无影响。当监测到设备运行温度超过预设的报警温度时，系统自动报警。

7.3.10 提供的"五防"产品应具有如下功能：

（1）断路器处于分闸位置时，小车才能拉出或推入。

（2）小车处于工作位置、试验位置、移开位置，断路器才能操作。

（3）小车处于工作位置，辅助电路未接通，断路器不能合闸。

（4）馈线侧接地开关未合闸，电缆室的门不能打开，门未关闭，接地开关不能打开。

（5）接地开关未打开，断路器不能合闸，小车未在移开位置，接地开关不能合闸。

（6）小车在工作位置，二次插头不能拔出。

（7）后门用螺钉封闭，电缆室门装设防误操作的挂锁装置，钥匙放在断路器小车上顶部里面固定，断路器在运行位置时，钥匙无法取出，只有断路器在检修位置时，才能取出钥匙。

（8）可能造成误操作，或危及检修维护工作安全的主回路元件设置可靠的锁定装置。

（9）中压开关柜具备可靠的"五防"联锁，断路器与接地开关、电缆室门采用机械联锁。当断路器处于工作位置时（断路器处于合闸状态无法移动），接地开关的操作小窗不能打开，同时电缆室门不能打开，保证出线侧带电时，操作人员无法接近带电体；当断路器分闸（停电操作），并从工作位置拉出试验位置时，才能打开接地开关操作小窗，同时可以操作接地开关（合接地开关操作），当接地开关处于合闸状态时，电缆室门才能打开，才能进行验电、测绝缘的操作；当接地开关处于合闸状态时，断路器无法从试验位置推入至工作位置。

7.3.11 每段母线电压互感器柜内装设一台微机消谐记录装置，装置应能自动区分接地与谐振故障并报警输出，自动显示并记录接地或谐振故障，自动消除系统的铁磁谐振，微机消谐装置应保证动作可靠。消谐装置本身故障或失电时，不可误动。

二、干式变压器

7.3.12 变压器能效等级须达到2级或以上。

7.3.13 变压器的绕组应采用高导电率的铜导体，高压绕组导体采用漆包铜扁线，层间以玻璃纤维作为绝缘和加强，在高度真空下以环氧树脂浇注成型；低压绕组采用铜箔，铜箔应为洛阳洛铜；绝缘树脂及其组分应采用美国亨斯曼进口优质材料；铁芯应采用宝钢、武钢等优质冷轧高导磁晶粒取向硅钢片叠成，每片硅钢叠片应浸渍绝缘漆以减少涡流损耗，有效地降低变压器的空载损耗和噪声水平。

7.3.14 变压器绝缘耐热等级不低于F级，按B级温升设计、考核和使用。绝缘树脂材料应具有自动熄火的特性，遇到火源时不产生有害气体。投标方必须在投标书中提供按B级温升供货的变压器运行在F级温升条件下的最长连续运行容量。

7.3.15 变压器高压绕组端子连接10.5kV电缆（高压电缆可能从变压器外壳的顶部或底部进入，高压电缆进线方式暂定为下进线），低压绕组端子连接低压动力中心的主母线，低压绕组中性点端子用母排（母排截面应是主回路截面的1/2）穿过环氧浇筑式零序TA后再接地，再与开关柜内N母线连接，N母线和相线一样应有绝缘护套。投标方需提供变压器与开关柜母线连接的铜排及附件、低压侧中心线零序电流互感器。低压绕组中性点端子通过绝缘铜绞线连接到外壳的接地铜母线。出厂前装好零序TA及其支架。

注：中性点至接地母排连接可以采用电缆截面或铜排，但是截面均应不小于主回路截面的1/2。若采用电缆连接，则电缆屏蔽层接地应反穿零序电流互感器。

7.3.16 变压器铝合金柜为组装型，柜前后均装铰链门，柜门上设有玻璃观察窗，变压器外壳高度应与开关柜高度保持一致。还应装设防带电误入的闭锁装置，即变压器带电时，即使使用钥匙也无法打开柜门，变压器失电时才能打开柜门。如闭锁装置需要电源，则从变压器低压侧引接。

7.3.17 变压器外壳内的适当位置布置接地铜母线，并与相邻的低压动力中心接地母线连接。投标方负责变压器与开关柜的接口。变压器本体除安装有正常的变压器柜门暗锁机构外，还应在变压器前后柜门上加装可以悬挂五防锁具的机构。投标方应考虑变压器五防锁及接地线闭锁功能，变压器就地接地桩和接地线形式由招标方在联络会确定。最终投标方应按五防锁具要求负责配合接地线五防厂家完成五防设备的配套设施及安装，并且无商务变化。

7.3.18 变压器外壳的油漆和前面板布置应和相邻的低压动力中心相协调，色标由招标方在设计联络会中确定。

7.3.19　采用空气自冷 / 风冷节能型变压器，变压器的绕组温度应有远方监视功能（包括温度信号及温控告警信号）。

7.3.20　变压器具有温度显示、温控保护功能，配置温度控制装置，温控器测点数量为4个。可自动监测并巡回显示三相低压绕组和铁芯最热点温度。温控装置能在不停电的情况下进行检查。温度显示、温控保护通过预埋在绕组中的测温元件测量各相绕组温度，测温元件采用带补偿的三线制［每一个测量点由两个PTC热敏电阻（非线性）和一个PT100铂电阻（线性）组成，PT100提供测量点的连续温度值，PTC提供报警和跳闸点的双重保护功能］。温控系统的温度设定可以根据要求进行调整。

7.3.21　变压器柜内设备电源（包括冷却风机、温控装置、照明等）由制造厂从变压器本体低压侧通过断路器（带保护）引接，招标方不负责供电。

7.3.22　每台风机均有单独供电回路，通过各自的空气开关可分路停送电。

7.3.23　每台变压器均应备有一个铭牌，安装在显而易见的位置，并由防气候和防腐材料制作，字样、符号应清晰耐久，铭牌应符合IEC 56和国家标准的有关规范。铭牌要提供有关设备的全部必要资料，至少必须包括（不限于）：制造厂的名称、设备型号、设备名称、KKS编码、主要技术参数、出厂检验编码、出厂日期、工程识别号和质量等。

7.3.24　变压器铁芯和金属件均可靠接地（铁扼穿芯螺杆除外），接地装置有防锈镀层，并有明显的接地标志，铁芯和金属件有防锈保护层。

7.3.25　投标方提供质量保证计划和质量手册供审核批准。开始制造前，投标方提交制造程序表，介绍要进行的检验或试验。招标方代表有权进入制造厂监督制造中的检验或工厂最终检验和试验。凡与规范不符之处，都必须记录在案进行处理。

三、低压厂用电

7.3.26　配置电动机绝缘监测功能，相应电源段共用一个绝缘监测主机，并将数据远传至电气在线监测后台。监测后台设置自动周期巡检电动机绝缘，也可以在监控后台手动启动任一台电动机的绝缘监测。

7.3.27　每个开关柜应具有能量隔离与挂牌锁定接口。

7.3.28　塑壳开关柜内动力电源接触器布置应垂直开关柜底部布置。

7.3.29　同一系统允许并列操作的电源段，如每套机组400V PC段应能实现并列切换，则开关联锁硬接线、控制系统逻辑应能实现（逻辑中应防止非同期并列，注意中压段母线不在同一系统）。在DCS中有判断是否同一系统的逻辑组态，并且在相应操作画面上有显示判断结果以及作为是否允许并列操作的允许条件。

7.3.30　MCC进线电源切换装置采用全厂同一品牌，以第一台装置确定后为准。

7.3.31 开关柜为防护式组合拼装结构，零件用螺栓连接，采用标准模块化设计，由各种标准单元组成，相同规格的单元具有良好的互换性。

7.3.32 柜体采用覆铝锌钢板框架结构，柜体底板为不锈钢板。外壳顶部应覆板遮盖，防止异物、水滴落下造成母线短路。

7.3.33 电缆出入口应采取密封措施。设备应保证任何一个分支回路故障，可不停主母线更换开关和组件，检修电缆。端子排上的接线如果采用 BVR 软线（铜芯聚氯乙烯绝缘软电线），则在采用压接鼻子的同时还强制要求灌锡。

7.3.34 开关柜应能同时满足电缆上进线或下进线的要求，具体接入方式应满足施工图要求。无论开关处于何位置，都能保证有试验电源。对柜顶出线开关柜顶部采用高镀锌钢桥架，用于 MCC 电缆引接。

7.3.35 每个单元的控制组件均应接到该单元内的端子排上，端子排采用阻燃压接型凤凰端子。端子应能方便地连接至少 $6.0mm^2$ 截面的导线。

7.3.36 应提供适当数量的备用端子，每排端子应有不少于15%的备用量。

7.3.37 连接到一个端子桩头的导线不应多于一根。对内部连线，在需要跳线的地方，可以接两根导线。

7.3.38 开关柜内所有框架断路器上装设智能保护器，PC柜上所有到MCC柜的出线回路安装智能测量仪表，电动机（风机）回路设电动机控制器。所有装置需有双通信口，可选通信接口为：RS485 ModBus RTU、CAN、Lonworks、10Base-T TCP/IP等。

7.3.39 各类综合保护装置选用江苏金智、南瑞科技、南瑞继保、北京四方产品；电动机控制器选用江苏金智、南瑞科技、南瑞继保、北京四方产品；电力测控仪表选用海盐涵普、杭州苏诺、保定众人产品，最终由招标方在技术协议中确定。

四、直流系统

7.3.40 ★每套机组单独设置1套220V动力直流系统，2充1蓄，相邻机组220V直流母线可以互联；每套机组单独设置2段110V控制直流系统，2充2蓄。同电压等级蓄电池应采用不同厂家的产品。

7.3.41 直流电源系统

（1）蓄电池智能化管理：智能监控、蓄电池采集系统、智能充电、蓄电池活化。

（2）完备的供电监测：绝缘/电压监测、馈电开关监测、负荷监测。

7.3.42 采用低压差自主均流技术实现负荷电流均分，利用模块本身的硬件实现均流，均流精度小于3%（20%~50%负荷下，许继，国标要求为5%），均流调节不依赖于监控模块。

7.3.43 模块内控制电路板进行了三防喷吐处理，使电子电路和器件表面电气绝缘，能有效防止空气流动和静电吸附尘埃破坏电流绝缘，满足 TH 环境条件。

7.3.44　高频整流模块关键器件采用进口优质产品。包括 MOSFET 开关功率管、高频整流管；IGBT 开关功率管；无感电容；电解电容。扩大电源模块的电网适应范围，保证模块现场可用范围为：单相为 140～280V，三相为 300～465V（许继）。

7.3.45　采用 20A 输出功率单元模块，不采用 40A 大电流输出模块。

7.3.46　母线绝缘监测应无死区；应无需向直流母线叠加低频信号，监测精度应不受接地电容影响；支路 TA 应自校正；交流串入直流应报警，应同时具有单节电池电压及内阻检测功能。其余要求参见 DL/T 5044—2014《电力工程直流电源系统设计技术规程》。

7.3.47　直流系统监控模块及表计电源不应取自充电模块出口母线，当检修或试验需要将充电机与控制母线隔离停电时，该段母线监控装置及表计因失电无法正常显示数据，将不利于监视，存在安全隐患。应将监控模块及表计电源由充电机出口取电变更为从控制母线取电。

7.3.48　直流馈电主屏与分屏的绝缘监测主机和分机可以相互独立，也可以通过串口通信实现通信互联，实现协调工作。结合热工控制系统直流用电压等级，确定专用电源屏柜，并装设分屏在线绝缘监测分机。分屏绝缘监测装置应能独立工作并监测分屏支路绝缘。

7.3.49　各级直流馈线断路器宜选用具有瞬时保护和反时限过电流保护的直流断路器。当不能满足上、下级保护配合要求时，可选用带短路短延时保护特性的直流断路器。

7.3.50　升压站单独采用交直流一体化电源，配置规范要求参见 DL/T 1074—2019《电力用直流和交流一体化不间断电源》（若机组配置公用 UPS，则升压站不再配置）。

7.3.51　直流系统监控信息应能与 DCS 通信，将直流系统信息、蓄电池单节电池电压信息传至 DCS。

五、蓄电池

7.3.52　每套机组单独设置 1 套 220V 动力直流系统，2 充 1 蓄；2 段 110V 控制直流系统，2 充 2 蓄。同电压等级蓄电池应采用不同厂家的产品。

7.3.53　与电力系统连接的火力发电厂选择蓄电池组容量时，厂用交流电源事故停电时应按 1h 计算。

7.3.54　采用阀控式密封铅酸蓄电池。

7.3.55　蓄电池组加装电池巡检装置，能够实时采集每节蓄电池电压及内阻，并通信上传到直流监控装置。单节电池采样电压分辨率应不大于 2mV，内阻分辨率不大于 0.01mΩ。应具有零点和满度自校准功能。应具备温度探头接口，数字信号输入，实现对蓄电池环境温度或单体电池的表面温度检测，以满足对蓄电池组进行温度补偿控制。

7.3.56 蓄电池组配置电池巡检仪的告警信号应接入监控系统。

7.3.57 电池电压均衡性应满足一组蓄电池中任意两个电池的开路电压差不超过15mV（2V蓄电池）。

7.3.58 蓄电池组按规定的试验方法，10h率容量应在第一次充放电循环时高于0.95C10，第五次循环应达到C10，放电终止电压为1.8V（控制用）及1.87V（动力用）。

7.3.59 蓄电池室应采用防爆型灯具、通风电动机，室内照明线应采用穿管暗敷，室内不得装设插座，灯开关或者门禁开关应采用防爆形式。

7.3.60 为机组负荷与升压站负荷供电的蓄电池组应相互独立，升压站独立配置两组蓄电池。容量在300Ah以上的阀控式密封铅酸蓄电池组应设专用的蓄电池室。两组蓄电池宜分别设置独立的蓄电池室。蓄电池室应通风正常，安装防爆空调，配备温、湿度计，蓄电池室的温度应经常保持在15~30℃之间。开关、插座安装于蓄电池室外。

六、UPS不间断电源

◆总的技术要求

7.3.61 每套机组配置1套UPS。

7.3.62 配置一套全厂公用UPS。主路取自带保安电源的电源段，辅路取自相邻机组带保安电源的电源段。

7.3.63 机组UPS交流主电源和交流辅路电源应由不同厂用母线段引接。主路取自本机组带保安电源的电源段。

7.3.64 卖方提供的UPS装置为电力专用型，UPS装置主机柜采用原装进口设备，并提供有说服力的、可信的原产地证明文件（进口设备的包装材料应符合国家相关检疫要求，提供相关证书，并作为接收资料移交给买方和最终用户，否则造成的损失由卖方承担）。旁路、馈线柜允许采用进口或合资产品配套，但必须满足国内电力行业的所有标准。

7.3.65 由卖方供应的所有合同货物及部件出厂时，应附有制造厂签发的产品质量合格证，作为交货时的质量证明文件。

◆整流器

7.3.66 固态、12脉冲、交流输入侧可调的整流器应用于向逆变器提供稳定的直流电压。

7.3.67 整流系统应由输入隔离变压器、整流器和控制盘等组成，在整流器输入端应提供一个带热元件的自动开关作为过流保护。

7.3.68 整流器输入电压为380V AC±20%，输入频率范围为50Hz±10%。稳压精度为：负荷电流为5%～100%时，不大于±0.5%。

◆ 逆变器

7.3.69 逆变器应允许直流输入为220V DC±20%，极限直流工作电压为165～300V DC，输出电压静态稳定度为220V AC±0.5%，动态稳定度为220V AC±2%且恢复时间小于10ms。逆变效率大于96%，在额定负载下，逆变器能满载可靠启动。

7.3.70 UPS逆变器输出应对旁路输入进行连续跟踪，以便在主机故障或工作电源消失时，实现无扰动切换到旁路。逆变器输出侧应设隔离变压器。

◆ 静态转换开关

7.3.71 静态转换开关的切换时间在任何切换情况下应不大于4ms（相关规范要求为不大于5ms）。

7.3.72 当电源切换至旁路时，应能向控制室发出信号。当逆变器恢复正常运行时，静态切换开关应经适当延时自动将负荷切至逆变器输出。根据需要，也应能手动解除静态切换开关的自动反向切换。

◆ 手动旁路开关

7.3.73 UPS应提供手动操作机械旁路开关。手动旁路开关应是先通后断结构，保证在切换过程中UPS输出交流电源的连续性。手动旁路开关应有接通－中间－断开三位置，以便当逆变器和静态切换开关或者后者退出运行进行维修时，不致使负荷停电。手动旁路开关在接通位置时将静态切换开关旁路的同时，应切断逆变器的同步信号。手动旁路开关在中间位置时应再度接入同步信号，以便将配电屏接至逆变器之前试验逆变器的同步。

7.3.74 应设置逆变器输出与旁路电源的同步控制装置，以保证逆变器输出与旁路电源同步。如果电厂频率偏离限定值，逆变器应保持其输出频率在限定值之内。当电厂频率恢复正常时，逆变器应自动以每秒1Hz或更小的频差与电厂电源自动同步。同步闭锁装置应能防止不同步时手动将负载由逆变器切换至旁路。UPS控制屏上应设有同步指示。手动切换时逆变器输出应与旁路电源同步。逆变器故障或外部短路由静态切换开关自动切换时则不受此条件控制。

◆ 止回二极管

7.3.75 止回二极管用于UPS内部整流器输出与外接的机组220V直流电源系统之间的隔离。止回二极管应按逆变器最大输入电流来选择，并具有承受输出端短路故障的自保护能力。止回二极管应能承受不小于1000V的反向电压。

7.3.76 应有止回二极管故障显示和/或监视装置。

◆旁路电源

7.3.77 UPS设置旁路电源。

7.3.78 旁路自耦调压变压器的调节范围不应小于逆变器的输出电压范围。旁路系统承受短路电流能力不小于10倍额定电流，时间不小于1s。

7.3.79 所有整流器、变压器等应为干式，绝缘等级至少为F级。

◆配电柜

7.3.80 UPS配电柜内的母线应采用铜排，并能承受UPS电源及380V厂用电系统提供的短路电流。

7.3.81 UPS配电柜内的负荷馈线采用优质厂家小型塑壳型空气断路器（采用两极开关）。空气断路器应带有辅助接点和报警接点各一个，投标方应负责将配电柜内的所有馈线空气断路器的报警接点并联并接至端子排上，以供招标方使用。

7.3.82 配电柜内馈线回路数及容量见设计院施工图。所有馈线必须经端子排接出，端子排的额定电流必须与馈线回路的额定电流一致。

7.3.83 馈线柜内应装设绝缘监察装置，能适应不同馈线电缆截面接地查找的要求，投标方需在投标阶段提出绝缘监察装置的原理。

7.3.84 UPS主机柜上测量仪表精度不应低于1.0级。当旁路柜、配电柜上的测量仪表采用常规仪表时，其测量精度不应低于1.5级。

7.3.85 交流不间断电源系统宜采用安装于主配电柜内的截面积不小于$100mm^2$的接地铜排作为接地装置。UPS输出端的中性线（N）应在主配电柜内与接地铜排可靠连接。

7.3.86 UPS装置应满足电磁兼容性要求，并应提供通过国家电磁兼容性检测报告的证明。

7.3.87 UPS装置应具有保护和限制功能以及自诊断功能。

7.3.88 UPS装置配电柜端子排采用魏德米勒端子，每个端子只允许接一根线。电量变送器应为双线接线输出。变送器的辅助电源由UPS柜内取得。

七、节能技术

7.3.89 水泵采用变频方式。

7.3.90 高压给水泵采用变频节能方式，变频器采用一台变频拖动两台电动机。

◆高压变频变压器

7.3.91 应根据变频装置的型式选择与变频装置配套的进线变压器。进线变压器应能承受系统过电压和变频装置产生的共模电压以及谐波的影响。

7.3.92 进线变压器应为干式变压器，配金属外壳、冷却器，应具有就地和远方超温报警和相应的控制功能，测温元件和温度开关应选用进口产品。

7.3.93　绝缘等级：F级（按B级绝缘考核温升）。

7.3.94　多绕组隔离变压器必须选用H级绝缘或以上的干式低损耗变压器。

7.3.95　进线变压器安装在户内，并与高压变频装置布置在一起。投标方负责进线变压器与高压变频装置之间的连接。

7.3.96　变压器进线接线端子应足够大，以便与进线电缆连接。变压器柜内高压引线导体应能满足发热的允许值（低于65℃）。

7.3.97　变压器在出厂前应进行型式试验和出厂试验。试验内容和方法应满足相应的国际标准和国家标准。所有试验应提供试验报告。

7.3.98　变压器允许过负荷能力应符合IEC干式变压器过负荷导则及相应国标要求。

7.3.99　高压变频器整流用移相变压器应采用干式变压器，干式变压器要求铜线绕制，柜体封闭，绝缘等级为H级。移相变压器容量必须按1.25倍变频器额定容量。

7.3.100　变压器承受短路电流的能力。变压器在各分接头位置时，应能承受线端突发短路的动、热稳定，而不产生任何损伤、变形及紧固件松动。

◆变频装置

7.3.101　高压变频器应经过质量监督检验中心的检测，具有型式试验报告、检验报告，并有相关满载轻载效率谐波测试报告。

7.3.102　高压变频器整个系统必须在出厂前进行整体模拟带额定负载试验（至少48h），以确保整套系统的可靠性。

7.3.103　在20%～100%的调速范围内，变频系统不加任何功率因数补偿装置的情况下输入端功率因数必须达到0.95及以上。

7.3.104　高压变频器的功率单元为模块化设计，方便从机架上抽出、移动和变换，所有单元可以互换。变频器具有内部功率模块旁路功能，当任意某个功率单元故障时或控制元件损坏的情况下，能保证变频器不停机且连续稳定运行，变频器不降容。变频器继续运行不影响整体设备系统工作，并通过报警信号向运行人员发出警报。变频器功率单元可以互换并配备备用单元，拆开紧固螺钉即可更换，无须特殊安装工具，更换一个功率单元的时间不大于10min。

7.3.105　高压变频器对电网反馈的谐波要求也必须符合IEEE std 512 1992及我国供电部门对电压失真最严格的要求。并且投标厂家需提供国家权威部门出具的检验报告和型式试验报告。

7.3.106　变频器和变压器应采取强迫风冷，并提供风机故障报警；变频器空气过滤网应能在运行中安全拆卸进行清扫。每台冷却风机的平均无故障时间大于变频器本身平均无故障时间。当1台风机发生故障时，仍然能够满足额定运行要求。冷却风机的电源取自变频器本身。

7.3.107　当变频器发生过流或短路等重要故障时，要求变频器能快速切除故障，并提供完善的综合保护措施以保证变频系统不损坏。

7.3.108　变频装置对电网电压的波动应有较强的适应能力，在 $-15\%\sim+15\%$ 电网电压波动时必须满载输出；可以承受 35% 的电网电压短时下降而降额继续运行。在大于 -35% 波动时，变频器进入瞬时再启动状态，电网电压恢复正常后，变频器自动恢复正常运行，不需要重新送电和启机。$10.5kV$ 电源的瞬间闪变不应导致变频装置的停机，至少应能承受 $2s$ 瞬时断电不停机。

7.3.109　高压变频器输出波形不会引起电动机的谐振，转矩脉动小于 0.1%。变频器可自动跳过共振点（至少 3 组）。

7.3.110　变频系统效率应达到 98% 以上（投标方投标时应明确），变频装置整个系统的效率（包括输入移相变压器等）在整个调速范围内必须达到 97% 以上（投标方投标时应明确），并在整个调速范围内不变。变频器设备可用率大于等于 99%。变频调速装置具有良好的调节性能，能根据负荷的变化及时有效地实现调节。能实现从 $0\sim100\%$ 额定转速的平滑调节。

7.3.111　变频装置动力电源与控制电源独立设置，控制电源型式为一路交流 $220V$、一路直流 $220V$，另加 UPS 电源作为备用。应配置 UPS 及双回路自动切换装置，切换时间小于 $0.5s$，在控制电源掉电时，不影响系统运行并能维持 $30min$。

7.3.112　高压变频器控制系统采用数字控制器，具有就地监控方式和远方监控方式。

7.3.113　频率分辨率为 $0.01Hz$；过载能力为 120% 额定负载电流，持续时间为 $1min$；150% 额定负载电流，持续时间为 $3s$。

7.3.114　整套变频控制装置，包括移相变压器、变频器、隔离开关柜等所有部件及内部连线一体化设计。

7.3.115　机柜的外壳防护等级应大于 IP31，并具有相关检测报告。

7.3.116　变频器应对本体控制系统的就地控制柜无谐波影响。

7.3.117　系统具有较强的抗干扰能力，能在电子噪声、射频干扰及振动的环境中连续运行，且不降低系统的性能。距电子柜 $1.2m$ 处以外使用大功率对讲机做电磁干扰和射频干扰试验，应不影响系统正常工作。

7.3.118　柜内设备布置应严格满足国家标准要求的带电距离，不允许发生因为带电距离不够所造成的任何故障情况；柜内元器件的安装应整齐美观，应考虑散热要求及与相邻元件之间的间隔距离，并应充分考虑电缆的引接方便。

7.3.119　变频装置应带故障自诊断功能，能对所发生的故障类型及故障位置提供中文指示，能在就地显示并远方报警，便于运行人员和检修人员能辨别和解决所出现的问题。变频装置有对环境温度的监控，当温度超过变频器允许的环境温度时，变频器提供事故报警及事故跳闸功能。

7.3.120　变频器I/O量可以根据用户的需要定义并具备扩展功能，以满足后台监控需要。

7.3.121　要求投标方提供数字微处理器控制器的正版组态软件、编程电缆。

7.3.122　旁路柜柜体高度、厚度和颜色与变频器柜一致；柜体防护等级为IP31；预留接线端子，便于10.5kV电缆接线。

7.3.123　旁路柜应按照高压开关柜的标准设计，按照"五防"标准设计，具有泄压通道，保护操作人员安全。

7.3.124　高压变频器选择拖动电动机的切换柜采用开关，能断电保持，不采用接触器。变频切换开关采用DCS控制，不再设置就地PLC控制。

7.3.125　高压变频器室应做成内循环冷却方式，变频器室加装自动除湿器，并且有自动排水功能。

7.3.126　高压变频器室设置主厂房内的单独房间。

7.3.127　给水泵电动机本体的事故按钮应能正确切除相应工频、变频动力电源。

7.3.128　若给水泵配置差动保护，变频运行时应给相应电动机退出差动保护的开入信号，这样备用的工频开关不会再发出差动保护动作误告警信号。

7.3.129　变频器控制电源在±15V范围内波动时，变频器应能正常运行。

7.3.130　变频器主回路应采用原装进口高压IGBT（IGCT），为使设备运行过程中将故障影响降低到最小范围内，要求不可以采用具有爆裂或拉电弧可能的功率开关元件。IGBT（IGCT）、电容选用原装进口产品。

7.3.131　400V电动机变频器采用同一厂家品牌，以第一台变频招标品牌为准。变频装置应提供正版中文的人机界面。

八、照明

7.3.132　照明系统采用380/220V 3相5线交流系统。全厂照明系统光源采用LED光源。户外灯具的防护等级不低于IP65。

7.3.133　工作面上的照度符合规定值，限制炫光，供电安全可靠，维护检修安全方便，照明装置与建筑协调统一，积极地采用先进技术和节能设备。

7.3.134　厂区道路照明控制采用DCS控制。

7.3.135　厂区道路照明，均采用三相五线制，路灯应均匀接在三相上，并按a、b、c、a、b、c的相序排列进行接线，使三相负荷平衡。完工时应设置验收，检查三相电流应平衡。

7.3.136 道路照明采用铠装电缆，电缆跨马路或跨混凝土地面时，需穿提前预留好的沟槽，电缆一律穿PVC管保护层。电缆分支只允许在灯杆底座内进行，不得在土中分支。

7.3.137 道路照明路灯基础，优先采用预制钢筋混凝土基础，受附近管线障碍、埋设深度限制，或地质条件影响不适用预制基础时，采用现浇钢筋混凝土基础。

7.3.138 灯杆基础应预埋保护电缆进线的PVC管，管径为2倍以上电缆大小，且预埋PVC管与水平面夹角大于90°，应能较轻松拉扯电缆。同杆挂设的监控视频等弱电信号应单独布置PVC管路。

7.3.139 烟囱照明高度不应超过避雷带的高度，否则避雷带起不到效果。

7.4 涉网变电部分

一、主变压器

7.4.1 主变压器至GIS升压站采用埋地电缆连接。$

7.4.2 变压器高压侧、中性点、低压侧套管选用干式电容型套管，介质损耗小于等于0.4%，备选厂家为搏世因、西瓷、沈阳传奇，应分别报价，以最高价计入总价。

7.4.3 对于新建/扩建主变压器，宜进行直流偏磁电流计算评估。若计算评估的直流偏磁电流超过允许值，则应配置直流偏磁抑制装置。变压器直流偏磁电流允许值：110kV和220kV变压器每台为10A。

7.4.4 采用油浸风冷（ONAF）。

7.4.5 冷却装置优先选用片式散热器，并且固定在变压器油箱上。

7.4.6 风冷控制柜采用PLC自动控制。

7.4.7 除根据运行需要对变压器短路阻抗的特殊要求外，还应结合最大短路电流时开关的开断能力，选择适当的变压器阻抗。

7.4.8 变压器绝缘水平还应考虑GIS中的开关操作产生快速瞬变过电压对变压器绕组绝缘的影响。

7.4.9 配置在线监测：避雷器泄漏电流以及雷击次数在线监测（调研）、油中故障气体含量、微水在线监测、中性点电流、铁芯接地电流。

7.4.10 对于燃气轮机、汽轮机主变压器，采用独立的升压变压器的方式时，结合一键启停控制要求，实现对汽轮机主变压器中性点接地开关在DCS上的控制。

7.4.11 6.0级以上地震危险区域内的主变压器，要求各侧套管及中性点套管接线应采用带缓冲的软连接或软导线。

7.4.12 主变压器变低母线桥预留的接地线挂点必须独立设置并相互错开，不得借用避雷器引下线，以实现接地挂点下方处于悬空状态。

7.4.13 主变压器变低10kV（20kV）侧母线连接母线桥应全部采用绝缘材料包封（可预留接地线挂点），防止小动物或其他原因造成变压器近区短路。

二、GIS封闭母线

7.4.14 GIS在设计过程中应特别注意气室的划分，避免某处故障后劣化的六氟化硫气体造成GIS的其他带电部位的闪络，同时也应考虑检修维护的便捷性，保证最大气室气体量不超过8h的气体处理设备的处理能力。

7.4.15 主母线隔室划分应考虑气体回收装置的容量和分期安装的方便。预留扩展间隔接口，并指出预留位置。

7.4.16 六氟化硫密度继电器与断路器设备本体之间的连接方式应满足不拆卸校验密度继电器的要求。密度继电器应装设在与断路器或GIS本体同一运行环境温度的位置，以保证其报警、闭锁触点正确动作。

7.4.17 为便于试验和检修，GIS的母线避雷器和电压互感器、电缆进线间隔的避雷器、线路电压互感器应设置独立的隔离开关或隔离断口；架空进线的GIS线路间隔的避雷器和线路电压互感器宜采用外置结构。

7.4.18 GIS现场安装过程中，必须采取有效的防尘措施，如移动防尘帐篷等，GIS的孔、盖等打开时，必须使用防尘罩进行封盖。

7.4.19 采用电缆进出线的GIS，宜预留电缆试验、故障测寻用的高压套管。

7.4.20 GIS汇控柜电流端子采用试验端子排，短接采用连片方式，不允许采用短接线。

7.4.21 GIS室内布置六氟化硫泄漏检测报警、强力通风及氧含量检测系统。并且应能手动启动或者故障时强制启动强力通风系统，检测系统故障状态信号通过公用测控远传至NCS系统。

7.4.22 配置在线监测：六氟化硫压力监视、断路器动作次数、油泵动作次数（动作次数可以采用DCS控制系统根据位置反馈接点进行累积计数）、避雷器泄漏电流以及雷击次数在线监测（调研）、配置六氟化硫微水在线监测、局部放电在线监测。在相应监控系统应能生成运行报表。

7.4.23 应提供气体吸附装置，具备在现场更换的条件，吸附GIS内部产生的杂质，以维持预期的电气特性和维修工作的安全。GIS内部吸附剂罩应采用金属材质制成。吸附剂更换周期应与GIS检修周期相同。

7.4.24 隔离开关和接地开关的位置就地有可靠的位置指示，结合智能巡检要求设置位置联动观察点。

7.4.25 根据广电调控方〔2015〕75号《关于直调电厂开展机组涉网状态判别相关控

制逻辑隐患排查工作的通知》，接至控制系统的并网断路器接点宜采用三冗余，以满足三选二要求，严防机组"脱网"等重要信号在单一回路、接点出现异常时引发功率振荡。

7.4.26 断路器厂家应配置足够的辅助触点（用于自身操作闭锁回路功能的辅助触点除外，具体数量待设计联络会确认）。备用触点均应引接到就地控制柜的端子排。触点具有遮断15A、时间常数为0.4的感应回路（相对220V直流）的能力。

7.4.27 观察窗的机械强度应与外壳一致，同时在观察窗的内侧加一个适当的接地金属编织网，防止形成危险的静电电荷。

7.4.28 就地控制柜与机构箱配置加热器，且电源独立设置，优先选用小功率常投加手动投运方式。安装地点须有利于对流并且不会对相邻元器件造成损害，并且将温控器运行监控状态信号传至测控单元。

7.4.29 断路器操动机构采用液压操动机构，不采用弹簧操动机构或者气动机构。

7.4.30 应有三相（ABC）高压带电显示及闭锁装置。

7.4.31 同一组合电器设备间隔汇控柜内隔离开关的电动机电源空气开关应独立设置；同一组合电器设备间隔汇控柜的"远方/就地"切换钥匙与"解锁/联锁"切换不得为同一把钥匙操作。

7.4.32 ★每个间隔隔离开关操作电源空气开关应具有远方操作功能，远方操作指令由NCS操作控制。

三、涉网保护

7.4.33 继电保护装置（含保信子站、故障录波器、行波测距装置）应符合国家、行业和电网相关技术规范的要求，涉网保护（母线保护、线路保护、断路器保护等）采用的装置型号及软件版本应通过电网组织的入网测试；发电机—变压器组保护型号和版本应采用技术成熟、性能可靠的装置，需通过国家和行业标准的动模测试，负责动模测试的机构须通过国家认证认可监督委的合格评定并具备相应的检测资质。

7.4.34 涉网保护应采用双重化且不同厂家的组屏配置方式，应当包括两套完整的保护，两组独立的交流回路、直流回路、开关量的输入输出回路、跳闸回路以及纵联通道等各个环节。辅助的二次设备应按照提高整个继电保护系统可靠性的原则，合理配置、接线。

7.4.35 根据发电机—变压器组技术条件配置一套完整的主变压器本体（含厂用高压变压器）非电量保护，与电气量保护必须完全分开，宜独立组屏。双重化配置的两套电气量保护应分别动作于断路器的一组跳闸线圈；非电量保护的跳闸回路应同时作用于断路器的两组跳闸线圈。

7.4.36 变压器保护采用跳闸出口箱方式，具备远方防跳，可以就地监视跳闸回路，并且也比较集成。

7.4.37 变压器并网前、并网后差动位置判据选用SFC连接发电机的隔离开关辅助接点。

7.4.38 双重化配置的两套保护及其相关设备（跳闸线圈、接口装置等）的直流电源应一一对应，并取自不同蓄电池组供电的直流母线段。

7.5 自动化、通信系统

9F级机组配置的通信、自动化设备，主要有：远动装置、保信子站、失步解列、自动有功功率控制AGC、自动电压控制AVC、安稳切机装置，以及调度数据网络安全防护、态势感知及安全堡垒机。厂站采用IEC 61850标准体系作为厂站内的传输协议。

在当前二次一体化的大背景下，需要对整个厂站进行全景建模，在统一数据模型的基础上对厂站数据进行整合和综合利用。电网提出将远动业务、保信业务、计量业务、在线监测业务整合一体化，将业务集中于智能远动机，简化了设备系统与多重信息采集，整合各专业数据，消除信息孤岛，达到二次信息融合、综合利用的目的（鉴于技术二点成熟度，暂时考虑智能远动整合远动与保信子站业务功能，暂不考虑PMU、电能计量及在线监测业务功能，将来设备招标时，再评估集成的技术成熟度及市场应用情况，再考虑业务功能的迭代）。

一、通则

7.5.1 应满足国家及电网网络安全规定。

7.5.2 提供由国家权威机构出具的该产品的电磁兼容测试报告、使用环境温度测试报告、性能测试报告。

7.5.3 产品应在中海油系统及南方电网系统未出现因质量、供货进度的事故，没有在中海油系统、电网系统内质量和其他不良记录。

二、智能远动+子站同机

7.5.4 采用智能远动装置，远动与信息子站同机配置，硬件上满足独立业务插件模式。实时库总线、消息库总线，业务软件独立分布的软件架构。

7.5.5 CPU平均负荷率，正常时（任意30min内）小于等于30%，电力系统故障时（10s内）小于等于50%。

7.5.6 采用双重化配置。

7.5.7 保信子站业务工作期间，远动雪崩时，保信功能应无影响；远动业务工作期间，保信雪崩时，远动功能应无影响。

7.5.8 电网入网范围内的合格产品，并能提供相关证明文件。具有型式试验报告及第三方出具的雪崩试验报告。

三、安稳切机

地调机组一般不配置安稳切机，当项目电厂考虑FCB功能时，配置安稳切机去启动FCB。

7.5.9　安全自动装置必须满足电网入网测试的要求。

7.5.10　安全自动装置主机与从机必须满足广东电力系统安全自动装置标准化切机组执行站设计要求。

7.5.11　满足《关于印发广东电力系统安全自动装置标准化管理要求（主网篇）的通知》（广电调控方〔2014〕74号），即2014版标准。

7.5.12　设备必须是在国内生产制造，广东电网入网范围内的合格产品，并能提供相关证明文件，具有型式试验报告。

7.5.13　采用直流控制电源，当供电电压在$0.8 \sim 1.15 U_N$的范围变化时，设备应能正常运行。

四、等级保护测评服务

7.5.14　受委托方（以下简称乙方）必须是公信安〔2014〕1257《关于同意电力行业信息安全等级保护测评中心增设实验室等有关事项的函》内规定的五家实验室，或是被纳入"广东省信息安全等级保护协调小组办公室推荐测评机构名单"的且在有效期内的机构。广东省外企业需同时提供按粤等保办〔2013〕2号文件要求在广东省公安厅等保办办理过相关手续的备案回执，且要求在有效期内。

7.5.15　不接受联合体投标，中标后不得进行转包或分包。

7.5.16　从事电力信息系统相关检测评估工作一年以上，无违法记录。

五、电能计量

7.5.17　计量表计工作电压取自TV，不再外引工作电源或装配电池。

7.5.18　配置电能集中采集装置，采集装置应具备至少6路远传接口，两路上传调度，一路直接传输至SIS系统，另一路传输至NCS监控后台。

7.5.19　新装负荷管理终端、计量监测终端，电源承受的浪涌电压等级由原来的4000V提高至6000V。厂家供货时需提供整机详细电路设计原理图。

六、NCS系统

7.5.20　采用Linux操作系统。

7.5.21　监控系统应配置足够数量的通信接口驱动软件以满足工程实用要求。

7.5.22　测控单元遥信去抖时间小于20ms。

7.5.23　全站SOE分辨率小于等于2ms。

7.5.24　应具有第三方出具的雪崩试验合格报告。

7.5.25　除负责GIS每一间隔测控接入外，将相应机组发电机—变压器组保护屏、电量采集屏的信号、数据接入。

七、五防系统

7.5.26 微机防误闭锁装置应具备检修隔离功能，即在检修期间（特别是多工作面作业时），闭锁检修隔离面一次设备操作功能，以防止误向检修设备送电；同时检修工作面设备的操作则不受闭锁。检修隔离管理功能退出时，应不影响防误闭锁软件的正常运行。微机防误闭锁装置应配置检修隔离管理器、检修隔离授权钥匙，以及实现检修隔离管理的软件系统。

7.5.27 取消变电站五防电脑钥匙单一固定密码测试解锁功能；新投入运行的五防电脑钥匙，应采用动态密码加硬件的方式进行测试解锁，其硬件应纳入解锁钥匙进行管理。

八、AVC

7.5.28 AVC子站监控后台采用Linux操作系统。

7.5.29 AVC上位机屏柜交直流电源应能实现无隙切换，保证装置工作可靠性。

7.5.30 系统应可以独立采集各台机组的机端电压、定子电流、厂用电母线电压、机组的有功和无功等重要遥测量，也可采集RTU转发的数据，并可以分别独立作为闭锁条件，保证数据准确，系统安全。

7.5.31 应支持多种通信方式，包括专线通信方式和网络通信方式，符合DL/T 634.5.101−2002、DL/T 634.5.104−2002及部颁CDT等常用标准规约的规定。

7.5.32 具有接收AVC主站下发的电压计划曲线的功能。

7.5.33 AVC子站应提供软件界面支持电厂人员在电厂控制室操作输入变高侧母线（或节点）电压目标值、各机组无功出力目标值，以及变高侧母线（或节点）电压计划曲线。具有投入/退出AVC子站系统的功能。

7.5.34 操作带权限管理功能，保证操作安全。

7.5.35 计算分析功能，应能采用常用的成熟的基本算法（包括等功率因数、无功功率等比例分配、相似调整裕度等）对目标值进行计算分析，给出各机组的无功出力。

7.5.36 数据存储功能，可存储采集的数据点并形成历史数据库，用于绘制趋势曲线和形成报表，历史数据可存储两年。

7.5.37 运行监视功能，能方便地监视AVC子站系统的运行工况，以及母线电压、发电机机端电压/有功功率/无功功率/电流、断路器状态、设备运行状态、与其他设备的通信状态；并能对一些关键状态进行监视，包括对应各机组的投入/切除信号、对应各机组的增/减励磁指示信号、对应各机组的增/减励磁闭锁信号、（双量测）量测异常信号、AVC子站的就地/远方控制状态信号、AVC子站全厂/单机控制模式信号。

7.5.38 报警处理功能。AVC子站系统运行异常或故障时能自动报警,自动闭锁调控输出,并形成事件记录。

7.5.39 GPS对时功能。应具有接收当地GPS时间信号的功能,也可以接受中调AVC主站的广播对时,保证系统时间统一。

7.5.40 自诊断自恢复。具有硬件"看门狗",AVC子站系统出现故障后能自动重启,无须人工干预。

7.5.41 事件记录功能。可对AVC子站告警、闭锁原因、人员操作等形成事件记录。

7.5.42 与主站通信报文的记录存储功能。可根据需要随时人工启动记录功能。并可对存储的历史通信报文进行查询,时间长度至少为一个月。

7.5.43 数据库的建立与维护功能。利用数据库编辑器,可以在数据库中方便地添加、删除部件,便于操作。

7.5.44 计算模块能实现自动分配,根据选定的优化策略,可以根据各台机组的实际运行情况和AVC主站下发的命令值自动调节各台机组的无功。可以根据目标值对电厂的各台机组统一调节,也可以根据接收到的指令值分别对各台机组进行独立调节。

7.5.45 全厂控制模式下,当远方调节时,AVC子站长时间收不到主站命令(1~10min)应可报警并自动转为开环控制。

7.5.46 系统管理和参数设置功能。

7.5.47 计算统计功能。对遥测量进行最大值/最大时、最小值/最小时等统计,可分时段考核母线电压的合格率等。

7.5.48 画面显示与维护功能。可以方便地绘制、修改主接线图,可利用绘图工具绘制饼状图、棒状图、实时曲线和报表。

7.5.49 AVC子站必须具有防止继电器触点粘连的功能。

7.5.50 AVC子站应是成熟可靠、并能方便维护和扩充的产品。

7.5.51 AVC子站具有远程维护功能。

7.5.52 满足相关的安全防护要求。

7.5.53 软件配置应满足功能规范的要求,具有良好的实时性和可维护性,应包括数据采集、处理、通信和诊断等各种软件。

7.5.54 软件应遵循国际标准,满足开放性的要求。

7.5.55 软件应便于用户进行二次开发、在线安装、生成/修改新的应用功能。

7.5.56 应配备一套完整的、可运行的软件备份。

7.5.57 应留有用户用于运行维护、二次开发的接口。

7.5.58 应具有较强的防计算机病毒、反入侵的能力。

九、失步解列装置

7.5.59 装置应考虑到正常设备停运时，装置应有鉴别功能，以区分设备正常停运和事故停运的情况。

7.5.60 装置应具有在线自检、事故记录、数据记录（录波）、就地和远方信息变位记录、自动打印等功能。装置自检包括硬件损坏、功能失效和二次回路异常、通道异常等功能。当任一元件（出口继电器可除外）损坏后，能及时发现异常状态，发出警告指示，可靠闭锁装置输出（含通道发出的动作命令），并能给出触点信号至监控系统。

7.5.61 异常报告应说明异常类型、异常开始时间、异常消失时间及损坏元件的所在部位（至少应能将故障定位至插件、板卡或某一具体通道）。直流电源消失等无法给出详细事件记录的异常，要给出触点信号至监控系统。

7.5.62 装置严重异常闭锁及报警。TA、TV断线、直流电源消失等严重影响装置功能的异常发生后，装置应有防止误动作的措施并闭锁相关功能。异常期间装置面板上的异常闭锁信号灯保持，异常消失后自动熄灭，并自动解除闭锁（直流电源消失除外），同时装置应留有相应记录并自动打印异常报告。

7.5.63 在互感器暂态过程中以及TA饱和情况下，装置应能正确动作。

7.5.64 装置应配备专门的信号板卡，提供充足的分类信号触点以便向运行人员提供清晰的装置信息；通道告警信号必须按通道分别给出告警信号触点。装置应提供足够的输出触点供跳闸、信号、远方起信、录波等使用。

7.5.65 装置出口跳闸回路应有出口压板，以便装置的投退工作。装置应充分考虑到运行的安全性，方便设备的定检。装置应设有灵活投退的软、硬开关或压板供装置的投退工作。

7.5.66 装置的输出信号回路应配有磁保持或机械保持的信号继电器或其他信号保持装置。

7.5.67 装置死机后具备自动复归功能。当装置软件进入死循环或"死"机后，应由硬件看门狗检查出该异常，并发出装置复归信号，让装置在10ms内重新进入正常工作状态。同时装置应具备看门狗动作记录功能，并给出软件报警。

7.5.68 装置应配有良好的策略表测试软件，并至少具备以下功能：人为设定系统运行方式、人为设定本站策略表测试用的电气量、故障类型设定、人工启动装置动作记录等。

7.5.69 装置应能接收监控系统提供的无源脉冲硬触点对时和IRGB码对时信号，

对时误差小于1ms。

7.5.70　装置应在系统出现扰动和不对称分量，电流、电压或功率突变等条件满足时可靠启动。

7.5.71　装置出口动作回路应使用硬件和软件的多重防误判据，以提高安全性。装置应采取高可靠性的校验方式，使传送故障信息、动作命令的报文误码通过校验的概率小于通道设备的误码率（如光纤通道为10^{-9}），且不得低于10^{-8}。

7.5.72　每套装置应配有标准的试验插件和测试插头，以便对各套装置中的每一功能板进行试验检查。

7.5.73　装置的硬件组成应模块化，各模块具有良好的可扩展性，模拟量、开关量模块均可扩展到100点以上。装置硬件应由主控单元、输入/输出单元、交流变换单元、管理单元、通信单元等组成。

8 仪表控制

8.1 机组控制系统

一、总则

本章节对机组控制系统提出了技术方面和有关方面的要求。机组控制系统应包括整个项目的控制，包括但不限于下列系统：燃气轮机及其辅助设备（压气机、燃烧系统、润滑油系统、盘车系统、启动系统、控制油系统、空气过滤系统、水洗系统等）、蒸汽轮机及其辅助设备（润滑油系统、盘车系统、控制油系统、轴封蒸汽系统、本体疏水系统等）、其他辅助系统（如燃料系统、发电机温度监测、化学车间、天然气调压站监控等）控制功能。为完成上述机组控制系统的功能，控制系统应充分考虑I/O点，本项目要求DCS统筹全厂，取代PLC控制。本章节的内容，是按一套机组控制系统的要求编制的。本章节并未对所有技术细节做出规定，也未完全陈述与之有关的规范和标准。

机组控制系统与其他控制系统之间的数据通信应配备接口以及满足相互通信的软件。

分散控制系统须满足GB/T 36293—2018《火力发电厂分散控制系统技术条件》的要求。

二、基本要求

控制系统应以微处理器为基础、应具有可靠性，易于与DCS/PLC通信，具备可扩展性，并有多年成功运行的经验。机组控制系统应完成技术协议书规定的控制、监视、保护、同期和数据记录功能。在启动模式下，控制系统应能允许运行人员在启动顺序中控制每个步骤，并按工艺系统组态，以满足各种运行工况的要求，确保机组安全、高效运行。

8.1.1 机组控制系统在下述机组运行方式下应能良好地工作，各种运行方式包括但不限于：

（1）机组一键启停。机组须满足一键启停的要求。

（2）机组启停。包括各种启动方式。

（3）机组正常运行。机组应能在合同规定的负荷范围内定压或滑压运行。

（4）机组事故工况。根据工况快速减负荷、甩全负荷等。

（5）手动方式。

8.1.2 系统应是充分可靠的，任何单一部件故障应不影响机组的正常运行和安全停机。应保证任何单一设备、部件故障不会导致整个系统故障。配置满足故障安全要求的设备、部件。

8.1.3 ★机组控制系统需要具备在线强制信号、在线释放信号、在线下装等功能，且在操作过程中不应对原有软件的运行产生扰动或引起软件故障、死机等。

8.1.4 控制系统具备逻辑加密功能，投标方需提供所有级别的密码，该密码可由招标方自主设定。

8.1.5 系统的参数、报警和自诊断功能应高度集中在LCD上显示和在打印机上打印，控制系统应在功能上和物理上适当分散。

8.1.6 控制系统的供电及各DPU供电电源应冗余配置，各人-机接口站（MMI）及DPU的控制处理器及其通信网络和通信模块（接口）、远程I/O的通信接口和通信线缆、现场总线通信主站（若采用）应冗余配置。

8.1.7 通过采用适当的冗余技术和可诊断到模件级的自诊断技术来保证机组控制系统的高可靠性。一旦检出故障，系统应正确响应，故障报警并指明故障点。任何故障均不应导致燃气轮机和蒸汽轮机不可控地加速和加负荷。

8.1.8 所有进入控制系统的重要模拟量、数字量应三冗余。

8.1.9 冗余配置的模件或部件在主控侧故障时，备用侧及时接替控制，不应对系统产生扰动；单一通道、部件硬件故障不应引起其所在子系统的故障；主控通信网络或I/O通信网络上任何节点故障，不应引起其他节点及该节点所在网络的故障。

8.1.10 冗余配置的控制器或模件，主控侧软件发生故障或死机时，备用侧应能够检测并及时接替控制功能，不对系统产生扰动。

8.1.11 控制系统上位级硬件或系统故障时，下位级硬件或系统应具有保护系统安全的能力；主控通信网络故障，DPU能在安全模式运行，保证所控制的工艺系统安全；控制处理器或I/O通信网络故障，I/O模件应能够按照预先设定的安全模式，控制外部设备。

8.1.12 控制系统故障时系统保护功能、后备手动操作不应失效。

8.1.13 机组控制系统应采取有效措施，以防止各类计算机病毒的侵害和机组控制系统内各存储器的数据丢失。

8.1.14 机组控制系统与其他控制系统之间的通信必须是双向、冗余的。燃气轮机控制系统应能通过与DCS的通信接口向DCS提供监视、汽轮机性能计算等所必需的所有输入数据（包括过程中间点），而DCS亦能通过该通信接口将操作指令传送到燃气轮机控制系统，实现在DCS的操作员站上对燃气轮机、蒸汽轮机、发电机及其辅机进行操作。对关键过程参数的控制和所有会直接引起机组跳闸的信号，应采用硬接线接口。

8.1.15　跳闸保护系统的要求如下：

（1）跳闸保护系统的功能是监视机组的运行工况，对正确的跳闸信号立即响应，以保障机组的安全。

（2）跳闸保护系统的功能应在任何时候都是有效的，且独立于其他控制和监视功能。这是通过提供独立的测量信号来保证的。

（3）跳闸保护系统采用独立、三冗余的保护模块。

（4）跳闸保护系统应具有足够的冗余度，处理器、每个输入信号和通道也应为冗余设计，以保证可靠的联锁和跳闸，并避免误动作。

（5）跳闸保护系统应有事故顺序记录。

（6）跳闸保护系统应既能防止误跳闸，又能防止拒跳。

（7）跳闸保护的功能应基于失电跳闸的原则，跳闸应能进行在线试验。

（8）跳闸保护系统应预留外部跳机通道（用户跳机口），其数量与形式在设计联络会中确定。

8.1.16　机组控制系统应留有与北斗卫星导航系统连接的接口，能够与北斗卫星导航系统同步。

8.1.17　机组控制系统应有较高的平均无故障时间，使机组控制系统的设计应是故障安全的。机组控制系统的可用率至少应为99.9%。

三、控制系统的功能组

8.1.18　为了满足机组操作和安全的要求，燃气轮机和汽轮机控制系统硬件和软件应符合模块化、分层结构。系统分层应按下列四个层次存在：

（1）执行级。

（2）子组级。

（3）功能组级。

（4）机组级。

8.1.19　控制系统硬件的物理和电气分散将直接反映其功能分层。同一分层层次的具体功能组或与组有关的控制元件应分在一起，与所有其他控制元件组分散。

8.1.20　控制系统的每一功能部件应能被单独测试，并对控制系统的影响最小。同样，每一控制部件的隔离应使被选控制部件的维护不会危及与系统其他操作部件的连接。

8.1.21　控制系统模块中的开关量输出信号，不论是至开关设备还是至执行器，应是在模件外经中间继电器（布置在控制柜内部）隔离输出的无源触点，即开关量输出模块不直接在强电回路中直接驱动开关设备和执行器。

四、设备规范

◆硬件要求

硬件的要求如下，但不限于如下各项。

❖总则

8.1.22 系统内所有模件均应是固态电路，标准化、模件化和插入式结构。各元件应有识别及发光二极管（LED）诊断指示。

8.1.23 系统中所有模件应能在线插拔和更换（仅在该控制器失电情况下）。模件的插拔应有导轨和联锁，以免造成损坏或引起故障。

8.1.24 模件的种类和尺寸规格应尽量少，以减少备件的范围和费用支出。

❖处理器模件

8.1.25 分散处理单元内的处理器模件应各司其职（专用的功能），以提高系统可靠性。处理器模件应使用I/O处理系统采集的过程信息来完成模拟控制和数字控制。

8.1.26 处理器模件应使用非易失存储器。若使用随机存取存储器（RAM），则应有电池作为数据存储的后备电源，电池的更换不应影响模件的工作。

8.1.27 某一个处理器模件故障，不应影响其他处理器模件的运行。此外，数据通信总线（若采用）故障时，处理器模件应能继续运行。

8.1.28 对某一个处理器模件的切除、修改或恢复投运，均不应影响其他处理器模件的运行。

8.1.29 为获得高可靠性，机组控制系统中所有处理器模件均为冗余。

8.1.30 当1个处理器模件故障时，系统能在操作员站上发出报警。3个处理器应同时连续工作和共享信息的，不用切换，采用3取2表决（失去1个处理器的情况下机组仍可运行）。

8.1.31 冗余配置的处理器模件与系统均有并行的访问系统，每个处理器模件都能不断地分享系统全部信息，修改组态后必须下装，并能不断更新其自身获得的信息。

❖过程输入/输出（I/O）

8.1.32 I/O处理系统应"智能化"，以减轻控制系统的处理负荷。I/O处理系统应能完成量程修改、数据整定、数字化输入和输出、线性化、热电偶冷端补偿、过程点质量判断、工程单位换算等功能。

8.1.33 所有模拟量输入应每秒至少扫描和更新4次，所有数字量输入每秒至少扫描和更新10次。为满足某些需要快速处理的控制回路的要求，其模拟量输入信号应达到每秒扫描8次，数字量输入信号应达到每秒扫描20次。SOE信号的扫描周期应小于等于1ms。

8.1.34　应提供热电偶开路检测功能，这一功能应在每次扫描过程中完成。

8.1.35　所有触点输入模块都应有防抖动滤波处理。如果输入触点信号在4ms之后仍抖动，模块不应接受该触点信号。

8.1.36　处理器模块的电源故障不应造成已积累的脉冲输入读数丢失。

8.1.37　应采用相应的手段，自动地和周期性地进行零漂和增益的校正。

8.1.38　★冗余输入的热电偶、热电阻、变送器及开关量信号的处理，应由不同的I/O模块来完成。

8.1.39　所有输入/输出模块应能承受2kV共模电压和1kV的差模电压。符合IEC 61000-4-5（ENV 50142）和ANSI C62.41（混合波）标准。

8.1.40　每个模拟量输入卡有一个单独的A/D转换器。每一路热电阻应有单独的桥路。每个模拟量输出卡有一个单独的D/A转换器。此外，所有的输入通道、输出通道及其工作电源，均应互相隔离。用于从/到其他系统的机组控制系统硬接线输入和输出应使用隔离器［与其他独立的、以微处理器为基础的控制系统（如DCS）来往的信号应完全隔离］。

8.1.41　在整个运行环境温度范围内，机组控制系统精确度应满足如下要求：高电平模拟量输入信号为±0.1%；低电平模拟量输入信号为±0.2%；模拟量输出信号为±0.25%。系统设计应满足在正常运行情况下6个月内不需手动校正而保证上述精确度的要求。

8.1.42　模拟量输入。模块应能够提供4～20mA二线制变送器的直流24V电源。对1～5V DC输入，输入阻抗不小于500kΩ。

8.1.43　模拟量输出。4～20mA或1～5V DC可选。4～20mA模拟量输出应至少能够驱动回路阻抗不大于600Ω的负载。系统提供24V DC的回路电源。每个输出通道须配置单独的D/A转换器。模块经过正确组态后，在运行过程中与控制处理器通信中断时，须具有按照预定安全模式输出的能力。

8.1.44　数字量输入。系统应提供对现场输入触点的"查询"电压，"查询"电压宜为48V。所有输入通道都有防抖动滤波处理，如果输入触点信号在4ms之后仍抖动，模块不再接受该触点信号。

8.1.45　数字量输出。开关量输出模块应采用电隔离输出，隔离电压不小于250V，能直接驱动控制用电动机或任何中间继电器。配置多种容量或电压等级的输出接口，以满足电厂不同设备的需要。

8.1.46　热电阻（RTD）输入。每一路热电阻输入宜有单独的桥路。应能够直接接受三线制（不需变送器）Cu50Ω、Pt100Ω等类型的热电阻信号，并且模件提供热电阻测量桥路所需的电源。

8.1.47　热电偶（T/C）输入。能直接接受分度号为E、J、K、T、R型热电偶信号（不需变送器）。热电偶在整个工作段的线性化，宜在模件内完成。

8.1.48　脉冲量输入（PI）。应能够接受频率为1～10kHz的脉冲信号，模件能够累计脉冲数量，并有脉冲累计计数器溢出输出。

8.1.49　事件顺序记录（SOE）。输入信号分辨力不低于1ms。所有输入通道都有4ms防抖动滤波处理，但不影响1ms的分辨力。安装在不同DPU中的模件有可靠的时间同步措施，保证系统SOE的分辨力不低于1ms。

8.1.50　汽轮机转速测量。应能够直接接受转速传感器（被动式或主动式）的交变电压（或脉冲）信号，根据测速齿轮的齿数，计算汽轮机的瞬时转速。模件输入频率满足汽轮机（包括给水泵汽轮机）最大量程的需要。

8.1.51　电液伺服阀驱动模件。

（1）能将控制处理器设定的阀门开度信号（0～100%）与汽轮机阀门位置反馈信号相比较，输出电液转换装置驱动电流信号。驱动电流应满足电液转换装置产品的需求。

（2）系统应对传感器及输入、输出信号采用屏蔽措施，以满足其系统设计要求。系统应能接受采用普通控制电缆（即不加屏蔽）的数字量输入和输出。

（3）系统应有不少于90dB的共模抑制比，50dB的串模抑制比（50Hz）。

（4）分散处理单元之间用于跳闸、重要的联锁和超驰控制的信号应直接采用硬接线，而不可通过数据通信总线传送。

8.1.52　电源。机组控制系统电源配置两套双电源切换装置，两个切换装置的主路工作电源分别为保安段和UPS，切换后的电源分别供给不同的操作员站（工程师站）。

电源分配柜内分配两路电源，电源分配柜应配置相应的冗余电源切换装置。电源切换装置切换时间小于20ms。

任一路电源故障都应报警，两路冗余电源应通过切换回路耦合。在一路电源故障时自动无扰切换到另一路，以保证任何一路电源的故障均不会导致系统的任一部分失电。

除了机组的切换电路，还应提供一套带电源切换装置的公共电源分配柜，以保证在机组UPS电源或保安段电源丢失时，集控室控制系统的公用部分也能正常运行。

（1）环境要求。系统应能在电子噪声、射频干扰及振动都很大的现场环境中连续运行，且不降低系统的性能。

系统设计应采用各种抗干扰技术，包括光电隔离、高共模抑制比、合理的接地和屏蔽。

（2）电子装置机柜和接线。

1）电子装置机柜的外壳防护等级，室内应为IP42，室外应为IP56。

2）机柜门应有导电门封垫条，以提高抗射频干扰（RFI）能力。柜门上除紧急停机按钮外不应装设任何系统部件。

3）机柜的设计应满足电缆由柜底引入的要求。

4）对需散热的电源装置，应提供排气风扇和内部循环风扇。

5）机柜内应装设温度变送器，可监测机柜内温度。

6）装有风扇的机柜均应提供易于更换的空气过滤器。

7）机柜内的端子排应布置在易于安装接线的地方。

8）机柜内的每个端子排和端子都应有清晰的标志，并与图纸和接线表相符。

9）端子排、电缆夹头、电缆走线槽及接线槽均应由阻燃型材料制造。

10）机柜、控制台以及其他设备之间互联的电缆应符合 GA 306.2-2007 防火标准。

11）组件、处理器模件或I/O模件之间的连线应尽量采用插槽式，避免手工接线。

12）机柜内应预留充足的空间，方便地接线、汇线和布线。

（3）系统扩展。

1）每个机柜内的每种类型I/O测点都应有15%的备用通道，包括端子和内部接线。

2）每个机柜内应有15% I/O模件备用插槽。

3）40%处理器数据库存储器余量。

4）50%基本内存余量。

5）50%电源余量。

6）处理器模件CPU负荷率应小于60%（最繁忙工况）。

7）操作员站CPU负荷率应小于40%（最繁忙工况）。

◆软件要求

8.1.53 所有的算法和系统整定参数应储存在各处理器模件的非易失性存储器内，执行时不需要重新装载。应提供高级编程语言以满足用户工程师开发应用软件的需要。同时提供易于掌握的专用的系统语言。

8.1.54 模拟量控制的处理器模件完成所有指定任务的最大执行周期不应超过250ms，开关量控制的处理器执行周期不应超过100ms。对需快速处理的模拟和顺序控制回路，其处理能力应分别不低于每125ms和50ms执行一次。

8.1.55　模拟控制回路的组态，应通过储存在处理器模件中的各类逻辑块的连接，直接采用SAMA图的方式进行，并用易于识别的工程名称加以标明。还可在工程师站上根据指令，以SAMA图形式打印出已完成的所有系统组态。

8.1.56　在工程师工作站上应能对系统组态进行修改。不论该系统是在线或离线，均能对该系统的组态进行修改。系统内增加或变换一个测点，应不必重新编译整个系统的程序。

8.1.57　在程序编辑或修改完成后，应能在线通过通信总线将系统组态程序装入各有关的处理器模件，而不影响系统的正常运行。

8.1.58　顺序控制的所有控制、监视、报警和故障判断等功能，均应由处理器模件提供。

8.1.59　顺序逻辑的编程应使顺序控制的每一部分都能在LCD上显示，并且各个状态都能在操作员站上得到监视。

8.1.60　所有顺序控制逻辑的组态都应在系统内完成，而不采用外部硬接线、专用开关或其他替代物作为组态逻辑的输入。

8.1.61　查找故障的系统自诊断功能应能诊断至模件级故障。报警功能应使运行人员能方便地辨别和解决各种问题。

五、时钟同步装置

8.1.62　北斗卫星导航系统发送的标准时钟信号用作机组控制系统的主时钟。北斗卫星导航系统与机组控制系统时间差应在1ms之内。

8.2　蒸汽轮机及其辅机的控制和保护

一、控制功能

8.2.1　蒸汽轮机控制系统至少应包括以下控制功能：

（1）蒸汽流量隔离控制。

（2）蒸汽流量控制。

（3）排汽温度控制。

（4）轴封蒸汽系统控制。

（5）汽轮机旁路控制。

（6）油系统控制（包括润滑油温控制）。

（7）本体疏水系统控制。

（8）抽真空系统控制。

8.2.2　在稳态操作条件下，蒸汽轮机控制系统将控制这些阀门的开度以使阀前压力不低于规定值。主蒸汽压力的设定值将根据余热锅炉与蒸汽轮机之间的蒸汽流量平衡来自动设置，主蒸汽压力达到上述规定值，这些阀门应保持全开。

8.2.3　流量控制阀应具有控制进入蒸汽轮机的蒸汽流量的功能，即在汽轮机甩负荷时，抑制机组的瞬间速率，使之不超出设定值。

8.2.4　阀门应由液动执行机构自动操作，并带有试验装置。在汽轮机运行时，应能对阀杆的全行程和部分行程进行在线试验。

8.2.5　旁路后疏水温度高须联锁关闭旁路阀。

二、保护功能

◆概述

8.2.6　应满足下列要求：

（1）保护功能应在任何时候都是有效的，且独立于其他控制和监视功能。

（2）保护应具有足够的冗余度，处理器、输入信号和通道也应为冗余设计，以保证可靠的联锁和跳闸，并避免误动作。

（3）保护系统应有事故顺序记录。

（4）汽轮机跳闸保护的功能应基于三取二的原则。

（5）所有电动信号发出的跳闸启动指令都应来自无源触点；对信号状态的故障和异常工况（如短路、开路和接地故障等），应进行监视并报警。

（6）应向操作员指示各跳闸通道的状态，并应在操作员可能执行调整正动作时提供报警措施，避免跳闸工况。

（7）保护系统硬件应采用与机组控制系统一致的硬件。

◆凝汽器真空低跳闸

8.2.7　当凝汽器真空低于预置值时，蒸汽轮机保护功能使汽轮机跳闸。真空压力应采用3只变送器检测，通过3取2逻辑，产生跳闸信号。

8.2.8　★真空压力变送器采用绝压变送器。

◆汽轮机排汽温度高

8.2.9　当排汽温度高于预设定值时，发报警信号。当温度超过极限时，汽轮机跳闸。

◆轴振动高

8.2.10　应对轴系振动进行监视，当振动过大时应报警，当振动超过极限时，汽轮机跳闸。

◆超速跳闸

8.2.11　若燃气轮机与蒸汽轮机通过联轴器相连，则燃气轮机应安装3只脉冲计数型的速度传感器，用以检测燃气轮机的速度。3只速度传感器中的任何2只检测到超速时，机组应跳闸。

◆润滑油压低

8.2.12　当汽轮机润滑油压低于预置值时，蒸汽轮机保护功能使汽轮机跳闸。润滑油压力应采用3只压力开关检测，通过3取2逻辑，产生跳闸信号。

◆防进水保护

8.2.13　防进水保护系统的设计应符合ASME推荐规则及汽轮发电机制造商建议的设计和运行规则。

◆汽轮机监视仪表

8.2.14　所有被监视的项目都应可在集控室LCD上进行。下列被监视的项目为最低限度。

❖阀位

8.2.15　应监视截止阀和调节阀的开度位置，提供所有必需的位置变送器或LVDT，以及阀门行程限位开关。

❖汽轮机温度监视

8.2.16　应明确标明蒸汽轮机安全、有效运行所必需的所有温度测量，特别是下列相关的要求。

（1）汽轮机机壳和转子部分热应力的计算。

（2）对汽轮机负荷率和启动形式的计算而做的蒸汽轮机热应力的评估。

（3）应至少考虑以下温度测量的项目：

1）控制阀腔。

2）汽轮机内/外/上/下缸温度。

3）汽轮机法兰内/外/上/下温度。

4）汽轮机汽缸排汽温度。

5）径向轴承、推力轴承的工作推力瓦和定位推力瓦金属温度。

6）各轴承回油温度。

7）★所有疏水阀前、阀后温度。

8）轴封系统。

8.3　机组本体监测仪表系统（TSI）

一、概述

8.3.1　该TSI系统应包括但不限于下列内容：

（1）每个轴承上应装有两个振动传感器。

（2）三只轴向位移传感器。

（3）转速。

（4）胀差。

（5）键相。

（6）偏心。

（7）缸胀两个。

（8）盖振。

8.3.2　机组的 TSI 应为先进的、带有数字显示及通信接口的独立系统。该系统应提供 4～20mA 直流模拟信号输出；报警和跳机信号以硬触点方式与机组控制系统连接，或在机组控制系统内直接完成。关键信号不能用串行通信的方式接入到机组控制系统。

二、一般要求

8.3.3　监测仪表的设计应能满足在发电厂电子环境及电子设备中正常运行的要求。电子环境包括但不限于：由于电子－机械设备引起的高频干扰、电涌、导体间电容互感引起的能量耦合，以及交流和直流系统的不恰当的接地。

8.3.4　设备附近应能使用个人手持式无线设备，无线发送和接收设备不应引起系统的性能的下降。

8.3.5　系统应具有电涌保护功能。

8.3.6　设备应带有隔离的输出和输入，并且设备及接线应满足屏蔽、独立回路、放电抑制或其他规定的要求。

8.3.7　该系统应具有与现场其他系统通信的能力，特别是与机组控制系统和瞬态数据管理系统（TDM）。有关机组保护的重要信号传输应通过硬接线的方式进行。该系统应具有但不限于以下类别的接口：4～20mA 直流回路，继电器无源触点输入和输出等。

8.3.8　监测系统应具有在机组启动过程中使所有报警闭锁的功能。

三、技术要求

◆ 监测参数

8.3.9　所需监测的参数为如下所列。其目的是通过 TSI 系统提供机组的报警和跳机的监测保护，以及故障诊断和预测性维修。

（1）每一个径向轴承：两只（X-Y）传感器，测量转子的相对径向振动（峰－峰值）。

（2）两个振动高点间的角度显示（相位角）及转子的参考点显示。

（3）偏心的峰－峰值和瞬态显示。

（4）报警和跳机触点的逻辑组态。

（5）转子推力盘与推力轴承之间的相对轴向位置（转子位置）。

（6）汽缸与转子动静部位之间的轴向相对膨胀。

（7）透平汽缸的绝对膨胀。

（8）相位角。

（9）零转速。

（10）转子的速度和加速度（速度变化率）。

◆探头及安装

8.3.10　主要的元件将是电涡流传感器（位移量）和地震式传感器（速度）。涡流传感器（位移量）和地震式传感器（速度）将安装在轴箱内，或者在轴承箱盖附近利用相关配件固定。两只传感器的安装应在同一横截面上且互不干扰。所有振动传感器的更换不应拆卸轴承。

8.3.11　所有传感器的安装箱应满足防水的要求，达到IP65等级。

◆前置器及安装

8.3.12　前置器（涡流传感器用）到监测器的最大距离应可到达305m。前置器应安装在探头附近并满足防水要求（IP65），轴承箱盖除外。

8.3.13　★前置器安装的最低水平位置须高于探头的安装位置约30cm，防止油通过延伸电缆渗漏至前置器。

◆延伸电缆（探头到前置器）

8.3.14　从探头到前置器之间的电缆应具有与探头同样的环境要求。

8.3.15　延伸电缆应具有屏蔽层和接地功能以确保信号无衰减和被干扰。

◆监测表框架和机柜

8.3.16　监测表框架应具有独立的供电并有自诊断功能。

8.3.17　框架应留有硬件接口以便于利用PC机实时诊断。

◆监测卡件

8.3.18　每一个监测卡件都应具有针对特定通道连续在线监测的功能。一个监测卡件的失效不应该影响其他卡件基本的监测功能和机械的保护功能，更不应该引起相关继电器的误动作。此外，对于双通道监测卡件（监测两个或两个以上传感器），其中一个探头的失效不应引起误跳机。

8.3.19　在同一框架中相同或相似的报警和跳机触点输出应该可以进行逻辑组态。

8.3.20　为避免由于传感器现场接线的失误影响系统内其他传感器，应提供短路保护。

8.3.21　监测卡件应具有显示功能，以显示每一监测变量和相关报警、停机信号的工作状态。所有通道都应有探头（涡流传感器）间隙电压的显示。每一个监测通道都应提供回路电源，以便于4～20mA直流模拟信号输出。

8.3.22　每一个振动监测器卡件应在卡件前面打有编号和服务标识。

◆系统电源

8.3.23　为满足特定负荷的要求，应设计双电源或100%的电源冗余。电源应在框架内并与外部电源连接。电源范围内的框架继电器应为电子－机械式。

8.4　机组TDM系统

一、概述

8.4.1　TDM系统应以动态图形包括音频形式提供机组工况信息。

8.4.2　此外，在集控室的机组TDM系统监视器上，应提供必要的音频和/或视频报警。

二、系统要求

◆概述

8.4.3　系统应是完整、可靠、精确和在线型的，对于振动能量的等级，例如由于摩擦引起的瞬时高频冲击和随机振动，应根据ISO 10816或相当的标准。

8.4.4　系统应使用经证实的分析方法（例如光谱分析），检测、评估下列故障工况：

（1）机械的轴振动。

（2）机械的转速。

8.4.5　基于TSI的信号，在集控室操作员站的LCD上提供清晰的、并易于识别故障和报警工况的显示。并且机组TDM系统将提供更详细和有深度的检查以分析报警的原因。

8.4.6　机组TDM系统是基于Windows的机岛分析模块，它能实现除正常操作外的分析任务。

8.4.7　系统的数据传输速率应足够快，数据存储不应影响在线分析能力。

8.4.8　机组TDM系统可以使用燃气轮机和蒸汽轮机的TSI振动信号。

◆系统功能

8.4.9　应提供下列系统功能，但不应仅局限于此：

（1）实时在线取样。

（2）机组启停数据采集、分析和存储。

（3）报警、故障识别（手动且不包括专家系统）和事故追忆。

（4）日常运行数据的采集、分析和存储。

（5）历史数据存阅。

（6）报表及打印。

（7）振动特征分析。

（8）振动故障诊断。

（9）系统硬件故障自诊断。

（10）自动监控燃气轮机的运行。

1）启动过程的分析。点火和启动过程是以最小燃料量获得的最高温度为基础进行监控。

2）分析透平出口的温度分配。对不变的边界条件透平出口的温度分配基本上是常数。热通道内的变化导致了温度分配的变化。

3）惰走时间分析。透平机械状态的初期变化引起了透平发电机更快地降速，这可在惰走时间的减少中看出。可探测出叶片的摩擦和轴承的变化。

4）在惰走时轴承温度的分析。在惰走时，径向轴承中的轴承温度的升高表明了轴承已损坏。

5）振动状态的突然变化的探测。在总振动信号的突然变化来源于透平机械载荷，例如外物的阶跃变化。模块可探测该类振动中的突然变化。

◆操作员接口

8.4.10　操作员接口应是一个高分辨率的28in LCD彩色显示器，带有键盘/鼠标。显示器的要求应符合本章节中8.1.62的要求。操作员站设置在工程师站的控制台上。机组TDM系统应有TCS接口，应提供控制和组态机组TDM系统的所有软件。

8.5　就地仪表阀门

一、概述

◆仪表标签

8.5.1　每一件仪表、装置或重要部件正确地贴上标签。

8.5.2　所有现场仪表应用相应的标签号标识。为此应将刻有大而醒目的字母和数字的永久不锈钢铭牌附在每一仪表上。

8.5.3　对于仪表板上的仪表，仪表性能标志牌或铭牌应装在仪表下方板的前后。应在装于柜中的每一仪表／模块上方或下方贴上类似的标签。

◆缩写

8.5.4　应尽可能避免缩写。但如果因缺少空间而不能使用名称等的全称，则应使用符合美国国家标准 ANSI Y14.381999 的缩写或相应版本标准的缩写。如果从该 ANSI

标准中不能找到适当的缩写，双方协商后做出最终选择。

◆抗干扰性

8.5.5　设备应具有抗强电磁场和射频干扰性，并应不受设备附近使用的便携式无线电发射机的影响（使用频率为400～500MHz、功率为5W的步话机作为高频干扰源，距敞开柜门的机柜1.5m处工作，系统应能正常工作）。

◆防止瞬时电压

8.5.6　应提供对电子设备瞬时电压的冲击保护。

◆仪表精度

8.5.7　所有仪表，不论是就地指示的还是远程传输的，均应具有高质量，并应具有适于其性能的精度和可重复性。

8.5.8　应将最终数值误差减至最低程度。

8.5.9　仪表精度需满足行业规范要求。如能源计量器具须满足GB/T 21369—2008《火力发电企业能源计量器具配备和管理要求》的要求，配备足够且精度符合要求的计量仪表。

◆仪表量程

8.5.10　所有仪表（除温度和压力开关外）的量程应设置成使正常工作指示/设定值约为其满量程的75%。

8.5.11　测量和控制仪表在各个方面应与电厂主设备的额定值相一致。

二、控制的一致性

◆仪控设备的标准化

8.5.12　目标应是使整个电厂的所有测量和控制设备标准化，以便合理化操作、维护和保存备品备件。

◆气动系统

8.5.13　气动执行机构及其附件应整体供货。

8.5.14　气动设备应能接受20～100kPa标准范围的气动传输和控制信号。

8.5.15　调节型气动执行机构应能接受4～20mA DC信号，并输出4～20mA DC位置反馈信号。

8.5.16　模拟信号在现场应按4～20mA DC标准化。

8.5.17　气动执行机构应根据现场工艺要求配置三断（断气、断电、断信号）保护功能。

◆电子设备的使用

8.5.18　应将以集成电路和微处理器设备为基础的电子系统，广泛应用于所有调节、顺序控制和保护控制系统。

◆脉冲式信号

8.5.19　所用脉冲信号的类型应加以标准化。

◆电压电平的标准化

8.5.20　发送给隔离阀（或挡板）执行器和电动机控制中心的控制信号应为通过中间继电器的无源触点。该继电器触点容量应能满足控制对象的控制要求（如控制阀、电磁阀和电动机的操作回路等的电流电压）。

◆智能变送器和智能型定位器的使用

8.5.21　统一使用同一品牌的具有4～20mA DC输出和智能型定位器。并应随设备提供3台手持通信器，对智能变送器和智能型定位器进行校准。

◆仪表管接头

8.5.22　仪表管接头采用统一接口标准和规格（M20×1.5），且高温高压介质仪表管接头不得使用插焊，应使用对焊焊接工艺，根据工艺介质采用合适垫片。

三、仪控系统的电源

应提供足够的冗余，确保系统内的单个故障不会导致仪表系统失电。

◆隔离开关

8.5.23　对于所有大于等于24V（AC或DC）电源的就地或现场安装仪表，应在配电盘上提供就地隔离开关，便于维护隔离等。

◆直流电源

8.5.24　控制用直流电源的电压等级及容量在设计联络会上与电气专业最终协调确定。

8.5.25　直流电源输出应是不接地的，并具有接地报警和异常低电压报警。

◆交流电源

8.5.26　从集中装设的电源分配柜（包括电源自动切换装置）向仪表和控制系统提供电源，电源回路的设计应使得一个电源回路故障不会造成两路电源都中断，电源切换不应造成控制系统失灵。

◆电源的精确度

8.5.27　AC电源的电压精确度为−10%～+10%，频率为±1Hz。DC电源的电压精确度为−10%～+10%。

◆异常情况和电源故障的报警

8.5.28　设计足够的报警信号，将仪控电源异常情况和电源故障向集控室的运行员报警。特别是现场控制用电源箱，须提供电源异常报警功能。

四、防爆区域

8.5.29　防爆区域内所有的电气设备均应提供防爆合格证书。在选型时电气设备防爆能力要与防爆区域危险等级适配。

8.5.30 现场电动执行机构防爆标志应为 ExdIIBT4，符合 GB/T 3836.2—2010《爆炸性环境 第2部分：由隔爆外壳"d"保护的设备》及 DL/T 642—2016《隔爆型电动执行机构》。

8.5.31 现场电磁阀防爆型式建议选择隔爆型，不建议选择浇封型。如已选择浇封型，则要保证电磁阀引出线与电源线在隔爆型或增安型接线盒内可靠连接，不可在保护管内拧接用电工胶布包扎。

8.5.32 现场压力变送器、温度变送器防爆型式建议选择隔爆型，方便安装。若选择本安型（本质安全型）设备，则其接线、关联设备、电缆电气性能、接地等要求均应满足 GB/T 3836.4—2010《爆炸性环境 第4部分：由本质安全型"i"保护的设备》的要求。设计使用本安型设备应保证关联设备、电缆、本安型设备整体满足本安防爆要求。

8.5.33 现场接线箱、接线盒可以选择隔爆型或者增安型，若接线箱内含有用能设备，则应使用隔爆型。在设计选择接线箱/盒时，应充分考虑进出引入口电缆的总数量，再订购合理数量引入口的接线箱，不可以在同一个引入口引入多根电缆。

8.5.34 防爆电气要求：现场电气设备选型应按现场防爆等级（2区）选择合适的防爆安装工艺，安装时应按照设备防爆形式的技术要求进行安装。

8.5.35 防爆箱体应注意安装位置，预留一段距离，避免线缆接入时弯折半径过小，导致电缆外表绝缘皮褶皱不符合防爆要求。

五、盘、台、箱、柜

◆盘的制作

8.5.36 盘应用折叠钢板牢固地制作，厚度符合制造厂的制造标准，总高度（不包括接线盒）应不超过2.2m。操作手柄和锁定装置应位于地面以上0.8～1.2m的工作限值范围内。指示仪表和仪表的最低高度应不低于1.2m。

8.5.37 变送器保护柜通体采用1.5mm厚度的不锈钢（S30408）门，且该门有防止其变形的措施，底座也应采用不锈钢材质。外壳防护等级须达到IP54等级的要求。

◆在不利情况下良好工作

8.5.38 设备应在其所处场所空调器不工作的情况下仍能正常工作。

◆盘接地

8.5.39 所有盘，无论是单独安装的还是成套的组成部分，都应装有内部铜接地棒，所有盘内需接地部分都与之进行接地连接。在棒的每一端应留有适当的柱螺栓或孔，便于与电厂总接地系统连接。

8.5.40 邻近盘之间的接地连接通过将棒伸到盘侧面而不是通过互连外部电缆

完成。

◆电子接地

8.5.41 电子接地系统应单点接至电厂总接地网。电子接地应具有低电阻，足以保证设备和控制系统的操作在最坏设计情况下不受到影响。

◆本质安全电路

8.5.42 如果从危险区到安全区或仪表盘装有本质安全电路，则其路径应通过位于安全区（仪表盘）有适当额定值的"齐纳安全栅"，齐纳安全栅应装在绝缘的接地母线上。

◆室外设备

8.5.43 室外的电源、控制信号接线箱须采用1.2mm以上厚度的不锈钢（S30408）材质，并满足IP54等级的防护要求。

◆盘密封

8.5.44 盘底部用活动钢制盲板加必要的垫片密封。

8.5.45 应提供适于现场规定条件的门密封材料。

8.5.46 电缆引入口做好密封措施，如防火泥、防火板或电缆保护接头封堵。

◆盘间接线

8.5.47 对于成套盘，盘间母线接线路径应通过盘侧面的孔，而不是通过在盘之间绕外部多芯电缆。

◆盘照明和通风

8.5.48 每块盘应装有后检修门，不设内部照明。通风风扇电源应与控制设备电源分开配置。

◆盘门

8.5.49 门应配有把手和锁。门应在外面已锁上后可从里面不用钥匙打开，铰链应为活脱型。

◆标签

8.5.50 前后面板盘的正背面应清楚地标上设备名称，盘内部使用附加标签。

8.5.51 盘内的每一继电器和电子插件应用永久附于盘和靠近有关设备的标签标识。如果仪表用插头插座式连接进行端接，则该插头和插座均应永久附上标签。

◆分隔

8.5.52 容纳电压高于110V AC的设备的盘段应分开，并清楚地标上电压。

◆防振架

8.5.53 如需要，盘应装在认可的防振架上。

◆防虫

8.5.54 所有盘、操作台和柜应充分防虫。

◆维护通道

8.5.55 仪表和控制装置应便于接近并能从盘中拆下进行维护。

◆盘布置

8.5.56 每一控制室的盘、控制台和操作台，应尽量布置成从墙壁到盘背后为1800mm和不少于1500mm，以便接近仪表和连接。

◆总排除项

8.5.57 每个控制室应排除装有含油、水、蒸汽和其他易燃或有毒液体的压力管接头的仪表。

◆双终端

8.5.58 端子板上的接线应使每侧端子只能装有一条线。双终端是不允许的，除非是柱式和绕接式端子（尽可能不采用绕接式接线端子）。

◆装配

8.5.59 应给每一根线装上线箍。

◆电源

8.5.60 对于单独电路或分支电路的每一种电源，只能使用限流塑壳断路器。

8.5.61 每一输入电源也应配有限流塑壳断路器，便于隔离和保护。

◆电源布置

8.5.62 所有控制台和柜应配有来自冗余电源系统的双电源馈电。对于每一电源馈电的各电压电平应加以监视，对异常状况（即电压太高、电压太低、电压故障和接地故障等）应发出信号。

8.5.63 控制设备应装在柜内，符合国际认可标准，每一个柜或每一套柜专用于具体的功能组或分组。应为每一个柜提供两个单独保护的直流电源装置，任何一个断电都不会对控制系统有任何干扰。

◆防潮加热器

8.5.64 应提供自动控制防潮加热器。

◆TSI端子箱安装特殊要求

8.5.65 TSI现场端子箱安装高度宜高于轴承箱中分面。

六、信号处理设备

8.5.66 测量装置产生的输出电气信号应是统一的标准信号。

七、就地仪表

◆技术要求

8.5.67 所有变送器、信号转换仪表、电气控制设备应有统一标准的信号形式。

（1）模拟量信号传递应按如下形式：

1）热电偶。建议统一使用相同型式的热电偶，如K型（镍铬－镍硅）、铠装、双支。

2）热电阻。3线制或4线制的铂热电阻（100Ω），铠装、双支。

3）毫安信号。4～20mA DC或现场总线信号。

（2）开关量信号应为无源干触点信号，主要用于报警、状态显示、联锁及控制等。

（3）触点的容量应不小于表1-8-1所示数据要求。

表1-8-1 触点的容量要求

电压等级	220V AC	110V DC	220V DC
接通（感性电路）	5A	10A	5A
连续通流	5A	5A	5A
断开能力	2.5A	0.25A	0.15A

◆流量测量的一次元件

8.5.68 应尽可能少采用流量开关，而应采用一体化焊接流量测量一次元件。流量测量装置应满足GB/T 2624—2006的规定。

8.5.69 按照市监特函〔2018〕515号《市场监管总局办公厅关于开展电站锅炉范围内管道隐患专项排查整治的通知》，以及相关质监单位的要求，余热锅炉系统所有主给水管道、主蒸汽管道、再热蒸汽管道上的流量计的结构选型不得有两节管段环缝焊接式流量计（壳体）。流量计更换前的选型、设计由"具有相应级别压力管道设计资质及火力发电厂汽水管道设计经历"的单位以及流量计生产厂家通力配合完成，并按要求出具选型、安装等设计、制造相关文件。流量计（壳体）原则上应由整段无缝钢管制成，不得存在异种钢焊接的环缝。

❖流量测量孔板

8.5.70 每个流量测量孔板的设计应在最大流量时产生额定的差压，孔板的法兰接头应是最好的压力测点位置。对环形连接式的孔板法兰应有两对接头（用于保护的应有三对接头），β比值不应超过0.65。

8.5.71 每一孔板都应是入口边缘为直角的同心圆式的，孔板材料应与被测流体完全相适应，一般推荐为304型不锈钢。尺寸、表面粗糙度、平整性和公差应符合ISA RP3.2或AGA Report NO.3的要求。

8.5.72 每一孔板应配置一环室，环室应符合ANSI B16.20的要求。孔板环室应有标记表明孔板的标签号码、孔板环室的直径和β比值。

8.5.73 孔板设计时应保证在上游和下游有足够的直管段以建立合适的流体流动状态，按照ASME PTC19.5的要求考虑上游和下游直管段的相对位置。

8.5.74 根据需要安装不锈钢矫正叶片，并符合ASME PTC19.5或特殊设备试验规范/标准的要求，压力损失不应超过20倍管径所产生的压力损失。

❖ 流量测量喷嘴

8.5.75 流量测量元件应设计为在最大流量时产生额定的压差，每个流量测量元件应提供两套互为180°的压差连接件。制造压力连接件的方法和压力接头的直径应符合ASME PTC19.5的要求。

8.5.76 流量喷嘴应是具有焊接支承环的形式，支承环的材料应与管道相适应。流量喷嘴的表面粗糙度、临界截面的锥度和/或圆度差应不超过ASME19.5的每一限值。

8.5.77 流量喷嘴应是不锈钢的，并在出厂时安装在短管中，以便在运输前形成一个完整的整体。短管（不锈钢材质）应具有便于现场接管、安装和接管要求的预先准备好的端头。如果需要，应提供带法兰连接件的测量管段，以便于标定来满足特殊试验规范。

8.5.78 流量喷嘴管道轴线的同心度应在 ±0.8mm 范围内。

❖ 接入管道中的流量表

8.5.79 该类型的流量表包括毕托管式流量表、变面积式流量表、定向位移式流量表、涡轮式流量表、磁性流量表和涡街式流量表等。适合于电力行业的过程流体状态，并具有电厂良好的流量测量实践。

8.5.80 附件应包括电子变送器或断路器接点，对这些仪表及其外壳密封所规定的特殊设计要求也适用于此。任何电动装置，如脉冲发生器、信号转换器继电器、电源等，应处于IP65等级的密封外壳中。

8.5.81 变面积式的表计（转子流量表）应符合ISA RP的16.1、16.2、16.3、16.4、16.5和16.6条款。

8.5.82 涡轮表计应符合ISA RP 31.1。定向位移式流量表应是旋转齿轮或变动圆盘式的，在每一流量表上都应安装有一个可复归的数字计数器和一个不可复归的数字积算器。如果需要进行远方积算，应提供脉冲发生器。

8.5.83 磁性流量表应配有超声波清除电极，该电极应是可更换的，而无须拆下管道中的仪表管路。对每一磁性流量表应提供具有可调输入范围的固态电信号转换器，每一磁性流量表和信号转换器的工作精度应为标定范围的 ±1.0%。

8.5.84 流量表的所有浸湿部件的材料应与被测流体相适应，以消除腐蚀和锈蚀问题。

◆ 变送器

❖ 总的要求

8.5.85 应选用智能型变送器，并带有一个校验器（每台机组）。

8.5.86　变送器应具有固态电子线路，它的输出（两线制）应是4～20mA DC。

8.5.87　变送器应易于调零和调整量程，零点压缩和迁移应在0～500%的主量程范围内可调，应提供整体试验插口，以便连接电气试验设备。

8.5.88　压力保护的超限量至少应在设计主量程的50%，仪表应能承受该超压而不致影响精度。

8.5.89　被浸湿部分的材料应与被测介质相匹配，以防止腐蚀或剥落。

8.5.90　接线和端子应按照所采用的UL和AMSI标准，所有端子应有固定标志便于识别。

8.5.91　变送器外壳应是耐用金属，IP65等级的结构，并带便于拆卸的密封盖。不使用的接头应使用金属配件进行密封和堵塞。

8.5.92　变送器应能在负载阻抗高达至少500Ω时正确运行。

8.5.93　变送器的温度漂移每40℃不应超过可调量程的0.5%。

8.5.94　变送器随时间的漂移，在12个月以上不应超过可调量程的0.5%。

8.5.95　除悬浮式外的所有变送器均应提供安装托架。

8.5.96　特别地，用于从差压式一次元件推导流量的测量系统，应包括有足够量程的差压变送器，以便提供足够准确的流量信号，用于启动和低负荷阶段的自动控制和远方手动控制。

❖压力和差压变送器

8.5.97　压力变送器应能将被测对象的表压、绝对压力或真空转换为一个输出信号。

8.5.98　差压变送器应设计为能保证将被测对象的差压转变为一个可靠输出信号，该输出信号可以代表所测量的液位和差压。

8.5.99　差压变送器应能在高压或低压侧接入测量对象，而另一侧排大气时，承受对象的最大工作压力，而不致损坏仪表或使标定范围漂移。

8.5.100　在差压变送器的两侧，静压变化应不影响输出信号的品质。

8.5.101　变送器的最低性能要求如下。

（1）精度：标定量程的±0.1%，包括线性、迟滞性和再现性的综合影响。

（2）线性度：标准量程的+0.1%。

（3）再现性：标准量程的±0.05%。

8.5.102　总线型压力（差压）变送器（若有）应配置有PROFIBUS或Foundation Fieldbus协议的现场总线接口；非总线型压力（差压）变送器接口信号应是4～20mA DC+HART协议。外壳防护等级达到IP65标准。过程连接口应采用M20×1.5外螺纹连接方式，并配有淬火铜质垫圈。

❖ 位置变送器

8.5.103 位置变送器应作为控制阀或控制挡板驱动装置的一部分来提供。

◆ 过程驱动开关

❖ 总的要求

8.5.104 每一开关应有用于报警、联锁和／或指示的安全可靠的电触点，设定点应是现场可调的。根据对象的要求，复归应是可调的或固定的。

8.5.105 每一开关外壳应是符合IP65结构的耐用金属外壳，在1区或2区的危险区域应符合防爆要求，这些外壳应具有至少1/2in（1in=2.54cm）的穿线接头用作电缆导管连接。

8.5.106 所有的开关应具有单刀双掷触点。在所有情况下，触点应是为电气上独立的回路而安排的。除非另有规定，每个触点应是快动干触点型，触点的最小断开容量为220V AC负载5A，110V DC感性负载0.5A，并满足回路负载的需要。

8.5.107 所有开关应以在可调范围内±0.5%的精度在设定点动作，精度应包括如迟滞性和线性的一切误差源。所有开关应有在可调范围的0.25%的再现性。开关的性能必须满足上述最低要求，但是在任何情况下，必须适合所采用的对象。

8.5.108 每一开关在每一年内重新标定的次数不应多于一次，并能维持上述性能限值。

❖ 压力和差压开关

8.5.109 应提供所有安装支架。

8.5.110 压力开关取样介质压力波动较大且频繁的地方须设计缓冲装置（如顶轴油出口压力）。

❖ 液位开关

8.5.111 如监视容器内含有洁净和非腐蚀性液体，应提供容器外的位移式／盒式／电触点式液位开关。开关动作是在液位变化时，通过磁力耦合器或测量电阻变化来完成，根据使用的场合，也可提供在容器顶部装设的可调整的位移式液位开关。

8.5.112 一般来说，每一液位开关应在其设定点的0.5cm内完成其基本功能，并且在动作点的2cm内复置。在任何情况下，复置应满足对象的使用要求。

❖ 温度开关

8.5.113 温度开关应按规定由充气或充液的热动系统或双金属元件来驱动。

8.5.114 热敏元件、延伸管、承压接头和铠装毛细管均应为不锈钢材料，也应配备单独的温度套管。

8.5.115 开关应有刻度指示，其设定值应在全量程内充分可调。

❖ 专用开关

8.5.116　该类型开关应为在电厂中特定的使用而单独设计。控制、联锁及远方报警有要求时，应提供该类开关。

8.5.117　其应用应包括下列各方面：

（1）燃气轮机、汽轮机和变速传动装置的超速保护。

（2）燃气轮机、汽轮机和其他大型设备的振动报警和跳闸。

（3）用于泵保护的允许最小冷却水流量、密封水量和润滑油流量（在线热动作型）。

◆ 温度表

❖ 热电阻/热电偶组件

8.5.118　热电阻/热电偶组件应包括传感/热元件、套管、螺纹接套、热电阻/热电偶接线头，并满足或不低于ANSI MC96.1的要求。

8.5.119　传感/热元件。

（1）热电偶的热敏元件为镍铬镍硅专用导线（K型热电偶），绝缘层为高纯度、高温绝缘性能良好的电熔氧化镁粉末，用不锈钢S30408套管保护，采用冷拉拔循环工序制成铠装元件，并封焊工作端及密封尾端。

（2）热电阻的热敏元件为用印刷集成电路制成的微型铂元件，0℃的标定值为100Ω。绝缘层为高纯度、高温绝缘性能良好的电熔氧化镁粉末，用不锈钢S30408套管保护，采用冷拉拔循环工序制成铠装元件，并封焊工作端及密封尾端。热电阻信号线与保护套管绝缘，热敏元件采用三线制接线，热敏元件应置于距顶尖部不超过25mm的距离内。

8.5.120　套管。

（1）热电偶/热电阻整体钻孔保护管采用深盲孔加工技术。

（2）套管应是以棒状材料钻孔形成的，并根据过程流体的温度的压力条件或焊接于管道中，或具有至少25mm的螺纹头。合金钢管道上的套管材料应与管道同材质，碳钢或不锈钢管道上的套管材料应是S30408不锈钢。

（3）高温主蒸汽管道处热电偶/热电阻接管座材质与管道材质相同，其余接管座采用不锈钢S30408材质，接管座高度为50mm。

8.5.121　螺纹接套。应具有至少1/2in粗的穿线接口用以将套管和热电阻/热电偶接线头连接在一起。

8.5.122　热电阻/热电偶接线头。热电阻/热电偶接线头应包括出线接头、高频瓷板、弹簧装置、旋式垫片、一个弹簧加载装置和一个带有链条的螺纹密封盖。弹簧加载器应设计成能保证铠装层与套管可靠接触，接线头应适合于安装双支热电偶和热电阻测量元件所要求的接线盒。接线头应有内螺纹，1/2in的用于连接螺纹接头，20mm的用于电缆导管。接线头应是IP65防护等级、抗振动结构的耐用金属型，接线盒应便于从端头卸下和安装，以适应不同的元件引线的加长倍率。在热电阻/热电偶的接线端部分，应表明其极性，用于热电阻/热电偶的接线盒应适用于$2.5mm^2$以上的补偿导线的连接。

热电阻、热电偶元件每个接线柱上须配备一个全高螺母、一只弹性或星形锁紧垫圈、一个扁垫圈。

8.5.123 精度（现场温度元件的精度等级选取）。

（1）热电阻/热电偶应有校验记录，以核实上述精度。

（2）在每一年中，每一热电阻/热电偶所需要的校准次数不应超过一次，并维持这些性能限值。

（3）热电偶精度符合表1-8-2所示最小误差极限。

表1-8-2　　　　　　　　　热电偶精度最小误差极限　　　　　　　　　℃

K型热电偶	1级允差		2级允差	
温度范围	-40~375	375~1000	-40~333	333~1200
允差值	±1.5	±0.004|t|	±2.5	±0.0075|t|

注　t为实际温度测量值。

（4）铂热电阻精度符合表1-8-3所示最小误差极限。

表1-8-3　　　　　　　　　铂热电阻精度最小误差极限　　　　　　　　　℃

允差等级	有效温度范围		允差值
	线绕元件	膜式元件	
AA	-50~250	0~150	±（0.1+0.0017|t|）
A	-100~450	-30~300	±（0.15+0.002|t|）
B	-196~600	-50~500	±（0.3+0.005|t|）
C	-196~600	-50~600	±（0.6+0.01|t|）

注　t为实际温度测量值。

8.5.124 热电偶补偿导线。

（1）补偿导线的允差不能低于相配套的热电偶，具体技术指标见GB/T 4989—2013《热电偶用补偿导线》第五小节热电特性及允差规定。

（2）补偿导线的绝缘皮着色符合GB/T 4989—2013《热电偶用补偿导线》第五小

节着色规定。应避免在安装和运维期间接线错误。

（3）在高温区域（如燃气轮机间或高温管道处）的补偿导线宜选择耐高温型，导线绝缘皮为聚四氟乙烯材质，护套为聚四氟乙烯或无碱玻璃丝材质。

（4）补偿导线（从就地元件至控制系统柜）均应包含屏蔽层，屏蔽层单点接地，接地点在控制系统侧。

（5）热电偶的补偿导线或延长导线要与热电偶丝相匹配，避免匹配错误造成读数不准确。

8.5.125　其他要求。

（1）热电偶/热电阻带弹性压紧装置。

（2）热电偶/热电阻均采用铠装元件，为双支型式，双支测温元件应分列绝缘。

（3）热电偶/热电阻保护套管能承受公称压力1.5倍的耐压试验，测温元件的探伤报告和材质分析报告应随产品提交招标方。

（4）高温高压热电偶、热电阻保护套管材质为锻打件，采用一体化深盲孔加工技术，并做材质分析和探伤检测，出具相应报告。

❖ 就地温度表

8.5.126　工业用温度计宜选用1.5级。

8.5.127　就地温度仪表测量范围的选择应符合下列要求。

（1）最高测量值不应大于仪表测量范围上限值的90%，正常测量值宜在仪表测量范围上限值的50%左右。

（2）压力式温度计测量值应在仪表测量范围上限值的50%～75%之间。

（3）对于0℃以下低温测量，仪表测量范围上限值应覆盖环境温度。

（4）双金属温度计的选型应符合下列要求：

1）就地温度检测宜选用双金属温度计。

2）双金属温度计表壳直径宜选用 ϕ 100，在照明条件较差、安装位置较高或观察距离较远的场所，应选用 ϕ 150。

3）双金属温度计仪表外壳与保护管连接方式宜选用万向式，也可按照观测方便的原则选用轴向式或径向式。

8.5.128　温度表计金属外壳宜选用不锈钢S30408材质，玻璃保护面罩。不建议使用塑料材质，因为塑料材质耐候性较差，易发黄影响读数。

8.5.129　无法近距离观察、有振动及精确度要求不高的就地或就地盘显示，可选用压力式温度计，其毛细管应有保护措施，长度宜小于10m。

❖ 轴承温度传感器

8.5.130　额定功率为75kW或更大的所有电动机和/或旋转设备应提供轴承温度传

感器（热电阻），应同水平支持轴承或Kingsbury式推力轴承一起供货。

8.5.131　用于封闭轴承的轴承温度传感器应在机器外部装卸和更换。

8.5.132　同设备机架相隔离的轴承一定要使热电偶热端在铠装层处不接地。

8.5.133　温度传感器的测量端应尽可能靠近需测温度轴承的表面。

◆现场压力表

8.5.134　现场压力表应符合GB/T 1226—2017《一般压力表》第5小节的技术要求。

8.5.135　压力仪表的单位及测量范围应符合下列规定：

（1）压力仪表的单位应采用帕（Pa）、千帕（kPa）和兆帕（MPa）。

（2）压力表测量范围的选用，通常应与定型产品的标准系列相符。

8.5.136　压力仪表与介质直接接触部件的材质，应根据介质的特性选择，且满足防腐要求，并不应低于设备或管道材质的耐腐蚀性能。

8.5.137　压力测量仪表的选型应符合下列要求：

（1）压力在 -40 ~ 40kPa时，宜选用膜盒压力表。

（2）压力在40kPa以上时，宜选用波纹管压力计或弹簧管压力表。

（3）压力在 -100 ~ 0kPa时，宜选用弹簧管真空表。

8.5.138　在电厂化学含有特殊介质的压力测量仪表的选型应符合下列要求：

（1）稀盐酸、盐酸气、重油类及与其类似的具有强腐蚀性、含固体颗粒、黏稠液等介质，应选用膜片压力表或隔膜式压力表。

（2）结晶、结疤及高黏度等介质，宜选用法兰连接形式的隔膜式压力表。

（3）在机械振动较强的场合，宜选用耐振压力表、船用压力表或加装缓冲器。

8.5.139　压力测量仪表外形尺寸的选用应符合下列要求：

（1）在管道和设备上安装的压力表，表盘直径宜选用 ϕ100 或 ϕ150。

（2）在仪表气动管路及其辅助设备上安装的压力表，表盘直径宜选用 ϕ40。

（3）安装在照度较低、位置较高或示值不易观测场合的压力表，表盘直径宜选用 ϕ150。

8.5.140　用于测量脉冲压力或需要超量程保护场合的压力表，宜配有超量程保护装置。

8.5.141　所有就地安装的仪表都应在便于观察且便于接近的位置。

8.5.142　压力表壳应是坚固的，防止当传感元件破裂时，有压力的介质向观察者方向泄放。应有一块至少为 ϕ100 的白底黑字刻度圆盘，但在空气过滤、减压器、定位器或气动仪表的输出上的刻度盘可以为 ϕ40。

8.5.143　压力表应是带有防爆玻璃盖的不锈钢结构，其中有防振要求的场所（如泵出口）的压力表应具有耐振功能。

8.5.144　传感元件应是带有泄压头的波纹管或无缝弹簧管，浸湿部件的材料一定要与过程流体相适应，一般来说，量程的选择应使正常工作压力工作在刻度的约2/3处。但是压力表应能承受最大工作压力的150%的过压而不会影响标准点的性能。

8.5.145　测量用压力表、膜盒压力表和膜片压力表，宜选用1.0级和1.6级。

8.5.146　压力表零部件装配应牢固、无松动现象，涂层均匀光洁、无脱落。

8.5.147　压力表配高强度、安全模式的玻璃，背部应有防止压力过大的安全膜片，以适应现场安装环境及运输条件。

8.5.148　压力表刻度盘应为机械指针式，选用不锈钢材质，刻度盘底色为白色，色标符合测量介质为可燃气体、蒸汽的规定，刻度分度值符合国家标准要求。

8.5.149　压力表计过程连接部分采用M20×1.5接头。

◆仪表管选型及安装

❖取样管

8.5.150　采用S30408不锈钢材质的无缝钢管，常用取样管规格为$\phi 14\times 2$、$\phi 18\times 2$、$\phi 18\times 3$三种规格。

8.5.151　从取压口到仪表接头的取样管应是连续倾斜没有高点的，避免取样管内空气聚集，影响测量准确度。连接至空气或烟气设备的仪表与取样口之间的取样管应倾斜，以防止冷凝水积累在取样管内。

8.5.152　取样管的支撑面应进行限制以防止下垂，并遵从仪表厂家所推荐的安装方式。

8.5.153　取样管与仪表连接采用外套螺母接头，接头规格为M20×1.5，垫片采用经过淬火的铜垫片。

❖气源管

8.5.154　采用S31608不锈钢材质的无缝钢管，常用取样管规格为$\phi 6\times 1$、$\phi 8\times 1$、1/4in和3/8in几种规格。若主机厂无管径约定，则用户可根据现场设备用气量的多少来约定管子直径。但规格不宜过多，避免日后维护不便。

❖取样管隔离门

8.5.155　压力、流量、液位要求带一次门及二次门，所有二次门后应配供连接短管。高温高压（压力大于6.4MPa、温度高于400℃）场合的一次门及一次门前短管的材质应与相连的工艺管道材质相同；低温低压场合的一次门及二次门材质应为S31603不锈钢。

8.5.156　压力、流量、液位测点以及汽水取样点应根据工质参数确定从取样点引出足够长度的无缝钢管作为安装接口，接口尺寸在设计联络会上确定。

8.5.157 介质压力大于6.4MPa或温度高于400℃以上的仪表一次门按两个串联的方式提供。

8.5.158 用于主蒸汽、过热蒸汽、再热蒸汽以及高压给水管道等高温高压部分的测点一次门，均采用国内外质量可靠的工艺阀（FITOK、科维、Swagelok、Parker），并配供与之相连接的金属短管和变径至 $\phi 18 \times 4$ 的短管。该类阀门、短管以及变径均采用与主管道相同的材质。设计时必须考虑保证第一个一次门应高于主管道保温。

8.5.159 一次门、二次门及排污门等仪表阀门建议采用FITOK、科维、Swagelok、Parker等同等品牌的优质产品。

八、执行机构

执行机构的类型及输出力矩选择方面，应根据阀门的压降、口径以及对响应速度的要求，合理选择阀门执行机构，并对制造厂给出的输出力矩进行核算。气动控制阀执行机构宜选用弹簧返回薄膜执行机构。要求执行机构速动的开关阀，宜选用气缸式执行机构，气缸宜选用弹簧返回的单作用气缸。当要求控制阀执行机构输出力矩较大、响应速度较快时，宜选用带安全复位弹簧的双作用气缸式执行机构。当控制阀在没有气源或气源接入困难的场合，或需要大推力、信号传输迅速、远距离传送的场合时，宜选用电动执行机构。在高推力、快速行程、长行程等场合，可选择电液执行机构。执行机构应满足阀门所需要的行程。最大压差下（调节阀全关时），应有足够的阀座密封压力，即阀门的允许压差应当大于阀门全关时的最大压差。

◆电动执行机构

8.5.160 电动执行机构采用智能一体化优质产品（包括齿轮箱、控制部分、电动机部分、支架及输出拐臂，并具有ISO 9001质量体系认证）。

8.5.161 电动执行器应配置手轮，手轮用作在动力源消失、阀门停止移动时，能移动阀杆。电动执行器的手轮，在电动操作器脱开时，无论电动机是运行或静止，都能安全地合上。

8.5.162 电动执行机构接口信号应是4~20mA DC，负载能力应不小于500Ω，并应能接收无源触点的控制信号。

8.5.163 电动门开关型控制装置、电动调节执行机构应采用智能型一体化装置。

8.5.164 电动执行机构应有符合要求的电源来操作各种设备。在电厂的寿命时间范围内，污垢、腐蚀和磨损会使电动执行机构的动作阻力不断增加，因此电动执行机构的电源应有余量，当电压在额定电压的80%~110%的范围内时，电动执行机构应能够正常启动和运行。

8.5.165 驱动阀门的执行机构应在供货前与阀门装成一体并调试完成；驱动其他

无法直联的对象则应提供所建议的连杆安装布置图和指示转动力矩输出的特性曲线，并提供连杆、用于克服回差的球型铰链等全部附件。

8.5.166 所有电动执行机构都应提供必要的底座和支撑架。所有电动部件和转动部分（除了控制臂之外）都应有保护外罩，保护外罩应适用于户外安装。电动执行机构应是"底脚安装"型的牢固结构，能适用于底部安装。

8.5.167 所有电动执行机构应配有防结露加热器。

8.5.168 所有执行机构都应有就地、远方指示，集控室有独立的远程指示，以显示每个电动执行机构的实际位置，位置变送器应安装在执行机构上，并能从终端驱动连接装置直接操作，位置变送器仅表示控制器的输出是不符合要求的。位置变送器不能用滑线变阻器。

8.5.169 所有的定位和执行单元应有电动的或机械式的制动装置，并且无论在最低还是最高动作点上都能安全、稳定地控制。

8.5.170 装有力矩开关的电动执行机构应能闭锁转子的动作，而不会对驱动造成危害。

8.5.171 驱动电动机的铭牌额定功率应不少于设计条件运行下的被驱动设备所需要的最大制动功率的100%，这个关系在所有动作速度和条件下都应存在。

8.5.172 每个调节执行机构应装有限位开关，至少有四副可调整的触点。每副触点都应能设置在全开、全关或任何中间位置。

8.5.173 执行机构的超调量在任何位置、任何控制方式下，都不应超过其全行程的1%。

8.5.174 电动执行机构是高精度、高可靠性调试维护方便的产品，具有成熟的现场运行经验及抗干扰能力，以及输入、输出信号隔离措施。

8.5.175 调节型电动执行机构可以通过自配的精确定位装置接收DCS输出的4～20mA DC模拟信号和开、关无源干触点信号。所供的开关型电动执行机构可接收开、关、停脉冲无源干触点信号或有源信号，开关触点容量为220V AC、5A。确保电动执行机构和自动调节系统的接口协调一致，组成完整的闭环控制回路。

8.5.176 调节型电动执行机构可提供一个内部供电的电气隔离的4～20mA开度反馈信号，并具有就地开度显示功能。

8.5.177 电动执行机构的位置反馈装置不应使用传统的电位器或增量式编码器配电池的方式，应采用多圈绝对值编码器，总计数范围应达到4096圈，单圈分辨率应达到4096位，可在任意位置设置全关位置和全开位置。或者采用霍尔原理位置反馈装置。

8.5.178 调节型电动执行机构在失电或信号时，应能保持在失电或失信号前的原位不动，并提供报警输出触点。

8.5.179　电动执行机构的开度及开、关限位装置可靠，保证无过开、过关现象，开度标志明显，开关无空程，并保证开度指示与阀门开度位置一致。

8.5.180　电动执行机构具有结构简单、性能可靠的力矩保护装置，执行机构过力矩时，自动切断电动机电源，并发出过力矩报警信号。

8.5.181　电动执行机构能输出带光电隔离的、无源的干触点输出信号，开关触点容量为220V AC、5A。信号类型包括开到位、关到位、开力矩、关力矩、就地、远程、综合报警等。

8.5.182　电动执行机构应配置手轮及手/自动切换机构。

8.5.183　电动执行机构电动机应具有良好的伺服特性，具有高启动转矩倍数、低启动电流和小的转动惯量，并具有电动机过热保护及相序检测功能。电动机线圈的绝缘等级为F级。

8.5.184　电动执行机构具有可靠的电制动功能，以防止电动机惰走。

8.5.185　电动执行机构应具有智能功能，方便参数的调整，轻松实现开关正反模式转换、零满位的设定、死区及制动效果的调整。可对电动执行机构进行远距离控制或就地操作，实现人机对话功能。

8.5.186　电动执行机构配有现场手操功能，现场手操实现方式不应采用不可靠的接触式或干簧管操作方式，应采用密封性能良好、寿命长、反应灵敏的霍尔传感器的非接触式手操系统。

8.5.187　电动执行机构金属表面涂镀层、面板及铭牌均应光滑平整，紧固螺栓要求防脱落、调试维修后不丢失。

8.5.188　执行机构应采用独立接线端子盒结构，无须打开放大器盒便可接线调试。

8.5.189　电动执行机构主要技术指标如下。

（1）电源电压：220V AC 或 380V AC，频率为（1±1%）50Hz。

（2）环境条件：整体调节型电动执行机构的温度范围为 -10～70℃（-40～90℃），相对湿度小于等于85%，周围空气中不含腐蚀性物质。

（3）输入信号：开关量输入为220V AC、5A（大于等于300ms）。

（4）模拟量输入：4～20mA。

（5）输出电流信号：4～20mA。

（6）负载电阻：大于等于600Ω。

（7）线性误差：0.5%。

（8）无源干触点输出触点容量：220V AC、5A。

（9）输出行程：角行程为0°～90°，直行程为10～150mm，多回转为360°以上。

（10）基本误差：小于等于 ±1%。

（11）回差：小于等于 ±1.0%。

（12）死区：0.5%～5% 可调。

（13）阻尼特性：小于等于 3 次半周期，无摆动（零周期摆动）。

（14）额定行程时间：小于等于（1±10%）25s；小于等于（1±10%）40s（额定力矩大于等于 6000N·m）。

（15）启动特性：电源电压降至负极限值时，执行机构能正常启动。

（16）绝缘电阻。

1）输入端子与机壳间：大于等于 20MΩ。

2）电源端子与机壳间：大于等于 50MΩ。

3）输入端子与电源端子间：大于等于 50MΩ。

（17）绝缘强度（在下列试验条件下，应不出现击穿和飞弧现象）。

1）输入端子与机壳间试验电压与频率：500V，50Hz。

2）输入端子与电源端子间试验电压与频率：500V，50Hz。

电源端子与机壳间试验电压与频率：电压小于 60V 时为 500V、50Hz；电压为 130～250V 时为 1500V、50Hz；电压为 250～380V 时为 2000V、50Hz。

（18）环境温度的影响：环境温度在 -30～70℃ 范围内，每变化 10℃ 输出行程变化不大于额定行程的 0.75%。

（19）电源电压的影响：电压从公称值分别变化到正、负极限时，输出行程变化不大于额定行程的 1.5%。

（20）漂移：48h 的漂移应不大于额定行程的 1.0%。

（21）机械振动影响：执行机构在频率为 10～55Hz 时，位移幅值为 0.15mm；一体化控制单元在频率为 10～55Hz 时，位移幅值为 0.075mm。分别承受三个相互垂直的方向，各振动 30min 的正弦扫频试验，行程下限值和量程变化不大于额定行程的 1.5%。

（22）连续冲击要求：执行机构应在包装条件下按 ZBY002 中有关要求进行连续冲击试验，试验后的基本误差和回差应符合技术要求。

（23）电动执行机构应在持续负载为 20% 的情况下以 IEC 34-1 标准中的 S4 工作制运行，正常运行连续 50000h 无故障。执行机构的工作制为可逆连续工作制，当接通持续率为 25% 时，每小时接通次数一般为 60 次，但应允许接通次数至少达每小时不低于 1200 次。

（24）寿命：执行机构在额定行程 50% 附近，以接通持续率为 20%～25%，每小时接通次数（580±50）次运行 48h，基本误差和回差应符合上述条件的规定。

（25）电动执行机构及附件的外壳防护等级应不低于 IP67 等级。

◆气动执行机构

8.5.190　气动执行机构及其附件，在仪表空气压力为0.4～0.8MPa范围内安全工作。

8.5.191　气动执行机构应根据现场仪表空气的最小压力工况选择，不因现场压缩空气压力降低（仍在合理值范围内）而使执行机构位置与控制指令产生偏差。

8.5.192　气动执行机构在选型时应考虑仪表供气系统发生故障或动力源突然中断时，控制阀的开度应处于使生产装置安全的位置。如发生故障时，阀门处于开的位置，则阀门应为气关阀，否则为气开阀。具体选用情况要结合现场实际工艺的要求来决定。

8.5.193　气动开关阀的执行机构应按照现场最大扭矩的1.3～1.5倍进行选定。

8.5.194　气动调节阀宜采用电/气阀门定位器，当在有振动或在阀门井中安装及处于较高温度的场合时，可选用气动阀门定位器加上电气转换器分体式布置，避免电气元件在恶劣环境中损坏。

8.5.195　在以下两种场合应考虑在气路在加入气动放大器（气动继动器）：

（1）用于快速生产过程，需要提高控制阀响应时间的场合（如高压旁路阀等大气缸执行机构，动作时在短时间内需要大量空气）。

（2）需要提升气动控制器输出信号的场合。

8.5.196　当气源压力低于给定值，工艺操作要求控制阀保持在原来位置上时，应加装保位阀。

8.5.197　重要场合的调节阀（如防喘振阀），且需要连续反馈阀门位置的场合，应安装阀位变送器，不宜在控制画面使用指令信号代替阀位反馈信号。

8.5.198　用于联锁系统（操作联锁、安全联锁）及顺序控制的气动开关阀，且需要反馈阀门位置的情况，应配阀位开关。

8.5.199　气动执行机构配备手轮，尤其是未设置旁路的控制阀，便于丢失动力气源时就地手动操作。

8.5.200　依据设计的要求，安装在不同场合的气动执行机构应考虑是否须具备三断（断电、断气、断信号）保护功能。在气源或信号丧失的情况下，根据工艺要求，使阀门保持全开、全关或保位自锁状态，以保障向人员和过程安全方向动作，并具有供报警用输出触点。

8.5.201　在以下情况下，气动执行机构应考虑就近配备压缩空气储罐：

（1）汽轮机主蒸汽旁路阀等重要阀门应设置储气罐，在失去主路气源时，阀门可通过储气罐中的气应急操作至要求的位置。

（2）根据工艺控制的要求，如正常气源管不足以驱动气动执行机构迅速动作，则应配备储气罐气源设施。

（3）双作用气缸（无法做到弹簧复位的），要求失去气源时气动执行机构处于安全位置，应配备储气罐气源装置。

8.5.202 ★压缩空气储罐的制造应符合GB 150—2011《压力容器》的要求，应配安全阀、排污阀和压力表。根据气动阀门的安全等级确定是否配压力开关，以指示仪表空气气压低或气源故障状态。气罐的容量应满足阀门可以有大于两次从开到关和从关到开的动作的气源容量。

8.5.203 当仪用气、控制信号、电源故障恢复时，气动执行机构应将阀门恢复至当前指令位置。

8.5.204 每一气动执行机构配有可调节空气过滤减压阀及空气过滤器，输出压力依据现场需要可以进行调节。

8.5.205 空气过滤器及减压阀通体采用全金属材质，避免高压、高温环境下塑料老化漏气。

8.5.206 气动执行机构上的气源电磁阀的供电开关应带有辅助触点，用于失电报警，并远传至DCS报警。

8.5.207 燃气轮机用防喘阀控制用进气管须使用金属软管，防止振断。

8.5.208 全开全关型执行机构应装设行程限位开关，开关内有两套独立的常开及常闭触点。触点容量为0.5A、110V DC和2.5A、220V AC。

8.5.209 执行机构技术要求如下。

（1）基本误差：角行程和直行程均小于额定行程的1.5%。

（2）执行机构的死区：不大于额定行程的0.8%。

（3）执行机构的回差：不大于额定行程的1.5%。

◆智能型定位器

8.5.210 定位器应设计为适合于标准的气动输入信号20～100kPa。智能型定位器使用智能定位系统定位控制阀门阀位。

8.5.211 每一定位器应具有分设的压力表以指示气源、入口和出口压力。

8.5.212 具有分段范围或所需气源压力大于100kPa的阀门应配置定位器，不带旁路阀或带有不可操作旁路阀。

8.5.213 在与4～20mA DC控制信号相接口的地方应提供电/气定位器。

8.5.214 智能定位器应配备接口设备、电磁阀、行程开关、反馈装置等。

8.5.215 总线型智能定位器（若有）应配接口设备、电磁阀、行程开关、反馈装置等，还应配置有PROFIBUS或Foundation Fieldbus协议的现场总线接口。总线型智能定位器还应配现场总线系统调试运行软件。

8.5.216 位置变送器带有可显示状态参数的液晶显示屏及定位器专用调试工具，

以便于现场调试。

8.5.217　阀门定位器技术要求如下：

（1）输入信号为4～20mA DC。

（2）输出信号为20～100kPa。

（3）精度为小于全行程的1%。

（4）回差为小于全行程的0.9%。

（5）死区为小于全行程的0.8%。

（6）重复性为小于全行程的1%。

◆位置变送器

8.5.218　需要进行开度控制的阀门应配置位置变送器。

8.5.219　位置变送器应装设在阀门上，并能将阀杆的位置转换为成比例的4～20mA DC信号，最好是LVDT式的位置变送器，最大信号负载可以达到500Ω。

8.5.220　不建议采用滑线变阻器原理的位置变送器，易磨损、零漂。建议采用LVDT式的位置变送器，具备精度高、线性好、无机械磨损等优点，但在选购时应选择行业内优质品牌的产品，提高工作可靠性。

8.5.221　对于气动调节阀，不需额外加装LVDT。调节阀本身包含电/气阀位控制器，阀位信号传入阀位控制器行程闭环控制，同时电/气阀位控制器将阀位信号以4～20mA信号传至控制系统。

◆限位开关、力矩开关

8.5.222　限位开关的装设应使其在阀门行程的终端进行动作（开－关）。

8.5.223　限位开关的复归行程应尽可能小，以便给出阀位准确的信息。

8.5.224　限位开关和力矩开关的数量应满足控制要求，最小触点断开容量为感性负荷0.5A、110V DC和2.5A、220V AC。

◆电磁阀

8.5.225　选型时应采用与美国asco电磁阀同等性能的产品。

8.5.226　电磁阀线圈采用耐高温型，正常时可长期带电。

8.5.227　电磁阀优先选用直动式，若直动式电磁阀无法驱动阀门，则可考虑选用先导式电磁阀。

8.5.228　电磁阀的直径大小和所需的最小差压应与其相应的控制阀功能要求相一致。

8.5.229　电磁阀采用220V AC、50Hz电源。电磁阀接线盒内的电源将由电源分配盘供应电源。在选择电磁阀时要考虑该电磁阀是常带电还是不常带电，是常开还是常关。如NE常带电和NDE不常带电，以保证当电源失去时，电磁阀向安全方向动作。如汽轮机排汽止回阀的电磁阀应为NE型，疏水阀的电磁阀应使疏水阀为故障打开。

九、导线、电缆及其连接

◆概述

8.5.230 应使电线触点保持最少值。安装在开关装置、盘、控制台和接线盒的所有电气设备的接头都应就近，并且除非特别使用专用连接器（如汽轮机缸温），电气设备应接到外部电缆的端子板。设备部件应全部采纳一致的屏蔽和铠装接地原则（机柜侧接地）。

◆接线

❖导线

8.5.231 在盘或设备内部接线的所有导线都应采用多股铜导线。除了绕接设备，不应采用单股导线。

❖导线规格

8.5.232 所有导线的最小横截面积应不小于$1.0mm^2$。

❖结构和绝缘

8.5.233 接线的绝缘应符合认可的标准，并且其类型能承受现场条件且质量不下降，同时适当考虑外壳内部可能增高的温度条件。绝缘材料不应有助燃作用，即一旦火源被清除，它不应继续燃烧。

8.5.234 电缆结构应符合IEC 189的规定或符合与IEC 189相当的标准。

❖端子接线和端子板

8.5.235 端子板应有单独的外部和内部连接端子，每个端子连接的电线不应超过一条。

8.5.236 电线跨接宜使用短接片，不可在一个端子上接入多根电线。

8.5.237 如果用螺柱型端子，连接这些端子的每条电线的线头应用爪形垫圈或压接型端子接线片连接。如果用夹式端子，则导线可以不用接线片进行端接，但线股直径小于等于0.3mm的导线仍应用压接接线片。除非采取合适的、认可的措施，每只线夹端接的导线数应不超过一条。

8.5.238 接头电压大于等于110V的端子板应与其他电路的端子板分开并应配备绝缘盖。

8.5.239 机柜内端子排在安装时高出地面盖板不少于300mm以上。

8.5.240 应提供足够的端子可连接多芯电缆内的所有线芯，包括所有备用或未用的线芯。备用线芯的端子应编号，并且其位置应使备用线芯达到最大长度。所有多芯电缆中应至少提供10%的备用线芯。

8.5.241 备用线芯铜导体处须使用绝缘胶布包扎。

8.5.242 所有端子、电线和端子板都应有永久性标识。

8.5.243 在端子板（接线盒）处连接两段屏蔽电缆时，应用单独的端子使屏蔽不中断。

❖ 电缆入口

8.5.244 现场安装仪表的电缆应采用底部入口方式，且应有必要的封堵。

◆ 电缆类型的选择

8.5.245 现场仪器仪表至DCS/燃气轮机控制系统均采用铠装带屏蔽电缆。

❖ 屏蔽要求

8.5.246 所有控制电缆均采用屏蔽电缆或屏蔽电线。连接基于微处理的控制系统和PLC等电子设备的开关量输入/输出信号采用总屏的控制电缆；开关量输入和输出信号合并电缆及模拟量信号应采用总屏加分屏的计算机专用电缆（铜带屏蔽）；阀门LVDT初级线圈及次级线圈信号若使用同一根电缆，则应采用总屏加分屏的专用电缆；热电偶补偿导线（电缆）也应采用总屏加分屏（铜带屏蔽）的电缆。

❖ 铠装要求

8.5.247 敷设电缆易受机械损伤处、存在鼠患处、地下直埋场所、拉扯强度较大处均应使用铠装电缆。电缆加铠还可以通过屏蔽保护提高电缆的抗干扰性能，钢带铠、钢丝铠装层具有高导磁率，有很好的磁屏蔽效果，可用于抗低频干扰。

❖ 阻燃要求

8.5.248 阻燃电缆是指在规定的条件下被燃烧，在撤去火源后火焰在试样上的蔓延仅在限定范围内，具有阻止或延缓火焰发生或蔓延能力的特性电缆。阻燃电缆分为含卤电缆、无卤低烟电缆、无卤低烟低毒电缆三类。在油系统、危险气体区域、通风差、疏散差、人群密集工作区域、易燃区域应考虑使用阻燃电缆。阻燃电缆材质包括交联聚乙烯、阻燃聚氯乙烯等，应根据采购成本及技术指标综合选择。

8.5.249 阻燃塑料绝缘导线和电缆的试验标准为IEC-332-3，A类。建议选择绝缘和护套为均阻燃型，绝缘及护套采用低卤素或无卤的阻燃绝缘电缆材料，在高温时应没有毒气放出。

❖ 耐热要求

8.5.250 在环境温度高于65℃的场所，应采用耐热电缆及导线。尤其在燃气轮机侧透平间内温度元件及消防感温元件，以及汽轮机侧需要穿越管道的疏水温度元件，应选择耐高温电缆，避免高温老化。如采用绝缘皮和护套均为聚四氟乙烯材质的电缆，其耐温达250℃；硅橡胶电缆耐温达180℃；油污染环境的丁腈复合物绝缘电缆，运行最高额定温度为105℃。上述电缆均具有较好的耐热性能，可以根据现场工况合理选择耐温电缆。

❖ 其他电气要求

8.5.251　当采用聚氯乙烯绝缘电缆时，其非电性试验要求和电性试验要求应符合 GB/T 5023.1《额定电压 450/750V 及以下聚氯乙烯绝缘电缆　第 1 部分：一般要求》。

8.5.252　测量、控制和动力回路的电缆（截面积为 6mm² 及以下），电线的线芯材质为无氧裸铜芯。热电偶补偿导线或补偿电缆的线芯截面积不小于 1.5mm²。电缆的线芯截面积不小于 1.0mm²，两端连接插件的预制电缆等特殊情况可采用 0.5mm²。

8.5.253　采购多芯电缆时应要求每根导线的绝缘层上有永久性的编号，约每 1m 的间隔打印一个，方便现场对线及接线。

8.5.254　测量、控制和动力回路的电缆、电线和补偿导线的线芯截面按回路最大允许电压降、仪表的最大允许外部电阻、线路的通流量、机械强度、环境条件和安装方式等来选择。电源电缆载流量依照设备负荷、导体材料、绝缘材料允许发热值、安装方式和环境温度等因素确定。绝缘水平根据系统电压和接地方式选择。

8.5.255　单根电缆的实用芯超过 7 芯时，至少将预留 2 根备用芯，不超过 7 芯的电缆须留 1 根备用芯。

8.5.256　同一根电缆内不允许既包含开关量信号又包含模拟量信号。

8.5.257　敷设时，带铠或屏蔽层的电缆弯曲半径大于 12D（电缆直径），不带铠和屏蔽层的电缆弯曲半径大于 6D。

◆ 电缆合并

8.5.258　起点和终点相近的电缆可合并选用多芯电缆，模拟量信号及对信号干扰要求较高的地方不允许电缆合并。

8.5.259　控制盘、柜内两侧的端子引出线，不直接合并为一根电缆引出，必要时将利用盘内端子转接。

8.5.260　弱信号及低电平信号，特别是需抗干扰的信号不应与强电回路合用一根电缆或敷设在同一保护管内。

◆ 结构特点

❖ 电缆

8.5.261　电缆制造及试验标准为 IEC-332-3，A 类。

❖ 电线标识

8.5.262　开关装置、控制盘和控制台、继电器盘、接线盒以及类似装置的内部接线绝缘套应涂色，并通过在绝缘材料内嵌入字母和编号识别。

8.5.263　多对接线应用颜色和端子板标识识别，并且每束线都有标识的跟踪记号。

8.6　能耗在线监测系统

为贯彻落实国家发展改革委、质检总局《重点用能单位能耗在线监测系统推广建设工作方案》（发改环资〔2017〕1711号），以及中国海洋石油集团有限公司《关于进一步落实能耗在线监测系统建设的通知》（中国海油安字〔2018〕23号）的文件精神，按照海油总公司和气电集团的要求，开展能耗在线监测系统建设。

8.7　烟气在线监测系统

8.7.1　系统需与上级生态环境部门直接联网，一网双发（省厅、市局）。

8.7.2　烟尘测量采用激光法测量或使用质量较好的超低粉尘仪。

8.7.3　气体测量采用紫外线测量。

8.7.4　提供两路交流电源供电电压220V AC，可为CEMS系统仪表提供一路220V AC UPS电源（主路电源），一路220V AC低压厂用电电源（检修备用）。

8.7.5　伴热管内取样管冗余设计，预留一倍余量（4根）。

8.7.6　NO、NO_2，两种NO_x均须单独监测，不使用转换器（NO_2转为NO）。

8.8　温室气体在线监测

8.8.1　设计时考虑与烟气在线监测系统共用桥架通道，安装机柜用的房间。

8.8.2　气体取样装置具备反吹功能。

8.8.3　系统具备生成报表与显示数据曲线功能。

8.8.4　系统具备安全管理功能，即系统管理员（可以进行所有的系统设置工作，包括设定操作人员密码、操作级别，设定系统的参数配置等）及一般操作员（只能进行日常查询、例行维护和保养，不能更改系统设置）权限。

8.8.5　伴热管内取样管冗余设计，预留一倍余量（4根）。

8.9　安全态势感知系统

8.9.1　实施范围为非涉网侧系统和设备，不包括电网侧或独立组网系统。

8.9.2　控制区（安全Ⅰ区）：机组DCS主控系统；非控制区（安全Ⅱ区）：SIS系统；管理信息大区：SIS系统。

8.9.3　整体方案采用独立组网、主备平台方式，数据单向传输，保证数据存储满足合规性要求，具备事件追溯功能。

8.9.4 流量采集通过在交换机上配置镜像的方式实现，在不影响设备运行的前提下完成流量采集。

8.9.5 接入交换机需要具备镜像功能，由业务系统厂家配合完成镜像配置工作。如交换机不具备接入条件，需进行升级更换。

8.9.6 各安全分区之间如果通过光缆通信，则光缆需有备用芯。例如安全 I 区有 DCS 两套，辅控 1 套，与安全 II 区之间通过光缆通信，那么每套控制系统需具备 1 组备用芯，即 3 组备用芯。如果条件不具备，需进行光缆敷设。

8.9.7 场站需具备足够的部署空间，如无空间，需购置屏柜。

8.10 等级保护测评要求

8.10.1 电力企业信息安全须满足《电力行业信息系统安全等级保护基本要求》（电监信息〔2012〕62 号）、GB/T 36047—2018《电力信息系统安全检查规范》、GB/T 37138—2018《电力信息系统安全等级保护实施指南的规范要求》。

8.10.2 在初步设计中须要求电力信息系统、管理信息类系统、生产控制类系统、控制区等达到三级标准规范。

8.10.3 等级保护测评覆盖范围包含 TCS、DCS、220kV 计算机网络监控系统、SIS 系统。

8.10.4 等级保护测评技术服务须包含检查现场发现的问题并出具整改建议，供招标方要求设备供应方按照整改要求完成整改。

8.10.5 整改完成后，依据国家信息安全等级保护制度规定，根据等级保护测评相关标准，从安全技术与安全管理两大项 10 个方面，对信息系统安全等级保护状况进行全面测评与综合安全评估。确保信息系统能通过信息安全等级保护三级的国家标准，出具测评报告，配合招标方通过当地公安机关验收并获得回执。

8.11 热工计量实验室

8.11.1 校验台油用（0～40MPa）。

8.11.2 校验台气用（0～16MPa）。

8.11.3 便携式校验设备（现场校验用）。

8.11.4 自动压力校验台（可测负压）。

8.11.5 便携式计量炉两台。

8.11.6　标准热电阻、热电偶。

8.11.7　标准压力表两套：-100～0kPa，0～160kPa，0～0.25MPa，0～0.4MPa，0～1MPa，0～2.5MPa，0～4MPa，0～6MPa，0～10MPa，0～16MPa，0～25MPa。其中一套与便携式校验设备配套使用。

8.11.8　万用表若干。

8.11.9　校验工具、转接头（公制、英制各一套）。

8.11.10　信号发生器一台。

8.11.11　电缆线管标签机一台。

8.11.12　设备挂牌标签机一台。

8.11.13　电阻箱一台。

9 化水系统

电厂化学系统主要由循环冷却水处理系统、原水预处理系统、除盐水处理系统及配套加药、水汽取样和炉内加药系统、废水处理系统组成。

9.1 水处理系统

包括循环冷却水处理系统、原水预处理系统、除盐水处理系统及配套加药。

一、通用要求

9.1.1 化学水处理系统工艺设计应做到合理选用水源、节约水源、节约用水、降低能耗、保护环境，便于安装、运行和维护。

9.1.2 化学水处理工艺的选择要根据水源类型、水质特点、机组参数及厂址条件等因素确定。

9.1.3 化学水处理设计前需要取得全部可利用水源的水质全分析资料，包括：地表水、再生水要求取得近年12份的逐月资料；地下水、海水要求取得近年4份的逐季资料。

9.1.4 化学水处理系统采用DCS控制系统实施自动控制。除就地配置本地操作员站外（就地站供启动、调试、巡检和维护使用），通过网络通信方式将其运行监视与控制集中在集控室实现全自动无人值班、一键启停运行设计目标。

9.1.5 化学水处理系统的材质要求与水中氯化物、硫酸盐含量相适应。系统设备、阀门、法兰螺栓螺母等安装附件材质要与相连接的部件材质尽量一致，不同金属材质间必须采取绝缘措施，避免电化学腐蚀。

9.1.6 设备进、出水及所有内部管路应采用法兰与本体连接，并考虑检修与部件更换便利条件。

9.1.7 气动阀门进气端应设置节流装置，避免阀门瞬间全开。

9.1.8 如无特殊规定，所有取样管、压缩空气管使用S30408不锈钢材质。

9.1.9 经常检修的水处理设备、水泵、阀门等，应按其结构形式、台数、起吊件重量设置检修平台、起吊装置。

9.1.10 化学水处理设备布置要求为：面对面布置时，阀门全开后的操作通道净间距不应小于2m，巡回检查通道净宽不应小于0.8m；两台设备的净间距不应小于0.4m。

二、工艺

◆循环冷却水处理

9.1.11 循环冷却水处理系统设计符合下列标准：

（1）GB 50648—2011《化学工业循环冷却水系统设计规范》；

（2）GB/T 50050—2017《工业循环冷却水处理设计规范》；

（3）GB/T 50102—2014《工业循环水冷却设计规范》；

（4）GB/T 31329—2018《循环冷却水节水技术规范》；

（5）GB/T 16166—2013《滨海电厂海水冷却水系统牺牲阳极阴极保护》；

（6）DL/T 742—2001《冷却塔塑料部件技术条件》。

9.1.12 循环冷却水处理设计方案应包括补充水来源、水量、水质及其处理方案；设计浓缩倍数、阻垢缓蚀、清洗预处理方案及控制条件；系统排水处理方案；旁流水处理方案；微生物控制方案。

9.1.13 循环冷却水系统不使用铜合金或含铜的换热设备，以避免使用铜缓蚀剂／联氨。

9.1.14 循环冷却水补充水质、系统水质要求及换热设备要求符合GB/T 31329—2018《循环冷却水节水技术规范》4.4条款。

9.1.15 循环冷却水的补充水设计使用化学预处理出水，结合反渗透浓水、工业废水、生活废水处理设施处理合格后的中水以及循环冷却水排水回用，实现废水综合利用，达到零排放的目的。

9.1.16 冷却塔工艺塔体结构采用大跨度钢筋混凝土框架结构，塔体围护板及纵、横隔板为混凝土板。

9.1.17 风筒采用玻璃钢材质动能回收型风筒，风筒拼装连接及紧固件材质采用S31603，水源使用海水或苦咸水的拼装连接及紧固件材质采用S25073或S31252。风筒动能回收值大于30%，节能大于8%，内表面涂树脂两遍，经整形处理保持较高表面粗糙度以减少阻力。树脂含量在45%～55%，风筒玻璃钢件弯曲强度大于等于147MPa。每个风筒上部需设置S31603不锈钢避雷环，使用海水或苦咸水水源的，避雷环材质采用S25073或S31252。

9.1.18 风机采用高强度环氧玻璃钢材质机械塔专用低噪声轴流风机。风机叶片采用玻璃钢空腹结构，叶片的迎风面采用聚氨酯胶带做前缘处理。风机叶片采用模压成型，叶片各截面过渡圆滑，展向每100mm段可见气泡不多于3个，可见气泡直径不大于3mm。

9.1.19 收水器漂水率不大于0.001%。

9.1.20 收水器采用改性PVC材料（不得使用再生料，必须使用全新料），挤拉成型，阻燃氧指数不低于40；边沿应加厚，基片厚不小于0.8mm，片形规整。

9.1.21 配水系统应有足够的刚度及强度，所有的螺栓连接件及悬吊件采用S31603不锈钢材质，使用海水或苦咸水水源的，采用S25073或S31252不锈钢材质。主管与支管采用便于拆卸的承插连接，支管与喷头间采用可互换的标准接头连接。布水喷头采用ABS材质低压喷头，喷头采用螺纹连接。

9.1.22 填料采用改性PVC薄膜填料，不得添加再生料，填料基片厚度为0.5mm。黏结剂采用无毒材料。填料基片颜色不得使用黑色。

9.1.23 冷却塔内风机、收水器、配水系统及填料位置处均需设置检修通道，检修通道材质采用玻璃钢材质。

9.1.24 水池水面安装消声填料，填料采用改性PVC薄膜填料，高度不小于24cm。

9.1.25 冷却塔集水池应设置便于排除淤泥的设施，集水池出水口前设置两道便于清洗的拦污网。

9.1.26 循环冷却水回水管应接至冷却塔水池旁路管，满足系统清洗预膜要求。

9.1.27 循环冷却水系统的补充水管径、冷却水池排净水管径根据排净、清洗、预膜转换时间要求确定，转换时间不应大于8h。

9.1.28 系统管道的低点设置泄水阀，高点设置排气阀。

◆原水预处理

9.1.29 预处理取水水源应考虑另设备用水源，比如市政自来水。

9.1.30 预处理水源有咸潮影响时，要考虑设置淡水储存池作为咸潮期间的原水预处理的补水水源。淡水储存池的容量根据近10年咸潮影响最长时长计算出所需的预处理取水量。

9.1.31 预处理工艺要根据水质要求、处理水量和水分析试验资料，通过技术经济比较确定。沉淀池、过滤器的设计参数满足以下要求：

（1）地表水、海水预处理宜采用混凝、澄清、过滤工艺。当原水悬浮物含量小于20mg/L时，可以直接用膜过滤工艺替代普通砂滤；当原水非活性硅含量高时，普通过滤后应增加膜过滤工艺。

（2）原水中碳酸盐硬度高，可采用石灰处理；原水中硅酸盐含量高，可采用石灰-镁剂沉淀处理。

（3）预处理后水中游离氯应采用活性炭吸附或加亚硫酸氢钠除氯，避免反渗透膜发生不可逆污染。

9.1.32 如果场地受限，取水水源浊度低于1000NTU，水质、水量、水温变化平稳，制水量低于100t/h，则预处理可以考虑一体化净水装置（沉淀、过滤一体式）。

9.1.33　沉淀池、过滤器、清水池应布置在室外，水泵、加药设备、风机应布置在室内。为节约场地，清水池可以布置在过滤器底部地面下。

9.1.34　★为避免水藻滋生，沉淀池上部应加盖遮挡，减少光照。

9.1.35　取水泵、原水提升泵、加药装置、计量泵、反洗水泵、罗茨风机、沉淀池、过滤器或一体化净水装置至少设置1台备用。

9.1.36　预处理所有水路系统，原水池、提升泵、沉淀池、滤池本体及管阀材质要考虑咸潮影响。池体、泵、管、阀要求根据原水水质选型。如果原水含盐量较高（氯离子含量超过250mg/L），则泵通流部分及阀体应选用S25073或S31252不锈钢材质，沉淀池本体选用耐海水混凝土，滤池本体及管路选用钢衬胶或衬塑材料。

9.1.37　沉淀池、过滤器应设置必要的顶部围栏、内外爬梯、连接管道及管件、支架、快开人孔及玻璃窥视孔，爬梯的设计应便于设备的操作、维护和检修。

9.1.38　沉淀池采用混合、絮凝、沉淀处理工艺。絮凝池与沉淀池合建，在池内安装絮凝反应设备、斜板沉淀设备。沉淀池池体为钢筋混凝土结构，尽量减小占地尺寸，同时保证设备的管道、阀门合理布置，使系统的运行操作方便，还应具有方便检修的措施以及满足人身安全和劳动保护条件。

9.1.39　混合器采用管式静态混合器，混合器、翼片隔板絮凝装置及支撑架，以及集水装置及支承钢梁材质为S31608不锈钢（有咸潮的地区应选用S25073或S31252不锈钢材质），支承梁不允许采用混凝土支柱的形式。

9.1.40　沉淀池进水管设开关型电动阀；PAC、NACLO加药系统变频调节，原水提升泵变频调节，原水提升泵进、出口阀为手动开关型。

9.1.41　排泥管道用UPVC材质，表面做防紫外线处理；排泥阀设气动隔膜开关型，沉淀区、反应区设泥位计。

9.1.42　★沉淀池排泥管出厂前必须配置安装后可以拆除的堵头，以便防止土建阶段发生污堵。池体灌浆前要做好排泥管并加装柔性防水套管。

9.1.43　沉淀池加药系统采用单元制，计量泵进出管上设联络管及阀门，可通过阀门对计量泵进行切换。各计量泵出口配置就地压力表、压力变送器及相应的阀门及导管。计量泵进液管上设冲洗管路，通过阀门进行控制。

9.1.44　所有净水加药设备均通过远方自动操作。

9.1.45　过滤器填料应采用石英砂、无烟煤、活性炭等，不使用瓷砂。按照CJ/T 43《水处理用滤料》的要求购买和验收滤料，石英砂、无烟煤、活性炭的级配符合DL 5068—2014附表C-2的要求。

9.1.46　过滤器顶部排气管设置电动控制阀和自动排气阀，并引至地面排水沟。

9.1.47　★普通过滤器（重力滤池）后应增加细砂过滤器或纤维过滤器/高效过

滤器和活性炭过滤器,提高预处理水质的同时可以减少预处理投加的 NaClO(次氯酸钠)对后续反渗透膜的影响。

9.1.48 纤维过滤器所用纤维的机械强度高,化学稳定性好,并且容易清洗。

9.1.49 过滤器的反洗次数要根据进出口水质、滤料的截污能力等因素确定,每天反洗次数不应超过2次。

9.1.50 清水池的有效容积按预处理系统自用水量、前后系统出力配置及系统运行要求设计,应不少于4h的用水量。

◆除盐水处理系统

9.1.51 ★除盐水处理系统包括超滤(UF)+一级反渗透(RO)+二级反渗透(RO)+电除盐(EDI)工艺系统(使用地表水或海水作为水源,预处理滤池后有细砂过滤或纤维过滤和活性炭过滤器的,应不设超滤),各项工艺及加药、泵类设备均在室内布置,水箱布置在室外。当受场地限制时,可以考虑两层布置,将泵类设备布置在底层。

9.1.52 除盐水处理系统各装置都应设置不少于1套备用。

9.1.53 系统连接方式:超滤、电除盐系统采用母管制连接,一级、二级反渗透系统采用单元制连接。反渗透系统设置一级反渗透浓水回收措施,利用反渗透浓水余压(压力小于等于1.0MPa),采用浓水回收膜(抗污染复合反渗透膜)对一级反渗透浓水进行处理后,回收一级反渗透浓水中约50%的淡水至超滤水箱,其余浓水引流至循环冷却水处理系统作为补充水。二级反渗透装置浓水和EDI装置浓水均回收到超滤水箱。

9.1.54 除盐水处理系统出水水质必须满足:电导率(25℃)小于等于0.20μS/cm,二氧化硅含量 $SiO_2 \leqslant 20\mu g/L$。

9.1.55 压力式超滤装置水的回收率设计应大于90%,一级反渗透装置水的回收率为75%,浓水回收装置水的回收率为50%,二级反渗透装置水的回收率为90%,电除盐装置的水的回收率不小于90%。超滤胶体硅去除率应大于98%,超滤装置出水淤泥密度指数值(SDI值)应小于3。一级反渗透膜除盐率应大于等于98%,二级反渗透除盐率应大于等于95%。

9.1.56 超滤、反渗透膜壳两端应留有不小于单支膜元件长度1.5倍的换膜空间。

9.1.57 超滤装置的设计应根据进水水质特点、处理水量和水质要求等选择超滤膜材质、膜组件形式和装置的运行方式。应采用陶瓷膜\$,膜的设计水通量值应不大于50L/(m²·h)(20℃)。

9.1.58 自清洗过滤器采用叠片式过滤设备,可根据压差或DCS定时控制进行自动反冲洗。

9.1.59　自清洗过滤器的过滤精度选择应满足对超滤膜充分保护的要求，过滤精度应不大于100μm，自身制水周期应不少于1h。

9.1.60　超滤装置应具有膜组件完整性检测设施。每套超滤装置产品水管应设取样管，取样点的数量和位置应能有效地诊断系统的运行状况。取样点集中设置，便于取样。

9.1.61　超滤装置物理反洗水和化学加强反洗水分别排至装置边缘的排水沟和废液沟，配置相应的独立自动排放管路和自动排放阀门。自清洗过滤器反洗水、超滤物理反洗水接入预处理沉淀过滤后重复制水；超滤化学加强反洗水接入化学废水池处理。

9.1.62　超滤装置反洗管路上须配置远传流量装置，以便控制超滤装置的正常安全运行。每套超滤装置应设置流量调节阀，调节进水压力保持产水流量的恒定，防止产水流量和水质的波动。

9.1.63　超滤装置的出水最高点设置自动排气阀。

9.1.64　超滤装置的水反洗和化学反洗单元，超滤装置共用1套反洗加药装置，反洗加药泵按1台运行，1台备用设计。常用药剂主要有次氯酸钠、氢氧化钠和盐酸。每台反洗泵配变频器，便于配合加药反洗时低流量的要求。反洗泵的流量和扬程满足单组超滤装置反洗水量的要求。

9.1.65　超滤水箱有效容积按系统自用水量、前后系统出力配置及系统运行要求设计，应不少于2h的用水量。

9.1.66　一、二级反渗透应分别设置高压泵，高压泵进口设置给水泵及保安过滤器，二级反渗透高压泵前应设置缓冲水箱。

9.1.67　一级反渗透装置应选用卷式聚酰胺复合膜，进水氯离子含量低于250mg/L应选择低压膜，氯离子含量高于250mg/L应选用苦咸水膜或海水膜。

9.1.68　一级反渗透膜元件的设计通量不大于22L/（m^2·h）（20℃）；二级反渗透膜元件的设计通量不大于32L/（m^2·h）（20℃）。

9.1.69　保安过滤器为非反洗型过滤器，滤芯过滤孔径不大于5μm。结构应满足快速更换滤元的要求，本体材质为S31608不锈钢，滤元采用折叠式滤芯。进入保安过滤器的水管最低点设耐腐蚀排放阀（不应采用塑料材质）。

9.1.70　保安过滤器布置应有滤芯更换空间（反渗透膜壳两端应留有不小于单只膜元件长度1.5倍的换膜空间）。

9.1.71　反渗透高压泵采用变频控制，以防膜组件启动时受高压水的冲击，并设压力变送器，用于压力高报警及停泵。

9.1.72　高压泵及附件的材料均采用S31608不锈钢，泵的密封应能耐蚀，密封方式为耐腐蚀双端面机械密封。应选择卧式多级离心型式，当温度和原水含盐量等变化时，保持每套反渗透系统出力的稳定。

9.1.73 反渗透装置应具有分段清洗功能，各段给水及浓水进出水总管上都应设有接口，接口设有阀门，并方便清洗时与清洗液进出管连接。

9.1.74 反渗透装置应保证膜所承受的静背压不超出膜厂家的规定值，每套一、二级反渗透出水口应设自动关断门、止回门、自动泄放门或爆破膜。

9.1.75 反渗透装置产水及浓水排放系统设置应保证系统停用时最高一层膜组件不会进空气，如果浓水排放口低于压力容器，应在高于压力容器的浓水管道上设置虹吸破坏管。

9.1.76 ★反渗透装置浓水管应装设就地玻璃转子流量计和电磁或孔板远传流量计，不装设稳流阀。

9.1.77 反渗透装置应具有程序启停功能，具有停用后能延时自动低压水冲洗功能。

9.1.78 反渗透装置每根高压容器进水管、产水管和浓水管应设取样点，取样点的数量及位置能有效地诊断并确定系统的运行状况。

9.1.79 反渗透膜组件应安装在组合架上，组合架上应配备全部管道及接头，还包括所有的支架、紧固件、夹具等其他附件，管道、法兰、阀门均采用与介质对应的不锈钢材质。

9.1.80 二级反渗透装置进水管上设自动加碱调节pH值设施。

9.1.81 一级反渗透和二级反渗透所有各进水、出水、浓水、冲洗水、排放水管路上都须配置远传流量测量装置。流量计安装位置如果是竖管，则水流方向要求从下往上。

9.1.82 一级反渗透系统的浓水排放管设置气动调整门，以满足浓水直接复用的要求。

9.1.83 一级反渗透装置进水、淡水、浓水及二级反渗透装置进水、浓水、淡水管道材质选用S31608不锈钢。

9.1.84 冲洗水泵流量不应小于单套反渗透装置的产水流量，冲洗水压力不应小于0.3MPa。

9.1.85 反渗透产水应设置产水箱，当反渗透出力与后续处理水量相匹配时，应按不少于1h的总产水量设计。

9.1.86 电除盐装置选用板框式膜块。

9.1.87 电除盐装置给水泵、保安过滤器与装置的连接应采用单元制连接，给水泵采用变频控制，保安过滤器的滤芯孔径不大于3μm。

9.1.88　电除盐装置浓水室供水管路应装设流量自动调节控制阀，以控制水的回收率。装置所有各进水、出水、排放水管路上都须配置远传流量测量装置。

9.1.89　电除盐装置单个模块的产水量不得大于厂商产品设计导则最大流量的75%。

9.1.90　电除盐装置应采用每一模块单独直流供电方式，模块数量多时，可以4～6块模块配置1台整流装置；每一个电除盐模块应设置单独的电流表。

9.1.91　电除盐装置应设计停用后的延时自动冲洗系统。

9.1.92　每套电除盐装置应设不合格给水、产水回收措施，浓水应回收至前级处理/二级反渗透装置的进水箱，极水和浓水管上应设气体释放至室外的措施，以确保安全。

9.1.93　对多个独立膜块并联安装的电除盐装置应保证各膜块流量分配均匀，每一个EDI膜块的进出水支管与母管均应有相应的隔离门，以使任一膜块工作故障时通过阀门进行系统隔离而不影响整个系统运行。

9.1.94　电除盐膜块应设断流时自动断电的保护措施，设备及给水、产水、浓水、极水等管道均应可靠接地。

9.1.95　电除盐装置排放系统应确保装置最高层膜块不会被进气脱水，应设高位放气口，防止快速排水出现真空。

9.1.96　每只电除盐膜块给水管、浓水进水管、极水进水管、产水管、浓水出水管、极水出水管设置隔离阀，每个模块的产水管设置取样阀。

9.1.97　电除盐装置淡水、浓水系统应设各自独立的清洗接口。

9.1.98　电除盐装置应具有程序启停功能，出水端应设启动初期不合格出水排放管及自动排放阀。

9.1.99　单个除盐水箱的有效容量应不小于8h的锅炉正常补水量（含供热量）。

9.1.100　★设置除盐补水加氨系统，确保满足背压机组及供热补水pH值需求。

9.1.101　除盐水系统至机组的补给水管道应同时能输送最大一台机组的启动补水量或锅炉化学清洗用水量及其余机组的正常补水量（含供热量），补水管道应选用S31608不锈钢材质。多台机组应选择按机组分组供水或设置除盐补水箱。

◆配套加药系统及废水系统

9.1.102　混凝剂、次氯酸钠、氨水、非氧化杀生剂、还原剂等槽车运输药剂，不设卸药泵，只设电源接口和卸药口，利用槽车自带卸药泵卸入相应药剂储罐；卸药管路上设反冲水阀门，最低点设排放口排入废液收集池，卸药接口要求统一规范，材质符合相应药剂理化性能。

9.1.103　加药设备的主要技术要求：储药罐采用玻璃钢材质，罐、箱配耐腐蚀磁翻板液位计并带模拟量远传；搅拌机材质为S31608不锈钢，表面包胶防腐；加药泵采用容积式EPDM软管泵。

9.1.104 设备内衬的橡胶应采用耐酸碱的天然橡胶，不得采用再生胶，并且完整无针孔，设备衬胶层应为 2 层衬里，延展至外部法兰结合面。设备衬胶完后，应进行整体硫化。衬胶层应采用硫化罐硫化，不得采用本体硫化。橡胶衬里要求按 HG/T 20677—2013《橡胶衬里化工设备设计规范》执行。设备衬胶层应能接受 20000～15000V 电火花试验而不被击穿。

9.1.105 硫酸、盐酸储罐设防护型液位计 / 全塑料翻板和排气口，排气口设除湿器并引流至酸雾吸收装置；酸碱储罐应设安全围堰，并做物理隔离，容积能容纳 1.1 倍最大储罐容积；围堰内做防腐并设集液坑或者做成地下废液收集池；盐酸、硫酸罐区设 2m 高的实体围墙，出入门双人双锁管理。

9.1.106 循环冷却水水质稳定剂 / 缓蚀阻垢剂，应根据补充水水质和循环冷却水系统材质筛选。

9.1.107 循环冷却水杀菌剂应采用氯锭，避免使用液氯等强腐蚀药液。

9.1.108 循环冷却水用非氧化型杀菌剂应采用季铵盐、异噻唑啉酮或其复配类高效、低毒、广谱、pH 值适用范围广、与阻垢和缓蚀药剂不相互干扰、易降解、易剥离黏泥等的药剂。

9.1.109 加药设备自动配药和加药。储药罐、加药箱设电动进药门、进水门、出药门。

◆防腐涂漆要求

9.1.110 表面预处理：除不锈钢材质外，所有设备钢结构表面预处理应采用喷砂处理，清除所有的污物、油脂，接近金属的银白色光泽，保证达到 Sa2.5 级的标准。

9.1.111 涂层：内壁在喷砂处理达标后应立即采用船用无毒饮水仓和饮水管道防腐漆五道，干漆膜总厚度不小于 250μm。外壁包括管道、扶梯、栏杆等，采用环氧富锌底漆 2 道及氯化橡胶云铁防锈漆 3 道，干漆膜总厚度不小于 160μm，上述涂层表面应均匀，无气孔和无裂纹等缺陷。漆膜厚度应进行检测，干漆膜厚度低于设计值 90% 的地方应进行修补。

三、电气

9.1.112 所有电动、气动阀门由 DCS 控制系统程控。

9.1.113 装有二次仪表的仪表箱要求采用双门结构 S30408 材质 1.0mm 厚不锈钢，外门要求配置至少 5mm 厚的钢化玻璃观察窗，防护等级为 IP65。

9.1.114 电动机地脚和接线盒的紧固件采用热镀锌紧固件。

9.1.115 电动机三相绕组及前后端轴承设置 Pt100 测温元件，以确保安全运行。

9.1.116 循环冷却水系统若建设在滨海或者含盐量高的取水地区，设备、部件、管道应设计牺牲阳极阴极保护设施，钛、钢等设备表面保护电位不得负于 −0.80V。

9.1.117　EDI装置控制柜的电源进线需设置1台隔离变压器，每个EDI模块需配置独立的整流电源模块。

9.1.118　循环冷却水处理装置、预处理装置、除盐水处理装置的总电源柜供电电源为两路，要求就地控制柜、动力柜也设计两路电源，并可进行自动切换，具备失压自动切换功能。

9.1.119　配电柜应有自动空气开关，每一仪表应装设分路开关并应设有自动保护装置。

9.1.120　有自控要求的计量泵流量调节范围为0～100%，精度为±1%，采用变频自动调节，并可在就地盘上手动调节。

9.1.121　控制箱电缆从柜底进入，就地控制盘的材质选用S30408不锈钢材质，表面处理应使其具有防系统中化学药品腐蚀的能力，盘体和盘面上电气设备的防护等级应为IP54，控制盘壁厚不小于1.5mm。

9.1.122　电源及控制用电缆选择阻燃控制电缆ZRC-KVV型；开关量控制用电缆选择阻燃屏蔽控制电缆ZRC-KVVP2型；模拟量信号用电缆选择铠装阻燃计算机控制电缆。

9.1.123　★电动机必须选择符合国家节能最新政策、2级能耗及以上标准的超高效率电动机。

9.1.124　电动球阀执行机构，防护等级为IP65，220V AC供电。

四、热控

9.1.125　所有操作程序中需要的控制阀门采用电动阀门或气动阀门，该阀门与风机、泵由DCS控制系统控制。

9.1.126　取水口设硬度、全碱度、氯离子、总铁、异养菌总数、氨氮在线监测仪并远传至DCS。

9.1.127　循环冷却水系统设pH值、电导率、ORP（氧化还原电位仪）或余氯、阻垢缓蚀剂浓度在线监测仪，以及补水流量表、回水流量表、旁流水流量表、排污水流量表、冷却塔液位计，并远传至DCS，补水阀、排水阀、回水阀、旁流水阀设置为调节阀。pH值在线监测与加酸/碱联锁；电导率在线监测与排污水量联锁；ORP或余氯在线监测与氧化型杀生剂投加量联锁；阻垢缓蚀剂在线监测（荧光法）与阻垢缓蚀剂投加量联锁；冷却塔液位与补充水控制阀联锁并设高低液位报警。

9.1.128　循环冷却水系冷却塔风机设置安全监控仪器，该仪器应具有振动、温度、油位三位一体监控功能，以及通过DCS信号远传至集控室、与强电联锁、油温即时显示、自动预警与停机等功能。

9.1.129　冷却塔风机减速箱油温测量装置，油温测量范围为0～150℃，温度测量综合误差为±1℃。测量仪表应具有就地显示和远传功能，远传测量仪表采用热电阻

（Pt100），设风机减速箱油位测量装置，能发出高、低油位报警信号。油位的测量应不受齿轮箱运行而产生的扰动的干扰，保证报警信号的可靠。

9.1.130　冷却塔风机设振动测量装置，包括振动测量探头和二次显示仪表，振动测量范围为 0 ~ 20mm/s；二次显示表应具有输出振动幅值（4 ~ 20mA 模拟量）和振动报警、停机（开关量）信号的功能。探头延长线带屏蔽功能，现场 1m 处使用对讲机不会对振动信号造成影响。振动探头的防护等级为 IP65，二次显示仪表应设置在就地仪表箱（柜）内。

9.1.131　原水池取水口设置在线氯离子仪、在线电导率仪远传至 DCS，原水池设液位计远传至 DCS，进水、出水设双阀，一个电动开关型电动闸阀，一个电动开关型蝶阀。逻辑要求根据氯离子浓度、电导率、原水池液位开启或关闭原水池进水门。

9.1.132　沉淀池设进水流量、在线进水浊度、在线产水浊度仪，低温地区还要设温度计远传至 DCS；清水池设液位计远传至 DCS；沉淀池反应区设水下智能摄像头远传至 DCS。根据清水池液位、反应区矾花情况、沉淀池出水浊度，自动调节原水提升泵和加药泵频率，实现预处理加药自动化。

9.1.133　过滤器设进水压力、产水压力、产水浊度表并远传至 DCS，根据时间（每 48h）、进出水压差和产水浊度，自动启动反洗程序。

9.1.134　过滤器、水箱设磁翻式液位计加压力变送器远传。

9.1.135　每台过滤器设出口在线浊度仪 1 台。

9.1.136　每台取水泵出口管道及每台沉淀池进水管道设置流量装置（电磁或超声波流量计），远传至 DCS，满足能源计量要求。

9.1.137　超滤装置采用程序控制其启停、运行中和停用后的程序自动反洗功能，配备相应的自动门和管路系统。每列都能单独运行，也可同时运行。采用程序控制启停、运行和停用后的程序自动延迟反洗功能，配备相应的自动门和管路系统。任何一列装置的反洗或化学加强反洗都是在线和自动进行的。

9.1.138　超滤装置各进水及反洗管路上都须配置远传流量测量装置，以便控制超滤装置的正常安全运行，进出水配浊度仪、差压变送器、压力变送器。

9.1.139　超滤进水杀菌剂加药根据超滤进水流量和加药后的 ORP 信号自动变频调节；还原剂药品注入量根据超滤出水母管流量及加药后的 ORP 信号自动变频调节；一级反渗透阻垢剂药品注入量手动调节；二级反渗透进水碱化剂药品注入量根据加碱后的 pH 值的变化实行自动变频调节。

9.1.140　反渗透高压泵进口设压力变送器，压力低时报警及停泵。反渗透高压泵出口装压力变送器，压力高时报警及停泵。

9.1.141　仪表取样统一接头。现场表计与取样管连接使用 M20×1.5 接头，并使用聚四氟乙烯法兰垫片。

9.1.142　所有控制电缆线径不小于1mm²，另必须留不少于1芯备用芯。

五、土建

9.1.143　循环冷却水系统场地选择应避开下风向，远离主干道和污染源。

9.1.144　循环冷却水储药系统与水处理储药系统合并一地建设，便于管理。

9.1.145　所有排水系统要考虑标高，能够及时排掉积水，尽量采用自流方式进入雨水系统。

9.1.146　设备外1m处噪声不得大于85dB（A）。

9.1.147　加药室选址便于全厂所有机组加药管布置，且应远离办公场所。

9.2　水汽取样、炉内加药系统

水汽取样、炉内加药系统主要由水汽取样装置、炉内加药设备组成。每套机组设置一套水汽取样及分析装置，提供水汽系统的连续取样，满足在线智能仪表分析和人工取样分析的要求；炉内加药系统集中布置，多套（两套或三套）机组共用一套加药装置。

水汽取样系统包括高温高压架、低温仪表架（包括化学仪表盘、人工取样槽、恒温装置、电气盘），以及整个系统范围内的取样管、冷却水管、排水管、阀门、电源信号电缆等附件。

炉内加药系统以溶液箱、加药计量泵、控制柜为主体，将阀门、仪表和连接管道按工艺流程组装在公用底座上。

一、通用要求

9.2.1　水汽取样间、炉内加药间不设值班员，使用工业智能设备，以数字传感器作为技术驱动，实现智能加药、取样、分析、诊断、记录等功能。

9.2.2　水汽取样装置采用高、低温架分开布置形式，装置及管路过渡接头全部采用焊接式。

9.2.3　提供水汽监测和数据处理系统，满足给水、炉水、闭式水加药系统自动控制、报警、联锁要求。

9.2.4　涉及液位、温度、压力、流量、在线化学仪表数据监测的，监测数据均远传至DCS。

9.2.5　水汽取样系统和仪表设计符合DL 5068—2014《发电厂化学设计规范》。

9.2.6　加药装置（加氨、加磷酸盐装置）在加药室内顺序排列、集中布置。

9.2.7　☆启动炉加药自动化设计（预留空间）。

二、工艺

9.2.8　每套机组水汽取样点及在线仪表按DL/T 1717—2017《燃气-蒸汽联合循环发电厂化学监督技术导则》标准配置。

9.2.9　每个监测项目的样品流量为300～500mL/min，人工取样水流量恒定且不小于300mL/min。

9.2.10　★水汽集中取样装置高温架应具有独立式水样预冷装置，预冷器冷却盘管采用1.0mm厚、S31608材质，具备防振颤措施；盘管采用整根管道，不得使用焊接管。

9.2.11　★高温架进水样侧、排污侧配置高温高压阀，双阀串联，压力等级为3.0MPa及以上，温度为140℃以上。阀门为S31608材质插焊阀门，阀体密封面和阀芯使用耐高温高压硬质合金。

9.2.12　☆减压阀使用电动型式，采用带编码器的步进电动机驱动旋转轴实现调节，保持阀后压力在一定范围，要求编码器可以给出减压阀行程进度数据，通过控制系统实现减压阀的定量控制。

9.2.13　样水安全阀、水样过滤器使用S31608材质，水样过滤器具有自动反冲洗功能。

9.2.14　样水盘管冷却器使用降温减压一体双层内外螺旋管对流形式，提高换热效率，要求样水经冷却器后温度不高于冷却水温5℃；盘管冷却器材质为316SS，盘管和筒体采用法兰连接，方便更换盘管。

9.2.15　取样管材应采用S31608无缝不锈钢管，进入取样间室内的高温高压样品管道设置保温隔离层。管道、阀门及其他部件的材质和型号应与样水的参数相适应，不能发生取样流量不足的故障，并且要保证有足够的机械强度。

9.2.16　从高温架到仪表盘的取样连接管道不能缩径，不得产生限流量现象。

9.2.17　水汽取样装置采用闭式除盐水冷却，装置应能在除盐水水质条件下长期安全运行。

9.2.18　每套取样装置、恒温装置配置冷却水进、出口阀门（截止阀）各2个，法兰连接，设置在可操作位置。

9.2.19　每套取样装置闭式水系统设冷却水温度测点，信号上传至DCS并报警。

9.2.20　恒温装置按仪表最大的样品水流量设计。

9.2.21　恒压装置及减压后的样水管设置安全阀、关断阀和压力表，并经排污扩容器将排出口接至回收管道回收到化学水处理再利用。

9.2.22　低温仪表盘和手工取样盘两部分合二为一。

9.2.23　进入仪表前的取样管道上设置样水电磁阀（asco），当样水温度过高时，切断样水流向仪表流通池，同时装置的相关报警装置发出报警。

9.2.24　☆使用电再生树脂装置取代离子交换柱，减少因树脂经常失效仪表数据错误和维护工作量。

9.2.25　取样架仪表安装为整体前置镶嵌式，同一样水点的不同仪表及手工取样在一起排布，便于操作和系统的综合分析。

9.2.26　★增设除盐补水加氨系统。

9.2.27　加药间内设双风机强制机械通风（下抽上排）措施；加药间设氨水、磷酸盐药品临时存放场所，以及冲洗措施。

9.2.28　加药装置应满足锅炉正常运行及停炉备用保养、启动等非正常运行状态下的加药量控制的需要，加药泵的参数选定不得使泵运行于泵的最小允许流量与最大允许流量范围之外，并应使泵在正常工况运行时具有较佳的设备性能。

9.2.29　每个加药点设一台容量为100%连续运行加药泵，各加药点设1～2台公共备用的加药泵（根据全厂机组台数确定）。

9.2.30　每套加药装置至少配置2台溶液箱，实现溶液箱的交替配药和运行。溶液箱进液门和稀释水进水门均采用自动阀门，能够满足自动配药要求，每台溶液箱的有效容积应能满足至少24h连续正常运行的需要。

9.2.31　氨溶液箱预留人工加药口（人孔），孔盖需要密封。氨进液管插入至溶液箱底部，箱顶配进气/排气双止回阀，氨雾密封带呼吸管路，排气口接至室外氨气吸收装置。

9.2.32　氨溶液箱上方设氨气泄漏检测仪。

9.2.33　各加药装置加药泵出口管应设稳压器，以保证加药压力和流量的稳定，所有加药泵进口设手动隔离阀、不锈钢过滤器，所有加药泵出口管均设安全阀和止回阀，加药泵出口的压力释放管采用不锈钢管同时接入两只溶液箱，以保护加药泵。为准确控制加药泵流量，加药有出现过流的可能，加药泵出口应设背压阀。

9.2.34　☆计量泵选用液压隔膜计量泵。

9.2.35　溶液箱设搅拌器溶解搅拌措施，搅拌器的选型、安装方式及材质应符合介质环境而不能产生腐蚀。

9.2.36　溶液箱、加药管、排污管使用S31608材质。

9.2.37　★每套加药装置计量泵出口母管设置联络门。联络门采用S31608优质电磁球阀及手动隔离阀，实现自动加药、自动切换溶液箱功能的同时，对电磁阀实现检修隔离。

三、电气

9.2.38　每套汽水取样装置、加药装置的总电源柜供电电源为两路，要求就地控制柜、动力柜也设计两路电源，并可进行自动切换，具备失压自动切换功能。

9.2.39 每套机组低温架均设配电柜，配电柜应有自动空气开关，每一仪表应装设分路开关并应设有自动保护装置。

9.2.40 有自控要求的计量泵流量调节范围为 0~100%，精度为 ±1%，采用变频自动调节，并可在就地盘上手动调节。

9.2.41 加药装置内配备各装置的就地电源控制柜。控制盘面上设置设备就地启停按钮，并能显示设备运行状态和有关报警信号。

9.2.42 控制箱电缆从柜底进入，就地控制盘的材质选用不锈钢材质，表面处理应使其具有防系统中化学药品腐蚀的能力，盘体和盘面上电气设备的防护等级应为 IP54，控制盘壁厚不小于 2mm。

9.2.43 电源及控制用电缆选择阻燃控制电缆 ZRC-KVV 型；开关量控制用电缆选择阻燃屏蔽控制电缆 ZRC-KVVP2 型；模拟量信号用电缆选择阻燃计算机控制电缆 ZRC-DJYP3VP2 型。

9.2.44 ★电动机必须选择符合国家节能的最新政策，应选择 2 级能耗及以上标准的超高效率电动机。

9.2.45 电动球阀执行机构，防护等级为 IP65，220V AC 供电。

四、热控

9.2.46 加药、取样控制纳入集控 DCS 控制系统。

9.2.47 加药自动控制要求如下：

（1）除盐补水加氨计量泵根据除盐补水流量和水汽集中取样系统测得的加药后的比电导率自动变频调节。

（2）给水加氨计量泵根据高压给水流量和水汽集中取样系统测得的省煤器入口的比电导率自动变频调节。

（3）闭冷水加氨计量泵根据水汽集中取样系统测得的加药后的比电导率自动变频调节。

（4）磷酸盐加药泵流量根据水汽取样系统来高压汽包炉水 pH 值和电导信号自动变频控制加药量。

（5）系统联锁控制要求。当运行的加药泵故障停运时，控制系统应能保证自动投入备用的一台加药泵；溶液箱低液位时，搅拌机拒绝运行；低低液位时，计量泵停运。

9.2.48 所有仪表管路采用不锈钢材质，当选用仪表的接头是英制时，均采用公/英制转换接头。

9.2.49 水汽监测和数据处理系统，应能准确及时分析、显示水汽品质和相关参数，并对监测对象的异常工况进行报警，为加药系统提供给水、炉水加药系统自动控制、报警和联锁要求。样水压力应能恒定，恒定范围为0～0.4MPa，以防止仪表样水流量波动从而影响仪表精度。恒温装置的路数应能满足全部分析仪表样水的恒温要求，并根据厂址气象环境、极端工况等考虑适当余量。

9.2.50 每台高温架冷却水进口总管设置温度（就地）、压力（就地）、即时流量（远传信号）测点，每台高温架冷却水总出口管道上设置温度（就地）、压力（就地）测点。

9.2.51 设置样水断流及经降温减压后的样品温度、压力过高保护装置。根据冷却水流量信号设冷却水断流后的自动切断仪表测量样路功能；设置高压省煤器入口、高压汽包炉水、高压饱和及过热蒸汽减压后的压力开关；设各路经冷却器冷却后的热电阻温度远传测量；设高压省煤器入口、高低压炉水、高低压饱和及过热蒸汽温度开关；样水断流及经降温减压后的样品温度、压力过高自动切断样路。取样装置应设有冷却水低压报警保护、样水超温超压报警保护等系统。

9.2.52 DCS具有水汽取样自诊断功能，针对异常水质工况，能给运行提供诊断报告及建议处理办法（列表）。

9.2.53 加药系统管系连接及阀门选择应能保证下列控制功能：各加药能在控制室软手操打开稀释进水阀，当溶液箱液位为高液位时自动关闭进水阀，进水后自动打开进液阀和搅拌器，并定时关闭进液阀和搅拌器。溶液箱出液口设自动门，能在控制室软手操或自动投运备用态（已配好药）的溶液箱并同时解列已用完药的溶液箱。

9.2.54 氨泄漏检测仪信号传至DCS显示并报警。

9.2.55 就地仪表的设置：各溶液箱液位计采用磁翻板液位计，带远传信号（4～20mA）及液位计安装附件，液位计两端装设隔离阀，并配带排污阀。

9.2.56 仪表取样统一接头。现场表计与取样管连接使用M20×1.5接头。

9.2.57 所有控制电缆需要留足备用芯。

五、土建

9.2.58 设备外1m处噪声不得大于85dB（A）。

9.2.59 加药室选址便于全厂所有机组加药管布置，且应远离办公场所。

9.3 废水处理系统

一、通用要求

9.3.1 废水处理系统的设计应贯彻保护环境的基本国策，防止水体污染，保护水源和生态环境，体现"预防为主、防治结合、综合治理"的环境保护工作方针，坚持防治污染与综合利用相结合，宜提高回用率，减少废水排放量，做到经济效益、环境效益和社会效益相互统一。

9.3.2 废水治理设计应采用成熟的技术，各类废水的治理措施应符合工程环境影响评价报告和水资源论证报告的审批意见。

9.3.3 生产过程产生的废水应遵照梯级使用的原则，并应按照废水特点及后续用水水质要求，合理选择处理工艺。

9.3.4 废水处理设施在厂区总平面中的位置应有利于各类废水的收集、储存和回收利用。

9.3.5 废水处理设施可与除盐水制备车间、原水预处理车间集中布置。

9.3.6 工业废水集中处理设施应能处理全厂所有机组正常运行时产生的经常性废水，以及一台最大容量机组在检修、启动或锅炉化学清洗期间所产生的非经常性废水。

9.3.7 工业废水集中处理装置应对不均匀的废水来水量有足够的缓冲能力。

9.3.8 非经常性废水的系统出力应为最大一项非经常性废水的水量在 7~10 天内处理完的平均水量。

9.3.9 化学废水处理工艺应根据废水水质、水量及变化幅度以及回用或排放水质等要求确定。

9.3.10 不合格的化学废水不得采用渗井、渗坑、稀释等手段处理和排放。

9.3.11 锅炉酸洗废水外运处理。

9.3.12 生活污水经处理达到回用要求后，宜用于绿化、道路喷洒、杂用水系统或工艺系统的用水等。

9.3.13 当废水要求零排放时，宜根据全厂水平衡，对不能回用的废水进行浓缩、蒸发处理。当地区的蒸发量远大于降雨量时，可采用自然蒸发方案。

9.3.14 在所有条件下，设备的噪声水平遵守下列保证值：距设备外壳 1m、离运行平台 1.2m 高处的噪声值不大于 85dB（A）。

9.3.15 室外设备考虑防台风措施。

二、工艺

9.3.16 根据水质情况，化学制水设备系统的排水宜遵循下列原则设计：

（1）污泥脱水机出水、重力滤池、超滤、介质过滤器及活性炭过滤器反洗排水收集后，宜直接送至原水预处理系统回用。

（2）反渗透浓排水可根据含盐量用于介质过滤器反洗的工艺用水。

（3）剩余反渗透浓排水、EDI 浓水送至废水零排放系统。

（4）原水预处理装置的排水、超滤装置和介质过滤器冲洗排水等含悬浮物的废水宜单独收集储存在排水池。

（5）锅炉化学清洗废液宜单独收集储存在非经常性废水储存池。

（6）化学实验室废液应单独收集储存在收集桶。

（7）热力系统的疏排水宜单独收集储存在机组排水槽或回收水池。

9.3.17 对于经常性的、仅需调整 pH 值的排水，经各自的收集系统收集后用泵输送至废水集中处理站，在废水池中储存和水质均和后，用泵送至加药混合器，经过凝聚、澄清，最终中和、过滤后回用。

9.3.18 非经常性废水均排至废水池储存（酸洗废水采用临时管道），并用压缩空气搅拌，混合均匀后的废水经 pH 值初步调整处理后，用泵送至加药混合器，经过凝聚、澄清，最终中和、过滤后回用。

9.3.19 废水储存池（箱）的设计应符合下列规定：

（1）废水储存池（箱）的总有效容积宜为经常性废水一天产生量与非经常性废水最大一次产生量之和。

（2）经常性废水储存池（箱）容积宜根据水处理工艺确定。

9.3.20 废水储存池（箱）不宜少于两个。

9.3.21 废水储存池（箱）应有均匀水质的措施，池内宜设置空气搅拌设施，空气搅拌强度宜为 $0.8 \sim 1.2 m^3/(m^3 \cdot h)$（标准状况下）。

9.3.22 当单个废水储存池容积较大或长宽比大时，废水储存池应采用多点进水或出水管回流方式均匀水质。

9.3.23 废水储存池底部应设有集水坑。

9.3.24 废水储存池（箱）的排水泵应按以下原则设计：

（1）★排水泵的型式可按储存池（箱）的布置方式选择，如条件许可首选自吸泵。

（2）采用液下泵时应设置检修起吊措施。

（3）在寒冷地区，排水泵宜布置在室内并有防冻措施。

9.3.25 化学预处理及废水处理沉淀池/澄清器的泥渣排至集泥池，然后用污泥泵送至离心脱水机脱水，脱水后的泥渣饼外委给有资质的单位定期外运处理。

9.3.26 ★集泥池与脱泥机之间配置平衡池。

9.3.27 污泥处理系统设计应按照下列原则确定：

（1）化学废水处理系统污泥与原水预处理系统污泥可合并处理。

（2）污泥应采用浓缩和脱水处理；当允许纳管时，宜直接排入市政污水管网。

（3）脱水后的污泥可外运处理或运至专门设置的泥饼堆放场处置。

（4）脱水机的排水宜排入就近地下式污水池或废水储存池，离心脱水机与水池应有足够的位差；其排水管宜与脱水机本体的排水口同径，管路不应出现 U 形或产生背压。

（5）浓缩池或脱水机排水回用至原水预处理系统时，宜减少凝聚助剂或脱水助凝剂的用量。

（6）离心式脱水机应设置起吊装置。

9.3.28 浓缩池设计应符合下列规定：

（1）污泥固体负荷宜根据预处理制水量及相关经验数据确定。

（2）宜采用中心传动刮泥机，刮板外缘线速度宜为1~2m/min。

（3）进入浓缩池污泥含水率宜为98%~99%，浓缩后的污泥含水率宜为95%~98%。

（4）污泥浓缩时间不宜小于12h，不应超过24h，排泥口应设置自动冲洗设施。

（5）池有效水深最低不宜小于4m。

（6）污泥室容积应根据排泥方法和排泥时间确定，采用定期排泥时，两次排泥时间宜为8h。

（7）池底坡度不宜小于0.05m。

9.3.29 ★污泥泵宜采用容积式EPDM软管泵。

9.3.30 脱水机宜采用离心脱水机，脱水机设计应符合下列规定：

（1）进口的污泥含固率应稳定，宜为3%~4%。

（2）出口的泥饼含水率不应超过80%。

（3）宜采用变频调节转速。

（4）与污泥接触的材质宜采用S31603或双相不锈钢。

（5）应设置冲洗设施，分离液排出管宜设空气排除设施。

9.3.31 泥斗容积应满足运泥车运输污泥来回的时间，当没有数据时，宜按1天的产泥量配置。

9.3.32 含油废水处理工艺流程为：含油废水经隔离池初步隔油后，经废水管道送入工业废水处理站的含油废水池。设不少于2套油水分离组合装置，经油水分离装置处理后的出水含油量小于等于5mg/L，然后进入非经常性废水处理系统进行进一步处理；油水分离器分离出的污油汇集至废油收集桶送至污油回用系统。

9.3.33 油水分离器具有内部各设备的联锁保护及自动排油、自动加热、超温自动断电的功能。

9.3.34 废水零排放系统的浓水反渗透前设置钠型弱酸阳离子交换器，去除残余硬度，保证浓水反渗透和MVR蒸发结晶不结垢。

9.3.35 弱酸钠床性能保证值为：自用水量小于等于5%，总硬度小于等于1mmol/L。

9.3.36 浓水反渗透（RO）应采用低压抗污染复合膜，膜组件为一级两段，并设置浓水再循环泵。

9.3.37 浓水反渗透（RO）系统性能保证值为：系统脱盐率大于等于96%～97%（运行3年内），系统回收率大于等于75%。

9.3.38 反渗透保安过滤器的结构材质应选用S31608不锈钢材质，直径不大于500mm的壁厚不小于5mm，直径大于500mm的壁厚不小于6mm。

9.3.39 保安过滤器的结构应满足快速更换滤元的要求，滤元过滤精度应为5μm。

9.3.40 反渗透高压泵应选用S31608不锈钢材质。

9.3.41 反渗透高压泵应采用变频控制，根据反渗透装置差压恒定出水流量。

9.3.42 反渗透高压泵出口应装设电动慢开门装置，以防膜组件受高压水的冲击。电动阀门后应设置手动不锈钢阀门，高压泵出口及浓水侧的所有阀门、管道、管件压力等级选用与压力等级匹配。

9.3.43 反渗透膜元件设计通量应不大于$17L/（m^2·h）$。设计通量应不大于膜元件制造厂商导则规定的最大通量值的75%，膜数量应有足够的裕度。产水管上应装设不锈钢对夹式止回阀等部件，并设防爆膜和压力释放阀。

9.3.44 反渗透装置能分段清洗，一、二段独立清洗。

9.3.45 ★反渗透装置浓水管应装设就地玻璃转子流量计和电磁或孔板远传流量计，不装设稳流阀。

9.3.46 反渗透装置应配置单独的化学清洗系统。

9.3.47 每套加药装置为一完整的药液配置、计量和投加单元系统，并安装在一个框架上。

9.3.48 加药装置平台宽不小于1m，平台全部选用玻璃钢材质，踏板为玻璃钢格栅，平台应考虑运行人员和配药的荷载。

9.3.49 卸药泵宜采用容积式软管泵，材质分别应耐大于31%盐酸（卸酸泵）或40%NaOH（卸碱泵）和10%次氯酸钠的腐蚀。

9.3.50 加药计量泵进口设滤网，出口应装设脉冲止回阀、缓冲器、安全阀，脉冲缓冲器上应带压力表；加药计量泵与输送相应药液而接触的金属及非金属部件应采用耐相应药液腐蚀的材料；药品注入点设管式混合器，其材质应满足所加介质的腐蚀；各加药点与其后面的取样点要有足够的距离，保证所取样品的代表性。

9.3.51 除NaClO溶液箱材质应为玻璃钢或其他防腐防氧化材质外，其他药箱材质为PE或钢制衬胶，钢板厚度不小于6mm；顶部配有带顶盖的检修孔，底部为圆形封头，设置支脚，包括必需的各种连接口。加药泵及管件、阀门等采用不锈钢或衬胶（塑）等防腐材料。

9.3.52 橡胶衬里的设备，设备本体内部应有2层总厚度至少为5mm连续硫化的无硅天然橡胶衬里。衬里翻出连接器并覆盖住整个法兰面。设备衬胶完整无针孔，能接受20000V电火花试验而不被击穿。本体外部管系为无缝钢管衬耐酸橡胶1层，衬胶厚度为3mm。接管衬胶到法兰的密封面。

三、电气

9.3.53 盘、台、柜门有导向式门封垫条。室内盘、台、柜内的端子排布置在易于安装接线的地方，并且与柜底的距离不少于300mm。电源柜端子和机柜的内部接线用线根据所需容量配置和选择线型。对于正面不开孔安装仪表和控制设备的盘、柜，采用厚度为2.0mm的不锈钢板；对于正面需开孔安装仪表和控制设备的盘、柜，其正面采用厚度为2.5mm的不锈钢板，其余部分采用厚度为2.0mm的不锈钢板。盘体和盘面上电气设备的防护等级应为IP54。控制盘、柜内保留一定数目（10%）的端子空位，以便其他设备输入、输出信号接上时备用。非金属器件如端子排、导线、电缆绝缘、导线支架、电缆连接件、油漆或其他外套以及类似物质，要用非燃烧或阻燃和自熄火材料制成，不能使用助燃性材料，或能引起火焰蔓延的材料。控制箱柜有防盐雾的措施为：控制箱柜经压制成型后，通过除油、酸洗、碱洗、钝化、喷涂耐盐雾腐蚀专用塑粉或采用喷防腐漆，能适应工业废水车间现场环境（温度、湿度、电磁干扰、海边防腐蚀、振动等）的要求。

9.3.54 有自控要求的计量泵流量调节范围为0～100%，精度为±1%，采用变频自动调节，并可在就地盘上手动调节。

9.3.55 电源及控制用电缆选择阻燃控制电缆ZRC-KVV型；开关量控制用电缆选择阻燃屏蔽控制电缆ZRC-KVVP2型；模拟量信号用电缆选择阻燃计算机控制电缆ZRC-DJYP3VP2型。

9.3.56 ★电动机必须选择符合国家节能最新政策的产品，应选择2级能耗及以上标准的超高效率电动机。

9.3.57 若电动机安装于户外，则其外壳防护等级为IP55，必要时应加装防雨罩。

9.3.58 变频器选用6脉冲或脉冲数更高的结构型式，宜采用配有正弦波脉宽调节器的电压源型变频器。变频器的选型与负载设备运行特性相匹配。变频器的额定功率至少比电动机的额定功率大一个挡级。变频器输出的基波电流大于电动机的额定电流。

9.3.59 变频器与所驱动电动机原则采用1对1的控制方式，变频器设置就地变频器柜。

四、热控

9.3.60 废水处理控制采用DCS，其控制纳入公用系统控制网络，正常运行时在集中控制室通过公用系统操作员站实现对废水处理系统设备的集中监控，满足就地不设值班人员的要求。

9.3.61 应用现场总线技术实现数字化控制方案，应提供满足全厂DCS要求的总线仪表。

9.3.62　废水处理整套设备可实现无人值班、全自动控制要求。可根据进水水质、水量的变化自动控制系统的水泵、加药、排泥、过滤、反洗、清洗、蒸发等所有有关设备，使出水水质达到要求。

9.3.63　电磁阀箱应配有气源过滤装置，电磁阀箱上安装具有每个阀门的开关状态指示灯和远方就地切换开关。

9.3.64　电磁阀箱信号端子排应接受控制系统输出控制阀门的开、关命令和检测阀门的已开状态、已关状态反馈和远方/就地切换的信号，并预留10%的备用端子。

9.3.65　一次仪表、二次仪表、二线制变送器应采用4～20mA DC标准信号，热电阻采用Pt100，精度不低于0.5%，就地指示温度计采用抽芯式双金属温度计。压力/差压变送器精度至少达到0.075级。用于远传的开关量参数，选用过程开关（不得采用电触点压力表），触点数量满足控制要求。就地指示仪表（压力、温度等）其精度等级不低于1.6级。

9.3.66　所有仪表均按需要配备完整的一、二次仪表阀或其他取样装置，以及仪表安装所需的全部安装材料。

9.3.67　废水储存池内配超声波液位计和沉入式pH计。液位计应能与排水泵（或输送泵）联锁，当液位低时停泵。pH计应考虑液位低时的探头保护措施。

9.3.68　液位变送器的外壳防护等级不低于IP65，变送器接液材料和外筒材质为304或以上不锈钢，能通过手持智能终端对变送器进行远程距离诊断、查询、标定和重新组态，可在线调整，调整期间对变送器的正常输出不造成任何干扰。

9.3.69　反渗透供水泵出口母管至少应设置pH值、导电度、氧化还原表等在线表计，带远传信号的温度、压力测量装置。

9.3.70　反渗透高压泵进口、出口分别装压力表和压力开关（高、低），进水压力低时报警及停泵，出水压力高时报警及停泵。

9.3.71　每个储药罐、计量箱分别设置1套含远传功能的磁翻板液位计。

9.3.72　斜板澄清器应根据泥位及时间排泥。

9.3.73　含油污水处理系统要求可以根据含油污水收集池液位自动启停。

9.3.74　污泥输送及浓缩、脱水系统要求可以根据泥浆池液位自动启停。

9.3.75　加药装置应分别根据处理的流量、pH值、浊度等实现自动加药。

9.4　制供氢系统

制氢和供氢方案的选择应根据建厂地区周边氢源供应情况、机组规模及发电厂用氢要求等经技术经济比较确定。自制氢气系统应选择水电解制氢工艺，水电解制氢系统主要由电解槽、氢氧分离装置、循环泵、冷却器、干燥净化装置、汇流排、储罐、配碱装置等组成；采用外购氢气供氢时，宜选择氢气钢瓶集装格方式供氢。

一、通用要求

9.4.1 制氢和供氢系统应按全自动运行方式进行设计，不设值班员。

9.4.2 制氢和供氢系统应按火灾危险性甲类可燃气体标准设计。

9.4.3 设计氢气纯度按容积计不应低于99.80%，氢气常压露点不应高于-50℃。

9.4.4 制氢设备总容量按全部氢冷发电机正常耗量以及能在7天时间积累起1台氢冷发电机的1次启动充氢量之和设计，宜设计2台制氢设备。

9.4.5 采用外购氢气时，氢气总有效储存容积应为所有氢冷发电机10天的正常消耗量和最大一台机组一次启动充氢量之和。氢气钢瓶集装格数量宜按8格设计。

9.4.6 制氢设备应选用电耗小、电解小室电压低、运行控制温度低、性能可靠的水电解制氢装置。

9.4.7 水电解制氢系统所需原料和碱液配制用水应采用未加氨的除盐水。电解液应采用氢氧化钾溶液。

9.4.8 制氢装置冷却水应采用除盐水（闭式冷却水），冷却水温不满足要求时，应设置冷冻装置。

9.4.9 氢气排放管管口处应设阻火器。室内氢气排放管应引至室外，排放管出口应高出屋顶2m以上，室外设备的排放管出口应高于附近有人员作业的最高设备2m以上；氢气排放管应有防雨雪侵入和杂物堵塞的措施；阻火器后的管材应用S30408不锈钢。

9.4.10 储氢罐的最高点应设放空管，最低点应设排污管。

9.4.11 制氢和供氢站至主厂房的供氢管道应设置两根，输送总量应为全部氢冷发电机的正常消耗量与最大一台氢冷发电机启动充氢量之和。

9.4.12 氢气管道应设置分析取样接口和氮气吹扫接口。

9.4.13 制氢系统设置在线露点分析仪、氢中氧分析仪、氧中氢分析仪；供氢系统设置在线露点分析仪、氢中氧分析仪。

二、工艺

9.4.14 储氢罐不少于2台，储氢罐总有效容积应按全部氢冷发电机在制氢设备检修期间所需储备的正常耗量与最大一台氢冷发电机的一次启动充氢量之和设计。

9.4.15 氢气汇流排不少于2套，用于氢气经汇流排架首次减压后向充供氢装置充灌以及往发电机补氢。该装置至少应包括：管路、管道阻火器、减压器、自动阀、压力调节阀、压力变送器、压力表、防爆型压力开关、安全阀等，2套装置之间的能相互自动切换的部件（如能自动切换测量的在线氢气纯度分析仪、在线氢气露点分析仪），手工取样备用口等。安全阀排放口通过阻火器排至大气中。

9.4.16　氢气汇流排及供补氢模块上的氢气应进行二次减压，经二次减压后的压力应控制在0.8~1.0MPa。二次减压后应设置安全阀及放空管。

9.4.17　汇流排安全阀排放口和氢气放空管上应设阻火器，阻火器应设在管口处，采用丝网式；汇流排母管上安装管道阻火器，采用波纹板式。阻火器最高工作压力为1.6MPa，阻火器上阻力为25~50mmH$_2$O，材质为S30408。放空管应设置防雨和杂物堵塞的措施。

9.4.18　原料水箱储存容积不应小于制氢系统8h除盐水耗水量。

9.4.19　碱液箱容积应大于单套水电解制氢装置及碱液管道的全部体积之和。

9.4.20　碱液循环泵应选用屏蔽式电动机。

9.4.21　干燥净化装置应设备用，当一台干燥净化装置再生时，另一台能正常处理氢气。

9.4.22　制供氢系统中的阀门应选用优质产品。减压阀全部采用自立式氢气专用减压阀。氢气系统的阀门应采用气动球阀、截止阀，所有阀门采用不锈钢阀门（材质为S30408），不允许使用油浸石棉填料，应使用聚四氟乙烯填料。

9.4.23　储氢、制供氢设备的对外法兰接口处应配备相同等级的反向法兰。

9.4.24　制供氢系统减压前系统法兰连接须采用退火紫铜片垫片，减压后系统法兰连接须采用SFS-2聚四氟乙烯垫片。

9.4.25　制供氢系统管道应采用经脱脂钝化处理后的厚壁型无缝不锈钢管，严禁使用有缝钢管。氢气管道的连接应采用亚弧焊接的方式以防止产生泄漏。如受阀门、设备本身连接方式限制，允许采用法兰或螺纹连接，螺纹连接处须采用聚四氟乙烯带作填料。

9.4.26　氢气储罐和氢气管道设防静电接地。在不能保证良好电气接触的阀门、法兰、弯头等管道连接处，设25×4热镀锌扁钢材质的跨接线。

9.4.27　室内布置的所有穿墙氢气管道都须采用穿墙套管，在套管内的管段没有焊缝，管道与套管间用不燃材料充填。

三、电气

9.4.28　制供氢系统电源采用两路电源进线，互为备用，自动切换。当工作电源出现故障时，应能进行报警，并自动快速切换到备用电源，而不影响控制系统正常工作，确保在任一路电源故障的情况下，均不会导致系统的任一部分失电。

9.4.29　室外安装的接线箱、控制柜的防护等级应不低于IP56，室内安装的接线箱、控制柜的防护等级不低于IP54的标准要求，且所有接线盒均为防爆型。所有现场带有电气接线的仪表、控制装置及电气设备均应是防爆型的，防爆等级均应达到ExdIICT4以上标准。所有仪控设备都应有防静电措施，设备、装置应有专用的接地端子与地网相连。

9.4.30 就地控制箱及就地仪表接线箱采用户外型不锈钢结构，随进口设备配供的控制箱除外。

9.4.31 电缆需要满足防爆要求，动力电缆选用C级阻燃铠装电缆，选用ZRC-YJY-1kV，控制电缆选用ZRC-kVV2。

四、热控

9.4.32 制供氢系统DCS采用与全厂DCS相同软、硬件的分散控制系统（DCS），并作为全厂DCS的一个子站纳入全厂DCS进行集中监控。

9.4.33 对于制供氢系统工艺系统及其辅助系统和单体设备的启/停控制、正常运行的监视和调整，以及异常与事故工况的处理应完全通过DCS来完成，任何就地操作手段只能用于DCS完全故障或就地巡检人员发现事故时的紧急操作手段。

9.4.34 自动控制要求：运行人员启动系统设备后，控制系统按预先编制好的启动顺序、时间顺序、联锁条件等自动控制全部被控设备的启停、切换等，并自动停运，或人工停运，或某个（控制系统以外的）异常情况导致系统停运。不论哪一种方式，急停都是有效的。控制系统对其自身及被控设备等的任一异常状况都有相应的声光报警信息。

9.4.35 制供氢站全部现场仪表和控制装置，包括执行机构的电子部分及外壳的防护等级不低于IP65。

9.4.36 制供氢系统中的调节阀应装设采用一体化的电动执行机构或装设智能阀门定位器的气动执行机构，均具有4～20mA的位置反馈信号；用于二位控制（ON-OFF）的阀门开关方向各应装设位置限位开关和足够的力矩开关。

9.4.37 与仪表及变送器连接的仪表管材质应与工质相适应，不得出现腐蚀或污染的现象；测量介质无特殊要求时，仪表一次阀及其后的仪表导管和阀门均应采用不锈钢材质。

9.4.38 在线氢气纯度仪和露点检测仪均应为防爆型产品，应有就地液晶数据显示并带远传信号（4～20mA），能自动送出信号到DCS控制柜，以最终实现机组DCS集中控制室远程监视氢气的纯度和露点数据。露点检测仪量程为-100～+20℃。

9.4.39 爆炸危险房间内，应设氢气检漏报警装置，并应与相应的事故排风机联锁。氢气检漏报警装置要求如下：

（1）应能对两个及以上样点的氢含量进行自动巡回连续分析。当检测出氢气浓度达到某一定值时，能自动送出信号到控制系统，通过控制系统自动启动排风装置工作。当检测出的浓度已超过该定值，达到另一高值时，能送出报警信号，在控制系统中进行声光报警。

（2）能耐Ⅱ级冲击振动，具有防霉、防潮、防盐雾等性能。

（3）测点响应时间应不大于10s，巡回周期应不大于2min。

（4）每个爆炸危险房间都要配套提供不少于4个检漏探头，检漏探头应选用隔爆型产品。

（5）有效覆盖水平平面半径，室内不大于7.5m，室外不大于15m。

（6）要求投标方承诺提供的氢气检漏报警仪配置的探头数量应满足监测要求，若不满足要求则应无偿提供，不发生商务费用。

9.4.40 所有仪表管路采用S30408不锈钢材质，当选用仪表的接头是英制时，均采用公/英制转换接头。

五、土建

9.4.41 水电解制氢装置应布置在室内。水电解制氢间、氢气干燥净化间、氢瓶间等有爆炸危险的房间应按1区爆炸危险区域设计。

9.4.42 氢气瓶/集装格应布置在通风良好、远离火源和热源的场所，并避免暴露在阳光直射处。

9.4.43 氢气瓶/集装格应布置在半敞开式建筑物内，实体墙高不低于2m；汇流排、电控设施应分别布置在室内。

9.4.44 氢气站地面应采用不产生火花的水泥地面。

10 消防系统

10.1 一般规定

10.1.1 如果当地消防部门在5min内可抵达，或邻近大厂或邻近老电厂（总厂）已有一定数量的消防车，则应优先考虑协作联防。

10.1.2 燃气轮机标准额定出力为300MW及以上的大型燃气轮机电厂应设置企业消防站，并应符合GB 50229—2019《火力发电厂与变电站设计防火标准》第7.12.2条的规定。

10.1.3 消防车的配置宜符合下列规定：

（1）单机容量为300、600MW级机组，应不少于2辆消防车，其中一辆应为水罐或泡沫消防车，另一辆可为干粉或干粉泡沫联用车。

（2）单机容量为1000MW级机组，应不少于3辆消防车，其中两辆应为水罐或泡沫消防车，另一辆可为干粉或干粉泡沫联用车。

10.1.4 燃气轮发电机组及其附属设备的灭火及火灾自动报警系统宜随主机设备成套供货，其火灾报警控制器可布置在燃气轮机控制间并应将火灾报警信号上传至集中报警控制器。

10.1.5 建（构）筑物构建的燃烧性能和耐火极限，应符合GB 50016《建筑设计防火规范》的有关规定。

10.1.6 主厂房防火分区的允许建筑面积不宜大于6台机组的建筑面积。

10.1.7 发电厂建筑物内电缆夹层的内墙应采用耐火极限不小于1.00h的不燃烧体。

10.1.8 控制室的房间疏散门不应少于2个，当建筑面积小于120m²时可设1个。

10.1.9 消防控制室应与单元控制室或主控制室合并设置。

10.1.10 消防系统电缆及动力电缆应选用阻燃电缆，对所有电缆穿过的孔洞均采用阻燃材料进行封堵。

10.1.11 设1套全厂火灾报警控制系统，由集中报警器、区域报警器、火灾探测器、手动报警按钮、声光报警器、联动输入/输出装置、呼叫系统、广播系统及相应网络等附件构成一个完整的智能化的火灾报警控制系统。采用报警视频联动，当火灾自动报警设备报警后，监控平台将自动弹窗调取与报警器相关联区域的视频图像，使监控中心快速定位火警位置、确认火情。同时，视频系统还将记录处理火警全过程，自动保存为视频作为管理依据。

10.1.12　智能巡检系统。巡检人员通过 App+射频标签/二维码快速完成无纸化巡检工作，手机端即可查看设备基础信息、点检记录、维修记录、保养记录，并自动生成工作行为记录、统计报表，可对消防隐患及监管难题进行多维度分析。$

10.1.13　消防控制室（盘）应能显示水流指示器、压力开关、信号阀、水泵、消防水池及水箱水位、有压气体管道气压，以及电源和备用动力等是否处于正常状态的反馈信号，并应能控制水泵、电磁阀、电动阀等的操作。

10.2　水消防

10.2.1　消防给水系统必须与燃气轮机电厂的设计同时进行。消防用水应与全厂用水统一规划，水源应有可靠的保证。

10.2.2　设置独立的消防给水系统。（GB 50229—2019中7.1.2规定，单机容量125MW机组及以上的燃煤电厂消防给水应采用独立的消防给水系统）。

10.2.3　一组消防水泵的吸水管不应少于2条；当其中一条损坏时，其余的吸水管应能满足全部用水量。吸水管上应装设检修用阀门。

10.2.4　消防水泵房应有不少于2条出水管与环状管网连接，当其中一条出水管检修时，其余的出水管应能满足全部用水量。试验回水管上应设检查用的放水阀门、水锤消除、安全泄压及压力、流量测量装置。

10.2.5　设置2座独立消防水池；设置2台消防水泵，其中1台为电动消防水泵，另1台为柴油机驱动消防水泵作为备用泵。备用泵的流量和扬程不应小于最大一台消防泵的流量和扬程。

10.2.6　设置一套消防稳压给水设备，其中包括两台稳压泵（一主一备）。稳压泵的设计流量宜为消防给水系统设计流量的1%～3%，稳压泵启泵压力与消防泵自动启泵的压力之差宜为0.02MPa，稳压泵的启泵压力与停泵压力之差不应小于0.05MPa；系统压力控制装置所在处准工作状态时的压力与消防泵自动启泵的压力差宜为0.07～0.10MPa。气压罐的调节容积应按稳压泵启泵次数不大于15次/h计算确定，气压罐内最低水压应满足任意消防设施最不利点的工作压力需求。

电动消防水泵、柴油消防泵和消防稳压泵可在集控室控制和就地控制启停，远方可监视消防泵、稳压泵和气压罐的运行参数（压力、电流）。

10.2.7　消防栓每一秒的水量需要超过10L。

10.2.8　选用智能消防栓，对消防栓是否可用、用水状态、管网压力等状态实时

监测，可选配智能锁和流量计功能。$

10.2.9　厂房内消防水母管阀门如在高空，宜选用电动截止阀，消防水母管低点定期放水阀采用电磁阀。

10.2.10　消防水池液位、厂内消防水各分段母管压力远方监视。

10.2.11　室外消防手报、控制箱采用防水技术。

10.2.12　雨淋阀控制箱分区域集中布置安装，并采取可靠防水防尘措施。

10.2.13　油系统等设施的消防排水，除应按消防流量设计外，在排水管道上或排水设施中宜设置水封或采取油水分隔措施。其他场所的消防排水宜排入室外雨水管道。

10.2.14　雨淋系统和防火分隔水雾，其水流报警装置宜采用压力开关；应采用压力开关控制稳压泵，并应能调节启停压力。

10.3　气体灭火系统

10.3.1　两个或两个以上的防护区采用组合分配系统时，一个组合分配系统所保护的防护区不应超过8个。组合分配系统的灭火剂储存量，应按储存量最大的防护区确定。

10.3.2　自动控制装置应在接到两个独立的火灾信号后才能启动。手动控制装置和手动与自动转换装置应设在防护区疏散出口的门外便于操作的地方，安装高度为中心点距地面1.5m处。机械应急操作装置应设在储瓶间内或防护区疏散出口门外便于操作的地方。

10.3.3　储瓶间的门应向外开启，储瓶间内应设应急照明；储瓶间应有良好的通风条件，设置智能通风系统。

11 暖通系统

通用要求：

11.1.1　暖通空调系统应采用智能控制能源综合管理系统（集中远程控制）。

11.1.2　集控室和办公区域按冷/暖功能设计。

11.1.3　利用余热锅炉独立辅助热水供应换热模块的热水系统，办公区域采用"多联体变频空调机组＋分体空调机组＋暖气片"的混合设计模式。

11.1.4　充分依托电厂余热锅炉独立辅助热水供应换热模块的热水系统和低品质蒸汽，中央空调优先选用溴化锂空调机组暖通系统，主热源采用热水，低品质蒸汽作为热源补充。

11.1.5　在主厂房温度和湿度要求比较高的单体设备间区域（如电子设备间），加设分体空调机组。

11.1.6　在南方有"回南天"气候现象的地区，办公区域的新风系统应带有冷源预冷系统。

11.1.7　为防止冷暖气流交汇，引起出风口结露滴水，风机出风口优先选用单面侧出风方式。

11.1.8　暖通凝结水汇集管应设计排放坡度，一楼的暖通结水汇集管设计单独排水管（为防止倒灌，不与其他排水管汇集）。

11.1.9　离生产区域较远的办公区域，距离风机设备1m的噪声小于等于50dB。

11.1.10　暖通设计满足GB 50019—2015《工业建筑供暖通风与空气调节设计规范》和GB 50189—2015《公共建筑节能设计标准》等规范的要求，温度按26℃±2℃设计。

11.1.11　多联机空调机组的综合能效比（IPLV值）大于等于8.5。

11.1.12　单体空调机组的能效比（COP值）大于等于6.0。

11.1.13　溴化锂机组的能效比COP值大于等于1.35。

12 冷却塔系统

12.1 通用要求

12.1.1 综合安全和经济考虑，优先选用自然通风冷却塔，其次选取机械通风冷却塔。

12.1.2 机械通风冷却塔优先选用开式逆流式混凝土结构冷却塔。

12.1.3 由于混凝土的工期较长，混凝土结构冷却塔需计划好工期，并预留足够的裕度。

12.1.4 冷却塔热力计算时需考虑加设降噪装置对冷却塔热力性能的影响。

12.1.5 冷却塔漂水率不大于0.001%。

12.1.6 按照厂址区域要求，对冷却塔进行适度的降噪和除雾设计。

12.2 机力冷却塔

12.2.1 机力塔消雾设备应可以控制投退，仅在需要的时候投入使用。

12.2.2 塔体内的紧固件、连接件、检修平台、塔内的梯子、塔内的栏杆、检修走道、走道支架材质宜采用S30408不锈钢材料，并进行防腐。$

12.2.3 填料采用全新改性PVC薄膜填料，不允许添加再生料，符合DL/T 742—2001《塑料部件技术条件》的有关规定。

12.2.4 机力塔每个风筒应设置避雷设备。

12.2.5 除水器采用阻燃耐低温型改性PVC或玻璃钢材料。

12.2.6 冷却塔喷头采用ABS材质低压喷头，需对水力负荷有较大的适应性。

12.3 自然通风冷却塔

12.3.1 冷却塔主体框架应按常年在海水环境下不被海水腐蚀和海生物结污设计。

12.3.2 冷却塔主体框架的混凝土采用抗盐类、抗腐蚀高标号水泥制成的海工混凝土，其中添加抗渗剂，防止海水渗透到墙体内进行腐蚀。

12.3.3　在混凝土表面涂刷抗渗防潮特种涂料和长效防污涂料（船舶专用涂料），实现混凝土抗渗水（防止含盐水对钢筋的腐蚀）及防止菌藻、贝类生物的附着。同时对循环水添加海水专用的水质稳定剂，防止循环水在运行过程中产生水质污垢。

12.3.4　冷却塔风机及电动机底座应采取有效的防腐措施。风机配置必须按专供海水塔使用。

12.3.5　冷却塔照明系统应考虑防海水及盐雾腐蚀的措施。

12.3.6　电动机防护等级宜采用IP65，且应考虑防海水及盐雾腐蚀的措施。

13 土建

13.1 总图设计

13.1.1 厂区建筑总平布置应尽量朝南布置，东西方向扩建。

13.1.2 生产区域与非生产区域应有明确分隔，建筑物布置紧凑，场地利用合理，提高场地利用率，满足用地控规要求的容积率和建筑密度。

13.1.3 厂区管道尽可能埋地敷设，预算充足情况下考虑采用地下综合管廊（蒸汽管道采用直埋，不入廊），管廊沿道路布置，管廊的吊装口、排气口设置位置应与景观相协调。

13.1.4 厂区道路设计为城市型道路，采用沥青混凝土路面，厂区道路分两级。

13.1.5 咸潮区域设置原水存储池，原水存储池容量按历年水质资料计算后确定。原水存储池可布置在厂前区，与景观水池结合，周边预留适当位置用于今后绿化用地。

13.1.6 工程师站及电子间设置在电控楼，并与厂房脱开布置，可设置在厂房扩建端。

13.1.7 厂区不设置集中控制楼，集控室与生产检修楼合并布置。

13.1.8 主厂房区布置，尽量靠近南侧，燃气轮机在南，余热锅炉朝北。

13.1.9 水处理区域布置在厂区东侧，冷却水区域布置在主厂房北侧。冷却水区域应尽量靠近主厂房，减少循环水管线长度，并增加扩建的便利性。

13.1.10 天然气调压站布置：

（1）在场地最远端，应远离厂前区。

（2）布置在全年最小频率风向的上风侧。

（3）距离明火或散发火花区域不小于30m。

（4）在满足防火间距要求的同时，尽量靠近主厂房，减少天然气管道长度。

13.1.11 厂区主要道路宽度暂定9m，其余道路宽度暂定7m（道路设计应充分考虑满足燃气轮机转子等大件运输等条件）。

13.1.12 厂区雨污水排水井不应设置在道路上，道路排水采用侧排方式，集水井设置在路边绿化带内。

13.1.13 总图标高在入口处与市政道路衔接顺畅，且宜高于市政相关衔接点。

13.1.14 厂区设置地下停车场和地面集中停车场。

13.1.15 厂区围墙采用混凝土柱加砖砌实墙的形式，高度为 2.2m。

13.1.16 提供全厂土方平衡图纸。

13.1.17 在每个交叉路口位置预埋多根不同管径过路管，管径为 DN80 以上。

13.2 主厂房区域

13.2.1 主厂房区域设计要在满足工艺流程需求的基础上，建造出令人印象深刻的建筑。塑造大气、优美、新颖、现代化的建筑形象，使之成为厂区及周边区域的标志性建筑。

13.2.2 主厂房采用全封闭设计，把变电器、汽轮机、锅炉等主要设备包裹在建筑表皮下，再用百叶格栅、窗满足设备的通风要求。利用色彩变化、建筑倒角、窗排列（玻璃幕墙）、雨棚造型等，塑造出丰富的建筑立面。

13.2.3 锅炉烟囱采用去工业化设计，用镂空钢格栅围护，并设计灯饰美化，使之成为厂区的景观视觉焦点。

13.2.4 主厂房采用联合大厂房，主体结构应通过对工期、经济影响的比较分析，选择钢结构或混凝土结构形式。

13.2.5 厂房屋面采用压型钢板底模浇混凝土结构，设置防水保温层，并适当加大坡度。

13.2.6 运转层采用光导＋光伏照明，既节能，又能解决厂房内的采光问题，同时可大幅减少采光窗设置。

13.2.7 屋面预留洞口防水层应加强。

13.2.8 在女儿墙和山墙位置增加水平溢流系统，通过水平溢流口增加弯头和竖管接入排水立管，控制积水高度，防止屋面雨水箅子堵塞造成事故。

13.2.9 主厂房零米层采用彩色环氧耐磨地面、金刚砂耐磨地坪（检修场地）、橡塑地面（电气等房间），中间层采用彩色环氧耐磨地面，运转层地面采用高强度橡塑地面。

13.2.10 外墙采用双层彩钢夹芯板，外侧板采用镀铝锌钢板，内板采用镀锌板，外层防腐采用 PVDF 聚二氟乙烯树脂氟碳烤漆。

13.2.11 墙板、窗等维护结构需满足降噪要求。

13.2.12 锅炉蒸汽阀平台增加小型行吊。

13.2.13 工程师站与电子间与主厂房脱开布置，设置在扩建端 A 排外，并与厂房设置连接走道。

PART 2

第二篇

施工篇

1 通用要求

1.1 施工项目部关键岗位配置要求

一、关键岗位人员配置标准

1.1.1 ★施工项目部关键岗位人员配备标准

项目经理1人、项目技术负责人1人、HSE经理1人、质量经理1人、施工员5人、安全员4人、质量员4人、测量员3人、标准员1人、机械员2人、材料员1人、资料员1人。

1.1.2 ★技术部关键岗位人员配备标准

总工1人、副总工4人（土建、电控、机电、焊接等主要专业）、专工6人（每个专业1人）、技术员12人（每个专业2人）。

二、施工项目部关键岗位人员任职条件

1.1.3 ★项目负责人（项目经理）任职条件

具有机电专业注册一级建造师，有8年以上从事工程管理的工作经历，或具有中级及以上职称，专职本项目职务，不得兼职；自2010年1月1日至投标截止日前，在国内至少1台套单机容量100MW级及以上燃气-蒸汽联合循环发电主体工程建筑安装施工项目担任过项目经理。持有安全生产考核证B本。

1.1.4 ★项目技术负责人任职条件

具有8年以上的工程施工技术管理工作经历，或中级及以上（机电类）职称，专职本项目职务，不得兼职；自2010年1月1日至投标截止日前，在国内至少1台套单机容量100MW级及以上燃气-蒸汽联合循环发电主体工程建筑安装施工项目担任过技术负责人。

1.1.5 ★HSE经理任职条件

持有安全生产考核合格证C证，专职本项目职务，不得兼职；具有5年及以上的安全管理经验，或中级及以上职称；自2010年1月1日至投标截止日前，在国内至少1台套单机容量100MW级及以上火力发电主体工程建筑安装施工项目担任过安全管理职务。

1.1.6 ★质量经理任职条件

专职本项目职务，不得兼职，具有5年及以上的质量管理经验，自2010年1月1

日至投标截止日前，在国内至少1台套单机容量100MW级及以上火力发电主体工程建筑安装施工项目担任过质量管理职务。

1.1.7 施工员任职条件

专职本项目职务；取得省级（或以上）部门或行业颁发的施工员岗位资格证书；具有5年以上的火力发电主体工程建筑、安装施工项目的工作经验。

1.1.8 安全员任职条件

专职本项目职务；具有专科以上的学历，持有安全生产考核合格证C证；具有3年及以上的火力发电主体工程建筑、安装施工项目安全施工管理经验。

1.1.9 质量员任职条件

专职本项目职务；取得省级（或以上）部门或行业颁发的质量员岗位资格证书；具有3年及以上的火力发电主体工程建筑、安装施工项目质量管理经验。具有3年以上的工作经验。

1.1.10 测量员任职条件

专职本项目职务；工程测量或工民建相关专业，大专或以上学历；具有3年以上现场测量工作经验；具有测量资格证书。

1.1.11 标准员任职条件

专职本项目职务；取得省级（或以上）部门或行业颁发的标准员岗位资格证书；具有3年及以上的主体工程建筑、安装施工项目标准管理经验。机械员任职条件专职本项目职务；取得省级（或以上）部门或行业颁发的机械员岗位资格证书。具有3年及以上的火力发电主体工程建筑、安装施工项目机械管理经验。

1.1.12 材料员任职条件

专职本项目职务；取得省级（或以上）部门或行业颁发的材料员岗位资格证书；具有3年及以上的火力发电主体工程建筑、安装施工项目材料管理经验。

1.1.13 资料员任职条件

专职本项目职务；取得省级（或以上）部门或行业颁发的资料员岗位资格证书；具有3年及以上的火力发电主体工程建筑、安装施工项目资料管理经验。

三、技术部关键岗位人员任职条件

1.1.14 总工任职条件

要求同项目部技术负责人。

1.1.15 副总工任职条件

专职本项目职务，不得兼职；持有专业职业资格等级二级及以上证书（焊工证、起重工证、架子工证、电工证及金属热处理工证等电厂施工中涉及的主要特殊工种证书）；具有6年及以上的本专业施工经验，并具有3年及以上的火力发电主体工程建筑、安装施工项目本专业管理经验。

1.1.16　专工任职条件

专职本项目职务；大专及以上的学历，持有本专业二级建造师及以上证书（或助理工程师及以上证），具有3年及以上的火力发电主体工程建筑、安装施工项目本专业管理经验。

1.1.17　技术员任职条件

专职本项目职务；大专及以上的学历，具有3年及以上的火力发电主体工程建筑、安装施工项目本专业管理经验。

1.2　工程施工安全文明施工要求

1.2.1　工程坚持"安全第一，预防为主，综合治理"的安全生产方针，认真贯彻国家、行业及上级有关安全健康与环境保护的方针、政策法律、法规、标准和规范要求，推行抓基础、控风险、防事故管理，实现"零事故、零污染、零违章、零意外、零伤害"。

1.2.2　以人为、强化管理，落实各项安全措施，采用先进的施工技术和工艺，确保工程建设人身安全健康、设备安全和环境安全，坚决杜绝各类事故的发生及对社会造成不良影响，营造和谐健康的施工环境，并及时公开工程建设信息，接受社会舆论监督。

1.2.3　施工过程中及时做好沟通协调工作，切实做好市政、交通等相关设施（线缆、水管、道路、交通、河道等）的施工安全防护措施，做好建筑防雷接地工作，做好工程施工过程的焊接、拍片、开挖、回填等安全防护措施。

一、安全文明管理总体目标

1.2.4　不发生重伤及以上人身伤亡事故。

1.2.5　不发生重大机械设备损坏事故。

1.2.6　不发生一般及以上火灾事故。

1.2.7　不发生主要责任的交通事故。

1.2.8　不发生环境污染事故和重大垮（坍）塌事故。

1.2.9　不发生职业健康危害事件。

1.2.10　不发生严重施工冲突，不发生人员冲突。

1.2.11　安全设施标准化、施工过程程序化、作业行为规范化、环境卫生经常化、各项任务责任化。做到设施标准、行为规范、施工有序、环境整洁。

二、生产经营单位职责

1.2.12　生产经营单位对工程安全管理实行的统一牵头、统一指挥、统一管理、统一考核，负责对工程全过程的安全文明施工管理工作进行检查、监督，履行生产经营单位的责任。

1.2.13 督促承包商切实贯彻"安全第一、预防为主、综合治理"的方针及国家和有关部门颁发的有关职业安全健康与环境管理的法令、法规、规定、制度，并对贯彻执行情况进行检查、监督。

1.2.14 主持召开有关职业安全健康与环境管理重大事项的协调会。

1.2.15 组织审查事关职工人身安全和生产运行的重大设计变更。

1.2.16 参加上级和承包商组织的重大职业安全健康与环境管理的检查活动。

1.2.17 参与审查重大工程项目的施工安全措施方案。

1.2.18 参与重大安全事故、人员伤亡事故的调查、处理。

三、承包商职责

1.2.19 承包商必须坚决贯彻执行党和国家及工程所在地各级人民政府关于安全生产的一系列方针、政策、法规、条例和规定，必须采取一切必要措施和手段强化施工安全管理，提高安全施工水平，确定严格的安全施工秩序以保证施工人员在施工中的安全与健康。

1.2.20 承包商必须贯彻执行"安全第一、预防为主、综合治理"的方针，严格执行国家及地方和项目法人有关安全规定及各自行业安全工作规程。

1.2.21 承包商全面负责承包服务范围内全过程的职业安全健康与环境管理。

1.2.22 制订工程"全过程安全管理实施细则""各级人员安全责任制""现场安全一票否决权的使用规定"等一系列制度，严格落实上级有关安全生产的方针、指令和政策。

1.2.23 承包商的各级行政一把手是单位的第一安全责任人，必须亲自抓安全。

1.2.24 承包商必须按规定参加由生产经营单位组织召开的定期安全生产例会。

1.2.25 对分包单位的安全资质进行严格审查。

四、执行国家、行业等相关法律法规以及标准和制度

1.2.26 《中华人民共和国安全生产法》。

1.2.27 《中华人民共和国建筑法》。

1.2.28 《建筑工程安全生产管理条例》。

1.2.29 《中华人民共和国大气污染防治法实施细则》。

1.2.30 《中华人民共和国固体废物污染环境防治法》。

1.2.31 《中华人民共和国环境保护法》。

1.2.32 《中华人民共和国环境噪声污染防治法》。

1.2.33 《中华人民共和国水污染防治法》。

1.2.34 《电业安全工作规程（热力和机械部分）》。

1.2.35 《建筑施工企业安全生产许可证管理规定》。

1.2.36 与项目有关的地方安全生产管理规定。

五、建立的安全管理台账和保存资料

1.2.37 安全会议记录（含签到记录）。

1.2.38 安全检查记录。

1.2.39 安全隐患整改通知单。

1.2.40 安全隐患整改反馈单。

1.2.41 安全奖惩记录（含考核通知单）。

1.2.42 安全教育培训记录。

1.2.43 安全管理人员建档登记。

1.2.44 安全收发文记录。

1.2.45 投入安全设施登记台账。

1.2.46 安全信息（通报、简报）。

1.2.47 安全工作计划、总结、汇报材料。

1.2.48 重大和特殊措施审批记录（措施文）。

1.2.49 危险源及应急预案资料。

1.2.50 施工机械拆装资质审查和使用备案资料。

1.2.51 安全考试登记（含试卷）。

1.2.52 安全施工作业票。

1.2.53 特种作业人员建档登记。

1.2.54 重大施工项目、重要施工工序、特殊作业、危险性作业安全施工措施审查记录。

1.2.55 职业健康安全危害源及环境因素辨识与风险评价。

六、安全生产的一般要求

1.2.56 施工企业必须具有项目施工必备的施工资质及安全生产许可证。建立安全生产保证体系，配备安全技术管理人员。

1.2.57 工程施工管理人员、作业人员认真学习并执行关于安全生产的法律、法规与相关的标准、规范、规程。

1.2.58 项目经理必须持有省（市）级建设委员会颁发的安全生产考核人员合格证书（B证），持证上岗。

1.2.59 项目专职安全管理员必须持有安全生产考核合格证书（C证），经过培训并考核合格，持证上岗。

1.2.60 施工场地满足安全与环境保护要求。

1.2.61 施工中遵守国家有关环境保护法律、法规的规定，根据工程特点和现场环境状况采取相应的防护措施，防止或减少粉尘、废气、废水、固体废物、噪声、电弧光、振动和施工照明对人和环境的危害与污染。

1.2.62 施工中需占用市政道路、公路，作为施工的临时场地道路时，需经其管理部门批准方可施工，并遵守其安全技术规定。在道路上施工时，作业人员应穿戴明显的，且具有反光标志的安全背心，并设专人疏导交通及设置安全标志。

1.2.63 在夜间和阴暗处施工，必须根据现场环境和施工要求在作业场地、施工道路设置充足的照明。

1.2.64 施工中遇有危险物、不明物立即停止作业，保护现场，报告上级和生产经营单位及监理工程师，经处理后方可恢复作业。

1.2.65 施工过程建立安全验收确认制度。现场的临时设施、支架与脚手架、支护与加固设施、安全防护设备与设施必须进行相应的检查、验收，确认合格并形成文件后，方可施工。

1.2.66 恶劣天气停止露天的起重、架子、焊接、高处和支搭、拆除临时设施等作业。

1.2.67 施工中一旦发生安全事故，必须采取有效措施抢救遇险人员，保护事故现场。按规定程序立即报告上级和承包商及监理工程师，并及时分析事故原因，采取纠正、预防措施。

七、施工现场临时用电安全要求

1.2.68 各种电气设备与工程施工机械的金属外壳、金属支架和底座必须按规定采取可靠的接零或接地保护。

1.2.69 漏电保护装置的选择符合有关规定。

1.2.70 施工现场使用的架空线必须采用绝缘铜线或绝缘铝线。

1.2.71 在潮湿和易触及带电体场所的照明电源电压不得大于24V。

八、管道安装安全要求

1.2.72 作业前必须进行安全技术交底。

1.2.73 非电工不得进行电器设备安装等工作。

1.2.74 每天上班要检查作业环境安全。

1.2.75 恶劣天气（大雨、六级风以上等）停止露天作业。

九、电焊与气焊安全要求

1.2.76 从事电焊作业人员必须持有效特殊证件上岗操作。

1.2.77 电焊作业人员施焊前穿戴好工作服、皮手套、绝缘鞋、安全帽等劳动保护用品。

1.2.78 电焊机必须有铭牌、检验标签。

1.2.79 雷雨时，停止露天焊接作业。

1.2.80 不得借用金属管道，金属脚手架和结构钢筋做回路地线。

1.2.81 氧气、乙炔气瓶存放必须与动火点保持至少10m的距离，氧气、乙炔气瓶之间距离不得小于5m。

1.2.82 在易燃、易爆场所施焊时，事先办理动火手续，取得动火证，并采取相应的防火、防爆措施，并设专人监护方可进行动火作业。

十、安全工作例会制度

1.2.83 制度规定了安全工作例会的管理内容，时效持续整个工程建设期直至移交生产。

◆职责

1.2.84 周、月、季度安全工作例会由监理单位主持召开，项目经理及安全管理人员必须参加，监理单位安全监理工程师负责记录、整理会议纪要并发放给参会单位。

◆季度安全工作例会

1.2.85 监理单位每季度的第一个月上旬组织一次季度安全工作例会，总结和布置安全管理工作，会议由监理单位总监主持，生产经营单位、监理安全工程师、承包商项目经理、安全人员必须参加。

1.2.86 会议的主要议题：

（1）研究并协调解决现场安全、职业健康与环境管理工作中的具体问题。

（2）检查安全工作目标计划和安全技术措施的落实情况。

（3）制定特殊防护期安全工作措施。

◆月度安全工作例会

1.2.87 监理单位每月上旬组织一次月度安全工作例会，总结和布置安全管理工作，会议由监理单位安全监理工程师主持，生产经营单位、监理安全工程师、承包商项目经理及安全专责必须参加。

1.2.88 会议主要议程：

（1）汇报上月安全文明施工情况及在施工中遇到的主要问题及应对措施。

（2）通报安全检查情况。

（3）布置月安全文明施工工作。

◆周安全工作例会

1.2.89 监理单位每周组织一次周安全工作例会，会议由安全监理工程师主持，生产经营单位、监理工程师、承包商项目经理及安全专责参加。

1.2.90 会议议程：

（1）汇报上周安全文明施工情况及在施工中遇到的主要问题。

（2）通报上周安全检查情况。

（3）落实相关安全工作。

1.2.91 会议纪律：

（1）如不能参加会议，在会议召开前向主持单位提出申请，并得到主持单位批准。

（2）会议期间将手机调至振动，确有急事到会场外接听。

（3）保持会场安静，不得交头接耳。

（4）会议实行签到制度。

十一、施工安全检查

1.2.92 施工安全检查内容、要求、考核的时效持续整个工期建设直至移交生产。

1.2.93 施工人员及投入特种设备的安全资质。

1.2.94 承包商专业技术人员每天对施工现场进行巡查，检查施工人员执行国家和行业安全规范、标准和生产经营单位安全管理标准的情况，落实施工安全技术措施，及时发现和处理施工中存在的安全问题。

1.2.95 生产经营单位专职安全管理人员每天都要巡视生产现场，查阅有关安全施工记录，掌握安全施工动态。

1.2.96 监理单位负责组织生产经营单位、承包商每周进行一次安全施工检查，检查安全文明施工情况，对检查出来的问题及时实施整改。

1.2.97 监理单位负责组织生产经营单位、承包商进行春、秋季安全检查工作。

1.2.98 每逢元旦、春节、五一、国庆等法定节假日前，由生产经营单位牵头，组织监理单位、承包商进行节前安全检查，并做好节日期间安全工作的布置。

1.2.99 消防负责人要定期对施工现场消防设施、器材进行检查，保证现场有足够可用的灭火器材。消防通道保持畅通无阻。

1.3 工程质量要求

一、项目质量管理总体目标

1.3.1 高标准达标投产；机组主要经济、技术指标达到行业一流水平，国内领先。

1.3.2 工程应达到以下目标：

（1）无一般及以上质量事故和隐患。

（2）土建分项工程合格率为100%。

（3）安装项目分部工程合格率为100%。

（4）调试工程验收合格率为100%。

（5）单位工程观感质量合格率在90%以上。

（6）机组一次启动成功，并达标投产。

1.3.3　根据质量管理总体目标，按土建施工、设备安装单位工程、分部、分项工程分解目标如下：

（1）单位工程合格率为100%，分部工程合格率为100%，分项工程合格率为100%，检验批工程一次合格率大于95%。

（2）燃气-蒸汽轮机及其发电机基础、防火防爆墙等混凝土结构外露表面达到清水混凝土工艺质量标准。

（3）对钢筋材质及连接工艺进行跟踪管理，各验收批焊接检验一次合格率大于等于98%，机械连接检验一次合格率大于等于98%。

（4）对混凝土进行全过程质量控制，各验收批混凝土强度评定合格率为100%。

（5）直埋螺栓各项允许偏差合格率为100%，且最大偏差不影响上部设备安装。

（6）混凝土强度符合设计要求、几何尺寸准确、浇筑内实外光、成形美观、大面平整、棱角顺直、埋件定位准确。

（7）建筑物墙面地面平整、无裂缝、无积水，屋面无渗漏；地下室（沟、池、坑）无渗漏、无积水；沟、孔洞盖板包角钢制作，铺设平整无松动、齐全无破损；道路平整、排水顺畅。

（8）地基处理可靠，建、构筑物沉降量符合设计及规范要求且均匀，回填土质量评定合格率为100%。

（9）集控室装修的二次设计图纸必须满足设计及规范要求，且必须经过专家评审后方可用于施工。

1.3.4　承包商保证合同承包范围内的建筑施工工程质量，符合设计文件及相应的技术条件、验收标准、规程、规范的要求，为此承包商将根据质量管理的具体要求，建立质量体系并有效运行。

1.3.5　根据GB/T 19000—ISO 9000族质量管理的系列标准，并结合燃气-汽轮机机组建筑施工工程的特点，承包商具体编制建筑施工工程质量保证大纲，经生产经营单位、监理方认可后由承包商组织实施。

1.3.6　为有效控制建筑施工过程的质量，承包商还应根据质量保证大纲编制有关的质保管理程序（细则）、施工工作程序和作业指导书。重要的施工工作程序（含重大施工技术方案）应提交生产经营单位、监理方审查认可。

151

1.3.7　承包商必须按质量保证大纲的要求建立质量控制部门，配备符合资质要求的质量工程师和检查人员。在质量检查前必须制定工作程序、质量计划和检查记录单。工程用原材料及试验资料、主要施工技术记录表、工程质量检验评定表符合《火电施工质量检验及评定标准》。

1.3.8　承包商应协助设立本工程质量联合管理机构，制定联合质量管理工作制度、程序，合同双方的质量管理机构建立直接的工作联络渠道，处理质量管理和质量保证的有关事宜。双方工作发生矛盾时由双方的主管领导组织协调解决。

1.3.9　承包商应积极主动参与以项目为中心的质量体系贯标工作。

二、质量标准

1.3.10　承包商在履行合同过程中应严格执行生产经营单位所提供的设计和设备厂商的图纸资料、技术要求，以及国内有关的规程、规范、技术标准。包括但不限于：《电力建设施工及验收技术规范》《燃煤机组施工质量检验及评定标准》《燃煤机组工程调整试运质量检验及评定标准》《火力发电厂基本建设工程启动及竣工验收规程》《火电机组达标投产考核标准（最新版）》等，不得任意更改或降低标准。

1.3.11　当规定的质量标准不能满足工程需要，或标准间发生矛盾，或由于某种原因不能执行原规定要求，承包商应及时报告生产经营单位、监理方，由生产经营单位组织有关单位协调后，提出处理意见交承包商实施。

三、施工质量控制和质量检验

1.3.12　施工质量控制

（1）单位工程的开工，承包商应向生产经营单位、监理方提出开工申请报告，经生产经营单位、监理方审核后才可开工。

（2）承包商应编制合同服务范围内的施工组织设计和重大施工技术措施和方案，报生产经营单位、监理方认可后实施。

（3）承包商应根据设计图纸、规程、规范的要求，编制质量检验和试验计划，质量检验和试验计划应在工程项目开工前，及早交生产经营单位、监理方审查，经生产经营单位审查确认后，由承包商组织实施。

（4）承包单位配备的施工人员资格必须符合有关规定要求。发现不合格人员时，承包单位应及时更换，不允许不合格人员上岗。特殊工种人员所持证件的有效期和工作范围必须符合要求，施工前承包单位应填报"特殊工种人员资格审查表"（含资质证明材料）报生产经营单位、监理方审查，不允许无证上岗和超工作范围上岗。重要工艺作业前必须进行操作人员培训，培训计划应由监理方及生产经营单位审查确认，培训过程应经监理方见证；重要结构部位焊接前必须进行试焊，试焊过程须经监理方见证确认。

（5）生产经营单位有权参加承包商向外分包的招标工作，其分包单位需经生产经营单位同意，经生产经营单位同意的承包商向外分包工程，承包商仍应对质量负全部责任，并按有关条款，对分包单位严格要求，具体监督实施。

（6）承包商应对其采购的产品和服务质量负责，并按相应的程序实施有效管理。

（7）承包商应对其采购和制作的产品、半成品建立严格管理程序，保证不合格产品不用在工程上。

（8）对工程中采用的新材料、新结构、新工艺、新技术，承包商应审核其技术鉴定书或进行试验，并报生产经营单位认可。未经生产经营单位认可的新工艺、新技术、新材料、新结构不得在工程上应用。

（9）对于拟进场的工程材料、半成品、构配件，承包商必须在进场前向生产经营单位报送"主要材料及构（配）件供货商资质报审表"及质量证明资料，未经生产经营单位及监理方签认的工程材料、半成品、构配件不得在工程上应用。

（10）本工程施工用机具、设备必须符合《电力生产、施工使用机具、设备规定》。大型、重要施工用机具、设备必须向生产经营单位、监理方报送"大型、重要施工用机具、设备使用报审表"（含相关证明材料），经监理方审查确认合格后，方可进场。

（11）在质量检验和试验计划中应明确规定控制点（R、W、H 点等）。在施工期间，承包商应于检验或试验开始的 24h 前（厂外工程 48h 前），书面通知生产经营单位、监理方（并经生产经营单位、监理方同意）；生产经营单位、监理方应按时到达现场进行检查；如无异议，双方代表应对检验或试验结果记录签字确认。对见证点，如生产经营单位、监理方代表未能及时到场，承包商可在自检合格后继续施工。对 H 停工待检点，生产经营单位、监理方代表应及时到现场检查。

（12）承包商应严格执行隐蔽工程验收制度，隐蔽工程在具备覆盖条件时，承包商应提前两天书面通知生产经营单位、监理方（并经生产经营单位、监理方同意），生产经营单位、监理方应按时到现场验收并办理隐蔽工程验收手续，如生产经营单位、监理方未到现场检查验收，承包商可自行检查验收，在验收合格并做好记录（拍照、录像）后予以覆盖，生产经营单位、监理方应予承认。对于承包商按前述规定在未经生产经营单位、监理方检查、测量或测试而予以掩盖或隐蔽的设备或工程部分，生产经营单位、监理方仍有权要求承包商对该设备或工程部分予以揭露以进行检查、测量或测试。如果生产经营单位、监理方发出揭露任何隐蔽工程的指示，承包商应予以执行。检查完毕后，承包商应对该部分进行修补，使其恢复原貌。如果发现工程的该部分符合本合同规定，承包商因遵循生产经营单位、监理方的指示而发生的所有费用应由生产经营单位、监理方承担。直接由此引起的工期延误，应在项目进度表中予以等期顺延。如果发现该部分工作不符合本合同的规定，生产经营单位、监理方检查与测试的任何费用及后果均应由承包商承担。

（13）承包商在隐蔽工程施工前，未按规定书面通知生产经营单位、监理方检查验收，擅自覆盖隐蔽工程，生产经营单位、监理方有权要求停工，停工损失由承包商自行负责。该隐蔽工程如已覆盖，则生产经营单位、监理方对该工程部分要求返工所产生的所有费用均应由承包商承担，工期不予顺延。所有隐蔽工程施工过程中的上道工序未经验收合格，不得进行下一道工序的施工。

（14）生产经营单位、监理方对承包商的施工质量和质量体系运行情况有权实施监督检查，对质量不符合本合同规定的部分有权发出纠正通知，并限令承包商在规定期限内采取纠正措施。当发现有严重损害质量或多次采取纠正措施均无效的情况时，生产经营单位、监理方有权使用质量一票否决权，发布停工令。监理方在发出停工令前应征得生产经营单位同意。

（15）不合格品管理：发现不合格品时，承包商应按生产经营单位、监理方认可的不合格品管理程序进行管理，不合格品只有按程序妥善处理后，才能进行下道工序施工。处理结果要形成记录，以表明不合格品处理的封闭情况。

（16）计量和测量管理：承包商应按照计量法及检查和试验设备管理程序的要求，加强计量管理，所有计量器具均应检定合格并在有效期内使用。对拟在工程中使用的计量器具和试验用仪器仪表，承包商应向生产经营单位、监理方提交"主要施工计量器具、检测仪表检验统计表"报审。经生产经营单位、监理方审核确认的计量器具和试验用仪器仪表方可在本工程中使用。

（17）生产经营单位、监理方应提供项目发电工程的标准工程测量基准网点和水准点，并对基准点的有效性负责，如基准点发生偏离应及时通知承包商。

（18）所有混凝土结构施工均应采用大模板施工，全厂外露部分的设备基础、凝结水泵坑、循环水泵坑、汽轮机基座、防火墙的混凝土结构采用新型胶合夹板模板施工，燃气轮机、汽轮机基座、循环水泵房、防火墙等重要建筑混凝土表面应达到清水混凝土面效果，同时棱角分明、线条顺直。

1.3.13　质量记录及典型表式

（1）承包商应按规程、规范和生产经营单位管理程序、典型表式的要求收集整理并向生产经营单位、监理方移交有关质量记录，承包商对质量记录的完整性、有效性负责。

（2）生产经营单位应明确有关质量记录的规格、分类、编目、装订等要求，以便承包商进行质量记录的整理移交工作。

1.3.14　工程验收

（1）生产经营单位采购产品的交接验收工作，由合同双方共同组织进行，必要时应邀请供货商代表参加，并进行交接签证，交接时发现不合格品，按不合格品管理程序进行管理。

（2）与承包商有关的建筑施工工程的中间交接验收工作应通知承包商参加，生产经营单位应向承包商提供该建筑承包商的质量自检记录；承包商应组织复检复验，从施工角度提出验收意见，如发现不合格（对照验收标准），并影响建筑施工质量，则由生产经营单位、监理方通知该建筑承包商进行处理。

（3）建筑施工的工序质量的验收，根据"质量检验计划"由承包商通知生产经营单位、监理方进行，并办理工序质量验收签证。

（4）根据原电力部颁发的工程质量验收标准，承包商在完成三级验收自评的基础上，生产经营单位、监理方应及时组织对关键分项工程、分部工程、单位工程质量进行验收及评定工作。

（5）生产经营单位负责组织调试、运行等单位参加安装结束后的静态系统检查验收。

四、质量服务

1.3.15　承包商应按照《火力发电厂基本建设工程启动及竣工验收规程》的规定，做好机组启动试运行期间的各项服务工作。

1.3.16　在机组试生产期间，承包商负责对安装原因产生的故障进行无偿服务，对修理服务质量负责并积极配合生产经营单位、监理方和生产单位进行机组达标工作，使机组经过试生产期后达到规定的火电机组达标投产考核标准的要求。

1.3.17　承包商在机组完工后按合同规定承担本标段范围内的建筑施工质量保证责任。

五、工程信息管理

1.3.18　手段科学、渠道畅通、沟通灵敏、信息准确、处理高效，确保工程资料管理与工程建设同步进行。

1.3.19　生产经营单位应及时向承包商质量部门提供有关质量检查和监督过程的各类信息，帮助承包商不断改进质量管理，提高工程质量。

1.3.20　承包商应具备P6（进度计划软件）、基建MIS系统的使用功能，整体实现P6、MIS系统下质量管理。

1.3.21　承包商应及时如实地向生产经营单位、监理方质量部门报告工程质量存在的问题和质量趋势，并提供有关质量报表。

1.3.22　承包商必须建立一个专职文件控制机构作为与生产经营单位、监理方和其他有关单位的联络部门。该机构负责对外文件的联系和对内文件的控制，建立一个文件发布机构负责文件的控制以保证在任何场合使用的文件都是最新版本的文件。文件控制部门的负责人必须是有良好的中、英文语言、文字表达能力，熟悉火力发电厂系统的合资格的人员。

1.3.23 质量文件、资料、信息的传递、归档应全面实现计算机网络规范化管理，并满足《建设工程文件归档整理规范》要求。

六、质量事故

1.3.24 发生工程质量事故，承包商应及时上报生产经营单位、监理方，生产经营单位或监理将根据事故性质组织有关单位人员进行研究处理，在任何情况下，都不能使最终工程质量受到影响，造成隐患，并保证工期。

1.3.25 由于建筑施工、调试、运行等原因发生质量事故时，应由生产经营单位（或启动委员会）组织联合调查组进行调查处理，并将调查处理报告及时发送给承包商。

七、质量人员及机构设置

1.3.26 承包商质量人员的配备和机构的设置，按有关规定执行。

八、相关权利与义务

1.3.27 生产经营单位的权利

（1）生产经营单位有权对承包商和分承包商在现场和工厂没有任何限制地进行质量保证和质量控制检查。承包商和分承包商必须提供工作间、试验设备、材料。质量保证和质量控制检查至少包括以下内容：

1）质量管理体系、技术管理体系和质量保证体系。

2）承包商的分包方资格证明材料、过往业绩表。

3）审查完成合同的情况和承包商的分包方质量保证和质量控制程序、质量计划。

4）检查、试验和监查的完成情况。

5）建筑施工情况。

6）建筑成品的检查包括建筑完工状态报告。

7）不符合项纠正行动的跟踪。

（2）在检查和试验后如发现检查和试验设备或设备的任一部分没有受控，则生产经营单位有权要求承包商重做所有的检查和试验，甚至发出质量监查缺陷报告。

（3）生产经营单位有权复印由承包商和承包商的分包方产生的本工程的与质量有关的文件和记录。

（4）生产经营单位有权对承包商和承包商的分包方进行质量审核，有权作为观察员参与承包商和承包商的分包方进行的内部质量审核。有权参与承包商与承包商的分包方举行的质量会议。

（5）国家政府有关部门有权审核承包商和承包商的分包方。

（6）承包商应为生产经营单位、生产经营单位代表、监理人员、质监人员、国内外专家进入现场检查工程质量提供方便。但这种检查不解除承包商按本合同规定的所应承担的任何责任和义务。

（7）由生产经营单位组织或配合省质监中心站组织的正式质量监督检查活动，生产经营单位提前通知承包商，承包商应积极配合。

1.3.28　承包商的义务

（1）承包商必须按合同规定完成所有施工质量的检查项目。

（2）为了完成合同，承包商必须制定和移交给生产经营单位以下文件：

1）质量保证大纲。

2）人员配备和培训计划。

3）建筑过程质量监查计划。

4）承包商的分包方资格报告。

5）质量计划。

6）缺陷报告。

7）建筑完工状态报告（EESR）。

8）合格分包方名单。

9）内部和外部质量审核计划和报告。

10）管理评审报告。

11）质量趋势分析报告（每6个月提供NCR趋势、主要分包方质量状态趋势）。

（3）必须通知生产经营单位的情况。

1）质量计划时间表。

2）检查点（H点和W点）。

1.4　物资管理要求

一、物资管理目标

1.4.1　为加强设备制造质量、物资使用质量，确保物资及时到货，满足工程建设进度需要，生产经营单位和承包商必须共同努力，建立一套比较完整的设备监造、催交、验收、保管等物资管理体系。该管理体系能反映本工程对物资需求进度、质量保证、投资控制的要求。

二、物资管理范围

1.4.2　本工程所述的物资管理范围是指项目主体工程和建筑安装工程有物资到施工现场接货点后的接收、卸车、验收、入库、保管保养、发料、物资管理台账造册、仓储安保、剩余物资和包装物、废料的回收，以及按生产经营单位要求对生产经营单位采购的物资消缺、竣工后的物资移交等一系列仓储管理工作。

1.4.3 承包商应根据本项目物资特性及要求，在生产经营单位授权的地点建设满足本项目所需的堆场和室内仓库（含按国家相关要求建设满足本工程需要的危化品仓库以及恒温恒湿库）等设施。

1.4.4 承包商负责本工程所有物资二次转运（包括装卸车）工作。

1.4.5 承包商负责本工程承包商采购的物资资料的收集、整理造册和移交生产经营单位的工作；负责本工程生产经营单位采购的所有物资随车到货、装箱等资料的收集、整理造册和移交生产经营单位的工作。

三、生产经营单位提供的设施、信息

1.4.6 生产经营单位在签订物资采购合同后，应及时将合同供货范围、交货进度等有关情况抄送给承包商，内容包括但不限于：合同编号、物资名称、机组编号、供货厂商、供货范围、交货进度、联系人等。

1.4.7 为便于承包商的人员组织、机具调度、仓库、堆场安排等，在大批量、大件物资到货前，生产经营单位将到货信息以书面形式通知承包商，内容包括但不限于：发运设备名称、总件数、大约总质量、总体积、重心标注点及预计到货时间等。

1.4.8 为便于物资管理，生产经营单位如有计算机物资管理系统，应考虑为承包商预留使用接口。承包商从指定接口处接入，安装维护及材料设备自行解决，并须按规定向生产经营单位缴纳相应使用费及其他费用，并承担由自身引起的网络安全责任。

1.4.9 承包商必须依据生产经营单位提供的计算机物资管理模块进行台账管理，并实现共享。

四、物资管理

1.4.10 承包商应建立专门的物资管理机构，负责本工程的物资管理工作，生产经营单位对物资管理进行监管。承包商配备满足项目需求的专职的物资管理人员。特殊作业人员需具备相应的资格证书。生产经营单位有权更换不符合物资管理要求的人员。

1.4.11 承包商应按生产经营单位的物资管理制度和程序进行物资管理。对于承包商采购的物资，承包商应提供详尽的到货计划给监理方和生产经营单位审查。

1.4.12 承包商负责生产经营单位提供的物资到达施工现场接货点后的接货、装卸车、仓储、保管及发货工作。为保证及时、安全地将到货物资卸货并转运到施工现场，承包商应制定相应的方案及措施、组织相应的人力和物力，确保万无一失地完成好本工程的物资卸货运输工作。

1.4.13　对于由生产经营单位采购的设备，承包商应根据施工网络进度，考虑不同的备料周期，提前提出用料计划给监理方和生产经营单位。即根据生产经营单位设备采购合同交货期，提前一个月（大型设备材料提前三个月）提交物资需求计划，并及时催交物资到货。

1.4.14　承包商需配备手持条码扫描设备、条码打印机等信息化管理设备。

1.4.15　为减少现场施工中对有关设备的解体检查清理工作，承包商应按生产经营单位要求派代表参与这些设备制造过程组装工序的监造见证工作。

1.4.16　承包商应将所有物资管理信息，包括但不限于物资 KKS 编号、名称、尺寸、质量、制造状态、运输状态、保管状态等输入 MIS 系统，并将有关资料共享，可供生产经营单位和监理查询和监控。

1.4.17　承承包商应定期参加生产经营单位组织的物资例会，与监理方和生产经营单位协商，以确保设备计划交货日期与计划安装使用日期的连贯性。

五、物资的接运

1.4.18　生产经营单位采购的国内物资，原则上均由供应商送达施工现场指定的接货地点，上述物资的卸货由承包商负责，卸货所需的机械、人员由承包商负责。

1.4.19　生产经营单位提供的物资通过零星运输方式到达施工现场以外的地方（如货运公司货场或机场等）交货的，凡属于本项目的物资，不论收货人是生产经营单位还是承包商，均由承包商自行到货运点提货。

1.4.20　承包商承担生产经营单位采购的物资（含要求承包商提货的物资）到达施工现场的接货地点后的接货、装卸车、厂内运输、验收、入库、仓储保管及发货等全过程物资管理工作所有的风险和责任。

1.4.21　承包商根据生产经营单位提供合同的有关物资条款或设备供应方提供的交货清单、装运清单，其内容包括合同号、合同设备名称、合同设备分项号、规格、型号、数量、危险品和/或易燃品的品名及其国际危规号（根据《国际危险品货物运输规则》），每台合同设备的毛重、净重、单价/总价、尺寸（长×宽×高），每件货物的大约体积、装运港和预计的装运日，以及超大、超重设备的包装草图，合理组织接运所需的劳动力、装卸及运输设备，并针对物资特性采取有效措施，确保接运工作的顺利完成和物资质量的完好。

1.4.22　装卸前，承包商要提前48h通知监理方查验重要运输机械、起吊设施经检验的有效合格证件；检查现场施工人员中特殊工种持证上岗的情况，并监督实施。

1.4.23　物资到达施工现场的接货地点前，承包商应确定并落实好存货场所，备足所需的盖、垫材料和其他设施或材料。

1.4.24　承包商在卸车前要对物资外包装、外观等进行检查，有残缺损坏的，承包商应及时组织四方（承运方、承包商、监理方和生产经营单位）共同检查。由承包商填写设备材料交接残缺单报给监理方或生产经营单位有关部门审核后处理（现场可以消缺的除外）。由于承包商卸货、转运、保管、安装不当造成的设备材料损坏或丢失由承包商负责，生产经营单位应协助联系解决。

1.4.25 物资到达施工现场指定卸货点后，承包商应及时组织人力及机械进行卸车、掏箱等工作。若由于承包商的原因造成运输车辆、集装箱的滞留，车辆、集装箱及司乘人员的滞纳金和相关费用由承包商负担，并应妥善处理司乘人员的吃、住、安抚等事宜。

1.4.26 承包商卸车后24h内应将签署的物资到货相关的接收单据移交清单发送给生产经营单位、监理人，并同时移交随车资料给生产经营单位。该单据签署日期将被视为是货物实际到达现场的日期，但承包商对该接收单据的签署并不表示承包商对货物的包装、数量及质量等是否符合合同规定的认可；物资卸车后，由承包商填写物资到货交接清单。到货交接清单应载明卸船、卸车情况，货物的包装、外观及件数，有关的证件和资料、异常情况等。

1.4.27 承包商接到生产经营单位提货通知单后，应及时做好提货准备工作，若由承包商造成提货不及时所发生责任由承包商承担；提货时，若发现物资不符或残缺，应及时要求承运单位共同检查，根据问题的性质，分清责任，做好取证记录工作。

1.4.28 进口物资由生产经营单位负责办完所有进口手续后由承包商运至工地，并负责工地卸货。凡由集装箱运输的设备材料，货到工地后如生产经营单位要求拆箱，则承包商应立即拆箱，空集装箱返回的装车工作由承包商负责。

1.4.29 需返修物资的装车及生产经营单位要求返回的包装箱的装车工作由承包商负责。

六、物资验收入库

1.4.30 开箱验收计划

符合开箱检验条件的物资，生产经营单位需提前3天通知承包商、供应商以及监理方，并组织相关人员进行开箱验收工作。

1.4.31 验收准备工作

（1）承包商应收集、整理并核对验收凭证及有关资料（如进口设备，需做好报关单收集）。

（2）对特殊设备的验收，承包商应提出验收办法给监理方审核批准。

（3）承包商应确保待验收货物包装、外观等整洁完整无损，验收环境安全。承包商针对所验收物资的性质、特点及数量情况，确定物资存放的库区、货位、垛形和保管方法。

（4）承包商负责落实开箱验收所需的人员及工机具和相关设备。

（5）承包商通知监理方查验其检验、测量与试验设备材料的有效合格证件。

1.4.32　验收

（1）开箱检验工作由生产经营单位负责组织。

（2）生产经营单位、承包商、供应商和监理一起根据运单和装箱单对货物的包装、外观、件数，以及性能、质量进行清点和检验。

（3）现场检验时，如发现物资由于供应商原因有任何损坏、缺陷、短小和不符合合同规定的质量标准，承包商应做好记录并拍照存档后，由四方代表签字，各执一份，作为生产经营单位向供应商提出修理和/或索赔的依据。

（4）开箱检验记录由承包商负责填写，监理方、生产经营单位、承包商、供应商四方签字生效。如发现数量短缺、质量不符或残缺，要在验收记录中写明问题产生在哪一件、哪一箱及残损程度，并分析原因。验收记录一式五份。

（5）重要设备材料的开箱验收，承包商协助生产经营单位在必要时邀请有关技术部门参加。

（6）对于有些在验收时无法发现的缺陷但在运行中显露时，按有关合同及文件执行。

（7）开箱后，箱内物资全部技术资料（说明书、合格证以及化验单、材质证明、报关单等）由承包商统一收集后交生产经营单位保管，生产经营单位通过正常渠道将资料副本或复印件分发给监理方、承包商。

（8）在开箱后，专用工具由承包商入库保管，如果承包商等在履行服务过程中需要使用一部分此类专用工具，应向生产经营单位报备后，再办理借用手续。承包商在最后一台机组移交时返还专用工具，专用工具返还时数量不缺失、性能完好并可用于原定目的，否则由承包商承担责任。

（9）生产经营单位或监理发现承包商采购并使用不符合设计标准或本合同要求的材料或其他物品时，不用返原供应商处理的，承包商应负责修复。

（10）当发现问题，物资不能验收入库时，承包商应将其作为待验收物资进行管理，并积极协调生产经营单位处理。

（11）在集装箱运输的情况下，集装箱的开箱和返箱不能被视为开箱检验。

（12）承包商采购的物资除按上述要求验收外，还应执行招标文件的其他相关要求。

1.4.33　物资入库

（1）承包商应使用计算机物资管理系统或其他管理工具（生产经营单位管理系

统）进行。

（2）台账管理，物资台账要做到资源共享。

（3）物资验收完后，承包商根据验收记录当天填写入库清单，入库清单按照生产经营单位物资管理制度要求审批，要尽快建立管理台账。

（4）物资台账内容应包括物资的合同号、编码、名称、规格、型号、数量单位、价格、货位号、系统名称、生产厂家、报关单、资料等。

（5）建立物资标签。物资标签要注明物资的编码、名称、规格、型号、生产厂家、货位号等，并直接挂在设备材料明显处。

（6）对于已到货但未验收入库的物资，承包商要根据交货明细清单，建立物资预收料管理台账，以备共享、查询。

七、物资的储存保管

1.4.34 储存原则

（1）承包商应将物资储存保管好，直至工程完成后移交。

（2）承包商应在生产经营单位授权的地点设计并建造满足本工程范围内物资储存要求的堆场和室内仓库，不允许在授权外的地点储存，即使是暂时的。

（3）物资应分类分区存放，承包商应建立不同的储存区，包括但不限于：堆场、室内仓库，带温度、湿度和灰尘控制的室内仓库。

（4）物资到达现场，就应立即送于仓库或堆场，以减少运输量。

（5）大型重型设备到货经验收合格后应尽快安装。

（6）考虑到安装人员在场，施工的环境及监管和检查的困难，对于在安装区的物资储存，只限在使用和24h内安装的物资。

（7）修理物资的储存。在生产经营单位的要求下，承包商应对安装或调试期间损坏了的物资安排修理、更换。修理好后的物资储存应按同样的储存要求进行储存。

（8）承包商应编写并呈交给监理方和生产经营单位所有与储存堆场和室内仓库的设计和组织有关的必要文件审查后实施建设；建设完成后需经生产经营单位、监理验收合格后投入使用。

1.4.35 储存时应考虑的因素

（1）估算出应储存的物资和物资的数量与体积。

（2）对恶劣天气（暴风、严寒等）和偷盗的防范措施。

（3）防火、防潮、防变形、防损坏等方面的防范措施。

（4）储存堆场与施工工作区间的交通组织。

（5）在室内仓库搬运设备材料。

（6）仓库面积的合理利用。

（7）所有置于储存堆场的设备材料都必须有识别标志，这种标志必须能表明设备材料的功能。

（8）根据储存规范中规定的储存的条件和时间，保护材料必须在设备材料储存之前就位。

1.4.36 物资保管保养管理

（1）承包商的责任应包括库存控制及储存管理，以便在任何时候都能有效了解设备材料、散装物资的状态及储存点，这种控制和管理也应能了解供货的中断和延误情况，承包商应在适合的时间通知监理人和生产经营单位这种情况。

（2）承包商应按物资属性对物资进行妥善保管。如因承包商保管不善或误领误发造成设备材料损坏及丢失，由承包商负责。

（3）承包商应对库存物资负责，要求切实做好防火、防盗、防锈、防潮、防霉、防变质、防变形等工作，露天放置的物资做到上盖下垫；要求做到库存物资不锈蚀、不受潮、不发霉、不变质。承包商负责提供物资日常管理所需的工机具及消耗品，如枕木、防水帆布、铁丝、尼龙绳等。

（4）对于有储存期限的物资，应有明显的标志，标明出厂日期和到货日期，坚持先进先出的发放原则。

（5）承包商应遵守生产经营单位的现场总平面管理制度，做到现场施工区域设备材料堆放整齐，施工机具停放有规则，道路畅通，平台栏杆沟盖板齐全，现场设置废物堆场并及时组织清理。

（6）承包商应按质量保证体系及职业安全健康与环境管理的要求，做好设备材料标识、安全保卫、环保、消防等各方面工作，确保设备材料存放的安全。

（7）工程结束后，承包商应按规定格式编制该套机组的已安装设备清册、未安装设备清册、未到设备清册、物资移交报告、物资移交清单，资料移交清单，分类分批移交。

八、物资的使用

1.4.37　物资发放具体工作由承包商方负责。所有用于本工程的设备和材料使用前，承包商必须向监理人提交生产厂商出具的质量合格证书和承包方检验合格证书，证明材料、设备质量符合招标文件技术要求的规定，以供监理人审批。

1.4.38　承包商在使用其所采购的材料或其他物品前，应按生产经营单位的要求，一般由监理单位进行检验或试验，经检验或试验后被确定为不合格的材料或其他物品，不得用于本工程。

1.4.39　承包商在使用生产经营单位采购的物资前，应按招标文件的要求对之进行检验或试验，经检验或试验后被确定为不合格的设备材料，不得用于本工程。生产经营单位和监理方有权参加物资的检验或试验，必要时还要邀请物资供应商参加。承包商应在对生产经营单位供应的物资进行检验或试验前3日通知监理方和生产经营单位参加检验或试验。

1.4.40　生产经营单位采购的物资按机组编号专用，承包商在未经生产经营单位同意的情况下，不得挪用或拆借。

1.4.41　物资领用一律采用领料单。承包商仓管员凭领料单发料，严禁先领料、后补单的现象。

1.4.42　物资发放后，承包商仓管员应及时将相关信息全部录入物资管理系统，并按相关要求办完出账手续。

1.4.43　对于已领用的放在施工现场的各类重要的物资、器材和设备材料，要严格按照制度加强管理，承包商应配备专人值班，设置防护措施，防止被盗窃、被破坏。

九、退料管理

1.4.44　承包商各用料部门领用的物资如有剩余，应在工作结束后一周内，按生产经营单位相关制度，办理退料手续。

1.4.45　未用的退回物资应完好无缺，包括领用时附带的说明书、图纸、合格证以及化验单、材质证明等原始凭证，均需完好返回仓库保存。

1.4.46　退回的物资，承包商仓管员要根据退料单核对品名、规格、数量、质量，验收合格后，登记入账。

1.4.47　分部分项工程验收合格后，需提供退料清单给生产经营单位。

十、物资管理信息、资料要求

1.4.48　承包商使用计算机物资管理系统或其他管理工具进行台账管理。物资数据信息要做到资源共享。

1.4.49　承包商每月28日前，必须向监理方和生产经营单位书面报告本月25日前物资使用、到货等有关情况。这种报告制度要连续执行，直至本合同执行完毕。

1.4.50　承包商应按生产经营单位相关制度建立自身的档案管理制度，以保证资料的完整、及时和真实。

1.4.51　在生产经营单位需要设备材料分类状态报告时，承包商应及时呈交。这些文件应按生产经营单位要求标明计划或有效的交货日期，计划的使用日期，位置及设备材料数量等。

1.4.52　工程完工后，承包商应向生产经营单位移交所有的物资到货、仓储管理等物资管理全过程资料，包括但不限于：到货与送货人的交接清单、承包商提货清单、验收、入库、储存台账、出库、退库等单据；物资供应商提供的随车、装箱等技术资料，包括但不限于：装箱清单、技术说明书、图纸、检验检测报告、合格证等。

十一、设备随附资料移交规范及要求

1.4.53 为实现设备等工厂对象随附资料移交的标准化、规范化、全面完整和资产完整性管控一体化，满足数字化工厂数字资产访问、管理、增值等要求，为智慧电厂建设提供数据支撑。以《发电工程数据移交》（GB/T 32575）为依据，建设以工厂对象为核心的标准数字化交付平台。承包商应充分理解以下条文，并按照要求完成设备随附资料的移交工作。

（1）设备随附资料文档命名规则。

（2）设备随附资料文档命名规则由两部分组成，两者之间使用下横杆"_"进行联系，见表2-1-1。

表2-1-1　　　　　　　　　　设备随附资料文档的命名

第一部分	第二部分
文件代号	文件名

（3）承包商应充分理解《发电工程数据移交》（GB/T 32575）和《成套设备、系统和设备文件的分类和代号　第1部分：规则和分类表》（GB/T 26853.1）中关于文件代号的编码规则，对设备随附资料进行"文件代号"编码工作。

1.4.54 设备随附资料移交范围

承包商应根据GB/T 32575所提供的设备资料移交清单要求提供移交数据列表中所要求的资料。

（1）工艺设备的移交资料范围参考GB/T 32575中5.2.2工艺移交数据列表。

（2）电气一次/二次、保护、通信、远动等设备参考GB/T 32575中5.2.3电气移交数据列表。

（3）仪控系统及设备移交资料范围参考GB/T 32575中5.2.4仪控移交数据列表。

（4）建构筑物、消防、采暖、给排水等相关设备（或者设计服务）移交资料参考GB/T 32575中5.2.5。

1.4.55 设备随附资料移交途径和文档格式要求

（1）承包商应根据相关条款，提供纸质版设备随附资料，同时应提供电子版文件。

（2）承包商可通过生产经营单位提供的智慧电厂基建期信息管理平台，通过线上方式移交电子版设备随附资料，也可以通过光盘等信息存储介质向生产经营单位移交电子版设备随附资料。

（3）承包商应该按照表2-1-2所要求的文档格式，向生产经营单位移交电子版设备随附资料。

表2-1-2 电子版设备随附资料要求的格式

序号	文档用途	电子文档格式	备注
1	文件描述文件	WORD/EXCEL/PDF	文件说明、文件集说明、目录索引等
2	管理文件	WORD/EXCEL/PDF	供货清单、工作网络计划、技术报告、原产证书等
3	合同和非技术文件	WORD/EXCEL/PDF	发货单、保险单、保证书、鉴定书等
4	一般技术信息文件	WORD/EXCEL/PDF/DWG	数据单、外形尺寸图、系统说明、安装说明、操作手册等
5	技术要求和选定尺寸的文件	WORD/EXCEL/PDF	技术规范、消耗品清单、技术要求等
6	功能描述文件	WORD/EXCEL/PDF/DWG	概略图、网络图、结构图、流程图、逻辑功能图、信号表等
7	位置文件	WORD/EXCEL/PDF/DWG	平面布置图、总平图、装配图等
8	连接描述文件	WORD/EXCEL/PDF/DWG	接线图、单元接线图、端子接线图、电缆图等
9	产品编目	WORD/EXCEL/PDF	材料表、元件表、备件表、产品型号表、功能表等
10	质量管理文件；安全描述文件	WORD /PDF	质量手册、审核报告、合格声明、风险评价、测试认证、材料认证等
11	外形尺寸相关文件	DWG	尺寸图、三维图、分解图、焊接平面图等
12	运行记录	WORD/EXCEL/PDF	工作备忘录、维修记录、测试记录

（4）设备安装图、设备外形图等涉及尺寸信息的文件应提供DWG格式文档；所提供的PDF格式文档不得为JPG、PNG等图像格式的图片合并形成的PDF文档。

（5）纸质版设备随附资料应单独封装后移交生产经营单位，不应将设备随附资料与设备一同封装于包装箱内。

1.4.56 设备随附资料移交时间要求

（1）承包商应在设备运送至合同约定的货物交付地点的同时，将纸质版设备随附资料移交给生产经营单位。

（2）对于根据生产经营单位提供的设备运行工作环境，需要在现场定制生产的设备，应在设备组装完成后5个工作日内，向生产经营单位提供设备终版资料。

（3）承包商应在签订合同后，30个工作日内向生产经营单位提供电子版设备随附资料。

十二、废料及包装物的回收

1.4.57 承包商安装完后清理出来的废钢铁、铜铝、废油、包装物等物资，应运到指定地点集中堆放，不得随意乱丢。

1.4.58 承包商不得以任何理由私自处理。

1.4.59 承包商对回收的废料进行分类，统一管理。

1.4.60 由承包商负责安装的设备需要返还的包装物（如封闭母线包装箱、油类容器、集装箱、电缆盘轴等），由承包商及时回收，负责装车，其运杂费用包含在合同总价内。如因承包方原因造成包装物逾期不能返还，或损坏、丢失，或私自挪用，所造成的损失由承包商全部承担。

十三、物资堆场及仓库的建设

1.4.61 承包商应根据本项目物资特性及要求，在生产经营单位授权的地点建设满足本项目所有物资储存的堆场和室内仓库（含按国家相关要求建设满足本工程需要的危化品仓库及恒温恒湿库）等设施。

1.4.62 承包商负责建设的物资堆场、仓库等设施应符合国家、地方建设行政主管部门的要求，独立建设的危化品仓库应符合国家、地方相关法律法规管理规定的要求。

1.4.63 承包商建设前，应将建设方案交生产经营单位、监理人审查后方可建设。

1.4.64 物资堆场、仓库等设施建成后，应经生产经营单位、监理人验收合格后投入使用。

1.4.65 室内仓库建设面积不小于$900m^2$。承包商应凭自身建设经验及本工程规模，建设的室内仓库满足本工程需要，包括：彩钢板房屋（加固抗风12级）；室内水泥地坪；通风；窗户设防盗网；室内功能区齐全；门设防风卷帘门及彩钢板门。仓库办公区域包括：彩钢板结构（抗风12级）；设厕所；上下水、暖通齐全；办公桌椅板凳、柜子、电脑、条码手持设备（2台）、打印机（包括条码打印机），以及相应的耗材。室内仓库区域电气、照明齐全且符合需要；配备足够的仓储货架及灭火器材。承包商负责上述设备设施在合同履行期内，能够良好稳定使用。

1.4.66 露天物资堆场的建设面积不小于$3000m^2$。承包商应凭自身建设经验及本工程规模，建设的物资堆场满足本工程需要：设道路、便道满足要求；堆场有排水系统不积水；堆场表面无土化，送货车辆、吊车、叉车行驶无障碍；区域化功能齐全；仓库四周设外墙；设一个进出通道，配备值班岗亭及24h安保在岗。

1.4.67 危化品仓库面积各不小于$50m^2$。承包商应凭自身建设经验及本工程规模，建设的化品仓库满足本工程需要，并配置相应的灭火器材。

1.4.68 仓库和堆场内应设置24h监控系统，监控系统设置要求如下：

（1）使用具有低照度功能或红外线的摄像机，保证在夜间有效监视。

（2）摄像机数量需满足对仓库和堆场周界无死角监控。

（3）使用硬盘录像机进行图像的存储，存储时间不少于1个月，通过增加硬盘容量可延长图像保存时间。

（4）使用数字技术进行网络传输，保证在监控室外其他有网络的地方通过授权都能使用电脑或手机监视到所有监控画面。且具备监控视频回放及网络下载功能。

（5）监控系统需配备一台显示器。

（6）所有摄像机不得具备旋转功能，并在其所处环境中能持续有效稳定使用。

1.5　档案管理要求

一、施工图纸资料管理

1.5.1　承包商应建立施工图纸资料管理机构，并编制有关管理程序和制度，完善施工图纸资料的管理。

1.5.2　承包商应将有关施工图纸资料按生产经营单位的规定进行编号并输入工程管理信息系统进行统一管理，有关信息至少应包括编号、名称、版本、主要内容、编写人、审批人等。所有内容应共享给生产经营单位和监理，以便查阅和审查。

1.5.3　生产经营单位负责向承包商提供承包商施工范围内非承包商采购设备的技术资料，承包商只能由其工地资料管理机构统一向生产经营单位的资料管理机构领取施工用的技术资料。承包商的其他任何部门和人员均不能直接从生产经营单位领取施工用技术资料。承包商应向生产经营单位提供由承包商采购的设备、装置的技术资料，并对其准确性负责。

1.5.4　为保证工程技术资料能尽早为工程服务，生产经营单位应按批准的工程施工网络进度，编制图纸需求计划，积极地向设计单位、制造单位催交技术资料并向承包商通报催交情况。生产经营单位在收到技术资料后的3天内，通知承包商的技术资料管理机构领取技术资料。承包商的技术资料管理机构在接到通知后，必须在1天内将有关的技术资料领走，并办理有关领取手续。承包商若有技术资料的遗失和缺损等情况，需要生产经营单位重新补供的，有关的费用由承包商支付。

1.5.5　有关设计院施工图纸，生产经营单位向承包商提供套数参照商务部分。有关制造厂家的正式资料，生产经营单位向承包商提供1套。

1.5.6　为统一起见，承包商向生产经营单位提交的各类工程文件应按照生产经营单位的有关程序和标准的要求。

1.5.7　承包商向生产经营单位提交的各类联系单（包括技术联系单、设计变更申请单等），应为正本一式四份，并按生产经营单位的有关程序编号提交；承包商应及时向生产经营单位提供承包商的各类技术管理文件，包括：特殊工种技术人员的资质文件、施工方案（应为一式四份）。生产经营单位向承包商提供的各类联系单，为正本一式两份。

二、工程资料管理

1.5.8 遵循《建设工程文件归档整理规范》和地方及生产经营单位有关规定的要求对现场资料进行统一的管理。

1.5.9 为加强技术资料及竣工档案的管理工作，生产经营单位、承包商双方应在项目工地，设立一个与工程建设任务相适应的技术资料管理机构，并配备足够的专职人员负责做好责任范围内的技术资料及竣工档案的管理工作。

1.5.10 承包商应有一位领导负责工程技术资料及竣工档案全过程的管理工作。

1.5.11 生产经营单位负责向承包商提供承包商施工范围内的技术资料，并对其准确性负责。承包商只能由其工地资料管理机构统一向生产经营单位的资料管理机构领取施工用的技术资料。承包商的其他任何部门和人员均不能直接从生产经营单位领取施工用技术资料。承包商应向生产经营单位提供由承包商采购的装置性材料的技术资料，并对其准确性负责。

1.5.12 本工程采用电力表格，具体实施办法参见《火电施工质量检验及验评标准》。

三、资料管理程序

1.5.13 为保证工程技术资料能尽早为工程服务，生产经营单位负责向设计单位、制造单位催交技术资料并及时提供给承包商。生产经营单位在收到技术资料后通知承包商的技术资料管理机构领取技术资料。承包商的技术资料管理机构在接到通知后，必须在24h内将有关的技术资料领走（逢休息日可顺延），并办理有关领取手续。承包商若有技术资料的遗失和缺损等情况，需要生产经营单位重新补供的，有关的费用由承包商支付。

1.5.14 为统一起见，承包商向生产经营单位提交的各类工程文件应规范、标准。

1.5.15 承包商向生产经营单位提交的各类联系单（包括技术联系单、设计变更申请单等），应为正本四份，并按专业进行分类编号提交；承包商应及时向生产经营单位提供承包商的各类技术管理文件，包括：特殊工种技术人员的资质文件、施工方案（应为一式四份）。生产经营单位向承包商提供的各类联系单，为正本一式两份，并按专业进行分类编号。

四、竣工资料管理

1.5.16 承包商应负责将施工范围内自行采购的设备、材料的质量证件等，按照部颁基建达标的要求进行组卷，编制在竣工档案中，经生产经营单位、监理方验收合格后向生产经营单位移交。

1.5.17　承包商应按单机分开，分别编制竣工档案。竣工档案的编制应严格按照相关规定执行。

1.5.18　在编制套数上，承包商应向生产经营单位最终提交工程竣工档案一式五份，其中两份为原件。

1.5.19　承包商应分阶段向生产经营单位移交经生产经营单位验收合格的工程竣工档案。最迟在机组完成（72+24）h试运行后45天内，全部移交完毕。

1.5.20　为保证竣工档案的质量，生产经营单位应经常对承包商的竣工档案的编制情况进行检查。检查中，如果发现问题，承包商应及时对有关的竣工档案进行修改。

1.5.21　承包商向生产经营单位移交经生产经营单位验收合格的工程竣工档案后方能凭"工程竣工档案移交签字书"，向生产经营单位财务部门结算有关工程费用。

1.6　项目进度管理要求

一、编制规定

1.6.1　承包商应根据生产经营单位提供的一级网络进度计划，在投标文件中提交以下部分网络进度计划（用P6软件编写）：

（1）二级进度计划。

（2）三级进度计划。

1.6.2　这些进度计划应作为承包商施工过程中四、五级进度计划的形成基础，在合同履行期间承包商应对这两部分计划负责。

1.6.3　在实际实施前，承包商的二级进度计划应报监理方审核，生产经营单位批准。监理方及生产经营单位有权随时检查承包商的四、五级计划。

1.6.4　承包商的进度文件应包括但不限于以下内容。

（1）对于所有现场设施、临建或有关网络：

1）开工日期。

2）交付使用日期。

（2）对电厂建筑工程提供：

1）开工日期。

2）地基处理完工日期。

3）结构出零日期（包括回填）。

4）各层结构完工日期。

5）结构到顶日期。

6）内、外装修时间。

7）结构交安日期。

8）总的工程完工日期（总体移交）。

9）一级网络进度计划"一级网络进度计划表"（无说明部分应按整个电厂的投产日期，结合分部试运行的时间，统筹合理安排）。

10）结构交安日期"一级网络进度计划表"中给出的安装时间之前的合理安排（安排的合理性作为此次评标的依据之一）。

11）建筑结构的预计完工日期合理安排。

12）如果承包商未按合同工期进行工作，将被处以违约罚金。违约罚金根据计划级别和相关工程引起的延误程度来计算。

二、控制措施

1.6.5 工程进度的控制和原则是：组织均衡施工，以周计划确保月计划，以月计划确保季度计划，以季度计划的完成来保证年度计划的完成；以年度计划的完成来保证工程总体目标的实现，以网络进度计划中各里程碑的如期到达来保证总体形象进度的实现。

1.6.6 承包商应根据生产经营单位提供的文件、设备的到货日期和机组投产时间来组织自己的工作。承包商也应根据生产经营单位提供的节点计划，结合自己在投标文件中所承诺的工期来组织工作。

1.6.7 承包商应成立进度控制管理小组，由工地项目经理任组长，建立以项目经理为首的控制体系，落实各层次的进度控制人员，确保各种资源按时到位。

1.6.8 承包商在施工前应提交具体实施的三级进度计划、3个月的滚动进度计划，以及月度进度计划和周度进度计划给生产经营单位。施工过程中应提供专项施工计划、季度施工计划、月施工计划、三周滚动计划、周计划。承包商提交书面文件时也应提交电子版给生产经营单位，用于制作进度计划的硬件和软件应符合生产经营单位的要求。月度计划和周计划以周或天为单位。

1.6.9 确保进度计划的权威性，提交的进度计划应由工地项目经理签字，月计划内容包括上个月的工程完成情况、资源投入量、存在问题、进度延误自我处罚报告和赶工措施（上月计划未完成时）、本月和下个月的进度安排、资源投入计划及须相关方进行协调的问题。周计划要求同月进度计划。

1.6.10 每周工程进度协调会（一般与工程例会同时召开，特殊情况生产经营单位可随时要求监理单位组织召开）由监理单位主持，生产经营单位、承包商及相关方参加主要检查上周工作完成情况及下周工作安排，着重找出工期拖后的原因及补救措施。

1.6.11 每月的工程进度专题会由生产经营单位主持，监理、承包商及相关方参加，主要检查上月的工程进度完成情况及下月计划部署，着重处理工期拖后的原因，对工期计划做出宏观调控（月工程进度协调会的相关内容将作为控制进度计划的依据）。

1.6.12 承包商出席周、月工程进度会议的人员必须是工地项目经理或主管生产的副经理，否则将视承包商放弃参加会议（包括迟到15min者），会议上提出的相关要求相关方必须无条件执行。

1.6.13 当工程四、五级进度计划可能拖后时，承包商应提前最少3天向监理方如实反映，并提出补救措施。当工程的三级进度计划可能拖后时，监理人应最少提前3天向生产经营单位如实反映，并提出相关的解决措施。

1.6.14 整个工程计划实施过程中，如生产经营单位发现存在工期拖后情况，生产经营单位将发出书面警告给监理方及承包商，监理方及承包商应在收到文件后24h内给予明确的书面答复。

1.6.15 承包单位按照生产经营单位的统一要求在现场构建P6项目进度计划管理体系，并建立独立的P6计划项目管理组。确保P6计划项目管理的全员参与。

1.6.16 承包商应提供的报告

承包商向生产经营单位与监理方报送单位工程的开工报告，报送年、季、月度工程进度、工程计划及相应进度统计报表、工程简报等报表，以及生产经营单位现场工程师与监理方要求的其他报告。

1.6.17 生产经营单位月度工程量统计和结算见表2-1-3。

表2-1-3　　　　　　　　生产经营单位月度工程量统计和结算

序号	报表名称	报送时间	暂定份数
1	年度报表	12月26日	5
2	季报表	每季前月26日	5
3	月报表	每月26日（上月26日～本月25日）	5
4	周报表	每周五（上周五～本周四）	5

1.7 风险管控要求

一、风险识别与对策

风险管理是企业项目管理的一项重要管理过程，是贯穿项目管理全过程、全方面、全员参与的管理活动。它包括对风险的预测、辨识、分析、判断、评估及采取相应对策，如风险回避、控制、分隔、分散、转移、自留及利用等活动。风险管理水平是衡量企业素质的重要标准。

风险管理的目的是通过对工程建设的各种活动中的风险进行识别，对发生概率和影响等级进行分析，以识别潜在损失风险程度，并进行风险定量或定性的评估，采取必要应对措施规避和降低风险负面影响，达到成本和效益最佳配比。

1.7.1 施工阶段风险管理

承包商应通过全过程的 HSE 风险进行辨识、评价和分级，辨识国家、行业相关标准和规范，并明确具体的管理制度或针对性的控制措施。项目建设各区域内施工作业的风险分析，应特别注意项目各施工区域内交叉作业和各施工承包商之间交叉区域内的风险辨识、评价与控制，形成风险识别清单。

项目开工前，承包商应组织所有相关人员进行项目安全技术交底，就项目的各类HSE 风险及控制措施进行培训，并对培训效果进行针对性考核；项目施工过程中，在关键性或高风险施工作业前进行专题风险分析。

建设项目实施过程中，结合实际情况，如日常隐患、重大变更、事故等，对已辨识出的 HSE 风险进行补充和完善，对重大风险制定专项管理措施，对施工人员进行培训，控制风险。

1.7.2 风险管理控制程序

风险控制是全过程、全方面、全员的管理工程。将风险管理计划、风险识别、风险评估、风险应对、策略执行、检查与评价、持续改进等科学、规范的工作方法融入整个管理过程，形成各业务单元、风险管理机构、监督机构三道防线各司其职、全员参与、全方位监督、全过程控制的管理格局，从而为本项目实现安全、质量及进度目标提供合理的保证。

二、危大工程清单

1.7.3 根据《危险性较大的分部分项工程安全管理规定》（中华人民共和国住房和城乡建设部令第 37 号）第二章第七条的规定，建设单位应当组织勘察、设计等单位在施工招标文件中列出危大工程清单，要求施工单位在投标时补充完善危大工程清单并明确相应的安全管理措施。

2 机务

2.1 引用规范

2.1.1 DL/T 1699—2017《燃气−蒸汽联合循环机组余热锅炉安装验收规范》。

2.1.2 DL 5190.2—2019《电力建设施工技术规范　第2部分：锅炉机组》。

2.1.3 DL/T 5210.2—2018《电力建设施工质量验收规程　第2部分：锅炉机组》。

2.1.4 DL/T 5210.3—2018《电力建设施工质量验收规程　第3部分：汽轮发电机组》。

2.1.5 GB 50973—2014《联合循环机组燃气轮机施工及质量验收规范》。

2.1.6 DL 5190.4—2019《电力建设施工技术规范　第4部分：热工仪表及控制装置》。

2.1.7 DL/T 438—2009《火力发电厂金属技术监督规程》。

2.1.8 DL/T 439—2006《火力发电厂高温紧固件技术导则》。

2.1.9 DL/T 869—2012《火力发电厂焊接技术规程》。

2.2 机务通用要求

一、一般规定

2.2.1 经施工、监理、建设单位同意，在施工工序中可对设备做必要的检查、测量和调整，但制造厂有明确规定不得解体的设备除外。

2.2.2 设备（含材料）材质、规格与设计不符的，设备（含材料）不允许安装。

2.2.3 设备（含材料）相关特种设备检验、报关等资料不齐备，设备（含材料）不允许安装。

2.2.4 所有焊接技术记录图表均用软件（如AutoCAD）绘制，并满足三维建模的要求。

2.2.5 其他未尽事宜，按施工图或国家、行业的相关法规、规程、标准中要求较高者执行。

二、设备器材

2.2.6 设备订货时应明确由制造厂家提供随设备交付的技术文件，交付的技术文件应与所供设备的技术性能相符合，至少应包括下列文件：

（1）设备供货清单及设备装箱单。

（2）设备的安装、运行、维护说明书和技术文件。

（3）设备出厂质量证明文件、检验试验记录及重大缺陷处理记录。

（4）设备装配图和部件结构图。

（5）主要零部件材料的材质性能证件。

（6）全部随箱图纸资料。

2.2.7 设备装卸和搬运，应符合下列规定：

（1）起吊时应按包装箱上指定的吊装标识部位绑扎吊索，吊索转折处应加衬垫物，并应符合制造厂的要求。

（2）应核查设备或箱件的重心位置，对设备上的活动部分应予固定，并防止设备内部积存的液体移动造成重心偏移。

（3）对刚度较差的设备，应采取措施，防止变形。

（4）设备搬运途中经过的路面应进行荷载的核实，防止发生倾覆及塌陷。

（5）奥氏体不锈钢和镍基合金材料不应直接与铁素体、铅、锌、汞和其他低熔点元素、合金或卤化物等材料相接触。

2.2.8 设备安装前应按存放地区的气候条件、周围环境和存放时间，以及设备存放的要求做好保管工作，应防止设备变形、变质、腐蚀、损伤。

2.2.9 设备和器材应分区分类存放，并应符合下列规定：

（1）存放区域应有明显的区界和消防通道，应具备可靠的消防设施和充足的照明。

（2）大件设备的存放位置应根据施工顺序和运输条件，按照施工组织设计的规定合理布置，应避免二次搬运。

（3）设备应支垫稳固、可靠，存放场地排水应畅通。

（4）地面、货架和楼层等存放地应具有足够的承载能力。

（5）应根据设备的特点和要求分别做好防冻、防潮、防振、防撞击、防尘、防倾倒等措施。

（6）对海滨盐雾地区和有腐蚀性的环境，应采取防止设备锈蚀的措施。

（7）精密部件存放应符合制造厂要求；特殊材质的管材、管件和部件，应分类存放。

（8）对充氮保护的设备，应定期检查氮气压力及设备密封情况，当压力低于3.5kPa时，应及时补充氮气。

2.2.10 设备管理人员应熟悉设备保管规程和燃气−蒸汽联合循环机组设备的特殊保管要求，定期检查设备保管情况，保持设备完好。

2.2.11 设备到达现场后，应由制造厂、监理、建设、施工等相关单位，根据装箱清单、合同等文件共同开箱检查，应形成检查验收记录并签字确认。检查验收应符合下列规定：

（1）包装箱应完好无损。

（2）箱号、箱数应与发货清单相符。

（3）设备、安装用零部件、备品备件及专用工具的名称、型号、数量和规格应符合合同附件或装箱清单。

（4）随机文件、图样应符合合同要求。

（5）部件表面不应有损伤、锈蚀等现象。

（6）开箱时检查运输过程中的振动监测装置应正常。

2.2.12 设备安装前，应按本手册对设备进行检查。当发现质量有不符合项时，应及时通知有关单位共同检查、确认、处理。

2.2.13 设备中的零部件和紧固件，安装前应按 DL/T 438《火力发电厂金属技术监督规程》和 DL/T 439《火力发电厂高温紧固件技术导则》中的规定范围和比例进行光谱、硬度、无损探伤、金相抽查等检验工作，应确认与制造厂图纸相符。

2.2.14 施工使用的材料均应有合格证等质量证明文件，当对材料质量有疑义时，应进行必要的检验鉴定。

2.2.15 随设备供货的备品、备件应清点检查，妥善保管。施工中如需使用，应办理申领手续。随箱的图纸和技术文件应登记、保管、分发。

2.2.16 对外委托加工和现场自行加工配制的成品或半成品及自行采购的材料，使用前应按规范要求进行检查、验收，证明合格后方准使用。

2.2.17 施工人员对安装就位的设备应认真保管，安装期间不得损伤；对经过试运行的主要设备，当长时间停滞时，应根据制造厂对设备的有关要求维护保养。

三、与土建工程配合的要求

2.2.18 由于安装工艺的需要，安装专业需在土建施工阶段介入时，提前与土建专业协调，并应提出下列技术要求：

（1）在土建施工前，应进行图纸会检，对预留孔洞、预埋件、燃气轮机基座、汽轮机基座、主要附属设备基础等，与安装有关的基础标高、中心线、地脚螺栓孔位置等重要几何尺寸应进行校核。

（2）重型设备起吊需要对建筑结构或基础进行加固时，应在土建施工之前与设计、监理和土建施工单位研究确定。

（3）安装设备基础预埋地脚螺栓、锚固板等部件时，各项几何尺寸的误差、累计误差应在允许范围之内。安装专业应参加燃气轮机基础浇灌前的最终验收工作。

2.2.19 重型设备基础交付安装时，应有下列技术文件：

（1）设备基础及构筑物的有关验收记录。

（2）基础沉降观测记录。

（3）弹性基础隔振器的安装记录。

四、设备及系统安装

2.2.20 设备安装应根据下列技术文件进行：

（1）设备器材的制造厂图纸和技术文件。

（2）设计技术文件。

（3）有关施工方案、作业指导书。

2.2.21 设备安装的施工技术管理和作业人员应熟悉其施工范围内的技术文件，并经培训具备相应的资质和技能。

2.2.22 大型设备起重机械的使用与管理，应符合 GB 6067.1《起重机械安全规程第 1 部分：总则》和 GB/T 23723.1《起重机安全使用 第 1 部分：总则》的有关规定。起重工作应重点检查下列内容：

（1）起重机的起吊重量、跑车速度、起降高度、起吊速度、纵横向移动的极限范围等性能应满足设计要求。

（2）燃气轮机本体起吊前应制订专项方案，经监理单位、建设单位批准后执行。

2.2.23 设备安装施工时，应做好建筑物的保护，并应符合下列规定：

（1）不得任意变更或损坏建筑物结构，必须改变时应提出技术措施和必要的强度验算，并经原设计、监理、建设单位同意后执行。

（2）凡利用建筑结构起吊超重物件时，应进行验算，并应征得设计单位的同意。

（3）在设备重量或建筑结构承载强度不明确的情况下，不得任意放置物件。

2.2.24 土建重要结构上不得任意施焊、切割或开孔，必须进行时应制订措施，经原设计单位校核满足要求并经审批后方可执行。

2.2.25 设备在安装的全过程中，设备及部套的检查清理应符合下列规定：

（1）设备的精密加工面清理时不得有机械损伤，不得用火焰除油。

（2）所有部件经清理后，表面和内部应清洁无杂物。

（3）清理后的设备及零部件应分类存放，防止二次污染。

2.2.26 设备安装应符合下列规定：

（1）设备的解体检查、测量和调整应符合制造厂的有关要求。

（2）拆卸和组装设备部套应根据制造厂图纸进行，并应做好对应标记。

（3）拆下的精密零部件应分别放置在专用的零件箱内，并应有专人妥善保管。

2.2.27 附属系统设备就位可采用调整垫铁或无垫铁支撑施工工艺；螺栓紧固力

矩应符合设计要求。

2.2.28 附属系统设备及管道应按本手册的相关规定进行严密性试验。

2.2.29 设备及管道最终封闭前应办理隐蔽工程签证。

2.2.30 设备安装应符合GB 50973—2014《联合循环机组燃气轮机施工及质量验收规范》第3.4节的有关规定，纵、横中心线及标高应符合设计要求。当设计无要求时，设备就位基准允许偏差应符合表2-2-1的规定。

表2-2-1　　　　　　　　　　设备就位基准允许偏差　　　　　　　　mm

项目	质量标准	
	纵、横中心线	标高
泵类	2	2
箱罐	5	5
框架模块	10	10

2.2.31 附属系统的严密性试验应按制造厂要求进行，当制造厂无要求时，试验压力宜为工作压力。

2.2.32 设备基础的位置、几何尺寸和质量要求，应符合GB 50204《混凝土结构工程施工质量验收规范》的有关规定，并应有验收资料或记录。设备安装前设备基础尺寸和位置的偏差值应按表2-2-2的规定对设备基础位置和几何尺寸进行复检。

表2-2-2　　　　　　　　　　设备基础尺寸和位置的偏差值　　　　　　　mm

项目		允许偏差
纵、横中心线		10
标高		−10 ~ 0
预埋地脚螺栓	标高	0 ~ 10
	中心距	2
地脚螺栓预留孔	中心位置	10
	深度	0 ~ 20
	垂直度	< 10‰

2.2.33 设备基础表面和地脚螺栓预留孔应清理干净；预埋地脚螺栓的螺纹和螺母应保护完好；放置垫铁部位的表面应凿平。

2.3 专项技术安装验收要求

一、管道

◆燃料管道

2.3.1 燃料供应系统管道施工应符合下列规定：

（1）管道、管件、设备等连接，不得强力对口；预制的管道应按管道系统编号顺序安装。

（2）天然气系统阀门应做严密性检查，隔断阀宜采用球阀。

（3）阀门安装应方向正确，并便于检修、操作。

（4）管道防腐应符合设计要求；检漏方法应符合SY/T 0063《管道防腐层检漏试验方法》的有关规定。

2.3.2 燃料供应系统管道的焊接应符合下列规定：

（1）应根据合格的焊接工艺评定报告编制焊接工艺措施。

（2）施焊前应确认焊接材料满足工艺评定要求。

（3）施焊前应对预制好的防腐管段的管端防腐层采用有效的保护措施，防止电弧灼伤。

（4）每道焊口完成后，焊口处应进行标识，标识不得损伤母材。

（5）管道对接焊缝应进行100%外观检查。

（6）焊缝外观检查合格后应对其进行无损探伤；无损探伤检查的比例及验收合格等级应符合设计要求。当设计无要求时，焊缝无损探伤检查数量及合格等级应按表2-2-3中的规定执行。

表2-2-3　　　　　　　　　焊缝无损探伤检查数量及合格等级

设计压力 （MPa）	超声波探伤		射线探伤	
	抽查比例（%）	合格级别	抽查比例（%）	合格级别
$p > 16$	—	—	100	Ⅱ
$4.0 < p \leq 16$	100	Ⅱ	10	Ⅱ
$1.6 < p \leq 4.0$	100	Ⅱ	5	Ⅲ
$p \leq 1.6$	50	Ⅲ	—	—

注 1.穿越道路的管道焊缝、试压后接头的焊缝应进行100%射线探伤检查。

2.不能进行超声波或射线探伤的部位焊缝，应按GB 50235《工业金属管道工程施工规范》进行渗透或磁粉探伤，无缺陷为合格。

（7）返修后的焊缝应按（6）进行复检。

2.3.3　燃料供应系统范围内埋地管安装应符合下列规定：

（1）管沟开挖应符合设计要求，管沟尺寸允许偏差应为 $^{+100}_{0}$ mm，沟底标高允许偏差应为 $^{0}_{-100}$ mm，沟底宽度允许偏差应为 $^{+100}_{0}$ mm。

（2）管道下沟前，应清理沟内塌方和硬土块，排除管沟内积水；如沟底被破坏或为岩石沟底，应用砂或软土铺垫。

（3）直埋管道应按设计要求进行防腐，管道下沟前应对防腐层进行100%的外观检查和全管段电火花检测试验，管道安装完毕后应对接口部位防腐层进行100%的外观检查和电火花检测试验；回填前应对防腐层再进行电火花检测试验抽检，检测应全部合格。

（4）吊装有防腐层的管道、设备时应防止损坏防腐层。

（5）回填前应进行隐蔽工程验收及签证。

2.3.4　绝缘法兰的安装应符合下列规定：

（1）安装前应对绝缘法兰进行绝缘试验检查，其绝缘电阻应大于2MΩ。

（2）绝缘法兰间的电缆线连接应符合设计要求，并应做好电缆线及接头的防腐，金属部分不应裸露。

（3）绝缘法兰外露时，应有保护措施。

2.3.5　静电接地安装应符合下列规定：

（1）有静电接地要求的管道，法兰间应设导线跨接。

（2）用作静电接地的材料或零件，安装前不得涂漆；导电接触面应除锈并紧密连接。

（3）有静电接地要求的不锈钢管道，导线跨接或接地引线不应与不锈钢管道直接连接，应采用不锈钢板过渡。

（4）管道系统的对地电阻值超过100Ω时，应设两处接地引线，接地引线宜采用铝热焊形式。

（5）接地安装完毕应进行测试，电阻值超过规定时，应进行处理。

2.3.6　燃料供应系统压力试验前应符合下列规定：

（1）压力试验前宜对系统管路进行吹扫并合格。

（2）管道系统的所有堵头应加固牢靠。

（3）试验前应按设计图纸检查管道的所有阀门，试验段阀门应全部开启。

2.3.7　燃料供应系统压力试验前，待试验管道应与无关系统隔离，与已运行的燃气、燃油系统之间必须加装盲板且有明显标识。

2.3.8　管道压力试验应符合下列规定：

（1）埋地管道应在下沟回填后进行强度和严密性试验；架空管道应在管道支吊架安装完毕并检验合格后进行强度和严密性试验。

（2）强度试验应以洁净水为试验介质；特殊情况下，经监理或建设单位批准，可用空气作为试验介质。

（3）输送介质为液体的严密性试验，试验介质应采用洁净水；输送介质为气体的严密性试验，试验介质应采用空气。

（4）对奥氏体不锈钢试验所用的洁净水所含氯离子浓度不应超过25mg/L；试验用水温不应低于5℃。

（5）管道的强度试验，以水为介质的，试验压力应为设计压力的1.5倍；以空气为介质的，试验压力应为设计压力的1.15倍。管道严密性试验压力应与设计压力相同。

（6）试验时，管道堵头端方向人员不得靠近。

2.3.9　用水作为介质进行强度试验时，应排净系统内空气，待水温和管壁、设备壁的温度相同时方可升压。升压应符合下列规定：

（1）升压应平缓并分阶段进行，强度试验升压次数应符合表2-2-4的规定。

表2-2-4　　　　　　　　　　　强度试验升压次数

试验压力（MPa）	升压次数	各阶段试验压力
$p \leqslant 1.6$	1	100% p
$1.6 < p \leqslant 2.5$	2	50% p、100% p
$2.5 < p < 10$	3	30% p、60% p、100% p

（2）试验方法及合格标准应符合表2-2-5的规定。

表2-2-5　　　　　　　　　　　试验方法及合格标准

检验项目	强度	严密性
试验压力	1.5倍设计压力	1倍设计压力
升压步骤	分阶段升压，稳压30min，检查无渗漏；升压速度不大于0.1MPa/min	强度试验压力合格后降至设计压力进行严密性试验
稳压时间（h）	0.5	24
合格标准	管道目测无变形，无渗漏，压降小于等于于试验压力的1%	压降小于等于试验压力的1%

（3）试验后，试验用水应及时排尽并对系统进行干燥处理。

2.3.10　用空气作为介质进行强度试验时，试验方法及合格标准应符合表2-2-6的规定。

表2-2-6   试验方法及合格标准

介质	空气	
检验项目	强度	严密性
试验压力	1.15倍设计压力	1倍设计压力
升压步骤	升压值依次为试验压力的10%、50%,逐次增加10%的试验压力直至100%,间隔5min升压速度不大于0.1MPa/min	强度试验压力合格后降至设计压力进行严密性试验
稳压时间(h)	0.5	24
合格标准	表计指示目测无变化,管道目测无变形,系统无异声,发泡剂检查无泄漏	发泡剂检查无泄漏

2.3.11　燃气系统管道安装除应符合上述规定外,尚应符合下列规定:

(1)燃气系统内使用的法兰密封垫宜采用带内钢圈的金属缠绕垫或软钢质的齿型垫,垫片内径应略大于管道法兰的内径。

(2)输送燃气的球墨铸铁管,管道与管道之间、管道与管件之间使用橡胶密封圈密封时,密封圈的性能应符合燃气输送管的使用要求。橡胶圈应光滑、轮廓清晰,不得有影响接口密封的缺陷。

(3)球墨铸铁管道及管件的配合尺寸公差应符合GB/T 13295《水及燃气用球墨铸铁管、管件和附件》的有关规定。

(4)输送燃气的金属软管安装前应进行内部检查无异常,软管与刚性管道之间连接牢固可靠,外观检查无异常,软管与设备连接无扭曲、无过度弯曲或拉伸。

(5)燃气管道强度试验及外观检查合格后,应按设计要求对管道进行防腐。

◆汽水管道

2.3.12　管道应从上至下安装,确需从下至上的,当安装垂直管时,上管段封口拆卸及打磨坡口前,必须将下管段的封口封好,以免杂物掉进下管段。

2.3.13　为确保给水管道管内清洁度,在给水管道安装前对主泵进口滤网前管道内壁进行清洁度处理,处理完进行封口前需办管内清洁度签证。

2.3.14　主蒸汽管道材质选用A335P91,对口时要用相同材质的塞块进行临时点焊,点焊位置选取在坡口上,严禁采用骑马铁形式点焊在管道外壁上。在焊口打底好后将塞块用磨光机打磨掉,严禁用榔头敲击。

2.3.15　管子对口时每只口子均填好"管道对口质量检验记录表",并签证。

◆油管道

2.3.16　油箱事故排油管应接至设计规定的事故排油井,事故排油阀应设两道明杆钢质手动阀门。事故排油阀的操作手轮应设在操作层距油箱5m以外的地方,并应有两个以上的通道，阀杆应水平或向下布置，手轮应设玻璃保护罩。油箱事故排油管在机组启动试运前应安装完毕并确认畅通。

2.3.17 燃气轮机附属系统的管道施工和焊接除设计有特定要求外，可按GB 50235《工业金属管道工程施工规范》中的有关规定执行。

2.3.18 管道、节流孔板、滤网、波纹补偿器和流量计等在安装前应进行外观检查，表面应无裂纹、无损伤，管内应清洁无杂物，且应无超过壁厚负偏差的锈蚀。

2.3.19 系统中的测点，当需现场开孔时，必须在管道最终组装前完成，打孔采用机械打孔方式。

2.3.20 金属软管内部检查应无异常，软管外观应无胀口现象，软管与刚性管道之间连接应牢固可靠。软管与设备连接时应无扭曲、无过度弯曲或拉伸。

2.3.21 波形补偿器应按设计要求进行拉伸或压缩，安装方向应符合设计要求。

2.3.22 流量测量装置、节流装置几何尺寸和方向应正确，孔板或喷嘴不得有损伤。

2.3.23 设备管道系统安装完成后，应进行吹扫，并应符合设计要求。

2.3.24 抗燃油管路安装除符合上述第2.3.17条～第2.3.22条的规定外，尚应符合下列规定：

（1）高压抗燃油系统的管道、管件、油箱等材质应为不锈钢。

（2）高压调节油管应采用对焊法兰。

（3）螺纹接头处用聚四氟乙烯带作为密封料时，螺纹端部前两扣不应包缠。

（4）抗燃油系统密封圈材质宜采用氟橡胶。

（5）管道安装前应用洁净的压缩空气吹扫干净；管道及部件的清洗不得使用氯化物溶剂。

（6）管道弯头宜采用大曲率半径弯管，弯管处应光滑、无皱纹、无扭曲、无压扁。

（7）管道切割宜采用锯割，不得使用割管刀、火焰切割；管道切割后，端部应清洁、光滑，不得有毛刺或翻边。

（8）不锈钢管道焊接，应采用氩弧焊。

（9）高压油管路支架宜采用管夹式。

2.3.25 油管冲洗干净封闭后，不得在上面钻孔、气割或焊接。

◆二氧化碳管道

2.3.26 二氧化碳灭火系统的管道施工除符合制造厂的要求外，尚应符合下列规定：

（1）管口应螺纹连接，密封宜采用麻丝、厚白漆等材料。

（2）管道连接前应清理干净，无焊渣、无锈污。

2.3.27　二氧化碳管道的强度试验、严密性试验，如制造厂无要求，应符合GB 50263《气体灭火系统施工及验收规范》的规定。

2.3.28　二氧化碳罐及管道压力试验合格后应进行吹扫，吹扫时所有喷嘴应拆除。

2.3.29　二氧化碳系统吹扫后回装喷嘴时应符合设计要求，喷嘴内通道应畅通。

2.3.30　二氧化碳灭火系统施工验收完成后，应进行二氧化碳喷放试验，试验前应采取可靠的安全措施。

2.3.31　管道直管部分的支架间距应符合设计要求。设计无要求时，直管支架间距宜符合表2-2-7的规定。

表2-2-7　　　　　　　　　直管支架间距

管子直径DN（mm）	最大间距（m）	
	保温	不保温
25	1.5	2.6
32	1.6	3
38	1.8	3.4
45	2.0	3.7
57	2.5	4.2
76	2.8	4.9

2.3.32　管子不得直接焊在支架上，不得用铁质工具直接敲击管道。管道的安装应符合表2-2-8的规定。

表2-2-8　　　　　　　管道的安装规定　　　　　　　mm

项目		允许误差
管道标高偏差	架空	10
	地沟	−10～−15
	埋地	−10～−15
立管垂直度		≤2L/1000，且≤15
管道坡向坡度		符合设计要求
对口平直度	DN<100	1
	DN≥100	2
焊缝与弯管弯曲点的间距		大于管子外径，且>100
焊缝与开孔的间距		>50

续表

项目		允许误差
直管段两个焊缝的间距	DN ≤ 500	大于管子外径，且 > 150
	DN > 500	大于管子外径，且 > 500
焊缝与支吊架边缘的间距		> 50

2.3.33 通风系统管道的安装应符合下列规定：

（1）风管安装前管内应无杂物；安装应牢固，定位尺寸应符合设计要求。

（2）支吊架不得设在风口阀门及检视门处。

（3）硬聚氯乙烯和玻璃钢风管的支管应单独设支吊架。

（4）风管连接应严密，法兰垫料及接头方式应符合设计要求。

（5）柔性短管外观检查应无开裂、无扭曲，所采用的材料应不透气、内壁光滑；柔性短管与风管、设备的连接应严密。

2.3.34 风口安装外露部分应平整，其边框与建筑顶棚或墙面间的接缝处应采用密封垫料或密封胶。

2.3.35 风阀的安装应符合下列规定：

（1）各类风阀应安装在便于操作和检修的部位，安装后操作装置应灵活、可靠，阀板关闭应严密。

（2）斜插板风阀阀板拉启方向应向上；水平安装时阀板应顺气流的方向插入。

2.3.36 通风系统安装完毕后应符合下列规定：

（1）通风系统的风门、百叶窗等应转动灵活、无卡涩，启、闭动作应正确。

（2）百叶窗与风道法兰、燃气轮机罩壳之间应连接严密。

2.3.37 水洗系统喷嘴安装前系统应冲洗合格，喷嘴安装方向应符合制造厂要求。

二、保温

◆通用要求

2.3.38 管道、设备保温设计施工须符合 DL/T 5072—2019《发电厂保温油漆设计规程》的规定和要求。

2.3.39 保温结构应包括保温层和保护层，地沟内保温管道在保温层外应增设防潮层。

2.3.40 设备管道应按以下要求予以保温：

（1）外表面温度高于50℃且需要减少散热损失者。

（2）要求防冻、防凝露或延迟介质凝结者。

（3）工艺生产中不需要保温，其外表面温度超过60℃，而又无法采取其他防止烫伤人员的部位。

2.3.41　需要防止烫伤人员的部位应在下列范围内设置防烫伤保温：

（1）距离地面或工作平台的垂直高度小于2100mm。

（2）靠近操作平台的水平距离小于750mm。

2.3.42　下列设备、管道及其附件不应保温，但应设置防止烫伤的措施：

（1）输送易燃易爆介质时，要求及时发现泄漏的设备和管道上的法兰、人孔等附件。

（2）工艺要求不能保温的管道和附件。

2.3.43　环境温度不高于27℃时，设备和管道保温结构外表面温度不应超过50℃；环境温度高于27℃时，保温机构外表面温度可比环境温度高25℃，但不应超过60℃。对于防烫伤保温，保温结构外表面温度不应超过60℃。

◆保温材料

2.3.44　设计温度大于等于350℃时，应选用耐高温保温材料或复合保温结构；设计温度低于350℃时，可选择单一的耐中低温保温材料。

2.3.45　外径小于等于38mm管道的高温层材料宜选择硅酸铝纤维绳，也可采用管壳或薄毯。

2.3.46　多雨地区露天布置或潮湿环境中的设备和管道的保温层材料宜选择憎水型材料，其憎水率不应小于98%。

2.3.47　保温材料选择应满足环保要求，不应选择含有石棉的材料及其制品。

2.3.48　金属保护层蒸汽管道宜采用0.5～0.8mm铝合金板（室内为0.5mm，室外为0.8mm），非金属保护层可采用玻璃丝布、玻璃钢、抹面等。

2.3.49　防潮层材料应阻燃，其氧指数不应小于30%。

2.3.50　涂抹型防潮层材料，其软化温度不应低于65℃。

❖保温结构施工工艺及技术要求

2.3.51　设备、直管道等无须检修的部位应采用固定式保温结构。

2.3.52　管道蠕变监察段、蠕变测点、金属监督段、流量装置、阀门、法兰、堵板、补偿器、压力容器铭牌等部位应采用可拆卸式保温结构。

2.3.53　高温蒸汽管道的蠕胀测点处，保温层应留设200mm的间隙，间隙中应塞满软质保温材料。

2.3.54　施工后保温层不得影响管道膨胀和管道膨胀指示器装置的安装。

2.3.55　保温层厚度大于80mm时，保温层应分层敷设，每层厚度应大致相等。保温层应采用同层错缝，内外层压缝方式敷设，内外层接缝应错开100～150mm。水平安装的管道和设备保温最外层的纵缝拼缝位置应尽量远离垂直中心线上方，纵向单缝的缝口朝下。

2.3.56 噪声超过85dB（A）的设备应采用吸声材料保温，或设置具有隔声作用的保温结构。

2.3.57 主蒸汽管道的焊缝位置应标志在保护层表面上。

2.3.58 保温施工时压力容器铭牌应裸露在外。

2.3.59 安全阀后对空排汽管道的保温层（人能触及的范围）应采取加固措施。

2.3.60 保温结构的支撑件设计应符合下列规定：

（1）立式设备和管道、水平夹角大于45°的斜管和卧式设备的底部，其保温层应设支撑件，对有加固肋的烟风道和设备，应利用其加固肋作为支撑件。

（2）支撑件的位置应避开阀门、法兰等管件。对于设备和立管，支撑件应设在阀门、法兰等管件的上方，其位置不应影响螺栓的拆卸。

（3）支撑件所选用的材料应与介质的温度相适应，宜采用普通碳素钢板或型钢制作。

（4）凡施焊后应进行热处理的设备，其上的焊接支撑件宜在设备制造厂预焊。

（5）支撑件的承面宽度应比保温层厚度小10~20mm。

（6）对管道支撑件，设计温度大于等于350℃时可为2000~3000mm，低于350℃时可为3000~5000mm。

2.3.61 保温结构的固定件设计应符合下列规定：

（1）管道、平壁和圆筒设备的保温层，硬质材料保温时，宜用钩钉或销钉固定；软质材料保温时，宜用销钉和自锁垫片固定。

（2）保温层固定用的钩钉、销钉宜用直径为3~6mm的镀锌铁丝或低碳圆钢制作。

（3）硬质或半硬质保温制品保温时，钩钉、销钉宜根据制品几何尺寸设在缝中做攀系保温层的桩柱之用，钉间距为300~600mm；软质材料保温时，钉间距不应大于350mm，每平方面积上的数量侧面不应少于6个，底部不应少于9个。

（4）有振动的地方，钩钉或销钉应适当加粗、加密。

2.3.62 保温层应采用镀锌铁丝或镀锌钢带捆扎，用镀锌铁丝时应选取双股捆扎。捆扎件规格应符合表2-2-9的规定。

表2-2-9　　　　　　　　　　　保温层的捆扎件规格　　　　　　　　　　mm

管道保温层外径	软质材料及其半硬质制品
< 200	$\phi 1 \sim \phi 1.2$ 镀锌铁丝
200 ~ 600	$\phi 1.2 \sim \phi 2$ 镀锌铁丝
600 ~ 1000	$\phi 2 \sim \phi 2.5$ 镀锌铁丝或 12×0.5 镀锌钢带
> 1000	12×0.5 镀锌钢带
平面	$\phi 0.8 \sim \phi 1$ 镀锌铁丝或 20×0.5 镀锌钢带

2.3.63 每块保温制品上至少要捆扎两道，间距需满足以下规定：

（1）硬质保温制品不应大于400mm。

（2）半硬质保温制品不应大于300mm。

（3）软质保温制品不应大于200mm。

2.3.64 保温层分层敷设时，应逐层捆扎，对于有振动的部位应适当加强捆扎，不得采用螺旋式缠绕捆扎。

2.3.65 采用硬质保温制品的保温层应设置伸缩缝，伸缩缝设计符合下列规定。

（1）伸缩缝应设置在支吊架、法兰、加固肋、支撑件或固定环等部位。

（2）伸缩缝间距应符合下列规定：

1）设计温度大于等于350℃时可为3000～4000mm。

2）设计温度低于350℃时可为5000～7000mm。

（3）伸缩缝宽度宜为20～25mm，设计温度大于等于350℃时取上限，低于350℃时取下限，缝间应填充满软质保温材料。

（4）分层保温时各层伸缩缝应错开，错缝间距不应小于100mm。

2.3.66 地面横向敷设的疏水管应采用玻璃钢罩，防止人员踩踏。

2.3.67 补偿器和支架附近的管道保温层应留设膨胀间隙，保温机构与墙、梁、栏杆、平台、支撑等固定构件和管道所通过的孔洞之间应留设膨胀间隙。

2.3.68 硬质保温制品的金属保护层纵向接缝可采用咬接，软质保温材料及其半硬质制品的金属保护层纵向接缝可采用插接或搭接，搭接尺寸不得少于30mm，插接缝用自攻螺钉或抽芯铆钉固定，搭接缝用抽芯铆钉固定，钉间距宜为150～200mm。

2.3.69 金属保护层的环向接缝可采用搭接或插接，搭接时一端应压出凸筋，搭接尺寸不得小于50mm，对垂直管道和斜管用自攻螺钉或抽芯铆钉固定，铆钉之间间距可为200mm，每道缝不应小于4个钉。

2.3.70 室内水平管道金属保护层的纵向接缝已在管道的水平中心线上方或下方15～45℃范围内顺水搭接，室外水平管道应设置在水平中心线下方15～45℃范围内顺水搭接。

2.3.71 水平管道的环向接缝应按坡度高搭低，垂直管道的环向接缝应上搭下。

2.3.72 金属保护层应有整体防水功能，室外布置或潮湿环境中的设备和管道应采用嵌填密封剂或胶泥密封，安装钉孔处应采用环氧树脂堵孔，安装在室外的支吊架管部穿出金属保护层的地方应在吊杆上加装防雨罩。

2.3.73 穿越厂房屋面的管道，均应设防雨罩，其直径应大于预留孔洞直径。

2.3.74 施工后保温层实际厚度应不低于保温设计厚度。

2.3.75 大型设备、储罐保温层的金属保护层，宜采用压型板或做出垂直凸筋，并应采用弹簧连接的金属箍带环向加固。

2.3.76 位置不方便且外径小于等于38mm管道的保温层可采用紧密缠绕单层或多层纤维绳时，应在纤维绳外用直径为1.2mm的镀锌铁丝反向缠绕加固，保护层宜采用金属薄板。

2.3.77 防潮层外不得再设置镀锌铁丝或钢带等硬质捆扎件。

2.3.78 室外布置的大截面矩形烟风道的保护层顶部应设排水坡度，双面排水。

三、防腐

◆ 油漆防腐

2.3.79 油漆防腐等级按GB/T 30790.2—2014《色漆和清漆防护涂料体系对钢结构的防腐蚀保护 第2部分：环境分类》设计，见表2-2-10。

表2-2-10　　　　　　　　　　油漆防腐等级

腐蚀性等级	单位面积质量损失/厚度损失（经过第一年暴露后）				温和气候下典型的环境示例（仅供参考）	
	低碳钢		锌		外部	内部
	质量损失（g/m²）	厚度损失（μm）	质量损失（g/m²）	厚度损失（μm）		
C3 中高	>200且≤400	>25且≤50	>5且≤15	>0.7且≤2.1	城市和工业大气，中度二氧化硫污染，低盐度的沿海地区	高湿度和存在一定空气污染的生产场所，例如：食品加工厂、洗衣房、酿酒厂、牛奶场
C4 高	>400且≤650	>50且≤80	>15且≤30	>2.1且≤4.2	工业区和中盐度的沿海地区	化工厂、游泳池、沿海船舶和造船厂
C5-I 很高（工业）	>650且≤1500	>80且≤200	>30且≤60	>4.2且≤8.4	高湿度和侵蚀性大气的工业区	凝露和高污染持续存在的建筑物或地区
C5-M 很高（海洋）	>650且≤1500	>80且≤200	>30且≤60	>4.2且≤8.4	高盐度的沿海和海上区域	凝露和高污染持续存在的建筑物或地区

注 1.用于腐蚀性等级的损失值与GB/T 19292.1—2003中给出的一致。
2.在炎热、潮湿的沿海区域，质量或厚度损失值有可能超过C5-M等级的范围，因此为这些区域使用的结构选择涂料防护体系时必须采取特别的预防措施。

2.3.80 设备应按不同要求进行外部防腐油漆：

（1）不保温的设备、管道及其附件。

（2）设计温度不超过120℃的保温设备、管道及其附件。

（3）现场制作的支吊架、平台扶梯等钢结构。

2.3.81　设计温度在120～420℃范围内的保温碳钢和低合金钢设备、管道及其附件外表面宜涂刷耐高温涂料。

2.3.82　直径较大的循环水管道以及设计温度不超过90℃的箱和罐等，应按不同的要求进行内部油漆。

2.3.83　设备、管道和附属钢结构在涂装前的表面预处理应根据刚才表面的锈蚀，按设计规定的除锈方案进行，并达到规定的预处理等级。涂料应配套使用，涂层一半应由底漆、中间漆和面漆构成。涂装施工可采用刷涂、滚涂、空气喷涂和高压无气喷涂等方法。

2.3.84　油漆涂层耐久性应满足GB/T 30790.1规定的中等等级（5～15年）。

2.3.85　涂装前钢材表面预处理及除锈等级应符合GB/T 8923.1，各类底漆对应的最低除锈标准符合表2-2-11的规定。

表2-2-11　　　　　　　　各类底漆对应的最低除锈标准

底层涂料种类	最低除锈等级
沥青底漆	St3 或 Sa2
醇酸树脂底漆	St3 或 Sa2
其他树脂类底漆	Sa2
各类富锌底漆	$Sa2\frac{1}{2}$

注　不易维修的重要部件的除锈等级不应低于$Sa2\frac{1}{2}$。

（1）Sa1为轻度的喷射清理：在不放大的情况下观察时，表面应无可见的油、脂和污物，并且没有附着不牢的氧化皮、铁锈、涂层和外来杂质。

（2）Sa2为彻底的喷射清理：在不放大的情况下观察时，表面应无可见的油、脂和污物，并且几乎没有氧化皮、铁锈、涂层和外来杂质。任何残留污染物应附着牢固。

（3）Sa2.5为非常彻底的喷射清理：在不放大的情况下观察时，表面应无可见的油、脂和污物，并且没有氧化皮、铁锈、涂层和外来杂质，任何污染物的残留痕迹应仅呈现为点状或条纹状的轻微色斑。

（4）Sa3为使钢材表现洁净的喷射清理：在不放大的情况下观察时，表面应无可见的油、脂和污物，并且应无氧化皮、铁锈、涂层和外来杂质，该表面应具有均匀的金属色泽。

2.3.86　对钢结构，除镀锌板和不锈钢外，所有钢结构第一道油漆喷刷前都应进行喷砂处理，对构件表面除锈等级符合Sa2.5级，表面处理后的粗糙度控制在

40~70μm之内。

2.3.87 涂层干膜总厚度应满足表2-2-12的要求。

表2-2-12　　　　　　　　　　　涂层干膜总厚度

涂料耐久性	大气腐蚀性等级						
	C2	C3		C4		C5-I、C5-M	
		其他	Zn（R）	其他	Zn（R）	其他	Zn（R）
低等L（2~5年）	80	120	—	200	160	200	—
中等M（5~15年）	120	160	—	240	200	300	240
高等H（15年以上）	160	200	160	280	240	320	320

注 Zn（R）为富锌底漆，其他表示非富锌底漆。

2.3.88 不保温的设备和管道油漆设计应符合下列规定：

（1）设备、管道和附属钢结构，可选用环氧涂料、聚氨酯涂料、有机硅涂料等。

（2）管沟中管道、循环水管道外壁、工业水管道、工业水箱外壁、直径较大的循环水管道内壁可选用高固体分改性环氧涂料、无溶剂环氧涂料或环氧沥青涂料。采用高固体分改性环氧涂料或无溶剂环氧涂料时，输送海水的循环水管道内壁总干膜厚度不应小于600μm。

（3）排汽管道可选用酚醛环氧涂料、有机硅耐热涂料等。

（4）凝结水补水箱内壁可采用弹性聚脲、酚醛环氧涂料或环氧耐浸泡树脂涂料，其中弹性聚脲干膜总厚度不宜小于1.1mm。

（5）面漆颜色和编号应符合GB/T 3181《漆膜颜色标准》和GSB05—1426《漆膜颜色标准样卡》的规定。

2.3.89 保温的设备和管道的油漆设计应符合下列规定：

（1）当设计温度不超过120℃时，设备和管道的外表面应涂刷环氧涂料，可只涂刷底漆或底漆和中间漆，涂料干膜总厚度约为120μm。

（2）当设计温度高于120℃时，宜按标准DL/T 5072—2019中附录E的规定进行耐热涂料设计。

（3）锅炉本体及进口烟道按照标准DL/T 5072—2019中附录E编号10涂料材料设计，见表2-2-13。

表2-2-13　　　　　　　　　　编号10涂料材料设计

10	底漆	无机富锌底漆	1	50	100	≤400	非保温，干燥环境
	面漆	有机硅铝粉耐热漆	2	25			

（4）温度不超过90℃的热水箱等设备内壁宜涂刷2度酚醛环氧涂料。

2.3.90 燃气轮机进气道防腐、施工应满足主机厂家要求。

2.3.91 防腐油漆必须按厂家提供的配比方法进行。

2.3.92 在温度低于5℃或相对湿度大于85%的条件下不能进行涂装。

2.3.93 当待涂装表面有凝露时不能进行涂装。

2.3.94 完工后涂层均匀，涂层面无起泡、针孔和严重流挂现象。

◆表面处理

2.3.95 防腐件必须喷砂清理至Sa2.5标准，如在喷砂和施工间出现氧化现象，表面则应再行喷砂至规定的标准。

2.3.96 因喷砂清理过程暴露出来的表面缺陷应进行打磨、填补或采用其他合适的方法进行处理。

2.3.97 在喷砂除锈之前，钢表面的毛刺、突起和焊瘤应用砂轮进行打平和清除，用溶剂对表面进行清洗，钢材表面应露出金属色泽。

2.3.98 进行喷砂清理时应用未使用过的、干燥的、未污染的铁矿砂。喷砂应为干燥的，颗粒大小应为涂层制造商所推荐的。

2.3.99 完成喷砂清理之后，应采用无水无油的压缩空气或真空清理去除表面上的所有砂子、金属屑或铁丸的痕迹和粉尘；不应用刷子刷。应特别注意防止指印或工人服装上的有害物质或任何其他污染源污染经喷砂清理过的表面。

2.3.100 施工中间漆之前，所有表面应根据溶剂清洗的要求进行清洗，以去除油、油脂、土和其他污染物，并根据手动工具清理的要求去除散落的轧屑、锈或漆。

2.3.101 局部修补表面，将破损的部位用机械动力工具除锈至St3级，然后进行防腐油漆。

2.3.102 阴极保护按照设计单位要求进行设计安装。

四、焊接

◆通用要求

2.3.103 焊口的位置应避开应力集中区，且便于焊接施工及焊后热处理。

2.3.104 锅炉受热面管子焊口，其中心线距离管子弯曲起点或联箱外壁或支架边缘至少70mm，同根管子两个对接焊口间距离不应小于150mm。

2.3.105 管道对接焊口，其中心线距离管道弯曲起点不小于管道外径，且不小于100mm（定型管件除外），距支、吊架边缘不小于50mm。同管道两个对接焊口间的距离应大于管道直径且不小于150mm，当管道公称直径大于500mm时，同管道两个对接焊口间的距离不小于500mm。

2.3.106 管接头和仪表插座一般不可设置在焊缝或焊接热影响区。

2.3.107　容器筒体的对接焊缝，其中心线距离封头弯曲起点应不小于容器壁厚加15mm，且不小于25mm。相互平行的两相邻焊缝之间的距离应大于容器壁厚的3倍，且不小于100mm。不得布置十字焊缝。

2.3.108　管孔不宜布置在焊缝上，并避免管孔接管焊缝与相邻焊缝的热影响区重合。当无法避免在焊缝或焊缝附近开孔时，应满足以下条件：

（1）管孔周围大于孔径且不小于60mm范围内的焊缝及母材，应经无损检测合格。

（2）孔边不在焊缝缺陷上。

（3）管接头需经过焊后消应力热处理。

2.3.109　搭接接头的搭接长度应不小于5倍较薄母材厚度，且不小于25mm。

2.3.110　焊件组对的局部间隙过大时，应设法修整到规定尺寸，不应在间隙内加填塞物。

2.3.111　焊件组对时应将待焊件垫置牢固，防止在焊接和热处理过程中产生变形和附加应力。

2.3.112　除设计规定的冷拉焊口外，其余焊口不应强力组对，不应采用热膨胀法组对。

2.3.113　焊接接头的形式应按照设计文件的规定选用，焊缝坡口应按照设计图纸加工。如无规定，焊接接头形式和焊缝坡口尺寸应按照能保证焊接质量、填充金属量少、减少焊接应力和变形、改善劳动条件、便于操作、适应无损检测要求等原则选用。

2.3.114　焊件下料与坡口加工应符合下列要求：

（1）焊件下料与坡口制备宜采用机械加工的方法。

（2）如采用热加工方法（如火焰切割、等离子切割、碳弧气刨）下料，切口部分应留有不小于5mm的机械加工余量。

2.3.115　焊件经下料和坡口加工后应按照下列要求进行检查，合格后方可组对：

（1）淬硬倾向较大的钢材，如经过热加工方法下料，坡口加工后要经表面探伤检测合格。

（2）坡口内及边缘20mm内母材无裂纹、重皮、坡口破损及毛刺等缺陷。

（3）坡口尺寸符合图纸要求。

2.3.116　焊件在组对前应将坡口表面及附近母材（内、外壁或正、反面）的油、漆、垢、锈等清理干净，直至发出金属光泽。清理范围如下：

（1）对接焊缝：坡口每侧各为10～15mm。

（2）角焊缝：焊脚尺寸K值+10mm。

（3）埋弧焊焊缝：本条（1）或（2）的清理范围+5mm。

2.3.117 焊件组对时一般应做到内壁（根部）齐平，如有错口，其错口值不应超过下列限值：

（1）对接单面焊的局部错口值不应超过壁厚的10%，且不大于1mm。

（2）对接双面焊的局部错口值不应超过焊件厚度的10%，且不大于3mm。

2.3.118 焊件组对时，其坡口形式及尺寸宜符合DL/T 869—2012中表2的要求。公称直径大于500mm的管道组对间隙局部超差不应超过2mm，且总长度不应超过焊缝总长度的20%。

2.3.119 不同厚度焊件组对时，其厚度差应按照DL/T 869—2012中图1的方法进行处理。

2.3.120 焊接时应采取防风、防潮、防雨、防雪措施，焊接环境风速应符合以下规定：

（1）气体保护焊，环境风速应不大于2m/s。

（2）其他焊接方法，环境风速应不大于8m/s。

2.3.121 当环境温度低于0℃时应当有预热措施。

2.3.122 单面焊双面成形的承压管道焊接时，管子或管道的根层焊道应采用TIG焊。

2.3.123 除非确有办法防止根层焊道氧化，对合金含量较高的耐热钢（含铬量大于3%或合金总含量大于5%）管子和管道焊口进行焊接时，内壁或焊缝背面应充氩气或其混合气体保护，并确认保护有效。

2.3.124 不应在被焊工件表面引燃电弧、试验电流或随意焊接临时支撑物，高合金钢材料表面不应焊接组对用卡具。

2.3.125 焊接时，管子或管道内不应有穿堂风。

2.3.126 定位焊时，除焊工、焊接材料、预热温度和焊接工艺等应与正式施焊时相同外，还应满足下列要求：

（1）在坡口根部采用焊缝定位时，焊后应检查各个定位焊点质量，如有缺陷应立即清除，重新进行定位焊。

（2）厚壁大口径管若采用临时定位焊件定位，定位焊件应采用同种材料；采用其他钢材作为定位焊件时，应堆敷过渡层，堆敷材料应与正式焊接相同且堆敷厚度应不小于5mm。当去除定位件时，不应损伤母材，应将残留焊疤清除干净、打磨修整。

2.3.127 采用钨极氩弧焊打底的根层焊缝应经检查合格，并及时进行次层焊缝的焊接。多层多道焊缝焊接时，应进行逐层检查，经自检合格后方可焊接次层焊缝。

2.3.128 厚壁大径管的焊接应采用多层多道焊，且壁厚大于38mm时，还应符合下列规定：

（1）采用钨极氩弧焊进行根层焊接的焊层厚度不小于3mm。

（2）焊道的单层增厚不大于所用焊条直径加2mm；单焊道宽度不大于所用焊条直径的5倍。

2.3.129　外径大于194mm的管子和锅炉密集排管（管子间隙不大于30mm）的对接接头宜采取二人对称焊。

2.3.130　施焊中，应特别注意焊道接头和收弧的质量，收弧时应将熔池填满，多层多道焊的接头应错开。

2.3.131　施焊过程除工艺和检验上要求分次焊接外，应保持连续。若被迫中断，应采取防止裂纹产生的措施（如后热、缓冷、保温等）。再焊时，应仔细检查并确认无裂纹后，方可按照工艺要求继续施焊。

2.3.132　公称直径不小于1m的管道或容器的对接接头，采取双面焊接时应采取清根措施。

2.3.133　对需做检验的隐蔽焊缝，应经检验合格后，方可进行其他工序。

2.3.134　安装管道冷拉口所使用的加载工具，应待焊接和热处理完毕后方可卸载。

2.3.135　不应对焊接接头的变形进行加热校正。

2.3.136　对容易产生延迟裂纹的钢材，焊后应立即进行焊后热处理，否则应立即进行后热。

2.3.137　下列部件的焊接接头应进行焊后热处理：

（1）壁厚大于30mm的碳素钢管道、管件。

（2）壁厚大于32mm的碳素钢容器。

（3）壁厚大于28mm的普通低合金钢容器（A.Ⅱ类钢）。

（4）壁厚大于20mm的普通低合金钢容器（A.Ⅲ类钢）。

（5）采用热处理强化的材料。

（6）其他经焊接工艺评定需进行焊后热处理的焊件。

（7）耐热钢管子及管件和壁厚大于20mm的普通低合金钢管道（以下两条规定内容除外）。

2.3.138　下列部件采用氩弧焊或低氢型焊条，焊前预热和焊后适当缓慢冷却的焊接接头可以不进行焊后热处理：

（1）壁厚不大于10mm或管径不大于108mm，材料为15CrMo的管子。

（2）壁厚不大于8mm或管径不大于108mm，材料为12Cr1MoV、12Cr2Mo的管子。

（3）壁厚不大于6mm或管径不大于63mm，材料为12Cr2MoWVTiB的管子。

（4）壁厚不大于8mm，材料为07Cr2MoW2ⅥNbB的管子。

2.3.139　奥氏体不锈钢的管子，采用奥氏体焊接材料焊接，其焊接接头不宜进行焊后热处理。

◆焊接质量验收一般规定

2.3.140　焊接质量检查应包括焊接前、焊接过程中和焊接结束后三个阶段。焊接接头的质量检查按照先外观检查后内部检查的原则进行。对重要部件，必要时可安排焊接全过程的旁站监督。

2.3.141　焊接前检查应符合下列规定：

（1）焊件表面的清理符合相关标准的规定。

（2）坡口加工符合图纸要求。

（3）组对尺寸符合相关标准的规定。

（4）焊接预热符合相关标准的规定。

2.3.142　焊接过程中的检查应符合下列规定：

（1）层间温度应符合工艺（作业）指导书的要求。

（2）焊接工艺参数应符合工艺指导书的要求。

（3）焊道表露缺陷已消除。

2.3.143　一般焊接接头质量分类检查的方法、范围及比例，按DL/T 869—2012中表5的规定执行。蒸汽锅炉受压部件焊接接头的无损检测方法及比例应当符合TSG G0001—2012中表4-1的规定执行。

2.3.144　外观检查不合格的焊缝，不允许进行其他项目检验。

2.3.145　焊接接头的无损检测应当在形状尺寸和外观质量检查合格后进行，并且遵循以下原则：

（1）有延迟裂纹倾向的材料应当在焊接完成24h后进行无损检测。

（2）有再热裂纹倾向材料的焊接接头，应当在最终热处理后进行表面无损检测复验。

（3）封头（管板）、波形炉胆、下脚圈的拼接接头的无损检测应当在成型后进行，如果成型前进行无损检测，则应当于成型后在小圆弧过渡区域再次进行无损检测。

（4）电渣焊焊接接头应当在正火后进行超声检测。

2.3.146　对容易产生延迟裂纹和再热裂纹的钢材应在焊接热处理后进行无损检测。

2.3.147　经射线检测怀疑为面积型缺陷时，应采用超声波检测方法进行确认。

2.3.148　对下列部件的焊接接头的无损检测应执行以下具体规定：

（1）厚度不大于20mm的汽、水管道采用超声波检测时，还应进行射线检测，其检测数量为超声波检测数量的20%。

（2）厚度大于20mm的管道和焊件，射线检测或超声波检测可任选其中一种。

（3）需进行无损检测的角焊缝可采用磁粉检测或渗透检测。

2.3.149　对同一焊接接头同时采用射线和超声波两种方法进行检测时，均应合格。

2.3.150　无损检测的结果若有不合格，应按如下规定处理：

（1）应对该焊工当日的同一批焊接接头按不合格焊口数加倍检验，加倍检验中如仍有不合格，则该批焊接接头判定为不合格。

（2）容器的纵、环焊缝局部检验不合格时，应在缺陷两端的延伸部位增加检验长度，增加的检验长度应为该焊缝长度的10%且不少于250mm；若仍不合格，则该焊缝应进行100%检验。

2.3.151　对修复后的焊接接头，应100%进行无损检测。

2.3.152　耐热钢部件焊后应对焊缝金属进行光谱分析复检，复检比例如下：

（1）受热面管子的焊缝不少于10%，若发现材质不符，则应对该批焊缝进行100%复查。

（2）其他管子及管道的Ⅰ类焊缝进行100%复查。

2.3.153　高合金部件焊缝金属进行光谱分析后应磨去弧光灼烧点。

2.3.154　经光谱分析确认材质不符的焊缝应判定为不合格焊缝，不合格的焊缝应进行返工。

2.3.155　表露缺陷应采取机械方式消除。

2.3.156　有超过标准规定，需要补焊消除的缺陷时，可采取挖补方式返修。但同一位置上的挖补次数不宜超过三次，耐热钢不应超过两次。如果超过应当经单位技术负责人批准，返修的部位、次数、返修情况应存入技术档案中。

2.3.157　挖补时应遵守下列规定：

（1）彻底清除缺陷。

（2）制定具体的补焊措施并经专业技术负责人审定，按照工艺要求实施。

（3）需进行焊后热处理的焊接接头，返修后应重做热处理。

2.3.158　经评价为焊接热处理温度或时间不够的焊口，应重新进行热处理；因温度过高导致焊接接头部位材料过热的焊口，应进行正火热处理，或割掉重新焊接。

❖ 设备、材料检验范围及要求

2.3.159　现场用合金材料，安装前必须经100%光谱检验，安装后连同焊缝一起必须做100%的光谱复查（对于大于等于M30的高温螺栓，由施工承包商做安装前的检验，技术监督承包商进行安装后检验）。光谱复查要求监理全程旁站，签证验收。合金材料安装前的光谱分析应做好标识，材料下料后必须移植光谱标识。

2.3.160　主蒸汽管道、再热蒸汽管道及中、大口径管道焊缝光谱分析必须进行半定量分析。汽轮机本体零部件、紧固件、未提供原始材质及有怀疑的合金部件光谱分析宜采用直读式数字合金分析仪。

2.3.161　所有光谱检验要做好标识，高合金钢光谱检验宜用直读式合金光谱仪检验。

2.3.162　高压管道、压力容器、钢结构上的所有临时焊点（包括热电偶的临时焊点），清除后应对该部位做PT检查。

2.3.163　对设备厂家焊口进行100%外观检查。过热器、再热器、省煤器等蛇形管排的 R（弯管半径）≤1.8D（管子直径）弯头，应进行100%的厚度检验和不圆度检查；厚度、不圆度不合格的（低于设计壁厚），必须联系制造厂家予以更换。

2.3.164　对受热面厂家焊缝按部位、材质、规格，根据发包方要求进行1%RT抽查，并对不合格的加倍复查并进行返修。

2.3.165　对所有联箱检查有无盲管，如有，则对盲管进行光谱和测厚检验，对其焊缝进行光谱、MT或PT检验。

2.3.166　凝汽器钛管穿管前做100%外观检查、100%涡流探伤检查（方法为外探法），以及100%材质复查。燃气轮机、蒸汽轮机、发电机轴瓦乌金全部进行着色脱胎检查。

2.3.167　冷油器进行水压试验，检查冷却管及管板焊（胀）接严密性。

2.3.168　汽轮机行车横梁现场安装组合焊缝按《电力建设施工与验收技术规范》（土建篇）进行检验：一级焊缝100%（50%RT、50%UT），二级焊缝50%（RT、UT任选）。

2.3.169　凝结水泵、循环水泵（现场组装方式）壳体及叶轮外观检查，必要时进行着色探伤。

2.3.170　主油泵、高压油泵壳体及叶轮外观检查，必要时进行着色探伤。

2.3.171　发电机氢气冷却器焊缝外观检查，水压试验。

2.3.172　主机、主炉部分的所有涉及车削变径的管座，需100%外观检查。如变径处有厚薄突变或有尖角等易应力集中的风险，经技术监督或监理确认，要开出不符合项处理。

2.3.173　锅炉受热面安装焊口对接焊口100%探伤检验，其中超声检验不低于50%，射线检验不低于25%（主要针对下降管、大口径连接管道）。

2.3.174　锅炉受热面本体设备、联箱、炉顶联络管、减温水管道、取样管、压力表管道100%检验。

（1）厚度小于等于20mm，100%超声探伤（取样管和压力表管条件不允许的地方着色探伤），还应进行射线检测，其检测数量不少于超声波检测数量的25%。

（2）厚度大于20mm，且小于70mm，射线探伤和超声波探伤可任选其中一种。

2.3.175 凡管道中开有探伤孔，该焊口必须做100%的射线检验。透照厚度大于等于80mm以上的焊口可采用Co60γ射线探伤。

2.3.176 P91材质的焊口对口前坡口管端做100%MT（磁粉探伤）或PT（着色）检验。焊口热处理后焊缝及焊口两侧母材各200mm范围做100%MT及100% UT（超声）检验，高压主汽管道P91焊缝做100%射线检验。P91焊接接头热处理后硬度合格范围控制在180~250HBW；P91材质焊接接头进行100%金相检查。对主汽、热段、冷段、高压给水、高压旁路、低压旁路、主汽至轴封供汽等的疏放水、放空气管、采样管等管道二次门内（包括二次门后第一道安装焊口）进行100%探伤。

2.3.177 厚度小于等于20mm的，进行100%超声探伤（取样管和压力表管条件不允许的地方进行着色探伤），还应进行射线检测，其检测数量不少于超声波检测数量的25%。厚度大于20mm且小于70mm的，射线透照和超波探伤可任选其中一种。

2.3.178 所有与大管道主管相连的接管座安装焊缝（包括温度压力套管、热工测点焊缝，如果有）做MT、PT或UT检验。管道探伤孔塞焊缝必须做100%的PT+UT检验；联箱手孔盖内置焊缝必须做100%的PT检验。

2.3.179 所有油、氢介质管道的焊缝（对接、承插）做100%射线检验［若套装油管、内管布置紧凑不能实施RT（射线）的可改用PT；外套管对接焊缝PT；搭接焊缝表面PT］。

2.3.180 门杆漏汽、给水再循环、轴封管道检验按施工图或DL/T 869—2012焊接规范中要求较高者执行，且对接焊口不低于5%RT检验。其疏水二次门以内包括二次门后第一道焊口进行1%RT检验。

2.3.181 中压给水及其疏水、凝结水及其疏水二次门以内焊口包括二次门后第一道焊口不低于5%射线检验。

2.3.182 低压给水、凝结水加热器疏水管道、除氧器放水等管道二次门以内包括二次门后第一道焊口不低于5%射线检验。

2.3.183 循环水管及开式、闭式冷却循环水一次门内焊口，仪用空气管一次门内焊口按DL/T 869—2012的要求做检验。

2.3.184 凝汽器钛管的管板焊缝做100%PT检查。

2.3.185 汽、水、油、气介质管道一次门内所有涉及奥氏体不锈钢的异种钢接头做100%射线检验。

2.3.186 所有油、氢、氨、汽管道及取样、仪表管等管道必须100%采用氩弧打底。

2.3.187 外径大于159mm合金管道的安装焊口热处理后做100%的硬度检查；

P91焊缝进行100%的金相检查；T91焊缝进行20%的硬度抽查，硬度超标的焊缝，做100%的金相检查；其他外径小于159mm合金管道的安装焊口热处理后做5%的硬度检查。

2.3.188　锅炉密封焊缝、保温钉焊点、刚性梁生根焊缝以及所有承压部件连接的焊缝做100%外观检查。

2.3.189　铝母线的焊接检验：按DL/T 754—2013《母线焊接技术规程》的规定执行。

2.3.190　公用系统钢制管道对接焊口的检验。

（1）化水系统管道、消防系统、综合管架上管道的检验比例，按施工图或DL/T 869—2012中表6（见表2-2-14）要求较高者执行，且对焊接接头为Ⅲ类的焊口中，工作压力为0.1～1.6MPa的汽、水、油、气管道按不低于DL/T 869—2012的要求做检验。

（2）箱、罐常压容器的制作焊接的检验按施工图或DL/T 869—2012中表6（见表2-2-14）要求较高者执行。过热器联箱安装前应进行内窥镜检查。

（3）其他未提及的设备，安装焊口对焊接接头为Ⅲ类的焊口中，工作压力为0.1～1.6MPa的汽、水、油、气管道按DL/T 869—2012的要求做检验。

（4）未尽事宜，按施工图或DL/T 869—2012中表6（见表2-2-14）要求较高者执行。

表2-2-14　　　　　　　　　　　焊缝外形允许尺寸　　　　　　　　　　　mm

焊缝类型	检查项目		焊接接头类别		
			Ⅰ	Ⅱ	Ⅲ
对接焊缝	焊缝余高	平焊	0～2	0～3	0～4
		其他位置	≤3	≤4	≤5
	焊缝余高差	平焊	≤2	≤2	≤3
		其他位置	≤2	<3	<4
	焊缝宽度	比坡口增宽	<4	≤4	≤5
角焊缝	焊脚尺寸		$\delta+(2\sim3)$	$\delta+(2\sim4)$	$\delta+(3\sim5)$
	焊脚尺寸差		<2	≤2	≤3
组合焊缝	全熔透、部分熔透	焊脚尺寸 $\delta\leq20$	$\delta\pm1.5$	$\delta\pm2$	$\delta\pm2.5$
		$\delta>20$	$\delta\pm2$	$\delta\pm2.5$	$\delta\pm3$
		焊脚尺寸差 $\delta\leq20$	<2	≤2	≤3
		$\delta>20$	<3	<3	<4

注　1.焊缝表面不允许有深度大于1mm的尖锐凹槽，且不允许低于母材表面。
　　2.δ为较薄部件的板厚。

◆焊接材料管理

2.3.191　合金焊接材料的选用需报监理审核，按照批次进行光谱抽查。

2.3.192　施工承包商应设专门的材料管理员，负责焊材的烘干、保管、发放、回收；材料管理员应建立焊材的烘干、保温、发放、回收的详细记录，焊条领用确认实行管理员和领用焊工的双签字，达到焊材使用的可追溯性；接受监理、业主的定期、不定期对各项记录及焊材库管理情况检查。

2.3.193　焊材烘干、保温设施应具有可靠的温度、时间控制及显示装置，不同类型的焊接材料应分开烘干。

2.3.194　碱性低氢型焊条等要求焊前必须烘干的材料，如烘干后在常温下放置超过4h，使用时必须再次烘干。但对烘干温度超过340℃的焊条，烘干次数不应超过2次。

2.3.195　承压部件施焊焊工必须在领用焊条前加热保温筒至规定温度，并在施焊时保持保温筒温度。

2.3.196　承包方要制订切实可行的措施，防止焊接材料错领、错用。

2.3.197　焊接材料的质量应符合国家标准或其他有关的规定，并有生产厂家提供的质量保证书，包括熔敷金属化学成分、力学性能保证值、推荐的焊接和热处理工艺参数。焊材选用时应注意化学成分的合理性，以获得优良的焊缝金属成分、组织和力学性能。除主要的合金元素外，应严格控制杂质元素的含量，至少不得超过母材的最高含量许可值，即S，≤0.01%；P，≤0.02%；Al，≤0.04%。埋弧焊用焊剂应符合GB/T 5293—1999或GB/T 12470—2003的规定。

2.3.198　焊接材料的存放、管理应符合JB/T 3223—1996的规定。存放一年以上的焊接材料如对其产生怀疑，应重新做出鉴定，符合质量要求时方可使用，对P91焊条烘焙前应随机取样检查，如钢芯生锈则不能使用。

2.3.199　焊条、焊剂在使用前应按照其说明书的要求进行烘焙，重复烘焙不得超过两次，焊条、焊剂烘焙按厂家推荐的参数进行。焊条使用时应装入保温温度为80～110℃的专用保温筒内，随用随取。

2.3.200　焊丝使用前应清除锈、垢、油污。

2.3.201　四大管道焊接使用焊条，应依四大管道厂家及工厂化配制加工厂家推荐的品牌选用，且最终品牌的选择须经发包方确认。P91管道焊接焊条直径不得大于ϕ3.2mm。

◆P91焊接工艺要求

2.3.202　P91必须严格执行按照经评定合格的工艺所编制的作业指导书施焊，焊接全过程必须进行监控。

2.3.203　氩弧焊打底：焊前预热温度推荐为150～200℃，层间温度为200～250℃，温度升到预热温度后至少保温30min；氩弧焊每层焊接完成后需要严格检查焊接质量并做好记录，如有问题立即清除重新焊接。

2.3.204　手工电弧焊的预热温度推荐为200～250℃，层间温度为200～300℃；焊接一层至少三道焊缝，中间宜有一道"退火焊道"；两人对焊不得同时在同一处收头。

◆资料移交范围

2.3.205　工程结束前要移交焊口一览表、焊口检验一览表（包括手孔、探伤孔焊接一览表，温度、压力套管焊接一览表、管座焊接一览表）。

2.3.206　锅炉二次门前的本体管道、管子的焊接、热处理、焊接检验记录必须移交，要有焊口记录图，所有无损检验报告、光谱分析报告均做到报告和现场一一对应。

2.3.207　主蒸汽、再热蒸汽、主给水、再热冷段蒸汽管道，以及它们的所有疏水、排汽、取样等与主管道相连的小管道的焊接检验记录必须移交，要有焊口记录图，所有无损检验报告、光谱分析报告均做到报告和现场一一对应。

2.3.208　汽轮机中压、低压段抽汽及其疏水、排汽；所有的轴封漏汽、供汽以及门杆漏汽、供汽管道；汽轮机本体疏水；高、中压导汽管及其疏水；所有排汽管道；氢气管道；锅炉上水管道、减温水管道供汽管道、汽轮机轴封供汽漏汽以及门杆漏汽管道；汽轮机机侧的1MPa以上的所有油管道；燃气轮机天然气母管及支管；燃气轮机转子冷却空气管道；机、炉外重要管道。上述管道要有焊口记录图，所有无损检验报告、光谱分析报告均应做到报告和现场一一对应。

2.3.209　机、炉外管道均要有焊口记录图，记录信息要齐全。

2.3.210　热处理报告要做到与焊口记录图一致，要有热处理过程记录曲线，做到报告和现场一一对应，火焰加热的要有原始记录。

2.3.211　所有焊接资料要有电子版和纸质版两种方式移交（除热处理曲线），特别是管道焊口记录图要用CAD制作。

五、箱罐安装

2.3.212　箱罐安装纵、横中心线和标高符合允许的偏差外，尚应符合下列规定：

（1）外观应无损伤，焊缝应无开裂或漏焊情况。

（2）箱罐法兰内外口应与箱体密封焊接，裁丝孔不应穿透箱壁。

（3）滤网应清洁无破损，滤网与框架应结合严密。

（4）箱罐灌水试验应持续24h无渗漏。

（5）内部应清理干净，内壁防腐层应符合设计要求，且无起皮或脱落现象。

（6）浮球式自动上水（油）阀应动作正确，关闭严密。

2.3.213　箱罐液位计的安装应符合下列规定：

（1）液位计安装应牢固可靠，垂直度偏差应符合要求，筒体应严密无渗漏。

（2）液位计指示杆上下动作应平稳、灵活且指示正确。

（3）液位计指示刻度的范围和"正常""最高""最低"液位标识应符合制造厂要求。

六、转动机械

2.3.214 泵的安装纵、横中心线和标高除符合允许的偏差外，尚应符合下列规定：

（1）泵体进出口方向应正确，地脚螺栓紧固力矩应符合设计要求。

（2）电动机与泵的找中心和连接应符合设计要求，设计无要求时应按GB 50973—2014的附录A（见表2-2-15）执行。

表2-2-15　　附属机械联轴器找中心允许偏差值（对面读数差最大值）

转速n（r/min）	允许偏差值（mm）			
	固定式		非固定式	
	径向	端面	径向	端面
$n \geqslant 3000$	0.04	0.03	0.06	0.04
$3000 > n \geqslant 1500$	0.06	0.04	0.10	0.06
$1500 > n \geqslant 750$	0.10	0.05	0.12	0.08
$750 > n \geqslant 500$	0.12	0.06	0.16	0.10
$n < 500$	0.16	0.08	0.24	0.15

2.3.215 油泵安装应符合下列规定：

（1）铸件应无铸砂、无重皮、无气孔、无裂纹等缺陷。

（2）泵体支脚和底座应接触密实。

（3）手动盘转子时应转动均匀，无异常声响。

（4）联轴器径向晃度值不应大于0.05mm。

（5）联轴器找中心应满足制造厂要求；当制造厂无要求时，应按GB 50973—2014中附录A（见表2-2-15）的相关要求执行。

2.3.216 增压机设备安装应检查下列各项内容：

（1）检查铸件应无铸砂、无重皮、无气孔、无裂纹等缺陷。

（2）检查联轴器零部件应齐全，零部件应无变形、无损伤。

（3）检查各部件安装螺钉应无松动。

（4）检查轴颈应光洁，无损伤。

（5）发电机转子与定子的磁力中心应符合设计要求。

（6）联轴器组装时应按照制造厂的钢印标记安装组合，不得用大锤敲击联轴器，安装后轴端锁紧螺母应紧固。

（7）增压机与发电机的联轴器找中心应符合制造厂要求；当制造厂无要求时，应按GB 50973—2014中附录A（见表2-2-15）的相关要求执行。

（8）联轴器安装完毕后，应检查其径向晃度值，联轴器径向晃度值不应大于0.05mm。

（9）增压机隔声罩接缝应严密，整齐美观，并应符合制造厂要求。

2.3.217 风机的安装除应符合纵、横中心线和标高允许的偏差外，尚应符合下列规定：

（1）机壳应无损伤、无裂纹，卧式机壳的泄油孔应畅通。

（2）叶片应完好，方向应正确，与外壳应无摩擦且转动平稳。

（3）风机传动装置外露部位及直通大气的进、出口应有防护罩或防护网。

七、阀门

2.3.218 所有阀门安装前，应核对型号、规格，同时阀门必须水压试验合格，用压缩空气清吹清洁后才能安装，并注意安装方向。

2.3.219 对焊阀门焊接时打开1/3左右，防止过热变形。

八、支吊架

2.3.220 支吊架所有活动部分应裸露，不得被水泥砂浆及保温材料覆盖，当采用聚四氟乙烯为滑动面时，应在焊接工作结束后，再装聚四氟乙烯板。

2.3.221 弹簧支吊架恒力吊架在该系统水压试验及保温后，拔除弹簧锁定销，且将各支吊架做全面调整，拔除的定位销要登记保存好。

2.3.222 管道支架生根梁需开孔的，必须用机械钻孔，严禁使用气割。

2.3.223 在数条平行的管道敷设中，其托架可以共用，但吊架的吊杆不得吊装位移方向相反或位移值不等的任何两条管道。

九、换热器

2.3.224 冷油器严密性试验应符合设计要求，设计无要求时油侧应进行工作压力1.25倍的水压试验，并应保持5min无渗漏。

2.4 燃气轮机本体安装验收要求

一、燃气轮机本体基础准备

2.4.1 基础交付安装时，应符合下列规定：

（1）设备基础混凝土强度应达到设计强度的70%以上。

（2）基础混凝土表面应平整，无裂纹、无孔洞、无蜂窝、无麻面、无露筋等缺陷。

（3）基础纵、横向中心线、基准标高线应标识清晰并验收合格。

（4）设备基础的混凝土承力面标高应符合设计要求，尺寸偏差应为30mm。

（5）地脚螺栓孔内应清理干净。螺栓孔中心线对基础中心线偏差应小于预埋钢套管内径的1/10且小于10mm，螺栓孔壁的垂直允许偏差应为螺栓孔长度的1/200且小于10mm，孔内应畅通，无横筋、无异物，螺栓孔与地脚螺栓垫板接触的混凝土平面应平整，放置垫板的孔洞应有足够的空间装入垫板。

（6）直埋式地脚螺栓及锚固件的材质、型号、纵横中心线和标高，应符合设计要求，螺栓及锚固件中心允许偏差应为2mm，锚固件标高允许偏差应为3mm，地脚螺栓标高偏差应为5～10mm。

2.4.2 下列阶段应对基础进行沉降观测：

（1）基础养护期满后。

（2）燃气轮机本体设备就位和发电机定子就位前、后。

（3）燃气轮机和发电机二次灌浆前。

（4）整套试运行前、后。

（5）观测数据应记录并保存，沉降观测点应妥善保护。

2.4.3 当基础出现不均匀沉降时，应加强沉降观测。

2.4.4 基础准备阶段应提供下列项目文件：

（1）基础尺寸验收记录。

（2）土建交付安装交接单。

2.4.5 燃气轮机设备安装前，土建工程应具备下列条件：

（1）行车轨道应安装完毕，并经验收合格。

（2）主辅设备基础、基座混凝土浇灌完毕，模板已拆除，混凝土强度应达到设计强度的70%以上，并经验收合格。

（3）厂房内的沟道、一次地坪及进厂道路应施工完毕。

（4）室内布置的燃气轮机机组，装机部分的厂房应封闭，环境条件应符合制造厂要求。

（5）土建施工的模板、脚手架、剩余材料、杂物等施工遗留物应清除。

（6）基础的基准线标识应清晰准确。

（7）各层平台、步道、梯子、栏杆、扶手和根部护板应装设完毕。

（8）厂房内的排水沟、泵坑、管坑、集水井应清理干净，并有可靠的排水设施。

（9）厂房内有充足的照明。

二、燃气轮机台板与支承装置安装

2.4.6 燃气轮机台板就位前，应进行基础处理，应去除混凝土表面浮浆层，凿出毛面，并凿除被油污染的混凝土。

2.4.7 基础与台板间采用斜垫铁支撑方式时，应符合下列规定：

（1）垫铁的材质可采用钢板、钢锻件、铸钢件。

（2）斜垫铁的薄边厚度不得小于10mm，斜度为1/25～1/10；垫铁应平整、无毛刺，平面四周边缘应有倒角，平面加工后表面粗糙度值不应高于，相互接触的两块接触面应密实无翘动。

（3）垫铁布置应符合图纸要求。每叠垫铁不宜超过3块，特殊情况下可最多5块，但其中斜垫铁不得超过1对。

（4）2块斜垫铁错开面积不应超过该垫铁面积的25%；台板与垫铁及各层垫铁之间应接触密实，用0.05mm塞尺检查，可塞入长度不得大于边长的1/4，其塞入深度不得超过侧边长的1/4。

2.4.8　基础与台板间采用可调节装置支撑时，应符合下列规定：

（1）可调节装置应完好、无裂痕。

（2）安装前应检查可调节装置接触情况，接触应分布均匀且接触面积达到80%以上。

（3）可调节装置布置应符合设计要求。

（4）可调节装置定位前应通过旋动可调节装置调节螺栓，使其处于可调范围的中间位置。

（5）可调节装置、台板就位验收合格后，方可进行可调节装置灌浆。

2.4.9　基础与台板间采用其他方式支撑时应符合下列规定：

（1）台板底部为调整螺钉支撑时，调整螺钉支撑部位的基础应平整，调整螺钉下应加装临时垫铁。

（2）基础布置垫铁为可调垫铁时，应分别检查其与基础、台板底部接触良好，调整完毕后可调块行程宜居中并锁紧。

（3）采用埋置垫铁的，垫铁布置及标高应符合制造厂要求，垫铁标高偏差应为−2～0mm。

2.4.10　台板与支承装置的安装应符合下列规定：

（1）台板与支承装置的滑动面应平整、光洁、无毛刺。

（2）台板与支承装置上浇灌混凝土的放气孔、台板与支承装置接触面的润滑注油孔均应畅通。

（3）台板与支承装置、支承装置与燃气轮机本体的接触面应光洁无毛刺，并接触严密。

（4）台板与支承装置的安装标高与中心位置应符合设计要求，设计无要求时标高允许偏差应为1mm，中心位置允许偏差应为2mm。

（5）台板横向水平允许偏差应为0.20mm/m。

2.4.11　地脚螺栓的检查与安装应符合下列规定：

（1）地脚螺栓不得有油漆和污垢。

（2）螺栓在螺栓孔内或螺栓套管内四周间隙应大于5mm。

（3）螺栓应处于垂直状态，其允许偏差应为地脚螺栓长度的1/200，且不得超过5mm。

（4）螺栓下端的垫板应安放平正，与基础接触应密实，螺母紧固后应采取防松措施。

2.4.12　燃气轮机基础二次灌浆前应进行下列准备工作：

（1）二次灌浆区域基础混凝土表面应吹扫干净，无异物、无油漆、无油污；混凝土表面应湿润24h以上。

（2）地脚螺孔内应清理干净，无异物；垫铁应点焊牢固。

（3）二次灌浆模板高度应高出设备要求的灌浆高度，模板与基础间应无缝隙，防止漏浆。

2.4.13　基础二次灌浆的施工工艺质量应符合设计要求。

2.4.14　燃气轮机的基础二次灌浆前，除制造厂有特殊要求外，应完成下列工作：

（1）燃气轮机负荷分配。

（2）与燃气轮机相连的进、排气设备及主要管道连接。

（3）燃烧器安装。

（4）燃气轮机转子与被驱动端机械转子的联轴器找中心。

（5）燃气轮机的轴向、径向定位。

2.4.15　台板与支承装置安装应提供下列项目文件：

（1）台板与支承装置就位安装记录。

（2）垫铁布置记录。

三、燃气轮机本体安装

2.4.16　燃气轮机就位前除按规范有关规定对设备的有关制造质量进行检查外，还应确认运输过程中设备未受到强烈振动。

2.4.17　燃气轮机就位后应对其运输固定装置进行检查，确认运输用临时销无卡涩现象。

2.4.18　燃气轮机本体找平找正应符合下列规定：

（1）燃气轮机本体标高应符合设计要求，允许偏差宜为3mm。

（2）燃气轮机本体纵向中心线与基础纵向中心线应对正，允许偏差宜为2.0mm。

（3）燃气轮机压气机横向中心线与基础横向中心线应对正，允许偏差宜为2mm。

（4）检查确认台板调整装置应均已受力。

（5）透平支撑装置安装尺寸应符合设计要求；支撑装置与台板应接触严密，四周间隙检查应小于0.03mm。

2.4.19 压气机、透平叶片检查应符合下列规定：

（1）压气机、透平叶片表面应光洁平滑、无裂纹、无变形。

（2）压气机动叶叶顶间隙值应符合设计要求，并应与制造厂总装记录相符。

（3）透平动叶叶顶间隙值应符合设计要求，并应与制造厂总装记录相符。

2.4.20 进气可调导叶装置的安装应符合下列规定：

（1）部件表面应光洁平滑、无裂纹、无变形。

（2）燃气轮机进气可调导叶的传动部件应加注合格的润滑脂或润滑油。

（3）导叶的实际角度应与指示一致。

（4）驱动可调导叶的液压装置可调螺栓应已锁紧。

2.4.21 燃气轮机支撑腿的冷却通道应冲洗合格，内部应无异物。

2.4.22 燃气轮机轴承座检查应符合下列规定：

（1）油室及油路应清洁、畅通、无异物。

（2）进出油管法兰栽丝孔不得穿透轴承座壁。

（3）轴承箱渗油试验检查应合格。

2.4.23 燃气轮机转子和中间轴检查，应符合下列规定：

（1）转子联轴器、测速齿轮、盘车齿轮等应清洁、光滑，无毛刺、无损伤。

（2）联轴器上各部件不得松动，键、平衡块、锁紧螺钉、螺母等应可靠锁紧；刚性联轴器端面瓢偏不应大于0.02mm；半刚性及接长轴上的联轴器端面瓢偏不应大于0.03mm；应测量原始晃度符合制造厂要求，联轴器连接前后的径向晃度变化不应大于0.02mm。

（3）两转子联轴器为止口配合时，应检查止口尺寸，并应符合设计要求。

（4）联轴器连接螺栓应进行光谱、硬度和尺寸复查；在联轴器直径方向对称的每对螺栓及螺母的总质量在孔径一致的情况下，允许偏差应为10g，孔径不一致时应做质量差补偿，并标志和记录。

（5）两转子联轴器端面上有配合标志时，应按标志点高低配合。

2.4.24 盘动转子时应检查转子转动无异常，严禁损伤设备。

2.4.25 燃气轮机负荷分配值应符合制造厂要求，负荷分配前应完成下列工作：

（1）进气室、燃烧室、排气扩散器应安装。

（2）燃气轮机运输用临时销应更换。

（3）燃气轮机支撑装置应锁紧。

（4）燃气轮机本体应有防倾覆措施。

2.4.26 燃气轮机中间轴安装，应符合下列规定：

（1）联轴器结合面间隙应小于0.02mm。

（2）连接螺栓的紧力或伸长量应符合设计要求。

（3）连接端联轴器的同心度偏差不应大于0.02mm。

（4）测量自由端联轴器晃度、端面瓢偏等数据应符合设计要求并做好记录。

2.4.27 燃气轮机轴系找中心应符合制造厂的要求，制造厂无要求时，应符合下列规定。

（1）燃气轮机联轴器找中心允许偏差应符合表2-2-16的规定。

表2-2-16　　　　　　　　　　　联轴器找中心允许偏差　　　　　　　　　　　mm

允许偏差	刚性与刚性	刚性与半挠性	蛇形弹簧式	齿式或爪式
圆周	0.04	0.05	0.08	0.10
端面	0.02	0.04	0.06	0.05

（2）检查燃气轮机转子轴向定位，定位尺寸应符合设计要求。

（3）联轴器需在现场进行铰孔、连接时，应符合下列规定：

1）铰孔前，联轴器中心值应符合设计要求，二次灌浆的混凝土强度应达到70%以上，地脚螺栓应按设计力矩紧固。

2）两个联轴器应与找中心时的相对位置一致。

3）镗、铰好的螺栓孔与联轴器的法兰端面应垂直。

4）螺栓与螺孔间的配合应符合GB/T 1800.1《产品几何技术规范（GPS）线性尺寸公差ISO代号体系　第1部分：公差、偏差和配合的基础》、GB/T 1800.2《产品几何技术规范（GPS）线性尺寸公差ISO代号体系　第2部分：标准公差带代号和孔、轴的极限偏差表》的有关规定，一般螺栓与螺孔之间应为H7、h6的间隙配合，销柱表面粗糙度值不应大于6.3，销孔表面粗糙度值不应大于3.2。

5）联轴器螺栓的紧力应符合设计要求。

6）联轴器连接后，联轴器同心度不应大于0.02mm。

7）联轴器螺栓的螺母、盖板应锁紧并符合图纸要求。

2.4.28 中间带有轴向调整垫片的联轴器，其铰孔工作除应符合上一条的相关规定外，尚应符合下列规定：

（1）垫片厚度的偏差不应大于0.02mm，表面粗糙度值不应大于3.2，并应无毛刺、无裂纹、无油污。

（2）垫片上的螺栓孔应与联轴器同时铰孔。

2.4.29 燃气轮机滑销系统配制应符合下列规定：

（1）导向支撑座浇灌前检查螺栓已锁紧，滑销各间隙应符合图纸要求；导向块组件应紧密贴合在支承座上，结合面间隙应小于0.03mm。

（2）滑销、滑销槽等滑动面应光滑，无损伤、无毛刺。

（3）装配后，滑销和滑销槽的配合间隙应符合设计要求；滑销固定应牢靠。

2.4.30　燃气轮机与被驱动设备间的推拉装置应在燃气轮机本体最终定位后装配，并应按制造厂要求配制正式垫片，垫片装入时应无卡涩、无松旷，螺栓紧固应符合设计要求。

2.4.31　燃气轮机燃烧室检查、燃烧器安装时应符合下列规定：

（1）安装前应核对燃烧器的规格型号，按照图纸要求逐一编号，燃料喷嘴所使用的孔板应按图纸要求复核其型号、尺寸、方向。

（2）燃烧室及燃烧器各部件应清洁、无损伤、无变形，过渡段内的涂层应完好，联焰管安装应正确。

（3）燃烧器弹簧板应无损伤，各部件装配尺寸应符合设计要求。

（4）燃烧室各部件的紧固应符合制造厂要求。

（5）天然气软管不得与支架、基础及其他相邻部件接触，并应固定牢固。

（6）火花塞组件外观检查应完好，并应试验合格。

（7）火花塞组装时，中心电极与两侧电极之间的间隙应符合制造厂要求；固定螺母的扭矩应符合制造厂要求。

2.4.32　燃气轮机本体安装验收应提供下列项目文件：

（1）燃气轮机就位安装记录。

（2）转子找中心记录。

（3）转子联轴器螺栓连接记录。

（4）转子联轴器连接同心度记录。

（5）燃烧器安装记录。

（6）滑销系统装配记录。

（7）负荷分配记录。

（8）联轴器连接螺栓与螺孔的配合记录。

（9）平转子、压气机转子叶顶间隙记录。

（10）进气可调导叶检查记录。

（11）燃气轮机燃烧室封闭前办理隐蔽签证。

四、燃气轮机盘车装置安装

2.4.33　盘车装置安装前检查应符合下列规定：

（1）盘车装置内部各螺栓及紧固件应锁紧。

（2）盘车装置齿轮应无裂纹、无损伤，齿面应光洁。

（3）液压盘车装置油路应畅通。

2.4.34　盘车装置齿轮装配间隙应符合制造厂要求。

2.4.35　盘车装置调整垫片厚度的偏差不应大于0.05mm，表面粗糙度值不应大于$\overset{6.3}{\bigtriangledown}$，并应无毛刺、无裂纹、无油污。

2.4.36　盘车装置结合面紧固螺栓后，结合面间隙应小于0.05mm。

2.4.37　盘车装置找中心结束后，应配好定位销，结合面螺栓应按制造厂要求紧固。

2.4.38　盘车装置找中心结束后，应配好定位销，结合面螺栓应按制造厂要求紧固。

2.4.39　盘车装置手动操作应灵活。

2.4.40　盘车装置安装完后应提供下列项目文件：

（1）盘车装置齿轮间隙记录。

（2）盘车装置调整垫片厚度记录。

五、燃气轮机自同步装置安装

2.4.41　设备组件应齐全，外表应完好无损，油路应畅通。

2.4.42　安装方向应正确，定位尺寸及螺栓紧固力矩应符合制造厂要求。

2.4.43　啮合和脱开指示状态应符合制造厂要求。

2.4.44　安装结束后应提供下列项目文件：

（1）找中心记录。

（2）脱开时纵横间距记录。

六、燃气轮机进气排气设备安装

2.4.45　设备支架地脚螺栓的纵横向中心及标高应符合设计要求，中心线允许偏差应为3mm，标高偏差应为0～5mm。

2.4.46　进、排气钢构架组合允许偏差应符合表2-2-17的规定。

表2-2-17　　　　　　　进、排气钢构架组合允许偏差　　　　　　mm

序号	检查项目	允许偏差
1	各立柱间距离	间距的1%，且≤10
2	各立柱垂直度	长度的1%，且≤10
3	立柱标高	10
4	同一水平面标高	5
5	组合件对角线	长度的1.5‰，且≤15

2.4.47　进气设备安装应符合下列规定：

（1）进气设备到货后应按照制造厂要求保管，注意防撞、防雨、防污染，进气道内壁上制造厂粘贴的保护膜在进气道封闭前不宜清除。

（2）进气过滤系统滤芯保管应有防潮措施。

（3）进气系统紧固件应紧固牢靠并锁紧。

（4）进气道膨胀节装配尺寸应符合设计要求；膨胀节应完好，密封面与刚性部件之间连接应紧密。

（5）进气道消声器安装尺寸应符合制造厂要求，并应采取防松措施。

（6）进气道法兰之间应按设计要求使用密封垫，垫片接头处应采用迷宫式连接；法兰螺栓紧固后结合面应不透光。

（7）进气系统滤网固定应牢靠。

（8）进气系统板门应驱动灵活并关闭严密。

（9）进气系统防爆门安装应符合设计要求。

（10）进气加热管、进气道及支撑件之间膨胀间隙应符合设计要求。

（11）进气过滤室防雨罩与过滤室之间应连接严密。

（12）进气系统安装完成后应进行严密性检查并办理隐蔽签证。

2.4.48　进气系统安装完毕后，必须进行清洁度检查，系统内部应清洁、无异物；所有螺栓、定位销等可能松动的部件应采取防松措施。

2.4.49　排气设备安装应符合下列规定：

（1）排气设备组合时，法兰密封垫不得有缺口，密封垫内侧尺寸应略大于通道尺寸，衬垫两面应涂抹耐高温密封涂料。

（2）排气系统紧固件应紧固牢靠并锁紧。

（3）排气道膨胀节装配尺寸应符合设计要求；膨胀节应完好，密封面与刚性部件之间连接应紧密。

（4）排气扩散器与排气框架连接法兰结合面无错口；法兰面应涂抹耐高温密封涂料，螺栓螺纹应涂抹耐高温抗咬合剂；螺栓紧力应符合设计要求。

（5）排气系统支架的滑动面应按设计要求安装滑动垫。

（6）排气烟道与燃气轮机本体的装配尺寸应符合设计要求。

（7）排气烟道内部保温应密实，压板搭接应顺气流方向，压板螺栓应有防松措施，膨胀间隙应符合设计要求。

（8）膨胀节与排气框架、燃气轮机排气扩散段连接后定位尺寸应符合设计要求。

（9）排气系统安装结束后应进行清洁度检查。

2.4.50 燃气轮机进气、排气设备安装系统验收应提供下列项目文件：

（1）钢结构安装记录。

（2）膨胀节安装尺寸记录。

（3）进气挡板门安装记录。

（4）系统封闭检查签证。

（5）进气系统严密性检查签证。

七、燃气轮机罩壳的安装

2.4.51 燃气轮机罩壳外观应整齐美观、无锈垢、无损伤，骨架平直，接缝严密。

2.4.52 罩壳应不妨碍机组设备、管道的热膨胀。

2.4.53 穿过罩壳上的管道，开孔应规则，穿孔处应密封。

2.4.54 罩壳风机和风门安装应牢靠，动作灵活。

2.4.55 罩壳安装定位后，罩壳与地面之间应密封，罩壳的接缝处应采用防火材料封堵。

2.4.56 罩壳安装完毕后应进行严密性检查并签证。

八、燃气轮机保温安装（若有）

2.4.57 保温材料现场抽检结果应符合厂家设计要求。

2.4.58 燃气轮机本体保温前本体所有接口及堵头应安装完毕。

2.4.59 保温时设备和管道上的温度计、热工取样点、分线盒、丝堵及铭牌等应外露，并不得损坏。

2.4.60 固定保温块的紧固件紧固应牢靠，当采用焊接形式时，焊接应符合制造厂要求。

2.4.61 保温结构应完整、严密、牢固，外观应整齐、美观，厚度应符合设计要求。

2.5 余热锅炉本体安装验收要求

一、土建交付安装的要求

2.5.1 锅炉开始安装前，安装现场应具备下列条件：

（1）完成设备基础、地下沟道和地下设施以及厂房内各层混凝土平台，地面要回填夯实，宜做好混凝土毛地面，完成进入厂房的通道，并应满足施工组织设计的要求。

（2）设备基础按 GB 50204 的要求检查、验收合格并办理交接手续；基础强度未达到设计值的70%时不得承重。

（3）基础的定位轴线和标高已在基础上做好标识及保护措施。

（4）建筑物周边的孔洞和敞口部分应有可靠的盖板或栏杆。

（5）安装现场应有可靠的消防设施、照明和排水设施。

（6）建筑施工机具设备、剩余的材料和杂物应清除干净。

2.5.2　不得任意在建筑物上打砸孔洞，损坏承力钢筋和预应力钢筋，并不得在其上施焊。如果施工必须进行，应经有关部门批准，开孔应选用适当工具。

2.5.3　基建和生产区域之间应有可靠的硬隔离设施，建筑和安装交叉施工区域应做好安全防护措施。

2.5.4　锅炉安装过程中应有保护建筑工程成品的措施，不得损坏建筑工程成品的标识和保护装置。

二、燃气轮机余热锅炉构架及有关金属结构

◆一般规定

2.5.5　本章适用于锅炉构架、护板、平台扶梯、密封部件等有关金属结构的施工及验收。

2.5.6　锅炉构架和有关金属结构主要尺寸的测量和复查，必须使用经计量部门检定合格的测量工具，测距相同时拉力应相同。

2.5.7　合金钢管道管件、合金钢支吊架部件严格执行到货设备部件的规格型号与设计一致性的材质校核工序，并做好合金钢标识记录。

2.5.8　锅炉钢构架和有关金属结构在安装前，应根据供货清单、装箱单和图纸清点数量。对主要部件还需做下列检查：

（1）外形尺寸应符合图纸，允许偏差应执行 DL 5190.2—2019 中规定。

（2）外观检查焊接、铆钉和螺栓连接的质量，有无锈蚀、重皮和裂纹等缺陷。

（3）结构构件使用钢材和焊接材料的类型和焊缝质量等级及无损探伤的类别和抽查百分比应符合 GB 50205 的规定。

（4）用光谱逐件分析复查合金钢（不需光谱复查的低合金钢种牌号为 Q345、35VB、SA-210C、SA-106B、SA-106C 等）零部件。

（5）外观检查钢构架及有关金属结构油漆的质量应符合技术协议的要求。

2.5.9　锅炉钢构架和有关金属结构校正时应注意：

（1）冷态校正后不得有凹凸、裂纹等损伤，环境温度低于 -20℃时，不得锤击，以防脆性断裂。

（2）加热校正时的加热温度，对碳钢一般不宜超过临界温度 Ac3，对合金钢一般应控制在钢材临界温度 Ac1 以下，火电安装中常用钢材的临界温度应执行 DL 5190.2—2019 中的附录 E（见表 2-2-18）。

表2-2-18 锅炉基础的允许偏差 mm

项目		允许偏差
坐标位置（纵横轴线）		≤20
不同平面的标高		−20～0
平面外形尺寸		±20
凸台上平面外形尺寸		−20～0
凹穴尺寸		0～20
平面的水平度（包括地坪上需安装设备的部分）	每米	≤5
	全长	≤10
垂直度	每米	≤5
	全高	≤10
预埋地脚螺栓	标高（顶端）	0～20
	中心距（在根部和顶部两处测量）	±2
预埋地脚螺栓孔	中心位置	≤10
	深度	0～20
	孔壁铅垂度	≤10
预埋活动地脚螺栓锚板	标高	0～20
	中心位置	≤5
	带槽的锚板与混凝土面的平整度	≤5
	带螺纹孔的锚板与混凝土面的平整度	≤2

注 检查坐标、中心线位置时，应沿纵、横两个方向量测，并取其中的较大位。

2.5.10 钢结构和金属结构的堆放场地应平整坚实，并有必要的排水设施，构件堆放应平稳，垫木间的距离应不使构件产生变形。

2.5.11 余热锅炉基础检查、划线和垫铁安装。

2.5.12 余热锅炉开始安装前必须根据验收记录进行基础复查，并应符合下列要求。

（1）基础设计符合 GB 50204 的规定。

（2）锅炉基础定位轴线与外形尺寸允许偏差应执行 DL 5190.2—2019 中的附录 F。

（3）锅炉基础划线允许偏差。

1）柱子间距：柱距不大于10m，允许偏差为 ±1mm；柱距大于10m，允许偏差为 ±2mm。

2）柱子相应对角线差：对角线不大于20m，允许偏差为 $\varDelta \leq 5mm$；对角线大于20m，允许偏差为 $\varDelta \leq 8mm$。

3）钢构架地脚螺栓采用预埋方法时，对定位板的要求为：各柱间距离偏差应小于等于间距的1/1000且小于等于5mm；各柱间相应对角线差应小于等于8mm。

2.5.13　余热锅炉构架基础件应按图纸编号、安装，固定点就位正确，滑动基础滑动面内清洁干净，做好防腐措施，膨胀方向正确，按图纸要求预留膨胀值。

2.5.14　基础表面与柱脚底板的二次灌浆间隙不得小于50mm，基础表面应全部打出麻面，放置垫铁处应凿平。

2.5.15　采用垫铁安装时，垫铁应符合下列要求：

（1）垫铁表面应平整。

（2）每组垫铁不应超过3块，其宽度宜为80～200mm，长度较柱脚底板两边各凸出10mm左右更合适，厚的应放置在下层。当二次灌浆间隙超过100mm时，允许垫以型钢组成的框架再加一组调整垫铁。

（3）垫铁应布置在立柱底板的立筋板下方，每个立柱下垫铁的承压总面积可根据立柱的设计荷重计算，垫铁单位面积的承压力不应大于基础设计混凝土强度等级的60%。

（4）垫铁安装应无松动，在灌浆前与柱脚底板点焊牢固。

2.5.16　采用带调整螺母的地脚螺栓支撑柱底板结构时，应符合下列要求：

（1）检查地脚螺栓垂直度及间距应符合设计图纸要求。

（2）柱底板表面如留有出厂时临时保护的油漆或油脂，安装前必须彻底清理干净。

（3）调整螺母受力均匀，并按图纸要求锁定。

◆余热锅炉构架及护板安装和二次灌浆

2.5.17　立柱对接和构架组合应在稳固的组合架上进行，组合架应找平。

2.5.18　锅炉构架组合时，应先在第一段立柱上画出1m标高。多层钢架立柱对第一段立柱画1m标高线时，应根据第一段立柱柱顶标高为基准确定立柱1m标高点，并记录误差。

2.5.19　锅炉钢构架组合件的允许偏差应符合表2-2-19的规定。

表2-2-19　　　　　　　　　　锅炉钢构架组合件的允许偏差

检查项目	单位	允许偏差
各立柱间距离[1]	mm	≤间距的1/1000，且≤10
各立柱间的平行度	mm	≤长度的1/1000，且≤10
横梁标高[2]	mm	±5
横梁间平行度	mm	≤长度的1/1000，且≤5

检查项目	单位	允许偏差
组合件相应对角线	mm	≤长度的1.5/1000，且≤15
横梁与立柱中心线相对错位	mm	±5
护板框内边与立柱中心线距离	mm	5 0
平台支撑与立柱、桁架、护板框架等的垂直度	mm	≤长度的2/1000
平台标高	mm	±10
平台与立柱中心线相对位置	mm	±10

① 支承式结构的立柱间距离，以正偏差为宜。

② 支承汽包的横梁的标高偏差，应为-5～0mm；刚性平台安装要求与横梁相同。

2.5.20 分段安装的锅炉构架应安装一层，找正一层，不得在未找正好的构架上进行下一工序的安装工作。

2.5.21 锅炉构架安装找正时，测定第一段立柱上的1m标高点，应根据厂房的基准标高点确定，以上各层的标高测量均以该1m标高点为准。

2.5.22 锅炉构架吊装应保证结构稳定，必要时应临时加固；构架吊装后应复查立柱垂直度、主梁挠曲值和各部位的主要尺寸。

2.5.23 焊接连接的构架安装时应先找正并点焊固定，且预留适当的焊接收缩量，经复查尺寸符合要求后正式施焊，焊接时要注意焊接方法及顺序，严格控制焊接变形。

2.5.24 支承顶板梁的柱顶弧形垫板应按设备技术文件的规定安装，垫板方向应准确，垫板上下应接触良好。

2.5.25 采用高强螺栓时，高强螺栓的储运、保管、安装、检验和验收应执行GB 50205及JGJ 82的规定，并应符合下列规定。

（1）高强度大八角头螺栓连接副的扭矩系数和扭剪型高强度螺栓连接副的紧固轴力（预拉力），除应有制造厂在出厂前出具的质量证明和检验报告外，还应在使用前及时抽样复验，复验应为见证取样检验项目。

（2）钢架制造和安装均应按DL 5190.2—2019的附录G分别进行高强度螺栓连接副摩擦面的抗滑移系数试验和复验，现场处理的构件摩擦面应单独进行摩擦面抗滑移系数试验，其结果应符合设计要求。

（3）高强度螺栓连接副在储存、运输、施工过程中，应严格按批号存放、使用。不同批号的螺栓、螺母、垫圈不得混杂使用。

（4）安装高强度螺栓时不得强行穿装螺栓（如用锤敲打），如不能自由穿入时应用铰刀进行修整，不得采用气体火焰修割。

（5）一层（段）钢架高强螺栓的终拧宜在同一天内完成。完成终拧后对接头部位应及时防腐，接头部位的局部缝隙应填补腻子封堵。

（6）高强度大六角头螺栓连接副终拧完成1~48h内应进行终拧扭矩检查，检查结果应符合DL 5190.2—2019中的附录G的规定。检查数量、立法应符合下列规定：

1）检查数量。按节点数抽查10%，且不应少于10个；每个被抽查节点按螺栓数抽查10%，且不应少于2个。叠型大板梁上下梁接合面如采用高强度大六角头螺栓连接副紧固，应视为一组节点，每根板梁螺栓抽查数不应少于20个。

2）检验方法应执行DL 5190.2—2019中的附录G。

（7）扭剪型高强度螺栓连接副终拧后除因构造原因无法使用专用扳手终拧掉梅花头者外，未能终拧掉梅花头的螺栓数不应大于该节点螺栓数的5%。对所有梅花头未拧掉的扭剪型高强度螺栓连接副应采用扭矩法或转角法进行终拧并做标记，且按DL 5190.2—2019的附录G的规定进行终拧扭矩检查。检查数量、方法应符合下列规定：

1）检查数量。按节点数抽查10%，但不应少于10个节点，被抽查节点中梅花头未拧掉的扭剪型高强度螺栓连接副全数进行终拧扭矩检查。

2）检验方法符合DL 5190.2—2019中的附录D。

（8）高强螺栓安装、检查应形成下列记录：

1）高强度螺栓连接副复验资料。

2）抗滑移系数试验资料。

3）初拧扭矩、终拧扭矩记录。

2.5.26 焊接连接的构件安装时，临时定位点焊的总长度应考虑构件自身的重量和临时荷载，焊点的数量、厚度和长度应通过计算确定。

2.5.27 锅炉钢构架安装允许偏差应符合表2-2-20的规定。

表2-2-20　　　　锅炉钢构架安装允许偏差　　　　mm

检查项目		允许偏差
柱脚中心与基础划线中心		±5
立柱标高与设计标高		±5
各立柱相互间标高差		3
各立柱间距离①		间距的1/1000，最大不大于10
立柱对角线差	柱顶大、小对角	≤1.5/1000对角线长度且≤15
	1m标高处大、小对角	
立柱垂直度		长度的1/1000，最大不大于15

检查项目	允许偏差
横梁标高②	±5
横梁水平度	5
护板框或桁架与立柱中心线距离	5 0
顶板的各横梁间距③	±3
顶板标高	±5
大板梁的垂直度	立板高度的1.5/1000，最大不大于5
大板梁的旁弯度偏差	≤1/1000板梁全长，且≤10
大板梁的垂直挠度	符合制造厂要求
平台标高	±10
平台与立柱中心线相对位置	±10

① 支承式结构的立柱间距离以正偏差为宜。
② 支承汽包的横梁的标高偏差应为0mm；刚性平台安装要求与横梁相同。
③ 悬吊式结构的顶板各横梁间距是指主要吊孔中心线的间距。

2.5.28 锅炉护板组合安装的允许偏差应符合表2-2-21的规定。

表2-2-21　　　　　　　锅炉护板组合安装的允许偏差　　　　　　　mm

检验项目		允许偏差
护板（组合件）几何尺寸偏差	边长L≤1m	0 -6
	边长L≤3m	0 -8
	边长L≤5m	0 -10
	边长L>5m	0 -12
护板（组合件）对角线差	边长L≤2.5m	≤5
	边长L≤5.0m	≤8
	边长L>5.0m	≤10
护板（组合件）弯曲度（平弯）	边长L≤2.5m	≤4
	边长L>2.5m	≤8
护板安装垂直度偏差		≤1/1000护板高度，且≤10
护板安装位置偏差		10 0

2.5.29　锅炉大板梁在承重前、锅炉水压试验前、锅炉水压试验上水后、水压试验完成放水后、锅炉点火启动前应测量其垂直挠度，测量数据应符合制造厂的设计要求。

2.5.30　锅炉钢架吊装过程中，应按设计要求及时安装好沉降观测点，沉降观测点的设置应执行 GB 50026 和 JGJ 8 的规定。

2.5.31　护板与钢架成模块供货的，钢架护板接头和角部等现场装设内保温处应填满保温材料，保温材料应错缝压紧，内衬板搭装应能保证自由膨胀。

2.5.32　有膨胀位移的螺栓连接处留有足够的膨胀间隙，并应注意膨胀方向。

2.5.33　顶护板与侧护板结合后进行密封焊接，并进行渗漏检查。

2.5.34　安装内护板时，应按照烟气的流动方向，注意搭接的方向及顺序，固定内护板的螺钉，其布置定位节距要准确。

2.5.35　本体构架、护板及烟道等部件的墙板现场焊接应严格按图施工，密封焊缝应进行渗油检查。

2.5.36　平台、梯子应与锅炉构架同步安装，采用焊接连接的应及时焊牢，采用吊杆和卡具连接的应及时紧固。

2.5.37　不应随意改变梯子的斜度或改动上下踏板的高度和连接平台的间距。

2.5.38　栏杆的立柱应垂直，间距应均匀，转弯附近应装一根立柱。同侧各层平台的栏杆立柱应尽量在同一垂直线上。平台、梯子、栏杆和围板等安装后应平直牢固，接头处应光滑，围板安装间隙应符合图纸要求。

2.5.39　柱底板单独供货的钢架基础二次灌浆，宜在立柱吊装前完成二次灌浆；柱底板与立柱整体供货时钢架基础二次灌浆，应在构架第一层找正完毕后进行。

2.5.40　钢架基础二次灌浆前，应检查垫铁、调节螺栓、地脚螺栓及基础钢筋等工作是否完毕，并清除底座表面的油污、焊渣等杂物，钢架基础二次灌浆应符合图纸并应执行 GB 50204 的规定。

2.5.41　吊挂装置在安装过程中，不得在这些部件上引弧和施焊。

2.5.42　锅炉顶部防雨屋盖压金属板、泛水板和包角板等应固定可靠、牢固，防腐涂料刷和密封材料敷设应完好，连接件数量、间距应符合设计要求并应执行 GB 50205。

◆检查门和炉墙零件

2.5.43　检查门的内外表面无伤痕、裂缝和穿孔的砂眼等缺陷；开闭应灵活，接合面应严密不漏。

2.5.44　用螺栓连接的检查门与墙皮接触面间应垫有密封材料使其严密不漏；门框的固定螺栓头应在墙皮内侧满焊，螺栓拧紧后螺杆宜露出螺母外 2～3 扣。

2.5.45　炉墙零件的外表应无伤痕、裂纹等缺陷；炉墙零件的外形尺寸和材质应符合制造厂图纸的规定；炉墙零件安装时应按图纸留出膨胀间隙。

2.5.46　检查确认锚固件、拉钩、绝热材料、安装托架材质应符合制造厂图纸要求，并检查各部件的外形尺寸符合设计要求。

2.5.47　锚固件与金属壳体焊接处，应打磨除净铁锈和油漆等残留物，焊后除净药皮。

2.5.48　检修孔及人孔的内护板现场按图纸开孔，开孔处四周保温材料要用支撑钉和弹性压板固定，弹性压板只能使用一次。

◆余热锅炉密封部件

2.5.49　波形伸缩节的焊缝应严密，波节应完好，安装时的冷拉值或压缩值应符合图纸要求，并做好记录。

2.5.50　炉顶护板及穿炉墙处的密封件安装应按制造厂图纸要求预留足够的膨胀间隙，并做好记录。

2.5.51　用螺栓固定的密封装置的接合面和螺栓的安装紧固要求按本部分第2.5.25条高强螺栓的规定执行。

2.5.52　联箱处连通管与密封铁板连接处的椭圆螺栓孔位置必须调整正确，不得妨碍联箱的膨胀。

2.5.53　焊接在受热面上的密封件应在受热面水压试验前安装和焊接完毕，焊缝应密封无渗漏。

2.5.54　顶部护板框架应焊接固定在炉顶吊挂装置上，按制造厂图纸预留足够的膨胀间隙。内护板安装应搭接牢靠，搭口方向一致，吊挂装置穿护板处应设有密封装置。需要上人的炉顶护板顶部应装设安全围栏。

2.5.55　管道、吊架在穿过大罩壳处开孔时，应预留足够的膨胀间隙，并在开孔处装设柔性密封。

2.5.56　焊缝应严密不漏，安装时应按制造厂图纸留出膨胀间隙。

2.5.57　柔性非金属膨胀节安装方向应正确，补偿器内导流板应顺流布置；柔性非金属膨胀节安装后内部应填实绝热材料。

◆工程验收

2.5.58　施工质量验收应具备下列签证和记录：

（1）设备开箱检查记录及设备技术文件、设备出厂合格证书、检测报告等。

（2）高强螺栓抽样复检及高强螺栓连接摩擦面的抗滑系数试验的复验报告。

（3）锅炉基础复查记录。

（4）隐蔽工程施工记录及签证。

（5）立柱垫铁及柱脚固定后允许二次灌浆签证。

（6）锅炉钢架高强螺栓连接副抽样复验报告。

（7）锅炉钢架高强螺栓紧固记录。

（8）锅炉钢架高强螺栓紧固后复查记录。

（9）钢架组合件、立柱安装记录。

（10）锅炉顶板梁安装记录。

（11）锅炉护板组合、安装记录。

（12）锅炉钢架在安装施工过程中的沉降观测记录。

（13）主要热膨胀位移部件安装记录（如钢架底部膨胀间隙记录等）。

（14）钢架热态膨胀记录。

三、受热面

◆一般规定

2.5.59　本条适用于锅炉受热面（包括高压汽包、中压汽包、低压汽包，过热器、再热器、省煤器、蒸发器与联箱组成的模块和减温器等）、本体汽水连通管道等设备的施工及验收。

2.5.60　管子与给水泵、省煤器/过热器进口联箱、高中压主汽截止阀等设备连接前，必须经相关技术员、质检人员认可，并且做隐蔽工序签证记录。

2.5.61　受热面设备在安装前应根据供货清单、装箱单和图纸进行全面清点，注意检查表面有无裂纹、撞伤、龟裂、压扁、砂眼和分层等缺陷；表面缺陷深度超过管子规定厚度的10%且大于1mm时，应提交建设单位、监理单位与制造单位研究处理并签证。

2.5.62　在对口过程中注意检查受热面管的外径和壁厚的允许偏差，允许偏差应符合制造标准的要求。如偏差超出标准要求，应提交建设单位、监理单位与制造单位研究处理并签证。

2.5.63　合金钢材质的部件应符合设备技术文件的要求；组合安装前对能进行材质复查的部件必须进行材质复查，并在明显部件做出标识；安装结束后应核对标识，标识不清时应重新复查。

2.5.64　受热面模块吊装前需要复测模块顶部管接座相对尺寸、模块外形尺寸和金属附件等的定位尺寸进行检查，应符合制造厂图纸的要求。同时对模块进行外观检查，并办理相关签证。

2.5.65　制造厂必须提供在厂内进行模块组合的相关通球试验监造签证单移交给安装现场，作为受热面模块管内清洁和通球球径符合要求的依据。受热面管进行通球试验，应符合下列要求：

（1）受热面管在组合和安装前必须分别进行通球试验，试验应采用钢球，且必须编号并严格管理，不得将球遗留在管内；通球后应及时做好可靠的封闭措施，并做好记录。

（2）通球压缩空气压力不宜小于0.4MPa，通球前应对管子进行吹扫，不含联箱的组件需进行二次通球。

（3）通球球径应符合表2-2-22的规定。

表2-2-22 通球试验的球径 mm

弯曲半径	管子外径		
	$60 \leqslant D_o < 76$	$32 < D_o < 60$	$D_o \leqslant 32$
$R \geqslant 2.5D_o$	$0.85D_i$	$0.80D_i$	$0.70D_i$
$1.8 \leqslant R < 2.5D_o$	$0.75D_i$	$0.75D_i$	$0.70D_i$
$1.4D_o \leqslant R < 1.8D_o$	$0.70D_i$	$0.70D_i$	$0.70D_i$
$R < 1.4D_o$	$0.65D_i$	$0.65D_i$	$0.65D_i$

注　D_i为管子内径（进口管子D_i应为实测内径，内螺纹管D_i应为$D_o - 2 \times$壁厚$- 2 \times$螺纹高度）；D_o为管子外径；R为弯曲半径。

（4）外径大于76mm的受热面管可采用木球进行通球，直管可采用光照检查；联箱管接座可采用钢球等径的钢丝绳进行检验。

2.5.66　受热面模块在起吊过程中应采用制造厂提供专用起吊装置，防止变形过大而损伤管屏。

2.5.67　受热面管子宜采用机械切割，如用火焰切割，则切口部分应留有机械加工的余量。受热面管子对口时，应按制造厂图纸规定做好坡口，对口间隙应均匀，管端内外10~15mm范围内在焊接前应打磨干净，直至显示金属光泽。

2.5.68　受热面管对口端面应与管中心线垂直，其端面倾斜值Δf应符合表2-2-23的规定。

表2-2-23 管口端面倾斜 mm

公称直径 d	端面倾斜值 Δf
$d \leqslant 60$	$\leqslant 0.5$
$60 < d \leqslant 108$	$\leqslant 0.8$
$108 < d \leqslant 159$	$\leqslant 1$
$159 < d \leqslant 219$	$\leqslant 1.5$
$219 < d$	$\leqslant 2$

2.5.69　焊件对口应内壁齐平，对接单面焊的局部错口值不应超过壁厚的10%，且不大于1mm。

2.5.70 受热面管子对口偏折度应用直尺检查，距焊缝中心100mm处离缝不大于1mm。

2.5.71 受热面管子的对接焊口，不得布置在管子弯曲部位，焊口距离管子弯曲起点不小于管子直径，且不小于100mm（焊接、锻制、铸造成型管件除外）；距支吊架边缘50mm。

2.5.72 受热面管子直管部分相邻两焊缝间的距离不得小于管子直径，且不应小于150mm。

2.5.73 受热面吊装前，应复查各支点、吊点的位置和吊杆的尺寸。

2.5.74 用于设计温度高于430℃且直径大于等于M30的合金钢螺栓应逐根做硬度试验，硬度值应执行DL 5190.5的规定。

2.5.75 受热面管子在安装中应保持内部洁净，不得掉入任何杂物。

2.5.76 膨胀指示器安装必须符合制造厂图纸的要求，应安装牢固、布置合理、指示正确。

2.5.77 受热面吊挂装置弹簧的锁紧销在锅炉水压期间应保持在锁定位置，锅炉点火前方可拆除。

2.5.78 安装单位在核实制造厂检验文件的基础上，对受热面管、管座、焊口、联箱的合金部件，分别按比例进行光谱复查。

◆受热面模块

2.5.79 模块运到现场后，吊装前应全面清理模块内的杂物，并全面复测其外形尺寸。依据允许偏差尺寸表检查模块尺寸。

2.5.80 模块吊装应在稳固的专用架上进行。

2.5.81 顶部吊挂装置部件在到达现场后，应检查在运输过程中有否损坏的零件表面及焊缝等。经检查合格后方可安装。顶部吊挂装置应事先安装在顶梁的下方，并按图纸要求进行吊杆装置的连接。

2.5.82 受热面模块吊装完毕后，吊架主要承力焊缝必须进行超声检测或磁粉检测无损检查，满足设计要求。

2.5.83 模块吊装完毕后，应及时调整模块的水平度、垂直度、标高和模块横向、纵向尺寸；并将模块内各管屏用金属连杆连接并按图焊接固定。

2.5.84 各受热面模块的吊梁标高、模块间距离及模块到侧墙内衬的距离应符合图纸要求。

2.5.85 立式余热锅炉模块纵横中心、水平度与钢结构墙板距离尺寸应满足技术要求；其模块安装应符合本部分允许偏差，具体见表2-2-24。

表2-2-24　　　　　　　　　　模块安装允许偏差　　　　　　　　　　mm

检查项目	允许误差
吊梁标高偏差	±5
模块中心至锅炉中心偏差	±5
模块前后联箱到基准点（横梁）偏差	±5
模块水平度	3
模块垂直度	±5

2.5.86　卧式余热锅炉模块纵横中心、水平度与钢结构墙板距离尺寸应满足技术要求；其模块安装应符合本部分允许偏差，见表2-2-25。

表2-2-25　　　　　　　　　　模块安装允许偏差　　　　　　　　　　mm

检查项目	允许误差
上联箱标高偏差	±5
模块上联箱的纵、横向水平度	3
模块纵向和横向中心线与本体构架中心线的水平方向距离偏差	±5
模块垂直度	±5

2.5.87　管屏组装完毕后，已组装烟气阻隔板不应妨碍水压试验检查；水压试验检查后，组装剩余烟气阻隔板。

2.5.88　连接管道在受热面模块找正固定后，方可开始安装。

2.5.89　余热锅炉连通管及附件安装应符合下列规定。

（1）余热锅炉连通管对口前方可拆除管端封口，并确认管道内无杂物；管口对接应符合DL 5190.5、DL/T 869的规定。

（2）管道穿过炉壳的密封若采用金属膨胀节，膨胀节的一端与炉壳焊接，另一端与管道焊接，现场焊接采用密封焊接，并按图施工。

（3）余热锅炉连接管的安装应考虑受热面和本体管路不应有膨胀受阻现象。

（4）余热锅炉连通管道支吊架安装应符合下列要求：

1）安装前进行全面检查，应核对尺寸正确、零部件完好，无变形等缺陷。

2）设计为常温下工作的吊架吊杆不得从管道保温层内穿过。

3）管道支吊架的安装活动零件与其支撑件应接触良好，支吊架应能满足管道自由膨胀。

4）设计要求偏装的支吊架，应严格按照设计图纸的偏装量进行安装；设计未做明确要求的，应根据管系整体膨胀量进行偏装。

（5）吊杆的调整应在水压前进行，最终调整后应按图纸要求锁定螺母；吊杆不允许施焊或引弧。

2.5.90　对模块制造厂出厂技术资料的审查，包括结构尺寸、材质报告、焊接（外观和无损）检验、热处理、硬度、光谱、理化等。如有缺失应与制造厂协商补充完整。

◆汽包（高压、中压、低压）、联箱（含减温器）

2.5.91　设备安装前，必须将所有联箱内部清扫干净，联箱应使用内窥镜检查。各接管座应无堵塞，并彻底清除"钻孔底片"（俗称眼镜片）。

2.5.92　汽包、联箱吊装必须在锅炉构架找正和固定完毕后方可进行；汽包、联箱安装找正时，应根据构架中心线和汽包、联箱上已复核过的铳眼中心线进行测量，安装标高应以构架1m标高点为基准。

2.5.93　汽包长度方向对称中心处设有固定限位装置，膨胀方向向汽包左右两端。汽包左右两端支座为滑动支座。

2.5.94　汽包支撑底座安装完毕后需要对其水平进行检测，水平度不大于2mm。汽包底部滑动块安装前须进行清理和防腐处理，汽包在安装前应检查接触部位的吻合情况，接触良好，符合制造设备技术文件的要求。

2.5.95　汽包、联箱等主要设备的安装允许偏差如下。

（1）标高：±5mm。

（2）水平度：汽包为2mm、联箱为3mm。

（3）纵、横中心位置：±5mm。

（4）垂直度：长度的1‰，且不大于10mm。

2.5.96　联箱吊挂装置应符合下列规定：

（1）吊挂装置的吊耳、吊杆、吊板和销轴等的连接应牢固，焊接应符合设计要求。

（2）球形面垫铁间应涂粉状润滑剂。

（3）吊杆紧固时应负荷分配均匀，水压前应进行吊杆受力复查。

2.5.97　汽包内部装置安装后应符合下列规定：

（1）零部件的安装位置正确。

（2）蒸汽、给水等所有的连接隔板应严密不漏，焊缝无裂纹、无漏焊。

（3）所有法兰结合面应严密，连接件应有止退装置。

（4）封闭前必须清除汽包、汽水分离器内部的杂物。

（5）连接件安装后应点焊牢固。

2.5.98　不得在汽包及联箱上引弧和施焊，如需施焊，必须经制造厂同意，焊接前应进行严格的焊接工艺评定试验。

2.5.99 汽包和联箱封闭前应检查其内部清洁度，确认无异物方可封闭，并办理隐蔽工程签证。

2.5.100 喷水减温器在安装前应进行外部检查，核对安装方向。

◆水压试验

2.5.101 锅炉受热面系统安装完成后，应进行整体水压试验，超压试验压力按制造厂规定执行。若无规定，试验压力应符合下列要求：

（1）汽包锅炉系统试验压力应为汽包工作压力的 1.25 倍（参考 DL/T 612—2017）。

（2）再热器试验压力应为进口联箱工作压力的 1.5 倍。

2.5.102 水压试验宜采用制造厂提供的水压堵阀或专用临时封堵装置。水压试验临时管路与堵头的强度须经计算校核，应执行 DL 5190.2—2019 中的附录 K（见表2-2-26）。

表2-2-26　　　　　　　大型动力设备基础的允许偏差　　　　　mm

项目		允许偏差
基础纵横中心（轴）线位置		±20
不同平面标高		−20～0
基础几何尺寸	平面外形尺寸	±20
	凸台上平面外形尺寸	−20～0
	凹槽尺寸	0～20
平面水平度	每米	≤5
	全长	≤10
垂直度	每米	≤5
	全高	≤10
预（直）埋地脚螺栓	中心位置	≤2
	预标高	0～20
	中心距	±2
	垂直度	≤5
预（直）埋地脚螺栓孔	中心线位置	≤10
	断面尺寸	0～20
	深度	0～20
	垂直度	≤10

项目		允许偏差
预（直）埋活动地脚螺栓锚板（盒）	中心线位置	≤5
	标高	0~20
	带槽锚板平整度	≤5
	带螺纹孔锚板平整度	≤2

2.5.103　锅炉水压试验前，可进行一次0.2~0.3MPa的气压试验，试验介质为压缩空气。

2.5.104　锅炉水压试验时的环境温度应在5℃以上，环境温度低于5℃时应有可靠的防冻措施。

2.5.105　水压试验的水质、进水温度和汽包壁温应符合设备技术文件规定，无规定时，应执行DL/T 889《电力基本建设热力设备化学监督导则》、DL 647《电站锅炉压力容器检验规程》和DL/T 612《电力行业锅炉压力容器安全监督规程》的有关规定。

2.5.106　水压试验时，锅炉上应安装不少于两块经过校验合格、精度不低于1.5级的弹簧管压力表，压力表的刻度极限值宜为试验压力的1.5~2.0倍。试验压力以汽包两侧两块就地压力表读数为准，再热器试验压力以再热器出口联箱处的压力表读数为准。

2.5.107　水压试验压力升降压速度不应大于0.3MPa/min；当达到试验压力的10%左右时，应做初步检查；如未发现泄漏，可升至工作压力检查有无漏水和异常现象；然后继续升至试验压力（超压阶段升降压速度应小于0.1MPa/min），保持20min后降至工作压力进行全面检查，检查期间压力应保持不变。水压试验合格的标准如下：

（1）受压元件金属壁和焊缝无泄漏及湿润现象。

（2）受压元件没有明显的残余变形。

（3）在规定保压时间内压降在合格范围之内。

2.5.108　锅炉水压试验合格后应及时办理签证；应尽量缩短水压试验到酸洗的时间，若需保养，应按照DL/T 889中水压试验后的防腐蚀保护的规定执行。

◆工程验收

2.5.109　施工质量验收应具备下列签证和记录：

（1）设备开箱检查记录及设备技术文件、设备出厂合格证书、检测报告等。

（2）受热面管通球试验签证。

（3）联箱（含减温器）、汽包内部清洁度检查签证。

（4）锅炉隐蔽工程签证。

（5）锅炉水压试验签证。

（6）分部试运记录签证。

（7）汽包划线记录和安装记录。

（8）汽包安装记录。

（9）模块安装记录。

（10）膨胀指示器安装记录及余热锅炉首次启动过程的膨胀记录。

（11）合金钢材质复核记录。

（12）大板梁划线及安装记录。

（13）汽包内部装置安装检查签证。

（14）锅炉严密性检查签证。

（15）受热面吊挂装置受力情况检查签证。

（16）大板梁承载前后各阶段挠度测量记录。

（17）锅炉基础划线及钢架安装记录。

（18）模块与模块、模块与护板间的间隙测量记录。

（19）模块与炉内底部护板间的间隙测量记录。

四、燃气轮机余热锅炉附属管道及附件

◆一般规定

2.5.110　本章适用于锅炉本体范围内的排污、取样、加药、疏放水、排汽、减温水、充氮、水位计和安全阀等设备和管道的施工及验收。

2.5.111　合金钢管子、管件、管道附件及阀门在使用前应逐件进行光谱复查，并做出材质标记。

2.5.112　现场自行布置的管道和支吊架应符合下列要求：

（1）管道布置宜有二次设计，走向合理短捷，疏水坡度规范，膨胀补偿满足管系膨胀要求。

（2）支吊架应布置合理，安装牢固，应能保证管系膨胀自由、整齐美观。

（3）阀门安装应注意介质流向。

（4）阀门和传动装置的安装位置应便于操作和检修。

2.5.113　阀门的电（气）动装置安装应准确调整行程开关位置，并按规定进行过扭矩保护试验。

2.5.114　合金钢螺栓硬度检验应按照本篇2.5.74。执行。

2.5.115　设计有调节阀、流量计等节流设备的管道，节流设备应在管道酸洗、冲

洗、吹扫后安装。

2.5.116 所有阀门供到现场后，安装前应按 DL 5190.5 和制造厂要求对阀门进行检验，合格后方可安装。

◆锅炉排污、取样、加药、疏放水、排汽、充氮和减温水管道

2.5.117 锅炉排污、疏放水等管道安装应符合下列要求：

（1）管道在运行状态下应有不小于0.2%的坡度，能自由补偿且不妨碍汽包、联箱和管系的膨胀。

（2）不同压力的排污、疏放水管不应接入同一母管。

2.5.118 取样管安装应有足够的热补偿，保持管束在运行中走向整齐。

2.5.119 排汽管安装时应注意留出热膨胀间隙，使汽包、联箱和管道能自由膨胀。

2.5.120 锅炉定期排污管应在与其相连的联箱内部清理后进行连接。

2.5.121 运行中可能形成闭路的疏放水管压力等级的选取应与所连接的管道相同。

2.5.122 汽水取样管安装应有足够的热补偿，保持管束走向整齐。

2.5.123 排汽管安装时应留有膨胀间隙，支吊架应牢固稳定，排汽管的荷载不得作用在阀体或管道上。

2.5.124 减温水管道及阀门应布置合理、膨胀顺畅，喷嘴方向安装正确。

2.5.125 减温水系统投用前，应单独进行水冲洗或蒸汽吹扫。

◆汽包水位计

2.5.126 水位计在安装前应检查下列事项：

（1）各汽水通道不应有杂物堵塞。

（2）玻璃压板及云母片盖板结合面应平整严密，必要时应进行研磨。

（3）各汽水阀门应装好填料，开关灵活，严密不漏。

（4）结合面垫片宜采用铜垫或齿形不锈钢垫片。

2.5.127 水位计和汽包的汽连接管应向水位计方向倾斜，水连接管应向汽包方向倾斜；汽水连通管支架应留有膨胀间隙。

2.5.128 水位计在安装时应根据图纸尺寸，以汽包中心线为基准，在水位计上标出正常、高低水位线；偏差应不大于1mm。

2.5.129 水位计所用云母片、玻璃板、石英玻璃管应符合下列要求：

（1）云母片必须优质、透明、平直、均匀，无斑点、皱纹、裂纹、弯曲等缺陷；厚度应符合制造厂说明书的要求。

（2）玻璃板和石英玻璃管的耐压强度和热稳定性应符合工作压力的要求，其密封

面应良好。

2.5.130 <u>水位计只参加工作压力水压试验，不参加超压试验。</u>

2.5.131 <u>水位计安装好后，应将水位计水位零位线引至汽包两端门孔位置处，做</u><u>好永久标识，以便核对。</u>

◆安全阀

2.5.132 锅炉安全阀应有制造厂的合格证及检验报告。

2.5.133 锅炉安全阀安装前应进行下列检查：

（1）阀门及附件包装应完好，设备无破损，所有外接端口封闭严密。

（2）焊接式阀门的焊接坡口应符合相关规范的要求。

2.5.134 锅炉安全阀除设备技术文件有特殊规定外，弹簧组件不宜在现场解体；各部件的材质应符合制造厂的技术要求；弹簧特性、可调行程等应与安全阀调整压力相适应；密封面应结合良好，严密不漏；弹簧质量应符合有关技术要求。

2.5.135 锅炉安全阀安装除应符合制造厂技术文件要求外，还应符合下列规定：

（1）完全阀吊装时应用索具金钩挂制造厂提供的吊耳，不得将多个阀门捆绑在一起吊装。

（2）安装安全阀时应保证阀杆处于垂直位置，阀体上部要留有足够的检修空间。

（3）阀门进出口管道焊接时不得通过阀体和弹簧引接地线。

2.5.136 带负载压力控制的蝶（盘）形弹簧安全阀安装应符合下列要求：

（1）安装在集装箱或母管上的安全阀的排汽管不影响联箱或母管的自由膨胀。

（2）锅炉在水压试验压力时，应用制造厂提供的锁紧块将阀杆锁紧，锁紧时阀杆不得转动。对口径大于DN200的安全阀，锁紧时通入加载的压缩空气应加强，试压完成后应及时卸除锁紧。

（3）安全阀出口喷嘴处的疏水和排汽管道最低处的疏水应分别引接至锅炉无压疏放水母管。

2.5.137 纯机械弹簧式安全阀安装应符合下列要求：

（1）锅炉水压试验时，应使用水压试验专用阀芯。当试验压力升至安全阀最低压力整定值的80%之前，手动操作顶紧装置后方能继续升压。<u>水压试验完成后，压力降</u><u>至顶紧时的压力值后，及时拆卸顶紧装置。</u>

（2）不得将排汽管载荷直接作用在排汽弯头疏水盘上。

2.5.138 锅炉安全阀调整应根据制造厂技术文件，在制造厂专业人员、当地特检院人员指导下进行。

2.5.139 锅炉动力释放阀（PCV）不参加锅炉本体超压试验，当试验压力升至释放阀定值的80%时，关闭动力释放阀前手动阀。

◆工程验收

2.5.140　施工质量验收应具备下列签证和记录：

（1）设备开箱检查记录及设备技术文件、设备出厂合格证书、检测报告和报关单（进口设备）等。

（2）合金钢材质复核记录。

（3）附属管道安装记录，管道支吊架调整检查签证。

（4）汽包水位计安装记录。

（5）阀门水压试验记录。

（6）管道水压试验签证。

（7）分部试运记录签证。

五、烟道及钢烟囱

◆一般规定

2.5.141　本章适用于余热锅炉进、出口烟道和烟囱等锅炉附属设备的施工及验收。

2.5.142　进口烟道和高温段的保温支撑螺栓应分区域编号。

2.5.143　进口烟道和高温段的保温支撑螺栓、膨胀节焊口资料应附有反映焊口满焊的照片。

2.5.144　烟道及钢烟囱在安装前应经检查验收，并符合下列规定：

（1）原材料、半成品均应符合设计要求。

（2）设备、材料到达现场应检查外观，应无损伤、裂纹和锈蚀，外形尺寸、材质检查应符合设计要求，对合金材料应进行光谱复查。

（3）加工制作件外形尺寸应符合设计图纸的要求，允许偏差符合DL 5190.2中的附录L的规定。

（4）铸件不应有气孔、砂眼和裂纹等缺陷，表面应平整光滑。

（5）烟道及钢烟囱的焊缝应经检验合格。

2.5.145　设备和法兰螺栓孔，应采用机械加工。

2.5.146　法兰连接加垫应正确，螺栓受力应均匀，螺纹应露出2～3扣，焊缝应符合DL/T 869的要求。

2.5.147　烟道和烟囱安装结束后，应及时清除内外杂物和临时固定件。

2.5.148　按DL/T 869，烟道及钢烟囱没有Ⅰ类焊缝，承受静载荷的钢结构Ⅱ类焊缝无损检测执行设计要求。

2.5.149　烟道系统的严密性检查宜在燃气轮机点火启动，余热锅炉冲管期间进行。严密性检查按本篇燃气轮机余热锅炉密封部件中的相关规定执行。

◆烟道及钢烟囱的组合及安装

2.5.150　烟道及钢烟囱组合时安装焊口应预留在便于施工的部位。

2.5.151　烟道及钢烟囱的组合件应有适当的刚度，必要时应做临时加固。

2.5.152　烟道及钢烟囱对口应间隙均匀，端头气割表面应修理平整。

2.5.153　烟道及钢烟囱和设备的法兰间应有足够厚度的密封衬垫，衬垫两面应涂抹密封涂料。

2.5.154　组合件焊缝必须在保温前经渗油检查合格。

2.5.155　烟道及钢烟囱与锅炉设备连接时，不得强力对接。

2.5.156　进口烟道安装后标高偏差不超过 ±20mm，纵横位置偏差不大于30mm。

2.5.157　出口烟道及烟囱安装应符合下列要求：

（1）钢架护板尾部出口和烟囱进口烟道（即出口膨胀节两端接口）的标高符合图纸。

（2）烟囱烟气入口的中心线与本体钢架护板的中心线一致，相对误差不大于5mm。

（3）烟囱的垂直度偏差应不大于烟囱长度的1/1000且不大于20mm。

2.5.158　锅炉钢烟囱组合应符合下列要求：

（1）每节筒身组合应在稳固的组合架上进行，组合架应找平。

（2）烟囱筒身组合时应注意焊接顺序并留有适当的焊接收缩量，避免焊接后组合尺寸超出允许偏差。

（3）所有对接焊缝必须进行煤油渗透试验。

2.5.159　钢烟囱安装允许偏差应符合下列要求：

（1）烟囱任一截面的最大直径和最小直径之差应不大于该截面的1%。

（2）烟囱端面的倾斜度应不大于5mm。

（3）烟囱弯曲度不大于1/1000筒体长，且不大于20mm。

（4）烟囱筒体扭转值不大于1/1000筒体长，且不大于20mm。

（5）裙座中心线偏差为 ±5mm。

（6）裙座标高偏差为 ±5mm。

（7）烟囱垂直度偏差不大于1/1000筒体长，且不大于20mm。

（8）连接端面对角线偏差不大于5mm。

（9）连接端面水平度偏差不大于5mm。

（10）连接端面标高偏差为 ±5mm。

2.5.160　烟道及钢烟囱安装结束后，应参加燃气轮机首次启动整体严密性检查，检查其严密性，发现泄漏应做好记录并及时处理；发现振动，应分析原因并消除振动。

◆烟道、钢烟囱附件及装置

2.5.161 气候挡板及其操作装置安装应符合下列规定：

（1）气候挡板在安装前应进行检查，必要时做解体检修。轴封或密封面应完好。轴端头应做好与实际位置相符的永久标识；开关应灵活，关闭严密。组合式挡板门，各挡板的开关动作应同步，开关角度应一致，符合设计；膨胀间隙符合图纸要求。

（2）采用万向接头连接的操作装置，其传动角度应不大于30°。

（3）电动操作装置的操作把手或手轮应装成顺时针为关闭的转动方向，操作应灵活可靠。

（4）电动操作装置应有开/关标识，并有全开/关的限位装置，开度指示明显清晰，并与实际相符。

2.5.162 柔性非金属膨胀节安装应符合以下规定：

（1）柔性非金属膨胀节在运输、存放、安装过程中应做好保护措施。

（2）柔性非金属膨胀节安装时应确保导流板安装方向及间隙符合图纸要求，有足够膨胀补偿量且密封良好。

（3）柔性非金属膨胀节临时固定件应在分部试运前拆除。

（4）柔性非金属膨胀节金属框架焊接对接，蒙（密封）皮与填充料安装应符合制造厂技术文件要求。

2.5.163 炉膛及烟道系统密封性检查。

2.5.164 炉膛及烟道系统整体密封性检查范围应包括：锅炉护板、进口烟道、出口烟道及烟囱等区域。

2.5.165 检查应具备如下条件：

（1）炉膛及烟道系统内部清理检查及烟道组合安装焊缝渗油试验等文件齐全且符合要求。

（2）烟道系统支吊架安装调整并验收完毕。

（3）门孔、密封装置等均通过密封性检查合格。

（4）气候挡板操作灵活、指示正确，电动操作装置能投入使用。

（5）启动使用的相关系统和设备通过分部试运。

（6）炉膛及烟道系统压力测量装置能投入使用。

2.5.166 严密性检查时应适当关闭气候挡板，维持炉内压力应按锅炉制造厂技术文件的规定进行，无规定时可按0.5kPa进行严密性检查。

2.5.167 检查时应在可能泄漏的制造、安装部位通过听、摸、涂肥皂水等方法检查密封性，发现泄漏应及时做好标识和记录。

2.5.168 如检查发现炉膛及烟道密封区域大范围泄漏，缺陷处理完毕后，应重新进行系统整体严密性检查。

◆ 工程验收

2.5.169　施工质量验收应具备下列签证和记录：

（1）设备开箱检查记录及设备技术文件、设备出厂合格证书、现场复检记录等。

（2）合金钢材质复核记录。

（3）炉膛及烟道系统内部清理检查签证记录。

（4）烟道及钢烟囱组合安装焊缝渗油试验检查签证记录。

（5）炉膛及烟道系统严密性检查签证记录。

（6）隐蔽工程签证。

（7）烟道及钢烟囱组合、安装记录。

（8）挡板分部试运记录签证。

六、锅炉本体保温、防腐

◆ 一般规定

2.5.170　本章适用于余热锅炉设备和管道的保温、油漆、防腐施工及验收。

2.5.171　除模块护板保温应按本部分执行外，其他设备及管道保温、防腐应执行
DL/T 5704—2014《火力发电厂热力设备及管道保温防腐施工质量验收规程》。

2.5.172　施工中所使用的材料质量必须符合设计要求和国家标准、行业标准的
规定。

2.5.173　材料在运输和施工过程中采取有效的防雨防潮措施。

2.5.174　保温施工前，施工部位的设备和管道安装工作应已全部完成，临时设施
已全部清除，并经检查合格。

2.5.175　锅炉设备及管道的保温应进行热态表面温度检测，环境温度不高于27℃
时，表面温度应不高于50℃；环境温度高于27℃时，表面温度应不高于环境温度加25℃。

2.5.176　设备及管道保温、防腐安装中，应采取有效的保护措施防止成品被
污染。

◆ 锅炉设备保温

2.5.177　炉内保温施工必须精工细作，保温内护板按区域编号，做到每做一个单
元（每列或每行）的工程必须进行检查、拍照，待专职监理或业主方检查合格后方可
进行下一道工序施工。

2.5.178　余热锅炉保温工程分为两部分：模块护板各受热面的保温施工在工厂内
进行，各模块的组合拼接处的保温穿墙管处的密封保温等均在工地进行。这两部分的
保温施工均应按如下规定进行：

（1）锅炉保温严格按图纸设计要求精工细作，按保温说明书、保温图纸以及护板

图纸施工，确保施工质量。

（2）余热锅炉各部分的保温均应保温体结实，保温面平整，整体保温工程牢固可靠。

（3）保温层对接处的保温毯加工尺寸应比需要尺寸加大40mm，以达到对接缝压紧的效果。

（4）所有的保温层均不能受烟气直接冲刷，必须用内衬板封上。

（5）保温毯的铺设整齐、严密、美观。

（6）严禁在大面积的保温体上出现宽度小于300mm以下的条状保温毯。

（7）要求采用防雨防水性保温，整个模块的保温体铺设一层或两层塑料薄膜后再装置内衬板，所有模块的边也需先铺上塑料薄膜，再装木板及角铁保护件。

2.5.179 施工前的条件：

（1）首先检查模块（护板）是否符合具备保温施工的条件。

（2）清除被保温体表的污秽和铁锈。

（3）清扫保温载体内的垃圾、焊渣、焊条头等由上道工序留下的残留物。

（4）焊接保温用的锚固件、护板穿墙管处的密封件等金属构件。

（5）等上述工序完成后应经现场的质检人员或监理进行检查，待认可后方可进行保温施工。

◆保温厚度

2.5.180 余热锅炉施工的保温厚度必须按图纸设计要求，严禁有负公差的出现。保温设计应按多层组合的方式，保温层总厚度大于等于100mm时不少于3层，小于100mm时不少于2层。

2.5.181 保温厚度按图纸的技术要求规定压紧度为5%～10%。

2.5.182 各模块护板的施工完成后必须全方位检验，若有负公差的保温层，保温材料与内衬和壳体钢板之间有空隙的，一律为不合格产品，必须进行返工处理。

2.5.183 检查保温毯的厚度，如保温毯的厚度是设计厚度的负公差，则不得使用，待施工部门联系制造厂更换后才能进行。

◆保温材料的铺设

2.5.184 按图纸设计尺寸要求铺设保温材料的层数和压紧度。

2.5.185 铺设第一层保温材料时，应在墙板壳体表面涂刷一层高温胶泥，可将第一层保温材料（陶瓷纤维毯）牢牢粘住壳体钢板，同时也可使保温体与墙板壳体之间尽量不产生隙缝。

2.5.186 保温毯施工时，严禁施工人员直接踩踏在保温体上面作业，若施工人员需踩踏在保温体上作业，则应在保温体上铺较大面积的木板，方可进行作业。

2.5.187 保温施工时应防止保温体雨淋和受潮。

2.5.188 锅炉模块角部保温施工中，角部保温的保温毯连接处应压实塞紧，角部内的保温层严禁有通缝现象出现。

2.5.189 对结构复杂的保温区域，应适当裁剪保温材料，空隙处填满保温材料达到$150 \sim 200 kg/m^3$。

2.5.190 现场把保温材料装好，用垫圈、螺母拧紧内护板后，必须把螺母拧松一圈，使内护板受热后能自由膨胀，然后点焊螺母。

◆余热锅炉顶部穿墙管处及人孔处的护板保温

2.5.191 穿墙管处设计密封套，密封套与穿墙管之间留设$50 \sim 80 mm$ 的预留空间。该预留空间在现场用陶瓷纤维棉塞紧压实，然后此处再铺设内衬护板。

2.5.192 顶部模块之间保温需填补充实，密封焊缝需要进行MT（磁粉检测）检查。

2.5.193 检修孔及人孔的内护板现场按图纸开孔，开孔处四周保温材料要用支撑钉和弹性压板固定，弹性压板只能使用一次。

◆工地组合拼装处的保温

2.5.194 拼装处的保温应待余热锅炉模块就位装焊完成后，再进行拆除两模块端头的保温体保护装置（木板和角铁）。

2.5.195 测量拼装处的预留尺寸，清扫拼装处保温空间内的垃圾，并经现场监理检查认可。

2.5.196 拼装处的保温施工均在工地进行，先将保温毯按拼接处的实际长度放大40mm备料，然后将两模块端头的保温体各推压20mm，必须错缝压缝，整个保温体必须压实压紧。

◆工程验收

2.5.197 施工质量验收应具备下列签证和记录：

（1）原材料出厂合格证及复检报告。

（2）合金钢材质复核记录。

（3）隐蔽工程签证。

（4）锅炉设备及管道保温外护层热态测温记录。

（5）施工质量验收记录。

（6）强制性条文执行检查记录。

（7）防腐测厚记录。

七、脱硝（如有）

◆一般规定

2.5.198 本章适用于选择性催化还原（简称SCR）烟气脱硝装置及其辅助系统的

施工和验收。

2.5.199　设备、材料进厂前均应经过验收、检查，做好设备开箱清点或验收记录。

2.5.200　有防潮等特殊要求的设备应在开箱后立即恢复其防潮措施或置于室内存放。

2.5.201　机械设备检查、安装应符合DL 5190.2中第10章的相关要求，泵类安装应符合DL 5190.3的有关规定。

2.5.202　已防腐的设备、管道安装时应采取防止防腐层破损的措施。

2.5.203　需要隐蔽或防腐涂装的容器、管道应进行压力试验或灌水试验，合格后方可隐蔽或交付涂装。随设备的隐蔽管道或腔室安装前也应进行压力试验，如制造厂无明确规定，试验压力应为1.25倍工作压力。

2.5.204　需要防腐涂装的设备、金属结构、管道，应在防腐前完成涂装基层上所有的焊接、切割作业，并进行清理打磨。

2.5.205　管道及设备安装后，人员不能到达的部位应在安装前进行内部清洁度检查。

　◆烟气脱硝

2.5.206　金属结构安装应符合下列规定：

（1）反应器钢支架及平台扶梯的安装应按本篇燃气轮机余热锅炉构架及有关金属结构的规定执行。

（2）烟道、反应器壳体及膨胀节安装应按本篇燃气轮机余热锅炉构架及有关金属结构、烟道及钢烟囱的相关规定执行。

（3）导流板安装应符合设计要求，平面导流板平面弯曲度偏差不大于5mm，与壁板间距偏差不大于5mm；弧形导流板半径偏差不大于3mm，中心定位偏差不大于5mm。

（4）反应器内支撑梁标高偏差不超过±3mm，水平偏差不大于3mm，轴线偏差不大于10mm；支撑梁之间相对距离允许偏差为：垂直方向2mm，水平方向5mm。

（5）反应器固定式支承装置和滑动式支承装置，安装时应核对位置，保证反应器自由膨胀。

（6）影响密封装置安装的反应器护板焊缝、棱角应磨平，密封板局部平整度偏差不大于5mm。

（7）反应器壳体应参加炉膛及烟道系统整体严密性检查，测点用支座或接管座安装应在严密性检查前完成。

2.5.207　反应器内部装置安装应符合下列规定：

（1）催化剂模块在运输和储存期间不得拆除包装，并应有防潮措施，如包装受损，应及时修复。

（2）催化剂模块安装前，壳体、内部装置、壳体内腔上部的所有焊接工作应结束，炉膛至反应器区域应清理干净。

（3）催化剂模块应在锅炉整套启动前安装，催化剂暴露于非受控大气的时间应符合制造厂规定。

（4）催化剂模块运输过程中不允许受到任何挤压或碰撞，运输吊装过程应注意模块的方向。

（5）催化剂模块安装前应检查模块是否损伤，如有损伤应更换或由制造厂修复处理。

（6）催化剂模块布置应整齐，模块之间的间隙偏差不大于5mm，密封严密。

（7）催化剂测试条安装应确保其洁净。

（8）喷氨装置与支承梁应连接紧固，安装方向正确。

（9）喷嘴角度应符合设计要求，喷雾管固定可靠。

◆氨系统安装

2.5.208　卸氨压缩机安装应符合GB 50275的有关规定。

2.5.209　尿素溶解罐、储罐、槽、热解炉安装应符合DL 5190.3的有关规定，还应符合下列规定：

（1）尿素溶解罐、液氨储罐、氨水储罐应按设计要求进行水压试验和设计压力下的严密性试验，严密性试验可随管道系统一道进行。

（2）热解炉、蒸发槽氨应进行水压试验、吹扫和严密性试验，试验要求与氨气系统管道一样，热媒侧和放热侧应进行严密性试验检查和吹扫，并符合DL 5190.5的有关规定。

（3）气氨缓冲罐应按设计要求进行水压试验和设计压力下的严密性试验，严密性试验可随管道系统一道进行。

（4）氮气储罐应按DL 5190.5的有关规定进行水压试验和严密性试验。

（5）弃氨吸收罐应进行灌水试验。

2.5.210　水、汽、气管道、阀门的安装、试压、吹扫应按 DL 5190.5 的有关规定执行。

2.5.211　氨系统管道的安装、试压、吹扫除符合DL 5190.5的有关规定外，还应符合下列规定：

（1）氨系统管道的焊缝漏点修补次数不得超过两次，否则应割去换管重焊，管道连接法兰或焊缝不得设于墙内或不便检修之处。

（2）氨管道应按设计设置空气或氮气吹扫管道。

（3）氨管道焊口应进行100%无损检测。

（4）氨系统管道应采用氨专阀门和配件，不得采用有铜质、镀锌、镀锡的零配件。

（5）氨系统各种阀门（如截止阀、节流阀、止回阀、安全阀、浮球阀、电磁阀、电动阀及浮球式液面指示装置等），在安装前必须单个试验其灵敏度及密封性。

（6）氨系统管道安装完毕、水压试验合格后应采用干燥、洁净的压缩空气进行吹扫，氨系统管道吹扫压缩空气流向应与介质流向一致，吹扫直至出口无黑点为止。

（7）系统吹扫前应临时拆开连接设备的接口，吹扫干净后再恢复，对系统中完成吹扫的阀门应拆卸清洗，重新装复。

2.5.212　氨系统管道在吹扫结束后还应进行严密性试验，严密性试验应符合下列规定：

（1）气密性试验应使用干燥洁净的压缩空气，试验压力应符合设计要求。

（2）压力应逐级缓升，当压力升至规定试验压力的10%，且不超过0.05MPa时，保压5min，然后对所有焊接接头和连接部位进行初次泄漏检查，如有泄漏，则应泄压后进行修补并重新试验。

（3）经初次泄漏检查合格后再继续缓慢升压至试验压力的50%，进行检查；如无泄漏及异常现象，继续按试验压力的10%逐级升压，每级稳压3min，直至达到试验压力；保压10min后，用肥皂水或其他发泡剂检查有无泄漏。

（4）制造厂技术文件规定不参与压力试验的设备、仪表及管道附件应在试压前先行隔离。

（5）系统开始试压时须将液位指示器两端的阀门关闭，待压力稳定后再逐步打开两端的阀门。

（6）系统充气至试验压力，稳压6h后开始记录压力参数，保压24h，压降不超过试验压力的1%为合格；其压力降应按式（2-2-1）计算，当压力降超过上述规定时，应查明原因，消除泄漏，并应重新试验，直至合格。

$$\Delta p = p_1 - p_2 (273+t_1)/(273+t_2) \tag{2-2-1}$$

式中　Δp ——压力降，MPa；

　　p_1 ——试验开始时系统中的气体压力，MPa；

　　p_2 ——试验结束时系统中的气体压力，MPa；

　　t_1 ——试验开始时系统中的气体温度，℃；

　　t_2 ——试验结束时系统中的气体温度，℃。

2.5.213 氨系统管道严密性试验结束后，应及时恢复系统与设备连接，连同压缩机一起进行充氮置换。

2.5.214 系统制氨、受氨应符合如下条件：

（1）消防设施、防静电设施经验收合格，具备投用条件。

（2）系统严密性试验和设备及管道绝热工程完成并经验收合格。

2.5.215 首次投用前要对氨系统管路和存储罐进行氮置换，在以后的操作中，仍应对氨管路的开式部分进行氮置换，应使系统中的氧量符合制造厂技术要求。

2.5.216 热解炉的安装应符合制造厂技术文件要求，并经验收合格。

◆工程验收

2.5.217 施工质量验收应具备下列签证和记录：

（1）设备开箱检查记录及设备技术文件、设备出厂合格证书、检测报告等。

（2）隐蔽工程施工记录及验收签证。

（3）箱罐与管道的安装、试压、冲洗、吹扫、严密性试验记录。

（4）强制性条文执行检查记录。

（5）分部试运记录签证。

（6）系统用各类材料的材质报告的证明文件。

（7）基础复检记录及预留孔洞、预埋管件的复检记录。

（8）设备安装记录和检修记录。

（9）金属结构安装记录。

（10）催化剂模块安装记录（含膨胀间隙记录）。

2.5.218 燃气轮机余热锅炉安装质量验收范围划分表参考 DL/T 1699—2017《燃气—蒸汽联合循环机组余热锅炉安装验收规范》中的附录 A。

2.6 汽轮机本体安装验收要求

一、基本规定

2.6.1 汽轮发电机组安装施工质量验收应符合下列规定：

（1）参与工程建设的单位应依据已批准的设计、设备制造厂技术文件和相关规程进行施工质量验收。

（2）施工项目施工完毕，施工单位应自检合格，自检记录齐全后报验收单位验收。

（3）应按相关规程第4章表4.0.1规定的验收单位参加检验批、分项工程、分部工程、单位工程的验收。

（4）工程质量验收由建设单位或监理单位组织，其他相关单位参加：施工质量验收范围划分表中建设单位不参加的施工验收项目，应由监理单位组织验收。

（5）施工质量验收人员应持有与所验收专业相应的资格证书，资格证书应在有效期内，并报监理单位备案。

（6）隐蔽工程应在隐蔽前由施工单位自检合格后通知监理及有关单位进行见证验收，并形成验收记录及签证。

2.6.2 施工质量验收"合格"应符合下列规定：

（1）检验批的所有检验项目验收结果符合标准规定，该检验批质量验收结论为合格。

（2）分项工程所含各检验批的验收全部合格，分项工程资料齐全，该分项工程质量验收结论为合格。

（3）分部工程所含各分项工程质量验收全部合格、分部工程资料齐全，该分部工程质量验收结论为合格。

（4）单位工程所含各分部工程质量验收全部合格，单位工程资料齐全并符合档案管理规定，该单位工程质量验收结论为合格。

2.6.3 检验批、分项、分部、单位工程施工质量有下列情况之一者不应进行验收：

（1）主控检验项目的检验结果不符合质量标准规定。

（2）当设计单位或制造单位对质量标准有数据要求，但验收结果栏未显示数据要求和实测数据时。

（3）施工质量技术文件不齐全或不符合档案管理规定致使档案不能归档移交。

2.6.4 施工质量存在不符合项时，应进行登记备案并按下列规定进行处理：

（1）经返工或更换器具、设备的检验项目，应重新进行验收。

（2）经返修处理能满足安全使用功能的检验项目，可按技术处理方案和协商文件进行验收。

（3）因设计、设备、施工原因造成的不符合项，经返工或返修处理后，仍未完全满足标准规定，但经鉴定机构或相关规定鉴定，不影响内在质量、使用寿命、使用功能、安全运行的项目，经建设单位会同设计单位、制造单位、监理单位、总承包单位和施工单位共同书面确认签字后，可作让步处理。经让步处理的项目不再进行二次验收。但应在验收结果栏内注明，书面报告应附在该验收表后。

2.6.5 规程各类表中的验收单位签字栏中不属于验收范围的验收单位签字栏内应以"/"标注。

2.6.6 检验批、分项工程、分部工程及单位工程质量验收技术文件应数据准确，文件收集完整、签署完备，符合DL/T 241《火电建设项目文件收集及档案整理规范》的规定。

二、施工质量验收范围划分

2.6.7 工程质量验收应按检验批、分项工程、分部工程及单位工程进行，施工质量验收范围划分应符合DL/T 5210.3—2018《电力建设施工质量验收规程 第3部分：汽轮发电机组》中表4.0.1的规定。

三、汽轮机本体及本体范围内管道安装

◆汽轮机本体安装

2.6.8 弹簧隔振装置安装质量标准和检验方法应符合DL/T 5210.3—2018《电力建设施工质量验收规程 第3部分：汽轮发电机组》中表6.1.1的规定。

2.6.9 基础检查与几何尺寸校核质量标准和检验方法应符合DL/T 5210.3—2018《电力建设施工质量验收规程 第3部分：汽轮发电机组》中表6.1.2的规定。

2.6.10 基础沉降观测质量标准和检验方法应符合DL/T 5210.3—2018《电力建设施工质量验收规程 第3部分：汽轮发电机组》中表6.1.3的规定。

2.6.11 基础承力面凿毛质量标准和检验方法应符合DL/T 5210.3—2018《电力建设施工质量验收规程 第3部分：汽轮发电机组》中表6.1.4的规定。

2.6.12 汽轮机、发电机、大型转动机械的基础二次灌浆内挡板安装质量标准和检验方法应符合DL/T 5210.3—2018《电力建设施工质量验收规程 第3部分：汽轮发电机组》中表6.1.5的规定。

2.6.13 地脚螺栓安装质量标准和检验方法应符合DL/T 5210.3—2018《电力建设施工质量验收规程 第3部分：汽轮发电机组》中表6.1.6的规定。

2.6.14 垫铁配置质量标准和检验方法应符合DL/T 5210.3—2018《电力建设施工质量验收规程 第3部分：汽轮发电机组》中表6.1.7的规定。

2.6.15 垫铁安装质量标准和检验方法应符合DL/T 5210.3—2018《电力建设施工质量验收规程 第3部分：汽轮发电机组》中表6.1.8的规定。

2.6.16 混凝土砂浆垫块配制质量标准和检验方法应符合DL/T 5210.3—2018《电力建设施工质量验收规程 第3部分：汽轮发电机组》中表6.1.9的规定。

2.6.17 可调固定器安装质量标准和检验方法应符合DL/T 5210.3—2018《电力建设施工质量验收规程 第3部分：汽轮发电机组》中表6.1.10的规定。

2.6.18 台板调整螺钉安装质量标准和检验方法应符合DL/T 5210.3—2018《电力建设施工质量验收规程 第3部分：汽轮发电机组》中表6.1.11的规定。

2.6.19 台板检查安装质量标准和检验方法应符合DL/T 5210.3—2018《电力建设施工质量验收规程 第3部分：汽轮发电机组》中表6.1.12的规定。

2.6.20 轴承座清理检查质量标准和检验方法应符合DL/T 5210.3—2018《电力建设施工质量验收规程 第3部分：汽轮发电机组》中表6.1.3的规定。

2.6.21 支持轴承检查质量标准和检验方法应符合DL/T 5210.3—2018《电力建设施工质量验收规程 第3部分：汽轮发电机组》中表6.1.14的规定。

2.6.22 支持轴瓦（瓦套）垫块检查安装质量标准和检验方法应符合DL/T 5210.3—2018《电力建设施工质量验收规程 第3部分：汽轮发电机组》中表6.1.15的规定。

2.6.23 轴承座就位找正质量标准和检验方法应符合DL/T 5210.3—2018《电力建设施工质量验收规程 第3部分：汽轮发电机组》中表6.1.16的规定。

2.6.24 支持轴瓦及油挡安装质量标准和检验方法应符合DL/T 5210.3—2018《电力建设施工质量验收规程 第3部分：汽轮发电机组》中表6.1.17的规定。

2.6.25 推力轴承检查安装质量标准和检验方法应符合DL/T 5210.3—2018《电力建设施工质量验收规程 第3部分：汽轮发电机组》中表6.1.18的规定。

2.6.26 同轴离心式注油泵检查安装质量标准和检验方法应符合DL/T 5210.3—2018《电力建设施工质量验收规程 第3部分：汽轮发电机组》中表6.1.19的规定。

2.6.27 轴承座扣盖质量标准和检验方法应符合DL/T 5210.3—2018《电力建设施工质量验收规程 第3部分：汽轮发电机组》中表6.1.20的规定。

2.6.28 低压缸清理检查质量标准和检验方法应符合DL/T 5210.3—2018《电力建设施工质量验收规程 第3部分：汽轮发电机组》中表6.1.21的规定。

2.6.29 高、中压缸清理检查质量标准和检验方法应符合DL/T 5210.3—2018《电力建设施工质量验收规程 第3部分：汽轮发电机组》中表6.1.22的规定。

2.6.30 高、中压内缸进汽管清理检查质量标准和检验方法应符合DL/T 5210.3—2018《电力建设施工质量验收规程 第3部分：汽轮发电机组》中表6.1.23的规定。

2.6.31 高、中压缸内通流部分设备检查质量标准和检验方法应符合DL/T 5210.3—2018《电力建设施工质量验收规程 第3部分：汽轮发电机组》中表6.1.24的规定。

2.6.32 低压缸内通流部分设备检查质量标准和检验方法应符合DL/T 5210.3—2018《电力建设施工质量验收规程 第3部分：汽轮发电机组》中表6.1.25的规定。

2.6.33 汽轮机部件金属监督及高温紧固件检验质量标准和检验方法应符合DL/T 5210.3—2018《电力建设施工质量验收规程 第3部分：汽轮发电机组》中表6.1.26的规定。

2.6.34 汽轮机转子外观检查质量标准和检验方法应符合DL/T 5210.3—2018《电力建设施工质量验收规程 第3部分：汽轮发电机组》中表6.1.27的规定。

2.6.35　低压缸组合检查质量标准和检验方法应符合DL/T 5210.3—2018《电力建设施工质量验收规程　第3部分：汽轮发电机组》中表6.1.28的规定。

2.6.36　高、中压缸组合检查质量标准和检验方法应符合DL/T 5210.3—2018《电力建设施工质量验收规程　第3部分：汽轮发电机组》中表6.1.29的规定。

2.6.37　汽缸就位找正质量标准和检验方法应符合DL/T 5210.3—2018《电力建设施工质量验收规程　第3部分：汽轮发电机组》中表6.1.30的规定。

2.6.38　轴承座、汽缸与转子找中心质量标准和检验方法应符合DL/T 5210.3—2018《电力建设施工质量验收规程　第3部分：汽轮发电机组》中表6.1.31的规定。

2.6.39　低压内缸安装质量标准和检验方法应符合DL/T 5210.3—2018《电力建设施工质量验收规程　第3部分：汽轮发电机组》中表6.1.32的规定。

2.6.40　高、中压内缸安装质量标准和检验方法应符合DL/T 5210.3—2018《电力建设施工质量验收规程　第3部分：汽轮发电机组》中表6.1.33的规定。

2.6.41　高压喷嘴室安装质量标准和检验方法应符合DL/T 5210.3—2018《电力建设施工质量验收规程　第3部分：汽轮发电机组》中表6.1.34的规定。

2.6.42　高、中压缸通流部分设备安装质量标准和检验方法应符合DL/T 5210.3—2018《电力建设施工质量验收规程　第3部分：汽轮发电机组》中表6.1.35的规定。

2.6.43　低压缸通流部分设备安装质量标准和检验方法应符合DL/T 5210.3—2018《电力建设施工质量验收规程　第3部分：汽轮发电机组》中表6.1.36的规定。

2.6.44　低压缸内通流部分设备洼窝找中心质量标准和检验方法应符合DL/T 5210.3—2018《电力建设施工质量验收规程　第3部分：汽轮发电机组》中表6.1.37的规定。

2.6.45　高、中压缸内通流部分设备洼窝找中心质量标准和检验方法应符合DL/T 5210.3—2018《电力建设施工质量验收规程　第3部分：汽轮发电机组》中表6.1.38的规定。

2.6.46　汽缸负荷分配质量标准和检验方法应符合DL/T 5210.3　2018《电力建设施工质量验收规程　第3部分：汽轮发电机组》中表6.1.39的规定。

2.6.47　通流部分间隙测量调整质量标准和检验方法应符合DL/T 5210.3—2018《电力建设施工质量验收规程　第3部分：汽轮发电机组》中表6.1.40的规定。

2.6.48　汽封间隙测量调整质量标准和检验方法应符合DL/T 5210.3—2018《电力建设施工质量验收规程　第3部分：汽轮发电机组》中表6.1.41的规定。

2.6.49　汽轮机扣盖前检查质量标准和检验方法应符合DL/T 5210.3—2018《电力建设施工质量验收规程　第3部分：汽轮发电机组》中表6.1.42的规定。

2.6.50　汽轮机扣盖检查质量标准和检验方法应符合DL/T 5210.3—2018《电力建设施工质量验收规程　第3部分：汽轮发电机组》中表6.1.43的规定。

2.6.51　整体组装汽缸最终定位质量标准和检验方法应符合DL/T 5210.3—2018《电力建设施工质量验收规程　第3部分：汽轮发电机组》中表6.1.44的规定。

2.6.52　联轴器找中心质量标准和检验方法应符合DL/T 5210.3—2018《电力建设施工质量验收规程　第3部分：汽轮发电机组》中表6.1.45的规定。

2.6.53　联轴器铰孔连接质量标准和检验方法应符合DL/T 5210.3—2018《电力建设施工质量验收规程　第3部分：汽轮发电机组》中表6.1.46的规定。

2.6.54　汽轮发电机组基础二次灌浆前检查质量标准和检验方法应符合DL/T 5210.3—2018《电力建设施工质量验收规程　第3部分：汽轮发电机组》中表6.1.47的规定。

2.6.55　汽轮发电机组基础二次灌浆及养护质量标准和检验方法应符合DL/T 5210.3—2018《电力建设施工质量验收规程　第3部分：汽轮发电机组》中表6.1.48的规定。

2.6.56　滑销系统间隙测量、调整质量标准和检验方法应符合DL/T 5210.3—2018《电力建设施工质量验收规程　第3部分：汽轮发电机组》中表6.1.49的规定。

2.6.57　轴承座与汽缸间定中心梁安装质量标准和检验方法应符合DL/T 5210.3—2018《电力建设施工质量验收规程　第3部分：汽轮发电机组》中表6.1.50的规定。

2.6.58　排位装置安装质量标准和检验方法应符合DL/T 5210.3—2018《电力建设施工质量验收规程　第3部分：汽轮发电机组》中表6.1.51的规定。

2.6.59　盘车设备检查安装质量标准和检验方法应符合DL/T 5210.3—2018《电力建设施工质量验收规程　第3部分：汽轮发电机组》中表6.1.52的规定。

2.6.60　SSS离合器安装质量标准和检验方法应符合DL/T 5210.3—2018《电力建设施工质量验收规程　第3部分：汽轮发电机组》中表6.1.53的规定。

2.6.61　汽轮机汽缸保温前检查质量标准和检验方法应符合DL/T 5210.3—2018《电力建设施工质量验收规程　第3部分：汽轮发电机组》中表6.1.54的规定。

2.6.62　汽轮机化妆板安装质量标准和检验方法应符合DL/T 5210.3—2018《电力建设施工质量验收规程　第3部分：汽轮发电机组》中表6.1.55的规定。

◆汽轮机本体范围管道安装

2.6.63　汽轮机导汽管道安装质量标准和检验方法应符合以下规定。

（1）导汽管检查与清理质量标准和检验方法应符合DL/T 5210.3—2018《电力建设施工质量验收规程　第3部分：汽轮发电机组》中表12.1.1的规定。

（2）导汽管预制管道检查质量标准和检验方法应符合DL/T 5210.3—2018《电力建设施工质量验收规程　第3部分：汽轮发电机组》中表12.1.2的规定。

（3）导汽管支吊架安装质量标准和检验方法应符合DL/T 5210.3—2018《电力建设

施工质量验收规程　第3部分：汽轮发电机组》中表12.2.1的规定。

（4）高压导汽管安装质量标准和检验方法应符合DL/T 5210.3—2018《电力建设施工质量验收规程　第3部分：汽轮发电机组》中表12.3.1的规定。

（5）中压导汽管安装质量标准和检验方法应符合DL/T 5210.3—2018《电力建设施工质量验收规程　第3部分：汽轮发电机组》中表12.3.1的规定。

（6）中低压连通管安装质量标准和检验方法应符合DL/T 5210.3—2018《电力建设施工质量验收规程　第3部分：汽轮发电机组》中表6.2.1的规定。

（7）管道蠕变监察段及蠕胀测点安装质量标准和检验方法应符合DL/T 5210.3—2018《电力建设施工质量验收规程　第3部分：汽轮发电机组》中表12.3.5的规定。

2.6.64　汽轮机本体疏水系统管道安装质量标准和检验方法应符合以下规定。

（1）管道支吊架安装质量标准和检验方法应符合DL/T 5210.3—2018《电力建设施工质量验收规程　第3部分：汽轮发电机组》中表13.1.1的规定。

（2）管道检查及清理质量标准和检验方法应符合DL/T 5210.3—2018《电力建设施工质量验收规程　第3部分：汽轮发电机组》中表12.1.1的规定。

（3）阀门检查、安装质量标准和检验方法应符合DL/T 5210.3—2018《电力建设施工质量验收规程　第3部分：汽轮发电机组》中表12.1.3的规定。

（4）管道安装质量标准和检验方法应符合DL/T 5210.3—2018《电力建设施工质量验收规程　第3部分：汽轮发电机组》中表6.2.2的规定。

（5）管道严密性试验质量标准和检验方法应符合DL/T 5210.3—2018《电力建设施工质量验收规程　第3部分：汽轮发电机组》中表13.2.5的规定。

（6）管道吹扫检查质量标准和检验方法应符合DL/T 5210.3—2018《电力建设施工质量验收规程　第3部分：汽轮发电机组》中表13.2.6的规定。

2.6.65　轴封及门杆漏气系统管道安装质量标准和检验方法应符合下列规定。

（1）管道支吊架安装质量标准和检验方法应符合DL/T 5210.3—2018《电力建设施工质量验收规程　第3部分：汽轮发电机组》中表13.1.1的规定。

（2）管道检查及清理质量标准和检验方法应符合DL/T 5210.3—2018《电力建设施工质量验收规程　第3部分：汽轮发电机组》中表12.1.1的规定。

（3）阀门检查、安装质量标准和检验方法应符合DL/T 5210.3—2018《电力建设施工质量验收规程　第3部分：汽轮发电机组》中表12.1.3的规定。

（4）管道安装质量标准和检验方法应符合DL/T 5210.3—2018《电力建设施工质量验收规程　第3部分：汽轮发电机组》中表13.2.4的规定。

（5）管道严密性试验质量标准和检验方法应符合DL/T 5210.3—2018《电力建设施工质量验收规程　第3部分：汽轮发电机组》中表13.2.5的规定。

（6）管道吹扫检查质量标准和检验方法应符合DL/T 5210.3—2018《电力建设施工质量验收规程　第3部分：汽轮发电机组》中表13.2.6的规定。

◆汽轮机本体安装施工质量签证

2.6.66　台板接触检查签证应符合DL/T 5210.3—2018《电力建设施工质量验收规程　第3部分：汽轮发电机组》中表6.3.1的规定。

2.6.67　轴承座灌油试验签证应符合DL/T 5210.3—2018《电力建设施工质量验收规程　第3部分：汽轮发电机组》中表6.3.2的规定。

2.6.68　轴承座扣盖签证应符合DL/T 5210.3—2018《电力建设施工质量验收规程　第3部分：汽轮发电机组》中表6.3.3的规定。

2.6.69　汽缸外观检查签证应符合DL/T 5210.3—2018《电力建设施工质量验收规程　第3部分：汽轮发电机组》中表6.3.4的规定。

2.6.70　汽轮机转子外观检查签证应符合DL/T 5210.3—2018《电力建设施工质量验收规程　第3部分：汽轮发电机组》中表6.3.5的规定。

2.6.71　高、中压喷嘴室检查封闭签证应符合DL/T 5210.3—2018《电力建设施工质量验收规程　第3部分：汽轮发电机组》中表6.3.6的规定。

2.6.72　汽轮机扣缸前检查签证应符合DL/T 5210.3—2018《电力建设施工质量验收规程　第3部分：汽轮发电机组》中表6.3.7的规定。

2.6.73　汽轮机扣盖签证应符合DL/T 5210.3—2018《电力建设施工质量验收规程　第3部分：汽轮发电机组》中表6.3.8的规定。

2.6.74　基础二次灌浆前检查签证应符合DL/T 5210.3—2018《电力建设施工质量验收规程　第3部分：汽轮发电机组》中表6.3.9的规定。

2.6.75　高、中压导汽管安装检查签证应符合DL/T 5210.3—2018《电力建设施工质量验收规程　第3部分：汽轮发电机组》中表6.3.10的规定。

2.6.76　中、低压连通管安装检查签证应符合DL/T 5210.3—2018《电力建设施工质量验收规程　第3部分：汽轮发电机组》中表6.3.11的规定。

◆安装施工质量技术文件

2.6.77　汽轮机本体及本体范围管道单位工程安装完毕后，提交的技术文件应按DL/T 5210.3—2018《电力建设施工质量验收规程　第3部分：汽轮发电机组》中表6.4.1的规定核查。

四、调节保安装置和油系统安装

◆调节保安装置安装

2.6.78　主汽门、调速汽门、补汽阀清理质量标准和检验方法应符合DL/T 5210.3—2018《电力建设施工质量验收规程　第3部分：汽轮发电机组》中表9.1.1的规定。

2.6.79 主汽门、调速汽门、补汽阀安装质量标准和检验方法应符合DL/T 5210.3—2018《电力建设施工质量验收规程 第3部分：汽轮发电机组》中表9.1.2的规定。

2.6.80 执行机构安装质量标准和检验方法应符合DL/T 5210.3—2018《电力建设施工质量验收规程 第3部分：汽轮发电机组》中表9.1.3的规定。

2.6.81 危急遮断器安装质量标准和检验方法应符合DL/T 5210.3—2018《电力建设施工质量验收规程 第3部分：汽轮发电机组》中表9.1.4的规定。

2.6.82 危急遮断油门安装质量标准和检验方法应符合DL/T 5210.3—2018《电力建设施工质量验收规程 第3部分：汽轮发电机组》中表9.1.5的规定。

2.6.83 危急遮断装置安装质量标准和检验方法应符合DL/T 5210.3—2018《电力建设施工质量验收规程 第3部分：汽轮发电机组》中表9.1.6的规定。

2.6.84 其他保安操作装置安装质量标准和检验方法应符合DL/T 5210.3—2018《电力建设施工质量验收规程 第3部分：汽轮发电机组》中表9.1.7的规定。

2.6.85 抗燃油供油装置安装质量标准和检验方法应符合DL/T 5210.3—2018《电力建设施工质量验收规程 第3部分：汽轮发电机组》中表9.1.8的规定。

2.6.86 抗燃油管道及支吊架安装质量标准和检验方法应符合DL/T 5210.3—2018《电力建设施工质量验收规程 第3部分：汽轮发电机组》中表9.1.9的规定。

2.6.87 抗燃油管道严密性试验质量标准和检验方法应符合DL/T 5210.3—2018《电力建设施工质量验收规程 第3部分：汽轮发电机组》中表9.1.10的规定。

2.6.88 抗燃油系统循环冲洗质量标准和检验方法应符合DL/T 5210.3—2018《电力建设施工质量验收规程 第3部分：汽轮发电机组》中表9.1.11的规定。

◆润滑油、顶轴油系统安装

2.6.89 集装式主油箱安装质量标准和检验方法应符合DL/T 5210.3—2018《电力建设施工质量验收规程 第3部分：汽轮发电机组》中表9.2.1的规定。

2.6.90 润滑油储油箱安装质量标准和检验方法应符合DL/T 5210.3—2018《电力建设施工质量验收规程 第3部分：汽轮发电机组》中表9.2.2的规定。

2.6.91 冷油器安装质量标准和检验方法应符合DL/T 5210.3—2018《电力建设施工质量验收规程 第3部分：汽轮发电机组》中表9.2.3的规定。

2.6.92 滤油器安装质量标准和检验方法应符合DL/T 5210.3—2018《电力建设施工质量验收规程 第3部分：汽轮发电机组》中表9.2.4的规定。

2.6.93 立式油泵检查安装质量标准和检验方法应符合DL/T 5210.3—2018《电力建设施工质量验收规程 第3部分：汽轮发电机组》中表9.2.5的规定。

2.6.94 卧式油泵检查安装质量标准和检验方法应符合DL/T 5210.3—2018《电力

建设施工质量验收规程 第3部分：汽轮发电机组》中表9.2.6的规定。

2.6.95 油泵试运质量标准和检验方法应符合DL/T 5210.3—2018《电力建设施工质量验收规程 第3部分：汽轮发电机组》中表9.2.7的规定。

2.6.96 排烟风机安装质量标准和检验方法应符合DL/T 5210.3—2018《电力建设施工质量验收规程 第3部分：汽轮发电机组》中表9.2.8的规定。

2.6.97 排烟风机试运质量标准和检验方法应符合DL/T 5210.3—2018《电力建设施工质量验收规程 第3部分：汽轮发电机组》中表9.2.9的规定。

2.6.98 注油器及油涡轮泵安装质量标准和检验方法应符合DL/T 5210.3—2018《电力建设施工质量验收规程 第3部分：汽轮发电机组》中表9.2.10的规定。

2.6.99 油净化装置安装质量标准和检验方法应符合DL/T 5210.3—2018《电力建设施工质量验收规程 第3部分：汽轮发电机组》中表9.2.11的规定。

2.6.100 油净化装置安装质量标准和检验方法应符合DL/T 5210.3—2018《电力建设施工质量验收规程 第3部分：汽轮发电机组》中表9.2.7的规定。

2.6.101 润滑油（顶轴油）管道及支吊架安装质量标准和检验方法应符合DL/T 5210.3—2018《电力建设施工质量验收规程 第3部分：汽轮发电机组》中表9.2.3的规定。

2.6.102 润滑油管道严密性试验质量标准和检验方法应符合DL/T 5210.3—2018《电力建设施工质量验收规程 第3部分：汽轮发电机组》中表9.2.14的规定。

2.6.103 润滑油和顶轴油系统循环冲洗质量标准和检验方法应符合DL/T 5210.3—2018《电力建设施工质量验收规程 第3部分：汽轮发电机组》中表9.2.15的规定。

◆密封油系统设备及管道安装

2.6.104 集装式密封油供油装置安装质量标准和检验方法应符合DL/T 5210.3—2018《电力建设施工质量验收规程 第3部分：汽轮发电机组》中表9.2.1的规定。

2.6.105 密封油箱安装质量标准和检验方法应符合DL/T 5210.3—2018《电力建设施工质量验收规程 第3部分：汽轮发电机组》中表9.2.2的规定。

2.6.106 密封油冷却器安装质量标准和检验方法应符合DL/T 5210.3—2018《电力建设施工质量验收规程 第3部分：汽轮发电机组》中表9.2.3的规定。

2.6.107 密封油泵安装质量标准和检验方法应符合DL/T 5210.3—2018《电力建设施工质量验收规程 第3部分：汽轮发电机组》中表9.2.6的规定。

2.6.108 密封油泵试运质量标准和检验方法应符合DL/T 5210.3—2018《电力建设施工质量验收规程 第3部分：汽轮发电机组》中表9.2.7的规定。

2.6.109 密封油油净化装置安装质量标准和检验方法应符合DL/T 5210.3—2018

《电力建设施工质量验收规程　第3部分：汽轮发电机组》中表9.2.11的规定。

2.6.110　密封油油净化装置试运质量标准和检验方法应符合DL/T 5210.3—2018《电力建设施工质量验收规程　第3部分：汽轮发电机组》中表9.2.7的规定。

2.6.111　密封油管道及支吊架安装质量标准和检验方法应符合DL/T 5210.3—2018《电力建设施工质量验收规程　第3部分：汽轮发电机组》中表9.2.13的规定。

2.6.112　密封油管道严密性试验质量标准和检验方法应符合DL/T 5210.3—2018《电力建设施工质量验收规程　第3部分：汽轮发电机组》中表9.2.14的规定。

2.6.113　密封油管道系统冲洗质量标准和检验方法应符合DL/T 5210.3—2018《电力建设施工质量验收规程　第3部分：汽轮发电机组》中表9.2.15的规定。

◆安装施工质量签证

2.6.114　主汽门及调速汽门严密性检查签证应符合DL/T 5210.3—2018《电力建设施工质量验收规程　第3部分：汽轮发电机组》中表9.5.1的规定。

2.6.115　油箱封闭签证应符合DL/T 5210.3—2018《电力建设施工质量验收规程　第3部分：汽轮发电机组》中表9.5.2的规定。

2.6.116　抗燃油系统冲洗前检查签证应符合DL/T 5210.3—2018《电力建设施工质量验收规程　第3部分：汽轮发电机组》中表9.5.3的规定。

2.6.117　抗燃油系统冲洗后签证应符合DL/T 5210.3—2018《电力建设施工质量验收规程　第3部分：汽轮发电机组》中表9.5.4的规定。

2.6.118　冷油器严密性试验签证应符合DL/T 5210.3—2018《电力建设施工质量验收规程　第3部分：汽轮发电机组》中表9.5.5的规定。

2.6.119　润滑油及密封油系统冲洗前检查签证应符合DL/T 5210.3—2018《电力建设施工质量验收规程　第3部分：汽轮发电机组》中表9.5.6的规定。

2.6.120　润滑油及密封油系统冲洗后签证应符合DL/T 5210.3—2018《电力建设施工质量验收规程　第3部分：汽轮发电机组》中表9.5.7的规定。

◆安装施工质量技术文件

2.6.121　调节保安装置和油系统安装单位工程安装完毕后，提交的技术文件应符合DL/T 5210.3—2018《电力建设施工质量验收规程　第3部分：汽轮发电机组》中表9.6.1的规定。

五、辅助设备安装

◆通用部分

2.6.122　辅助设备和附属机械基础准备质量标准和检验方法应符合DL/T 5210.3—2018《电力建设施工质量验收规程　第3部分：汽轮发电机组》中表10.1.1的规定。

2.6.123　辅助设备和附属机械垫铁及地脚螺栓配制安装质量标准和检验方法应符

合 DL/T 5210.3—2018《电力建设施工质量验收规程 第3部分：汽轮发电机组》中表 10.1.2 的规定。

2.6.124 辅助设备和附属机械二次灌浆质量标准和检验方法应符合 DL/T 5210.3—2018《电力建设施工质量验收规程 第3部分：汽轮发电机组》中表 10.1.3 的规定。

2.6.125 热交换器检查质量标准和检验方法符合 DL/T 5210.3—2018《电力建设施工质量验收规程 第3部分：汽轮发电机组》中表 10.1.4 的规定。

2.6.126 热交换器安装质量标准和检验方法应 DL/T 5210.3—2018《电力建设施工质量验收规程 第3部分：汽轮发电机组》中表 10.1.5 的规定。

2.6.127 箱罐安装质量标准和检验方法应符合 DL/T 5210.3—2018《电力建设施工质量验收规程 第3部分：汽轮发电机组》中表 10.1.6 的规定。

2.6.128 金属构件、钢制平台、梯子、栏杆和盖板制作安装质量标准和检验方法应符合 DL/T 5210.3—2018《电力建设施工质量验收规程 第3部分：汽轮发电机组》中表 10.1.7 的规定。

◆水冷凝汽器组合安装

2.6.129 凝汽器壳体组合质量标准和检验方法应符合 DL/T 5210.3—2018《电力建设施工质量验收规程 第3部分：汽轮发电机组》中表 10.2.1 的规定。

2.6.130 凝汽器内置加热器安装质量标准和检验方法应符合 DL/T 5210.3—2018《电力建设施工质量验收规程 第3部分：汽轮发电机组》中表 10.6.1 的规定。

2.6.131 凝汽器就位找正质量标准和检验方法应符合下列规定：

（1）基础准备质量标准和检验方法应符合 DL/T 5210.3—2018《电力建设施工质量验收规程 第3部分：汽轮发电机组》中表 10.1.1 的规定。

（2）基础垫铁及地脚螺栓配置安装质量标准和检验方法应符合 DL/T 5210.3—2018《电力建设施工质量验收规程 第3部分：汽轮发电机组》中表 10.1.2 的规定。

2.6.132 凝汽器就位找正质量标准和检验方法应符合 DL/T 5210.3—2018《电力建设施工质量验收规程 第3部分：汽轮发电机组》中表 10.2.3 的规定。

2.6.133 凝汽器冷却管束安装质量标准和检验方法应符合 DL/T 5210.3—2018《电力建设施工质量验收规程 第3部分：汽轮发电机组》中表 10.2.4 的规定。

2.6.134 凝汽器与汽缸连接及严密性检验质量标准和检验方法应符合 DL/T 5210.3—2018《电力建设施工质量验收规程 第3部分：汽轮发电机组》中表 10.2.5 的规定。

2.6.135 凝汽器附件安装质量标准和检验方法应符合 DL/T 5210.3—2018《电力建设施工质量验收规程 第3部分：汽轮发电机组》中表 10.2.6 的规定。

2.6.136 凝汽器基础二次浇灌质量标准和检验方法应符合 DL/T 5210.3—2018《电

力建设施工质量验收规程 第3部分：汽轮发电机组》中表10.1.3的规定。

2.6.137 凝汽器清洗装置安装质量标准和检验方法应符合下列规定：

（1）基础准备质量标准和检验方法应符合DL/T 5210.3—2018《电力建设施工质量验收规程 第3部分：汽轮发电机组》中表10.1.1的规定。

（2）基础垫铁及地脚螺栓配置安装质量标准和检验方法应符合DL/T 5210.3—2018《电力建设施工质量验收规程 第3部分：汽轮发电机组》中表10.1.2的规定。

（3）凝汽器清洗泵检查安装质量标准和检验方法应符合DL/T 5210.3—2018《电力建设施工质量验收规程 第3部分：汽轮发电机组》中表11.1.4的规定。

（4）凝汽器清洗泵基础二次灌浆质量标准和检验方法应符合DL/T 5210.3—2018《电力建设施工质量验收规程 第3部分：汽轮发电机组》中表10.1.3的规定。

（5）凝汽器清洗管道支吊架安装质量标准和检验方法应符合DL/T 5210.3—2018《电力建设施工质量验收规程 第3部分：汽轮发电机组》中表13.1.1的规定。

（6）凝汽器清洗管道安装质量标准和检验方法应符合DL/T 5210.3—2018《电力建设施工质量验收规程 第3部分：汽轮发电机组》中表13.2.4的规定。

（7）凝汽器清洗泵试运质量标准和检验方法应符合DL/T 5210.3—2018《电力建设施工质量验收规程 第3部分：汽轮发电机组》中表11.1.7的规定。

（8）胶球清洗装置检查安装质量标准和检验方法应符合DL/T 5210.3—2018《电力建设施工质量验收规程 第3部分：汽轮发电机组》中表10.2.8的规定。

◆直接空冷凝汽器安装

2.6.138 直接空冷凝汽器钢结构安装应符合下列规定：

（1）钢结构基础准备质量标准和检验方法应符合DL/T 5210.3—2018《电力建设施工质量验收规程 第3部分：汽轮发电机组》中表10.3.1-1的规定。

（2）钢结构预拼装质量标准和检验方法应符合DL/T 5210.3—2018《电力建设施工质量验收规程 第3部分：汽轮发电机组》中表10.3.1-2的规定。

（3）支撑钢结构安装质量标准和检验方法应符合DL/T 5210.3—2018《电力建设施工质量验收规程 第3部分：汽轮发电机组》中表10.3.1-3的规定。

（4）支撑钢结构基础二次浇灌质量标准和检验方法应符合DL/T 5210.3—2018《电力建设施工质量验收规程 第3部分：汽轮发电机组》中表10.1.3的规定。

（5）支撑钢结构高强螺栓安装质量标准和检验方法应符合DL/T 5210.3—2018《电力建设施工质量验收规程 第3部分：汽轮发电机组》中表10.3.1-4的规定。

（6）风机桥架和平台盖板安装质量标准和检验方法应符合DL/T 5210.3—2018《电力建设施工质量验收规程 第3部分：汽轮发电机组》中表10.3.1-5的规定。

（7）管束支撑A型架安装质量标准和检验方法应符合DL/T 5210.3—2018《电力建

设施工质量验收规程　第3部分：汽轮发电机组》中表10.3.1-6的规定。

（8）挡风墙安装质量标准和检验方法应符合DL/T 5210.3—2018《电力建设施工质量验收规程　第3部分：汽轮发电机组》中表10.3.1-7的规定。

（9）平台、梯子、栏杆组合安装质量标准和检验方法应符合DL/T 5210.3—2018《电力建设施工质量验收规程　第3部分：汽轮发电机组》中表10.1.7的规定。

2.6.139　空冷凝汽器风机安装质量标准和检验方法应符合DL/T 5210.3—2018《电力建设施工质量验收规程　第3部分：汽轮发电机组》中表10.3.2的规定。

2.6.140　排汽装置组合安装质量标准和检验方法应符合下列规定。

（1）排汽装置组合安装质量标准和检验方法应符合DL/T 5210.3—2018《电力建设施工质量验收规程　第3部分：汽轮发电机组》中表10.2.1的规定。

（2）排汽装置就位找正安装质量标准和检验方法应符合DL/T 5210.3—2018《电力建设施工质量验收规程　第3部分：汽轮发电机组》中表10.2.3的规定。

（3）排汽装置与汽缸连接及严密性检查质量标准和检验方法应符合DL/T 5210.3—2018《电力建设施工质量验收规程　第3部分：汽轮发电机组》中表10.2.5的规定。

（4）排汽装置附件安装质量标准和检验方法应符合DL/T 5210.3—2018《电力建设施工质量验收规程　第3部分：汽轮发电机组》中表10.2.6的规定。

（5）排汽装置基础二次浇灌质量标准和检验方法应符合DL/T 5210.3—2018《电力建设施工质量验收规程　第3部分：汽轮发电机组》中表10.1.3的规定。

2.6.141　排汽装置热井疏水泵、冷凝管束冲洗水泵安装质量标准和检验方法应符合下列规定。

（1）基础准备质量标准和检验方法应符合DL/T 5210.3—2018《电力建设施工质量验收规程　第3部分：汽轮发电机组》中表10.1.1的规定。

（2）垫铁及地脚螺栓配置质量标准和检验方法应符合DL/T 5210.3—2018《电力建设施工质量验收规程　第3部分：汽轮发电机组》中表10.1.2的规定。

（3）冲洗水泵检查安装质量标准和检验方法应符合DL/T 5210.3—2018《电力建设施工质量验收规程　第3部分：汽轮发电机组》中表11.1.4的规定。

（4）冲洗水泵基础二次浇灌质量标准和检验方法应符合DL/T 5210.3—2018《电力建设施工质量验收规程　第3部分：汽轮发电机组》中表10.1.3的规定。

（5）冲洗水泵试运质量标准和检验方法应符合DL/T 5210.3—2018《电力建设施工质量验收规程　第3部分：汽轮发电机组》中表11.1.7的规定。

2.6.142　真空除氧器安装质量标准和检验方法应符合下列规定。

（1）基础准备质量标准和检验方法应符合DL/T 5210.3—2018《电力建设施工质量验收规程　第3部分：汽轮发电机组》中表10.1.1的规定。

（2）垫铁及地脚螺栓配置质量标准和检验方法应符合DL/T 5210.3—2018《电力建设施工质量验收规程 第3部分：汽轮发电机组》中表10.1.2的规定。

（3）真空除氧器本体安装质量标准和检验方法应符合DL/T 5210.3—2018《电力建设施工质量验收规程 第3部分：汽轮发电机组》中表10.5.1的规定。

（4）真空除氧器附件安装质量标准和检验方法应符合DL/T 5210.3—2018《电力建设施工质量验收规程 第3部分：汽轮发电机组》中表10.5.2的规定。

（5）基础二次浇灌质量标准和检验方法应符合DL/T 5210.3—2018《电力建设施工质量验收规程 第3部分：汽轮发电机组》中表10.1.3的规定。

2.6.143 冷凝管束及清洗装置安装质量标准和检验方法应符合DL/T 5210.3—2018《电力建设施工质量验收规程 第3部分：汽轮发电机组》中表10.3.6的规定。

2.6.144 空冷系统严密性试验质量标准和检验方法应符合DL/T 5210.3—2018《电力建设施工质量验收规程 第3部分：汽轮发电机组》中表10.3.7的规定。

◆间接空冷装置（冷却塔）安装

2.6.145 间接空冷装置钢结构安装质量标准和检验方法应符合下列规定。

（1）钢结构安装基础划线检查质量标准和检验方法应符合DL/T 5210.3—2018《电力建设施工质量验收规程 第3部分：汽轮发电机组》中表10.4.1-1的规定。

（2）展宽平台安装质量标准和检验方法应符合DL/T 5210.3—2018《电力建设施工质量验收规程 第3部分：汽轮发电机组》中表10.4.1-2的规定。

（3）散热器支腿安装质量标准和检验方法应符合DL/T 5210.3—2018《电力建设施工质量验收规程 第3部分：汽轮发电机组》中表10.4.1-3的规定。

2.6.146 储水箱、高位膨胀水箱安装质量标准和检验方法应符合DL/T 5210.3—2018《电力建设施工质量验收规程 第3部分：汽轮发电机组》中表10.1.6的规定。

2.6.147 散热器组合安装质量标准和检验方法应符合下列规定。

（1）散热器组合安装质量标准和检验方法应符合DL/T 5210.3—2018《电力建设施工质量验收规程 第3部分：汽轮发电机组》中表10.4.3-1的规定。

（2）散热器、清洗装置安装质量标准和检验方法应符合DL/T 5210.3—2018《电力建设施工质量验收规程 第3部分：汽轮发电机组》中表10.4.3-2的规定。

2.6.148 补充水泵、清洗水泵安装质量标准和检验方法应符合下列规定。

（1）基础准备质量标准和检验方法应符合DL/T 5210.3—2018《电力建设施工质量验收规程 第3部分：汽轮发电机组》中表10.1.1的规定。

（2）垫铁及地脚螺栓配置质量标准和检验方法应符合DL/T 5210.3—2018《电力建设施工质量验收规程 第3部分：汽轮发电机组》中表10.1.2的规定。

（3）水泵检查安装质量标准和检验方法应符合DL/T 5210.3—2018《电力建设施工

质量验收规程 第3部分：汽轮发电机组》中表11.1.4的规定。

（4）水泵基础二次浇灌质量标准和检验方法应符合DL/T 5210.3—2018《电力建设施工质量验收规程 第3部分：汽轮发电机组》中表10.1.3的规定。

（5）水泵试运质量标准和检验方法应符合DL/T 5210.3—2018《电力建设施工质量验收规程 第3部分：汽轮发电机组》中表11.1.7的规定。

2.6.149 管道安装质量标准和检验方法应符合下列规定。

（1）管道外观检查及清理质量标准和检验方法应符合DL/T 5210.3—2018《电力建设施工质量验收规程 第3部分：汽轮发电机组》中表12.1.1的规定。

（2）阀门检查安装质量标准和检验方法应符合DL/T 5210.3—2018《电力建设施工质量验收规程 第3部分：汽轮发电机组》中表12.1.3的规定。

（3）管道安装质量标准和检验方法应符合DL/T 5210.3—2018《电力建设施工质量验收规程 第3部分：汽轮发电机组》中表13.2.4的规定。

（4）管道支吊架安装质量标准和检验方法应符合DL/T 5210.3—2018《电力建设施工质量验收规程 第3部分：汽轮发电机组》中表13.1.1的规定。

2.6.150 系统水冲洗质量标准和检验方法应符合DL/T 5210.3—2018《电力建设施工质量验收规程 第3部分：汽轮发电机组》中表10.4.6的规定。

◆除氧器（水箱）设备安装

2.6.151 除氧器（水箱）本体安装质量标准和检验方法应符合下列规定。

（1）基础准备质量标准和检验方法应符合DL/T 5210.3—2018《电力建设施工质量验收规程 第3部分：汽轮发电机组》中表10.1.1的规定。

（2）垫铁及地脚螺栓配置质量标准和检验方法应符合DL/T 5210.3—2018《电力建设施工质量验收规程 第3部分：汽轮发电机组》中表10.1.2的规定。

（3）除氧器（水箱）本体安装质量标准和检验方法应符合DL/T 5210.3—2018《电力建设施工质量验收规程 第3部分：汽轮发电机组》中表10.5.1的规定。

（4）基础二次浇灌的质量标准和检验方法应符合DL/T 5210.3—2018《电力建设施工质量验收规程 第3部分：汽轮发电机组》中表10.1.3的规定。

2.6.152 除氧器附件安装质量标准和检验方法应符合DL/T 5210.3—2018《电力建设施工质量验收规程 第3部分：汽轮发电机组》中表10.5.2的规定。

2.6.153 除氧器（水箱）平台、梯子、栏杆安装质量标准和检验方法应符合DL/T 5210.3—2018《电力建设施工质量验收规程 第3部分：汽轮发电机组》中表10.1.7的规定。

◆换热设备安装

2.6.154 汽封加热器、闭冷水换热器及其他换热器安装质量标准和检验方法应符合下列规定。

（1）基础准备质量标准和检验方法应符合DL/T 5210.3—2018《电力建设施工质量验收规程　第3部分：汽轮发电机组》中表10.1.1的规定。

（2）垫铁及地脚螺栓配置质量标准和检验方法应符合DL/T 5210.3—2018《电力建设施工质量验收规程　第3部分：汽轮发电机组》中表10.1.2的规定。

（3）汽封加热器、闭冷水换热器及其他换热器检查质量标准和检验方法应符合DL/T 5210.3—2018《电力建设施工质量验收规程　第3部分：汽轮发电机组》中表10.1.4的规定。

（4）汽封加热器、闭冷水换热器及其他换热器安装质量标准和检验方法应符合DL/T 5210.3—2018《电力建设施工质量验收规程　第3部分：汽轮发电机组》中表10.1.5的规定。

（5）基础二次浇灌质量标准和检验方法应符合DL/T 5210.3—2018《电力建设施工质量验收规程　第3部分：汽轮发电机组》中表10.1.3的规定。

2.6.155　疏水扩容器安装质量标准和检验方法应符合下列规定。

（1）基础准备质量标准和检验方法应符合DL/T 5210.3—2018《电力建设施工质量验收规程　第3部分：汽轮发电机组》中表10.1.1的规定。

（2）垫铁及地脚螺栓配置质量标准和检验方法应符合DL/T 5210.3—2018《电力建设施工质量验收规程　第3部分：汽轮发电机组》中表10.1.2的规定。

（3）疏水扩容器安装质量标准和检验方法应符合DL/T 5210.3—2018《电力建设施工质量验收规程　第3部分：汽轮发电机组》中表10.1.6的规定。

（4）基础二次浇灌质量标准和检验方法应符合DL/T 5210.3—2018《电力建设施工质量验收规程　第3部分：汽轮发电机组》中表10.1.3的规定。

◆旁路系统设备安装

2.6.156　高压旁路系统设备检查安装质量标准和检验方法应符合DL/T 5210.3—2018《电力建设施工质量验收规程　第3部分：汽轮发电机组》中表10.7.1的规定。

2.6.157　低压旁路系统设备检查安装质量标准和检验方法应符合DL/T 5210.3—2018《电力建设施工质量验收规程　第3部分：汽轮发电机组》中表10.7.2的规定。

2.6.158　接入凝汽器的蒸汽排放装置安装质量标准和检验方法应符合DL/T 5210.3—2018《电力建设施工质量验收规程　第3部分：汽轮发电机组》中表10.7.3的规定。

2.6.159　旁路油系统安装质量标准和检验方法应符合下列规定。

（1）液压旁路装置油系统设备安装质量标准和检验方法应符合DL/T 5210.3—2018《电力建设施工质量验收规程　第3部分：汽轮发电机组》中表9.1.8的规定。

（2）液压旁路装置油系统管路安装质量标准和检验方法应符合 DL/T 5210.3—2018《电力建设施工质量验收规程　第3部分：汽轮发电机组》中表9.1.9的规定。

（3）液压旁路装置油系统冲洗质量标准和检验方法应符合 DL/T 5210.3—2018《电力建设施工质量验收规程　第3部分：汽轮发电机组》中表9.1.11的规定。

◆减温减压装置安装

2.6.160　减温减压装置安装质量标准和检验方法应符合下列规定。

（1）基础准备质量标准和检验方法应符合 DL/T 5210.3—2018《电力建设施工质量验收规程　第3部分：汽轮发电机组》中表10.1.1的规定。

（2）垫铁及地脚螺栓配置质量标准和检验方法应符合 DL/T 5210.3—2018《电力建设施工质量验收规程　第3部分：汽轮发电机组》中表10.1.2的规定。

（3）减温减压装置安装质量标准和检验方法应符合 DL/T 5210.3—2018《电力建设施工质量验收规程　第3部分：汽轮发电机组》中表10.8.1的规定。

（4）基础二次浇灌质量标准和检验方法应符合 DL/T 5210.3—2018《电力建设施工质量验收规程　第3部分：汽轮发电机组》中表10.1.3的规定。

◆其他箱罐安装

2.6.161　辅助蒸汽联箱、闭冷水膨胀水箱、凝结水补水箱等箱罐安装质量标准和检验方法应符合下列规定。

（1）基础准备质量标准和检验方法应符合 DL/T 5210.3—2018《电力建设施工质量验收规程　第3部分：汽轮发电机组》中表10.1.1的规定。

（2）垫铁及地脚螺栓配置质量标准和检验方法应符合 DL/T 5210.3—2018《电力建设施工质量验收规程　第3部分：汽轮发电机组》中表10.1.2的规定。

（3）辅助蒸汽联箱、闭冷水膨胀水箱、凝结水补水箱等箱罐的安装质量标准和检验方法应符合 DL/T 5210.3—2018《电力建设施工质量验收规程　第3部分：汽轮发电机组》中表10.1.6的规定。

（4）基础二次浇灌质量标准和检验方法应符合 DL/T 5210.3—2018《电力建设施工质量验收规程　第3部分：汽轮发电机组》中表10.1.3的规定。

◆安装施工质量签证

2.6.162　凝汽器穿管前签证应符合 DL/T 5210.3—2018《电力建设施工质量验收规程　第3部分：汽轮发电机组》中表10.10.1的规定。

2.6.163　凝汽器与汽缸连接前签证应符合 DL/T 5210.3—2018《电力建设施工质量验收规程　第3部分：汽轮发电机组》中表10.10.2的规定。

2.6.164　凝汽器及真空系统灌水试验签证单应符合 DL/T 5210.3—2018《电力建设施工质量验收规程　第3部分：汽轮发电机组》中表10.10.3的规定。

2.6.165 凝汽器汽侧、水侧封闭签证单应符合 DL/T 5210.3—2018《电力建设施工质量验收规程　第3部分：汽轮发电机组》中表10.10.4的规定。

2.6.166 直接空冷凝汽系统严密性试验签证应符合 DL/T 5210.3—2018《电力建设施工质量验收规程　第3部分：汽轮发电机组》中表10.10.5的规定。

2.6.167 直接空冷凝汽器汽侧封闭签证应符合 DL/T 5210.3—2018《电力建设施工质量验收规程　第3部分：汽轮发电机组》中表10.10.6的规定。

2.6.168 直接空冷凝汽器风道检查签证应符合 DL/T 5210.3—2018《电力建设施工质量验收规程　第3部分：汽轮发电机组》中表10.10.7的规定。

2.6.169 疏水扩容器封闭签证应符合 DL/T 5210.3—2018《电力建设施工质量验收规程　第3部分：汽轮发电机组》中表10.10.8的规定。

2.6.170 除氧器封闭签证应符合 DL/T 5210.3—2018《电力建设施工质量验收规程　第3部分：汽轮发电机组》中表10.10.9的规定。

2.6.171 热交换器水压试验签证应符合 DL/T 5210.3—2018《电力建设施工质量验收规程　第3部分：汽轮发电机组》中表10.10.10的规定。

2.6.172 箱罐容器封闭签证应符合 DL/T 5210.3—2018《电力建设施工质量验收规程　第3部分：汽轮发电机组》中表10.10.11的规定。

2.6.173 减温减压装置封闭签证应符合 DL/T 5210.3—2018《电力建设施工质量验收规程　第3部分：汽轮发电机组》中表10.10.12的规定。

◆安装施工质量技术文件

2.6.174 辅助设备安装单位工程质量验收时，提交的技术文件应符合 DL/T 5210.3—2018《电力建设施工质量验收规程　第3部分：汽轮发电机组》中表10.11.1的规定。

六、附属机械安装

◆通用部分

2.6.175 附属机械轴承座安装质量标准和检验方法应符合 DL/T 5210.3—2018《电力建设施工质量验收规程　第3部分：汽轮发电机组》中表11.1.1的规定。

2.6.176 附属机械滑动轴承检查安装质量标准和检验方法应符合 DL/T 5210.3—2018《电力建设施工质量验收规程　第3部分：汽轮发电机组》中表11.1.2的规定。

2.6.177 附属机械滚动轴承检查安装质量标准和检验方法应符合 DL/T 5210.3—2018《电力建设施工质量验收规程　第3部分：汽轮发电机组》中表11.1.3的规定。

2.6.178 卧式离心水泵检查、安装质量标准和检验方法应符合 DL/T 5210.3—2018《电力建设施工质量验收规程　第3部分：汽轮发电机组》中表11.1.4的规定。

2.6.179 立式离心水泵检查、安装质量标准和检验方法应符合 DL/T 5210.3—2018《电力建设施工质量验收规程　第3部分：汽轮发电机组》中表11.1.5的规定。

2.6.180 联轴器装配及找中心质量标准和检验方法应符合DL/T 5210.3—2018《电力建设施工质量验收规程 第3部分：汽轮发电机组》中表11.1.6的规定。

2.6.181 离心泵试运质量标准和检验方法应符合DL/T 5210.3—2018《电力建设施工质量验收规程 第3部分：汽轮发电机组》中表11.1.7的规定。

2.6.182 齿轮（蜗轮）减速机、增速机检查质量标准和检验方法应符合DL/T 5210.3—2018《电力建设施工质量验收规程 第3部分：汽轮发电机组》中表11.1.8的规定。

◆ 电动给水泵安装

2.6.183 基础准备质量标准和检验方法应符合DL/T 5210.3—2018《电力建设施工质量验收规程 第3部分：汽轮发电机组》中表10.1.1的规定。

2.6.184 地脚螺栓、垫铁配制安装质量标准和检验方法应符合DL/T 5210.3—2018《电力建设施工质量验收规程 第3部分：汽轮发电机组》中表10.1.2的规定。

2.6.185 电动给水泵检查质量标准和检验方法应符合下列规定。

（1）电动给水泵检查质量标准和检验方法应符合DL/T 5210.3—2018《电力建设施工质量验收规程 第3部分：汽轮发电机组》中表11.3.3-1的规定。

（2）电动机检查质量标准和检验方法应符合DL/T 5210.3—2018《电力建设施工质量验收规程 第3部分：汽轮发电机组》中表11.3.3-2的规定。

（3）电动给水泵组安装质量标准和检验方法应符合DL/T 5210.3—2018《电力建设施工质量验收规程 第3部分：汽轮发电机组》中表11.3.3-3的规定。

（4）联轴器找中心及连接质量标准和检验方法应符合DL/T 5210.3—2018《电力建设施工质量验收规程 第3部分：汽轮发电机组》中表11.1.6的规定。

2.6.186 基础二次灌浆质量标准和检验方法应符合下列规定。

（1）基础二次灌浆前检查质量标准和检验方法应符合DL/T 5210.3—2018《电力建设施工质量验收规程 第3部分：汽轮发电机组》中表6.1.47的规定。

（2）基础二次灌浆及养护质量标准和检验方法应符合DL/T 5210.3—2018《电力建设施工质量验收规程 第3部分：汽轮发电机组》中表6.1.48的规定。

2.6.187 电动给水泵组润滑油系统设备及管道安装质量标准和检验方法应符合下列规定。

（1）油箱安装质量标准和检验方法应符合DL/T 5210.3—2018《电力建设施工质量验收规程 第3部分：汽轮发电机组》中表9.2.1的规定。

（2）冷油器安装质量标准和检验方法应符合DL/T 5210.3—2018《电力建设施工质量验收规程 第3部分：汽轮发电机组》中表9.2.3的规定。

（3）滤油器安装质量标准和检验方法应符合DL/T 5210.3—2018《电力建设施工质

量验收规程　第3部分：汽轮发电机组》中表9.2.4的规定。

（4）润滑油泵安装质量标准和检验方法应符合DL/T 5210.3—2018《电力建设施工质量验收规程　第3部分：汽轮发电机组》中表9.2.5的规定。

（5）润滑油管道安装质量标准和检验方法应符合DL/T 5210.3—2018《电力建设施工质量验收规程　第3部分：汽轮发电机组》中表9.2.12的规定。

（6）油系统冲洗质量标准和检验方法应符合DL/T 5210.3—2018《电力建设施工质量验收规程　第3部分：汽轮发电机组》中表9.2.14的规定。

2.6.188　电动给水泵试运质量标准和检验方法应符合DL/T 5210.3—2018《电力建设施工质量验收规程　第3部分：汽轮发电机组》中表11.3.6的规定。

◆凝结水泵安装

2.6.189　基础准备质量标准和检验方法应符合DL/T 5210.3—2018《电力建设施工质量验收规程　第3部分：汽轮发电机组》中表10.1.1的规定。

2.6.190　地脚螺栓、垫铁配制安装质量标准和检验方法应符合DL/T 5210.3—2018《电力建设施工质量验收规程　第3部分：汽轮发电机组》中表10.1.2的规定。

2.6.191　凝结水泵检查、安装质量标准和检验方法应符合DL/T 5210.3—2018《电力建设施工质量验收规程　第3部分：汽轮发电机组》中表11.1.4的规定。

2.6.192　联轴器找中心及连接质量标准和检验方法应符合DL/T 5210.3—2018《电力建设施工质量验收规程　第3部分：汽轮发电机组》中表11.1.6的规定。

2.6.193　二次灌浆质量标准和检验方法应符合DL/T 5210.3—2018《电力建设施工质量验收规程　第3部分：汽轮发电机组》中表10.1.3的规定。

2.6.194　凝结水泵试运质量标准和检验方法应符合DL/T 5210.3—2018《电力建设施工质量验收规程　第3部分：汽轮发电机组》中表11.1.7的规定。

◆真空泵安装

2.6.195　基础准备质量标准和检验方法应符合DL/T 5210.3—2018《电力建设施工质量验收规程　第3部分：汽轮发电机组》中表10.1.1的规定。

2.6.196　地脚螺栓、垫铁配制安装质量标准和检验方法应符合DL/T 5210.3—2018《电力建设施工质量验收规程　第3部分：汽轮发电机组》中表10.1.2的规定。

2.6.197　真空泵检修安装质量标准和检验方法应符合DL/T 5210.3—2018《电力建设施工质量验收规程　第3部分：汽轮发电机组》中表11.1.4的规定。

2.6.198　联轴器找中心及连接质量标准和检验方法应符合DL/T 5210.3—2018《电力建设施工质量验收规程　第3部分：汽轮发电机组》中表11.1.6的规定。

2.6.199　二次灌浆质量标准和检验方法应符合DL/T 5210.3—2018《电力建设施工质量验收规程　第3部分：汽轮发电机组》中表10.1.3的规定。

2.6.200 真空泵水泵试运质量标准和检验方法应符合DL/T 5210.3—2018《电力建设施工质量验收规程 第3部分：汽轮发电机组》中表11.1.7的规定。

◆ 开式冷却水泵安装

2.6.201 基础准备质量标准和检验方法应符合DL/T 5210.3—2018《电力建设施工质量验收规程 第3部分：汽轮发电机组》中表10.1.1的规定。

2.6.202 地脚螺栓、垫铁配制安装质量标准和检验方法应符合DL/T 5210.3—2018《电力建设施工质量验收规程 第3部分：汽轮发电机组》中表10.1.2的规定。

2.6.203 开式冷却水泵检修安装质量标准和检验方法应符合DL/T 5210.3—2018《电力建设施工质量验收规程 第3部分：汽轮发电机组》中表11.1.4的规定。

2.6.204 联轴器找中心及连接质量标准和检验方法应符合DL/T 5210.3—2018《电力建设施工质量验收规程 第3部分：汽轮发电机组》中表11.1.6的规定。

2.6.205 二次灌浆质量标准和检验方法应符合DL/T 5210.3—2018《电力建设施工质量验收规程 第3部分：汽轮发电机组》中表10.1.3的规定。

2.6.206 开式冷却水泵试运质量标准和检验方法应符合DL/T 5210.3—2018《电力建设施工质量验收规程 第3部分：汽轮发电机组》中表11.1.7的规定。

◆ 闭式冷却水泵安装

2.6.207 基础准备质量标准和检验方法应符合DL/T 5210.3—2018《电力建设施工质量验收规程 第3部分：汽轮发电机组》中表10.1.1的规定。

2.6.208 地脚螺栓、垫铁配制安装质量标准和检验方法应符合DL/T 5210.3—2018《电力建设施工质量验收规程 第3部分：汽轮发电机组》中表10.1.2的规定。

2.6.209 闭式冷却水泵检修安装质量标准和检验方法应符合DL/T 5210.3—2018《电力建设施工质量验收规程 第3部分：汽轮发电机组》中表11.1.4的规定。

2.6.210 联轴器找中心及连接质量标准和检验方法应符合DL/T 5210.3—2018《电力建设施工质量验收规程 第3部分：汽轮发电机组》中表11.1.6的规定。

2.6.211 二次灌浆质量标准和检验方法应符合DL/T 5210.3—2018《电力建设施工质量验收规程 第3部分：汽轮发电机组》中表10.1.3的规定。

2.6.212 闭式冷却水泵试运质量标准和检验方法应符合DL/T 5210.3—2018《电力建设施工质量验收规程 第3部分：汽轮发电机组》中表11.1.7的规定。

◆ 其他转动机械安装

2.6.213 凝结水补充水泵、汽机房排污泵安装质量标准和检验方法应符合下列规定：

（1）基础准备质量标准和检验方法应符合DL/T 5210.3—2018《电力建设施工质量验收规程 第3部分：汽轮发电机组》中表10.1.1的规定。

（2）地脚螺栓、垫铁配制安装质量标准和检验方法应符合DL/T 5210.3—2018《电力建设施工质量验收规程 第3部分：汽轮发电机组》中表10.1.2的规定。

（3）水泵安装质量标准和检验方法应符合DL/T 5210.3—2018《电力建设施工质量验收规程 第3部分：汽轮发电机组》中表11.1.4的规定。

（4）联轴器找中心及连接质量标准和检验方法应符合DL/T 5210.3—2018《电力建设施工质量验收规程 第3部分：汽轮发电机组》中表11.1.6的规定。

（5）基础二次灌浆质量标准和检验方法应符合DL/T 5210.3—2018《电力建设施工质量验收规程 第3部分：汽轮发电机组》中表10.1.3的规定。

（6）水泵试运质量标准和检验方法应符合DL/T 5210.3—2018《电力建设施工质量验收规程 第3部分：汽轮发电机组》中表11.1.7的规定。

2.6.214 电动滤水器安装质量标准和检验方法应符合下列规定。

（1）基础准备质量标准和检验方法应符合DL/T 5210.3—2018《电力建设施工质量验收规程 第3部分：汽轮发电机组》中表10.1.1的规定。

（2）地脚螺栓、垫铁配制安装质量标准和检验方法应符合DL/T 5210.3—2018《电力建设施工质量验收规程 第3部分：汽轮发电机组》中表10.1.2的规定。

（3）电动滤水器安装质量标准和检验方法应符合DL/T 5210.3—2018《电力建设施工质量验收规程 第3部分：汽轮发电机组》中表11.9.2的规定。

（4）二次灌浆质量标准和检验方法应符合DL/T 5210.3—2018《电力建设施工质量验收规程 第3部分：汽轮发电机组》中表10.1.3的规定。

◆安装施工质量签证

2.6.215 冷油器严密性试验签证应符合DL/T 5210.3—2018《电力建设施工质量验收规程 第3部分：汽轮发电机组》中表9.5.5的规定。

2.6.216 油系统封闭检查签证应符合DL/T 5210.3—2018《电力建设施工质量验收规程 第3部分：汽轮发电机组》中表9.5.2的规定。

2.6.217 润滑油冲洗后油质检验签证应符合DL/T 5210.3—2018《电力建设施工质量验收规程 第3部分：汽轮发电机组》中表9.5.7的规定。

2.6.218 电动机冷却器严密性试验签证应符合DL/T 5210.3—2018《电力建设施工质量验收规程 第3部分：汽轮发电机组》中表7.4.8的规定。

2.6.219 台板接触检查签证应符合DL/T 5210.3—2018《电力建设施工质量验收规程 第3部分：汽轮发电机组》中表6.3.1的规定。

2.6.220 轴承座灌油试验签证应符合DL/T 5210.3—2018《电力建设施工质量验收规程 第3部分：汽轮发电机组》中表6.3.2的规定。

2.6.221 轴承座扣盖签证应符合DL/T 5210.3—2018《电力建设施工质量验收规

程 第3部分：汽轮发电机组》中表6.3.3的规定。

2.6.222 汽缸外观检查签证应符合DL/T 5210.3—2018《电力建设施工质量验收规程 第3部分：汽轮发电机组》中表6.3.4的规定。

2.6.223 汽轮机转子外观检查签证应符合DL/T 5210.3—2018《电力建设施工质量验收规程 第3部分：汽轮发电机组》中表6.3.5的规定。

2.6.224 汽轮机扣缸前检查签证应符合DL/T 5210.3—2018《电力建设施工质量验收规程 第3部分：汽轮发电机组》中表6.3.7的规定。

2.6.225 汽轮机扣盖签证应符合DL/T 5210.3—2018《电力建设施工质量验收规程 第3部分：汽轮发电机组》中表6.3.8的规定。

2.6.226 基础二次灌浆前检查签证应符合DL/T 5210.3—2018《电力建设施工质量验收规程 第3部分：汽轮发电机组》中表6.3.9的规定。

2.6.227 附属机械单体试运签证应符合DL/T 5210.3—2018《电力建设施工质量验收规程 第3部分：汽轮发电机组》中表11.10.13的规定。

◆安装施工质量技术文件

2.6.228 附属机械安装单位工程施工质量验收时，提交的技术文件应符合DL/T 5210.3—2018《电力建设施工质量验收规程 第3部分：汽轮发电机组》中表11.11.1的规定。

七、四大管道安装

◆管道、阀门检查

2.6.229 主蒸汽管/再热蒸汽热段管道各自与主汽门/中联门对接时，须在主汽门/中联门上安装百分表，用以监测焊接应力的影响。

2.6.230 管道检查及清理质量标准和检验方法应符合DL/T 5210.3—2018《电力建设施工质量验收规程 第3部分：汽轮发电机组》中表12.1.1的规定。

2.6.231 预制管道检查质量标准和检验方法应符合DL/T 5210.3—2018《电力建设施工质量验收规程 第3部分：汽轮发电机组》中表12.1.2的规定。

2.6.232 阀门检查安装质量标准和检验方法应符合DL/T 5210.3—2018《电力建设施工质量验收规程 第3部分：汽轮发电机组》中表12.1.3的规定。

◆四大管道支吊架安装

2.6.233 主蒸汽管道、再热蒸汽热段和冷段管道、主给水管道及旁路管道支吊架安装质量标准和检验方法应符合DL/T 5210.3—2018《电力建设施工质量验收规程 第3部分：汽轮发电机组》中表12.2.1的规定。

◆四大管道安装

2.6.234 主蒸汽管道、再热蒸汽热段管道、旁路及疏水管道安装质量标准和检验方法应符合 DL/T 5210.3—2018《电力建设施工质量验收规程 第3部分：汽轮发电机组》中表12.3.1的规定。

2.6.235 再热蒸汽冷段管道及其旁路管道、附件安装质量标准和检验方法应符合 DL/T 5210.3—2018《电力建设施工质量验收规程 第3部分：汽轮发电机组》中表12.3.2的规定。

2.6.236 主给水管道及其旁路管道、附件的安装质量标准和检验方法应符合 DL/T 5210.3—2018《电力建设施工质量验收规程 第3部分：汽轮发电机组》中表12.3.3的规定。

2.6.237 四大管道及旁路管道位移指示器安装质量标准和检验方法应符合 DL/T 5210.3—2018《电力建设施工质量验收规程 第3部分：汽轮发电机组》中表12.3.4的规定。

2.6.238 高温高压管道蠕变监察段及蠕胀测点安装质量标准和检验方法应符合 DL/T 5210.3—2018《电力建设施工质量验收规程 第3部分：汽轮发电机组》中表12.3.5的规定。

2.6.239 主蒸汽管道、再热蒸汽冷段和热段（含旁路管道）的吹扫质量标准和检验方法应符合 DL/T 5210.3—2018《电力建设施工质量验收规程 第3部分：汽轮发电机组》中表12.3.6的规定。

2.6.240 主给水管道及旁路管道的冲洗质量标准和检验方法应符合 DL/T 5210.3—2018《电力建设施工质量验收规程 第3部分：汽轮发电机组》中表12.3.7的规定。

◆安装施工质量记录及签证

2.6.241 管道蠕变测量记录应符合 DL/T 5210.3—2018《电力建设施工质量验收规程 第3部分：汽轮发电机组》中表12.4.1的规定。

2.6.242 管道位移指示器安装记录应符合 DL/T 5210.3—2018《电力建设施工质量验收规程 第3部分：汽轮发电机组》中表12.4.2的规定。

2.6.243 流量测量装置安装记录应符合 DL/T 5210.3—2018《电力建设施工质量验收规程 第3部分：汽轮发电机组》中表12.4.3的规定。

2.6.244 管道、管件检查记录应符合 DL/T 5210.3—2018《电力建设施工质量验收规程 第3部分：汽轮发电机组》中表12.4.4的规定。

2.6.245 管道安装追溯记录应符合 DL/T 5210.3—2018《电力建设施工质量验收规程 第3部分：汽轮发电机组》中表12.4.5的规定。

2.6.246 管道支吊架安装调整记录应符合 DL/T 5210.3—2018《电力建设施工质量验收规程 第3部分：汽轮发电机组》中表12.4.6的规定。

2.6.247 阀门检查（检修）、试验验收记录应符合 DL/T 5210.3—2018《电力建设

施工质量验收规程 第3部分：汽轮发电机组》中表12.4.7的规定。

2.6.248 管道试压前检查签证应符合DL/T 5210.3—2018《电力建设施工质量验收规程 第3部分：汽轮发电机组》中表12.4.8的规定。

2.6.249 管道隐蔽工程签证应符合DL/T 5210.3—2018《电力建设施工质量验收规程 第3部分：汽轮发电机组》中表12.4.9的规定。

2.6.250 管道严密性试验签证应符合DL/T 5210.3—2018《电力建设施工质量验收规程 第3部分：汽轮发电机组》中表12.4.10的规定。

2.6.251 管道系统吹扫（冲洗）签证应符合DL/T 5210.3—2018《电力建设施工质量验收规程 第3部分：汽轮发电机组》中表12.4.11的规定。

◆安装施工质量技术文件

2.6.252 四大管道单位工程安装质量验收时，提交的技术文件应符合DL/T 5210.3—2018《电力建设施工质量验收规程 第3部分：汽轮发电机组》中表12.5.1的规定。

八、中低压管道安装

◆主厂房中低压管道支吊架安装

2.6.253 主厂房中、低压管道支吊架安装质量标准和检验方法应符合DL/T 5210.3—2018《电力建设施工质量验收规程 第3部分：汽轮发电机组》中表13.1.1的规定。

◆主厂房中低压管道安装

2.6.254 管道检查及清理质量标准和检验方法应符合DL/T 5210.3—2018《电力建设施工质量验收规程 第3部分：汽轮发电机组》中表12.1.1的规定。

2.6.255 预制管道检查质量标准和检验方法应符合DL/T 5210.3—2018《电力建设施工质量验收规程 第3部分：汽轮发电机组》中表12.1.2的规定。

2.6.256 阀门检查安装质量标准和检验方法应符合DL/T 5210.3—2018《电力建设施工质量验收规程 第3部分：汽轮发电机组》中表12.1.3的规定。

2.6.257 主厂房中、低压金属管道安装质量标准和检验方法应符合DL/T 5210.3—2018《电力建设施工质量验收规程 第3部分：汽轮发电机组》中表13.2.4的规定。

2.6.258 主厂房中、低压管道严密性试验质量标准和检验方法应符合DL/T 5210.3—2018《电力建设施工质量验收规程 第3部分：汽轮发电机组》中表13.2.5的规定。

2.6.259 主厂房中、低压管道系统清洗质量标准和检验方法应符合DL/T 5210.3—2018《电力建设施工质量验收规程 第3部分：汽轮发电机组》中表13.2.6的规定。

◆安装施工质量记录及签证

2.6.260　流量装置安装记录应符合 DL/T 5210.3—2018《电力建设施工质量验收规程　第 3 部分：汽轮发电机组》中表 12.4.3 的规定。

2.6.261　支吊架安装调整记录应符合 DL/T 5210.3—2018《电力建设施工质量验收规程　第 3 部分：汽轮发电机组》中表 12.4.6 的规定。

2.6.262　阀门检查（检修）、试验验收记录应符合 DL/T 5210.3—2018《电力建设施工质量验收规程　第 3 部分：汽轮发电机组》中表 12.4.7 的规定。

2.6.263　管道试压前检查签证应符合 DL/T 5210.3—2018《电力建设施工质量验收规程　第 3 部分：汽轮发电机组》中表 12.4.8 的规定。

2.6.264　隐蔽工程签证单应符合 DL/T 5210.3—2018《电力建设施工质量验收规程　第 3 部分：汽轮发电机组》中表 12.4.9 的规定。

2.6.265　严密性试验签证单应符合 DL/T 5210.3—2018《电力建设施工质量验收规程　第 3 部分：汽轮发电机组》中表 12.4.10 的规定。

2.6.266　管道系统吹扫（冲洗）签证单应符合 DL/T 5210.3—2018《电力建设施工质量验收规程　第 3 部分：汽轮发电机组》中表 12.4.11 的规定。

◆安装施工质量技术文件

2.6.267　主厂房中、低压管道单位工程安装施工质量验收时，提交的技术文件应符合 DL/T 5210.3—2018《电力建设施工质量验收规程　第 3 部分：汽轮发电机组》中表 13.4.1 的规定。

九、起吊设施安装

◆桥式起重设备安装

2.6.268　轨道安装质量标准和检验方法应符合 DL/T 5210.3—2018《电力建设施工质量验收规程　第 3 部分：汽轮发电机组》中表 17.1.1 的规定。

2.6.269　轨道基础二次灌浆质量标准和检验方法应符合 DL/T 5210.3—2018《电力建设施工质量验收规程　第 3 部分：汽轮发电机组》中表 10.1.3 的规定。

2.6.270　桥式起重机组合安装质量标准和检验方法应符合 DL/T 5210.3—2018《电力建设施工质量验收规程　第 3 部分：汽轮发电机组》中表 17.1.3 的规定。

2.6.271　传动机械安装质量标准和检验方法应符合下列规定。

（1）减速机检查质量标准和检验方法应符合 DL/T 5210.3—2018《电力建设施工质量验收规程　第 3 部分：汽轮发电机组》中表 11.1.8 的规定。

（2）传动机械安装质量标准和检验方法应符合 DL/T 5210.3—2018《电力建设施工质量验收规程　第 3 部分：汽轮发电机组》中表 17.1.4 的规定。

2.6.272　负荷试验质量标准和检验方法应符合 DL/T 5210.3—2018《电力建设施工

质量验收规程　第3部分：汽轮发电机组》中表17.1.5的规定。

◆门式起重机安装

2.6.273　轨道安装质量标准和检验方法应符合DL/T 5210.3—2018《电力建设施工质量验收规程　第3部分：汽轮发电机组》中表17.2.1的规定。

2.6.274　门式起重机（钢结构）组合安装质量标准和检验方法应符合DL/T 5210.3—2018《电力建设施工质量验收规程　第3部分：汽轮发电机组》中表17.2.2的规定。

2.6.275　传动机械安装质量标准和检验方法应符合下列规定。

（1）减速机检查质量标准和检验方法应符合DL/T 5210.3—2018《电力建设施工质量验收规程　第3部分：汽轮发电机组》中表11.1.8的规定。

（2）传动机械安装质量标准和检验方法应符合DL/T 5210.3—2018《电力建设施工质量验收规程　第3部分：汽轮发电机组》中表17.2.3的规定。

2.6.276　负荷试验质量标准和检验方法应符合DL/T 5210.3—2018《电力建设施工质量验收规程　第3部分：汽轮发电机组》中表17.2.4的规定。

◆电动悬挂式起重设备安装

2.6.277　电动悬挂式起重设备检查安装质量标准和检验方法应符合DL/T 5210.3—2018《电力建设施工质量验收规程　第3部分：汽轮发电机组》中表17.3.1的规定。

2.6.278　负荷试验质量标准和检验方法应符合DL/T 5210.3—2018《电力建设施工质量验收规程　第3部分：汽轮发电机组》中表17.3.2的规定。

◆其他起重设备安装

2.6.279　电动（手动）葫芦安装质量标准和检验方法应符合DL/T 5210.3—2018《电力建设施工质量验收规程　第3部分：汽轮发电机组》中表17.4.1的规定。

2.6.280　电动（手动）葫芦负荷试验质量标准和检验方法应符合DL/T 5210.3—2018《电力建设施工质量验收规程　第3部分：汽轮发电机组》中表17.4.2的规定。

◆安装施工质量签证

2.6.281　桥式起重机负荷试验签证应符合DL/T 5210.3—2018《电力建设施工质量验收规程　第3部分：汽轮发电机组》中表17.5.1的规定。

2.6.282　门式起重机负荷试验签证应符合DL/T 5210.3—2018《电力建设施工质量验收规程　第3部分：汽轮发电机组》中表17.5.2的规定。

2.6.283　电动悬挂式起重设备负荷试验签证应符合DL/T 5210.3—2018《电力建设施工质量验收规程　第3部分：汽轮发电机组》中表17.5.3的规定。

2.6.284　其他起重设备负荷试验签证应符合DL/T 5210.3—2018《电力建设施工质量验收规程　第3部分：汽轮发电机组》中表17.5.4的规定。

◆起吊设施安装施工质量验收文件

2.6.285 起吊设施单位工程安装施工质量验收时，提交的项目文件应符合DL/T 5210.3—2018《电力建设施工质量验收规程 第3部分：汽轮发电机组》中表17.6.1的规定。

2.7 工程质量验收要求

一、工程质量验收划分

2.7.1 工程开工前应进行工程质量验收范围的划分，验收范围应划分为单位工程、分部工程、分项工程、检验批，并应符合下列规定。

（1）联合循环机组燃气轮机工程应划分为燃气轮机本体安装、燃气轮机附属机械和辅助设备安装、燃气轮机附属管道系统安装等单位工程。

（2）单位工程可按设备、系统实现的部分功能或施工节点阶段划分为若干个分部工程；分部工程可按设备、系统实现的项目功能或几个工序阶段划分为若干个分项工程；分项工程可按同一条件或按规定方式汇总一定数量的检验体划分为若干检验批。

2.7.2 联合循环机组燃气轮机工程施工质量应按照检验批、分项工程、分部工程、单位工程进行验收。

二、工程质量验收

2.7.3 联合循环燃气轮机工程质量验收应符合相关规范的规定，验收合格后应办理验收签证。

2.7.4 工程施工质量验收应符合下列规定：

（1）建设单位在开工之前应明确监理等相关单位质检人员的质量验收职责范围。

（2）工程质量检查验收的各级质检人员应持有与所验收专业一致的有效资格证书。

（3）检验批项目验收合格方可对分项工程进行验收；分项工程验收合格方可对分部工程进行验收；分部工程验收合格方可对单位工程进行验收。

2.7.5 检验批、分项、分部、单位工程施工质量验收"合格"应符合下列规定：

（1）检验批中所有检验项目应经全部检查验收，并且检查结果应符合规定的质量标准要求，且应具有准确齐全的设备、材料合格证明、施工记录，质量检验、试验和签证记录。

（2）分项工程所含各检验批工程质量验收应全部合格，分项工程资料应准确齐全。

（3）分部工程所含分项工程质量验收应全部合格，分部工程资料应准确齐全。

（4）单位工程所含分部工程质量验收应全部合格，单位工程资料应齐全并符合档案管理规定。

2.7.6 工程质量验收的程序及组织应符合下列规定：

（1）检验批和分项工程完工后，施工单位应进行自检，在施工单位进行自检合格的基础上，应由监理单位组织进行质量验收。

（2）分部工程应在各分项工程验收合格的基础上，由监理单位组织相关单位进行质量验收。

（3）单位工程应在各分部工程验收合格的基础上，由监理单位组织相关单位进行质量验收。

2.7.7 工程施工所涉及的有关强制性条文的内容应有专项检查记录或签证。

2.7.8 所有隐蔽工程应在隐蔽前由监理单位组织验收，并在完成验收记录及签证后方可进行下道工序的施工。

2.7.9 单位工程的观感质量应由质检人员通过目测、检验或辅以必要的量测，并应根据检验项目的总体情况进行独立验收签证。

2.7.10 各方质检人员进行工程质量检查、验收时应按合同约定、设计文件及制造技术文件中的要求执行，当制造厂家要求不明确或无要求时，应按相关规范执行。

2.7.11 检验批、分项工程施工质量有下列情况之一者不应进行验收：

（1）工程使用国家明令禁止的设备、材料。

（2）主控检验项目的检验结果没有达到质量标准。

（3）设计单位及制造厂对质量标准有数据要求，而检验结果未提供实测数据。

（4）质量验收文件资料不符合归档要求。

2.7.12 当工程施工质量出现不符合项时，应按下列规定处理：

（1）经返工或更换设备的检验项目，应重新进行验收。

（2）经返修处理能满足安全使用功能的检验项目可按技术处理方案和协商文件进行验收。

（3）未进行返工或返修的不合格检验项目应经有资质的鉴定机构或相关单位进行鉴定，对不影响内在质量、使用寿命、使用功能、安全运行的可做让步处理。经让步处理的项目不再进行二次验收，但应在"验收结果"栏内注明，其书面报告应附在该验收表后。

2.7.13 联合循环燃气轮机工程验收时，应提供下列项目文件：

（1）设计变更文件及竣工图文件。

（2）原材料、设备出厂合格证、质量证明文件及现场复检报告。

（3）基础沉降观测报告。

（4）施工检验试验报告、测试报告。

（5）涉及工程施工内容的各类施工记录。

（6）强制性条文执行检查资料及签证。

（7）隐蔽工程验收记录和签证。

（8）中间交接验收记录、专项工程验收记录或签证。

（9）检验批、分项工程、分部工程、单位工程质量验收记录。

（10）单位工程观感质量检查记录。

（11）工程竣工报告。

（12）备品备件、专用工具移交签证。

（13）施工组织设计，施工方案、施工管理资料。

（14）工程质量问题和质量事故处理的相关资料。

（15）其他文件和记录。

2.7.14 联合循环燃气轮机工程技术文件应与工程施工同步编制、收集，并应按工程技术资料归档的相关标准分类整理、分卷编目，工程验收后应及时审核归档。

3 电气系统

3.1 引用规范

3.1.1 GB 50147—2010《电气装置安装工程 高压电器施工及验收规范》

3.1.2 GB 50148—2010《电气装置安装工程 电力变压器、油浸电抗器、互感器施工及验收规范》

3.1.3 GB 50149—2010《电气装置安装工程 母线装置施工及验收规范》

3.1.4 GB 50150—2016《电气装置安装工程 电气设备交接试验标准》

3.1.5 GB 50168—2018《电气装置安装工程 电缆线路施工及验收标准》

3.1.6 GB 50169—2016《电气装置安装工程 接地装置施工及验收规范》

3.1.7 GB 50170—2018《电气装置安装工程 旋转电机施工及验收标准》

3.1.8 GB 50171—2012《电气装置安装工程 盘、柜及二次回路接线施工及验收规范》

3.1.9 GB 50172—2012《电气装置安装工程 蓄电池施工及验收规范》

3.2 电气通用要求

一、一般规定

3.2.1 经施工、监理、建设单位同意，在施工工序中可对设备做必要的检查、测量和调整，但制造厂有明确规定不得解体的设备除外。

3.2.2 设备型号、规格、数量、材质（含材料）与设计不符的，设备（含材料）不允许安装。

3.2.3 设备（含材料）相关特种设备检验、报关等资料不齐备，设备（含材料）不允许安装。

3.2.4 电气和控制柜类及电动机，在安装结束后必须马上接通加热器的临时电源对其进行干燥，并定期测量记录绝缘情况，直至移交为止。

3.2.5 原材料检验（包括生产经营单位采购的材料）、材料复检、变压器油等第三方检验由承包商负责，产生的所有费用由承包商负责。

3.2.6 变压器气体继电器、关口计量表计校验、关口计量用的 TA 和 PT 精度试验必须委托有相应资质的单位完成,产生所有费用由承包商负责。

3.2.7 电气安装和电气设备试验除满足招标文件中约定的规程、标准外,还要严格执行《关于印发〈国家电网公司十八项电网重大反事故措施〉(试行)继电保护专业重点实施要求的通知》(调继〔2005〕222号)、《国家电网公司十八项电网重大反事故措施》、《南方电网公司反事故措施》、DL/T 596—2021《电力设备预防性试验规程》。主变压器、厂用变压器/电抗器、启动/备用变压器、发电机、GIS、电缆、断路器等高压电气设备投产前要做交(直)流耐压试验、绕组变形试验和局部放电试验;110kV高压电气设备必须严格按照GB 50150—2016《电气装置安装工程 电气设备交接试验标准》进行工频耐压试验。如果承包方没有试验设备,不能完成某些试验或不具备当地要求资质的,可以聘请有资质的试验单位进行设备试验,产生的所有费用由承包商负责。

3.2.8 所有焊接技术记录图表均用软件(如AutoCAD)绘制,并满足三维建模的要求。

3.2.9 如设备(含材料)相关特种设备检验、报关手续等资料不齐备,则设备(含材料)不允许安装。

3.2.10 其他未尽事宜,按施工图或国家、行业的相关法规、规程、标准中要求较高者执行。

二、设备器材

3.2.11 设备订货时应明确由制造厂家提供随设备交付的技术文件,交付的技术文件应与所供设备的技术性能相符合,至少应包括下列文件:

(1)设备供货清单及设备装箱单。

(2)设备的安装、运行、维护说明书、技术文件、报关单等。

(3)设备出厂质量证明文件、检验试验记录、报告及重大缺陷处理记录。

(4)设备装配图和部件结构图。

(5)主要零部件材料的材质性能证件。

(6)全部随箱图纸资料。

3.2.12 设备装卸和搬运,应符合下列规定:

(1)起吊时应按包装箱上指定的吊装标识部位绑扎吊索,吊索转折处应加衬垫物,并应符合制造厂的要求。

(2)应核查设备或箱件的重心位置,对设备上的活动部分应予固定,并防止设备内部积存的液体移动造成重心偏移。

(3)对刚度较差的设备,应采取措施,防止变形。

（4）设备搬运途中经过的路面应进行荷载的核实，防止发生倾覆及塌陷。

（5）奥氏体不锈钢和铢基合金材料不应直接与铁素体、铅、锌、汞和其他低熔点元素、合金或卤化物等材料相接触。

3.2.13　设备安装前应按存放地区的气候条件、周围环境和存放时间，按设备存放的要求做好保管工作，应防止设备变形、变质、腐蚀、损伤。

3.2.14　设备和器材应分区分类存放，并应符合下列规定：

（1）存放区域应有明显的区界和消防通道，应具备可靠的消防设施和充足的照明。

（2）大件设备的存放位置应根据施工顺序和运输条件，按照施工组织设计的规定合理布置，应避免二次搬运。

（3）设备应支垫稳固、可靠，存放场地排水应畅通。

（4）地面、货架和楼层等存放地应具有足够的承载能力。

（5）应根据设备的特点和要求分别做好防冻、防潮、防振、防撞击、防尘、防倾倒等措施。

（6）对海滨盐雾地区和有腐蚀性的环境，应采取防止设备锈蚀的措施。

（7）精密部件存放应符合制造厂要求；特殊材质的管材、管件和部件，应分类存放。

3.2.15　设备管理人员应熟悉设备保管规程和燃气－蒸汽联合循环机组设备的特殊保管要求，定期检查设备保管情况，保持设备完好。

3.2.16　设备到达现场后，应由制造厂、监理、建设、施工等相关单位，根据装箱清单、合同等文件共同开箱检查，应形成检查验收记录并签字确认。检查验收应符合下列规定：

（1）包装箱应完好无损。

（2）箱号、箱数应与发货清单相符。

（3）设备、安装用零部件、备品备件及专用工具的名称、型号、数量和规格应符合合同附件或装箱清单。

（4）随机文件、图样、报关单（商务界定）应符合合同要求。

（5）部件表面不应有损伤、锈蚀等现象。

（6）开箱时检查运输过程中的振动监测装置应正常。

3.2.17　设备安装前，应按本手册对设备进行检查。当发现质量有不符合项时，应及时通知有关单位共同检查、确认、处理。

3.2.18　施工使用的材料均应有合格证等质量证明文件，当对材料质量有疑义时，应进行必要的检验鉴定。

3.2.19　随设备供货的备品、备件应清点检查，妥善保管。施工中如需使用，应办理申领手续。随箱的图纸和技术文件应登记、保管、分发。

3.2.20　对外委托加工和现场自行加工配制的成品或半成品及自行采购的材料，使用前，应按相关规范的要求进行检查、验收，证明合格后方准使用。

3.2.21　施工人员对安装就位的设备应认真保管，安装期间不得损伤；对经过试运行的主要设备，当长时间停滞时，应根据制造厂对设备的有关要求维护保养。

三、设备标识

3.2.22　规范二次设备屏柜和端子箱内装置、压板、指示灯、按钮等的标识，提高二次设备运行的可靠性，按设备标识规范执行。规范中提及的标签尺寸和粘贴位置应尽可能按照相关规范执行，如现场实际情况不能满足要求，可适当调整标签尺寸大小和粘贴位置，但应保持全厂统一，做到整齐、美观、清晰、明确、明白。

3.2.23　标签纸材质的要求为：由专用打印机打印，采用耐褪色、防水、耐磨损、强黏性的打印纸打印。

3.3　高压电器技术要求

一、基本规定

3.3.1　设备及器材到达现场后应及时做下列检查：

（1）包装及密封应良好。

（2）开箱检查清点，规格应符合设计要求，附件、备件应齐全。

（3）产品的技术资料应齐全。

（4）按GB 50147《电气装置安装工程　高压电器施工及验收规范》的要求检查设备外观。

3.3.2　施工前应编制施工方案。所编制的施工方案应符合GB 50147《电气装置安装工程　高压电器施工及验收规范》和其他相关国家标准的规定及产品技术文件的要求。

二、建筑要求

3.3.3　与高压电器安装有关的建筑工程施工应符合下列规定。

（1）应符合设计及设备的要求。

（2）与高压电器安装有关的建筑工程质量，应符合GB 50300《建筑工程施工质量验收统一标准》的有关规定。

（3）设备安装前，建筑工程应具备下列条件：

1）屋顶、楼板应已施工完毕，不得渗漏。

2）配电室的门、窗应安装完毕；室内地面基层应施工完毕，并应在墙上标出地面标高；设备底座及母线构架安装后其周围地面应抹光；室内接地应按照设计施工完毕。

3）预埋件及预留孔应符合设计要求，预埋件应牢固。

4）进行室内装饰时有可能损坏已安装设备或设备安装后不能再进行装饰的工作应全部结束。

5）混凝土基础及构支架应达到允许安装的强度和刚度，设备支架焊接质量应符合 GB 50236《现场设备、工业管道焊接工程施工规范》的有关规定。

6）施工设施及杂物应清除干净，并应有足够的安装场地，施工道路应通畅。

7）高层构架的走道板、栏杆、平台及梯子等应齐全、牢固。

8）基坑应已回填夯实。

9）建筑物、混凝土基础及构支架等建筑工程应通过初步验收合格，并已办理交付安装的中间交接手续。

（4）设备投入运行前，应符合下列规定：

1）装饰工程应结束，地面、墙面、构架应无污染。

2）二次灌浆和抹面工作应已完成。

3）保护性网门、栏杆及梯子等应齐全、接地可靠。

4）室外配电装置的场地应平整。

5）室内、外接地应按设计施工完毕，并已验收合格。

6）室内通风设备应运行良好。

7）受电后无法进行或影响运行安全的工作应施工完毕。

3.3.4　设备安装前，相应配电装置区的主接地网应完成施工。

3.3.5　设备安装用的紧固件、螺栓应采用热镀锌工艺。

◆气体绝缘金属封闭开关设备

❖一般规定

3.3.6　现场卸车应符合下列规定：

（1）按产品包装的质量选择起重机。

（2）仔细阅读并执行说明书的注意事项及包装上的指示要求，避免包装及产品受到损伤。

（3）卸车应符合设备安装的方向和顺序。

3.3.7　GIS 运到现场后的检查应符合下列规定：

（1）包装应无残损。

（2）所有元件、附件、备件及专用工器具应齐全，符合订货合同约定，且应无损伤变形及锈蚀。

（3）瓷件及绝缘件应无裂纹及破损。

（4）充有干燥气体的运输单元或部件，其压力值应符合产品技术文件的要求。

（5）按产品技术文件的要求应安装冲击记录仪的元件，其冲击加速度应不大于满足产品技术文件的要求，且冲击记录应随安装技术文件一并归档。

（6）制造厂所带支架应无变形、损伤、锈蚀和锌层脱落；制造提供的地脚螺栓应满足设计及产品技术文件的要求，地角螺栓底部应加锚固。

（7）出厂证件及技术资料应齐全，且应符合设备订货合同的约定。

3.3.8　GIS运到现场后的保管应符合产品技术文件的要求，且应符合下列规定：

（1）对于有防潮要求的附件、备件、专用工器具及设备专用材料，应置于干燥的室内，特别是组装用O形圈、吸附剂等。

（2）充有干燥气体的运输单元，应按产品技术文件要求定期检查压力值，并做好记录。有异常情况时，应按产品技术文件要求及时采取措施，现场交付时应提供相应记录。

（3）套管应水平放置。

（4）所有运输用临时防护罩在安装前应保持完好，不得取下。

（5）对于非充气元件的保管应结合安装进度、保管时间、环境做好防护措施。

❖ 安装与调试

3.3.9　GIS元件装配前，应进行下列检查：

（1）GIS元件的所有部件应完好无损。

（2）各分隔气室气体的压力值和含水量应符合产品技术文件的要求。

（3）GIS元件的接线端子、插接件及载流部分应光洁，无锈蚀现象。

（4）各元件的紧固螺栓应齐全、无松动。

（5）瓷件应无裂纹，绝缘件应无受潮、变形、剥落及破损。瓷套与金属法兰胶装部位应牢固密实，并涂有性能良好的防水胶；套管的金属法兰结合面应平整，无外伤或铸造砂眼。

（6）各连接件、附件的材质、规格及数量应符合产品技术文件要求。

（7）组装用的螺栓、密封垫、清洁剂、润滑脂、密封脂和擦拭材料应符合产品技术文件要求。

（8）密度继电器和压力表应经检验，并应有产品合格证和检验报告。密度继电器与设备本体六氟化硫气体管道的连接，应满足可与设备本体管路系统隔离，以便于对密度继电器进行现场校验。

（9）电流互感器二次绕组排列次序及变比、极性、级次等应符合设计要求。

（10）母线和母线筒内壁应平整无毛刺；各单元母线的长度应符合产品技术文件的要求。

（11）防爆膜或其他防爆装置应完好，配置应符合产品技术文件要求，相关出厂证明资料应齐全。

（12）支架及其接地引线应无锈蚀或损伤。

3.3.10　安装场地应符合下列规定：

（1）GIS室的土建工程宜全部完成，室内应清洁，通风良好，门窗、孔洞应封堵完成；室内所安装的起重设备应经专业部门检查验收合格。

（2）产品和设计所要求的均压接地网施工应已完成。

3.3.11　制造厂已装配好的各电器元件在现场组装时，如需在现场解体，应经制造厂同意，并在制造厂技术人员指导下进行，或由制造厂负责处理。

3.3.12　GIS元件的安装应在制造厂技术人员的指导下按产品技术文件要求进行，并应符合下列要求：

（1）装配工作应在无风沙、无雨雪、空气相对湿度小于80%的条件下进行，并应采取防尘、防潮措施。

（2）产品技术文件要求搭建防尘室时，所搭建的防尘室应符合产品技术文件要求。

（3）应按产品技术文件要求进行内检，参加现场内检的人员着装应符合产品技术文件要求。

（4）应按产品技术文件要求选用吊装器具及吊点。

（5）应按制造厂的编号和规定程序进行装配，不得混装。

（6）预充氮气的箱体应先经排氮，然后充干燥空气，箱体内空气中的氧气含量必须达到18%以上时，安装人员才允许进入内部进行检查或安装。

（7）产品技术文件允许露空安装的单元，装配过程中应严格控制每一单元的露空时间，工作间歇应采取防尘、防潮措施。

（8）产品技术文件要求所有单元的开盖、内检及连接工作应在防尘室内进行时，防尘室内及安装单元应按产品技术文件要求充入经过滤尘的干燥空气；工作间断时，安装单元应及时封闭并充入经过滤尘的干燥空气，保持微正压。

（9）检查气室内运输用临时支撑应无位移、无磨损，并应拆除。

（10）检查制造厂已装配好的母线、母线筒内壁及其他附件表面应平整无毛刺，涂漆的漆层应完好。

（11）检查导电部件镀银层应良好，表面光滑、无脱落。

（12）连接插件的触头中心应对准插口，不得卡阻，插入深度应符合产品技术文件的要求；接触电阻应符合产品技术文件要求，不宜超过产品技术文件规定值的1.1倍。

（13）密封槽面应清洁、无划伤痕迹；已用过的密封垫（圈）不得重复使用；新密封垫应无损伤；涂密封脂时，不得使其流入密封垫（圈）内侧而与六氟化硫气体接触。

（14）螺栓连接和紧固应对称均匀用力，其力矩值应符合产品技术文件要求。

（15）伸缩节的安装长度应符合产品技术文件要求。

（16）套管的安装、套管的导体插入深度均应符合产品技术文件要求。

（17）气体配管安装前内部应清洁，气管的现场加工工艺、曲率半径及支架布置，应符合产品技术文件要求。气管之间的连接接头应设置在易于观察维护的地方。

3.3.13　GIS元件安装时，在每次内检、安装和试验工作结束后，应清点用具、用品。检查确认无遗留物后方可封盖。

3.3.14　GIS中的避雷器、电压互感器单元与主回路的连接程序应考虑设备交流耐压试验的影响。

3.3.15　设备载流部分检查以及引下线的检查和安装，应符合下列规定：

（1）设备载流部分的可挠连接不得有折损、表面凹陷及锈蚀。

（2）设备接线端子的接触表面应平整、清洁、无氧化膜，镀银部分不得挫磨。

（3）设备接线端子连接面应涂以薄层电力复合脂。

（4）连接螺栓应齐全、紧固，紧固力矩符合GB 50149《电气装置安装工程 母线装置施工及验收规范》的有关规定。

（5）引下线的连接不应使设备接线端子受到超过允许的承受应力。

3.3.16　均压环的检查和安装。均压环应无划痕、毛刺，安装应牢固、平整、无变形；均压环宜在最低处打排水孔。

3.3.17　GIS中汇控柜、机构箱、二次接线箱等的安装，应符合下列要求：

（1）箱、柜门关闭应严密，内部应干燥清洁，并应有通风和防潮措施，接地应良好；液压机构箱还应有隔热防寒措施。

（2）控制和信号回路应正确，并符合GB 50171《电气装置安装工程 盘、柜及二次回路接线施工及验收规范》的有关规定。

3.3.18　设备接地线连接，应符合设计和产品技术文件要求，并应无锈蚀和损伤，连接应紧固牢靠。

❖ 六氟化硫气体管理及充注

3.3.19　六氟化硫气体应有出厂检验报告及合格证明文件。运到现场后，每瓶均应做含水量检验；现场应进行抽样做全分析，抽样比例应按表2-3-1所列执行。检验结果有一项不符合六氟化硫气体的技术条件时，应以两倍量气瓶数重新抽样进行复验。复验结果即使有一项不符合，整批产品都不应验收。

表2-3-1　　　　　　　　　现场进行抽样做全分析的抽样比例

每批气瓶数	选取的最少气瓶数
1	1
2～40	2
41～70	3
71以上	4

3.3.20　新建工程SF$_6$气体绝缘套管需开展跳闸气压下进行额定运行电压下的绝缘型式试验。

3.3.21　六氟化硫开关设备现场安装过程中，在进行抽真空处理时，应采用出口带有电磁阀的真空处理设备，且在使用前应检查电磁阀动作可靠，防止抽真空设备意外断电造成真空泵油倒灌进入设备内部。并且在真空处理结束后应检查抽真空管的滤芯有无油渍。为防止真空度计水银倒灌进入设备中，禁止使用麦氏真空计。

3.3.22　六氟化硫气瓶的搬运和保管，应符合下列要求：

（1）六氟化硫气瓶的安全帽、防震圈应齐全，安全帽应拧紧；搬运时应轻装轻卸，严禁抛掷溜放。

（2）气瓶应存放在防晒、防潮和通风良好的场所；不得靠近热源和油污的地方，严禁水分和油污粘在阀门上。

（3）六氟化硫气瓶与其他气瓶不得混放。

3.3.23　六氟化硫气体的充注应符合下列要求：

（1）六氟化硫气体的充注应设专人负责抽真空和充注。

（2）充注前，充气设备及管路应洁净、无水分、无油污；管路连接部分应无渗漏。

（3）当气室已充有六氟化硫气体，且含水量检验合格时，可直接补气。

（4）对柱式断路器进行充注时，应对六氟化硫气体进行称重，充入六氟化硫气体质量应符合产品技术文件要求。

（5）充注时应排除管路中的空气。

3.3.24　设备内六氟化硫气体的含水量和漏气率应符合GB 50150《电气装置安装工程 电气设备交接试验标准》的规定。

❖ 工程交接验收

3.3.25　在验收时，应进行下列检查：

（1）GIS应安装牢靠、外观清洁，动作性能应符合产品技术文件要求。

（2）螺栓紧固力矩应达到产品技术文件的要求。

（3）电气连接应可靠、接触良好。

（4）GIS中的断路器、隔离开关、接地开关及其操动机构的联动应正常、无卡阻现象；分、合闸指示应正确；辅助开关及电气闭锁应动作正确、可靠。

（5）密度继电器的报警、闭锁值应符合规定，电气回路传动应正确。

（6）六氟化硫气体漏气率和含水量，应符合GB 50150《电气装置安装工程 电气设备交接试验标准》及产品技术文件的规定。

（7）瓷套应完整无损、表面清洁。

（8）所有柜、箱的防雨防潮性能应良好，本体电缆防护应良好。

（9）接地应良好，接地标识应清楚。

（10）交接试验应合格。

（11）带电显示装置显示应正确。

（12）GIS室内通风、报警系统应完好。

（13）油漆应完好，相色标志应正确。

3.4 电力变压器、油浸电抗器、互感器技术要求

一、基本规定

3.4.1 电力变压器、油浸电抗器、互感器的施工及验收，除应符合GB 50148《电气装置安装工程 电力变压器、油浸电抗器、互感器施工及验收规范》外，尚应符合国家有关标准的规定。

3.4.2 设备和器材到达现场后应及时按下列规定验收检查。

（1）包装及密封应良好。

（2）应开箱检查并清点，规格应符合设计要求，附件、备件应齐全。

（3）产品的技术文件应齐全。

（4）按规定做外观检查：

1）油箱及所有附件应齐全，无锈蚀及机械损伤，密封应良好。

2）油箱箱盖或钟罩法兰及封板的连接螺栓应齐全，紧固良好，无渗漏；充油或充干燥气体运输的附件应密封无渗漏，并装有监视压力表。

3）套管包装应完好，无渗油，瓷体无损伤；运输方式应符合产品技术要求。

4）充干燥气体运输的变压器、电抗器，油箱内应为正压，其压力为0.01～0.03MPa，现场应办理交接签证并移交压力监视记录。

5）检查运输和装卸过程中设备受冲击情况，并应记录冲击值、办理交接签证手续。

二、建筑要求

3.4.3 与变压器、电抗器、互感器安装有关的建筑工程施工应符合下列规定。

（1）设备基础混凝土浇筑前，应对基础中心线、标高等进行核查；基础施工完毕后，应对标高、中心进行复核。

（2）建（构）筑物的建筑工程质量，应符合 GB 50300《建筑工程施工质量验收统一标准》的有关规定。当设备及设计有特殊要求时，尚应符合其要求。

（3）设备安装前，建筑工程应具备下列条件：

1）屋顶、楼板施工应完毕，不得渗漏。

2）室内地面的基层施工应完毕，并应在墙上标出地面标高。

3）混凝土基础及构架应达到允许安装的强度，焊接构件的质量应符合 GB 50236《现场设备、工业管道焊接工程施工规范》的有关规定。

4）预埋件及预留孔应符合设计要求，预埋件应牢固。

5）模板及施工设施应拆除，场地应清理干净。

6）应具有满足施工用的场地，道路应通畅。

（4）设备安装完毕，投入运行前，建筑工程应符合下列规定：

1）门窗安装应完毕。

2）室内地坪抹面工作结束，强度达到要求，室外场地应平整。

3）保护性围栏、网门、栏杆等安全设施应齐全，接地应符合 GB 50169《电气装置安装工程 接地装置施工及验收规范》的规定。

4）变压器、电抗器的蓄油坑应清理干净，排油管路应通畅，卵石填充应完毕。

5）通风及消防装置安装验收应完毕。

6）室内装饰及相关配套设施施工验收应完毕。

3.4.4 设备安装用的紧固件、螺栓应采用热镀锌工艺。

三、电力变压器、油浸电抗器

◆交接与保管

3.4.5 设备到达现场后，应及时按下列规定进行外观检查：

（1）油箱及所有附件应齐全，无锈蚀及机械损伤，密封应良好。

（2）油箱箱盖或钟罩法兰及封板的连接螺栓应齐全，紧固良好，无渗漏；充油或充干燥气体运输的附件应密封无渗漏，并装有监视压力表。

（3）套管包装应完好，无渗油，瓷体无损伤；运输方式应符合产品技术要求。

（4）充干燥气体运输的变压器、电抗器，油箱内应为正压，其压力为

0.01～0.03MPa，现场应办理交接签证并移交压力监视记录。

（5）检查运输和装卸过程中设备受冲击情况，并应记录冲击值、办理交接签证手续。

3.4.6 设备到达现场后的保管应符合下列规定：

（1）充干燥气体的变压器、电抗器，油箱内压力应为0.01～0.03MPa，现场保管应每天记录压力值。

（2）散热器（冷却器）、连通管、安全气道等应密封。

（3）表计、风扇、潜油泵、气体继电器、气道隔板、测温装置以及绝缘材料等，应放置于干燥的室内。

（4）存放充油或充干燥气体的套管式电流互感器应采取防护措施，防止内部绝缘件受潮。套管式电流互感器不得倾斜或倒置存放。

（5）本体、冷却装置等，其底部应垫高、垫平，不得水浸。

（6）干式变压器应置于干燥的室内；室外放置时底部应垫高，并采取可靠的防雨、防潮措施。

（7）浸油运输的附件应保持浸油保管，密封良好。

（8）套管装卸和保管期间的存放应符合产品技术文件要求；短尾式套管应置于干燥的室内。

◆绝缘油处理

3.4.7 绝缘油的验收与保管应符合下列要求：

（1）绝缘油应储藏在密封清洁的专用容器内。

（2）每批到达现场的绝缘油均应有试验记录，并应按表2-3-2的规定取样进行简化分析，必要时进行全分析。大罐油应每罐取样，小桶油应按表2-3-2的规定进行取样。

表2-3-2　　　　　　　　　　绝缘油的取样桶数

每批油的桶数	取样桶数	每批油的桶数	取样桶数
1	1	51～100	7
2～5	2	101～200	10
6～20	3	201～400	15
21～50	4	401及以上	20

（3）不同牌号的绝缘油应分别储存，并应有明显牌号标志。

（4）到达现场的绝缘油首次抽取，宜使用压力式滤油机进行粗过滤。

◆排氮

3.4.8　采用注油排氮时，应符合下列规定：

（1）绝缘油应经净化处理，注入变压器、电抗器的绝缘油应符合表2-3-3所列数值。

表2-3-3　　　　　　　　注入变压器、电抗器的绝缘油应符合的标准

试验项目	电压等级	标准值	备注
电气强度	63～220kV	≥40kV	平板电极间隙
含水量	110kV	≤20μL/L	—
介质损耗因数	—	≤0.5%	—

（2）注油排氮前应将油箱内的残油排尽。

（3）油管宜采用钢管或其他耐油管，油管内部应彻底清洗干净。当采用耐油胶管时，应确保胶管不污染绝缘油。

（4）应装上临时油位表。

（5）绝缘油应经脱气净油设备从变压器下部阀门注入变压器内，氮气应经顶部排出；油应注至油箱顶部将氮气排尽。最终油位应高出铁芯上沿200mm以上。绝缘油的静置时间不应小于12h。

（6）注油排氮时，任何人不得在排气孔处停留。

（7）采用抽真空排氮时，排氮口应装设在空气流通处。破坏真空时应注入干燥空气。

3.4.9　充氮的变压器、电抗器需吊罩检查时，必须让器身在空气中暴露15min以上，待氮气充分扩散后进行。

◆器身检查

3.4.10　变压器、电抗器运输和装卸过程中冲撞加速度出现大于3g或冲撞加速度监视装置出现异常情况时，应由建设、监理、施工、运输和制造厂等单位代表共同分析原因并出具正式报告。必须进行运输和装卸过程分析，明确相关责任，并确定进行现场器身检查或返厂进行检查和处理。

◆本体及附件安装

3.4.11　密封处理应符合下列规定：

（1）所有法兰连接处应用耐油密封垫圈密封；密封垫圈应无扭曲、变形、裂纹和毛刺，密封垫圈应与法兰面的尺寸相配合。

（2）法兰连接面应平整、清洁；密封垫圈应使用产品技术文件要求的清洁剂擦拭干净，其安装位置应准确；其搭接处的厚度应与其原厚度相同，橡胶密封垫的压缩量

不宜超过其厚度的1/3。

（3）法兰螺栓应按对角线位置依次均匀紧固，紧固后的法兰间隙应均匀，紧固力矩值应符合产品技术文件要求。

3.4.12　冷却装置的安装应符合下列规定。

（1）冷却装置在安装前应按制造厂规定的压力值用气压或油压进行密封试验，并应符合下列要求：

1）冷却器、强迫油循环风冷却器，持续30min应无渗漏。

2）强迫油循环水冷却器，持续1h应无渗漏，水、油系统应分别检查渗漏。

（2）冷却装置安装前应用合格的绝缘油经净油机循环冲洗干净，并将残油排尽。

（3）风扇电动机及叶片安装应牢固，转动应灵活，转向应正确，并无卡阻。

（4）管路中的阀门应操作灵活，开闭位置应正确；阀门及法兰连接处应密封良好。

（5）外接油管路在安装前，应进行彻底除锈并清洗干净。

（6）油泵密封良好，无渗油或进气现象；转向正确，无异常噪声、振动或过热现象。

（7）油流继电器应密封严密，动作可靠。

3.4.13　储油柜的安装应符合下列规定：

（1）储油柜应按照产品技术文件要求进行检查、安装。

（2）油位表动作应灵活，指示应与储油柜的真实油位相符。油位表的信号触点位置正确，绝缘良好。

（3）储油柜安装方向正确并进行位置复核。

3.4.14　所有导气管应清拭干净，其连接处应密封严密。

3.4.15　升高座的安装应符合下列规定：

（1）升高座安装前，应先完成电流互感器的交接试验，二次绕组排列顺序检查正确；电流互感器出线端子板绝缘应符合产品技术文件的要求，其接线螺栓和固定件的垫块应紧固，端子板密封严密，无渗油现象。

（2）升高座安装时应使绝缘筒的缺口与引出线方向一致，并不得相碰。

（3）电流互感器和升高座的中心应基本一致。

（4）升高座法兰面必须与本体法兰面平行就位。放气塞位置应在升高座最高处。

3.4.16　套管的安装应符合下列规定：

（1）电容式套管应经试验合格，瓷套管与金属法兰胶装部位应牢固密实并涂有性能良好的防水胶，瓷套管外观不得有裂纹、损伤；套管的金属法兰结合面应平整、无外伤或铸造砂眼；充油套管无渗油现象，油位指示正常。

（2）套管竖立和吊装应符合产品技术文件要求。

（3）套管顶部结构的密封垫应安装正确，密封良好，连接引线时，不应使顶部连接松口。

（4）充油套管的油位指示应面向外侧，末屏连接符合产品技术文件要求。

（5）均压环表面应光滑无划痕，安装牢固且方向正确；均压环易积水部位最低点应有排水孔。

3.4.17 气体继电器的安装应符合下列规定：

（1）气体继电器安装前应经检验合格，动作整定值符合定值要求，并解除运输用的固定措施。

（2）气体继电器应水平安装，顶盖上箭头标志应指向储油柜，连接密封严密。

（3）集气盒内应充满绝缘油，且密封严密。

（4）气体继电器应具备防潮和防进水的功能，并加装防雨罩（防雨罩形状贴合气体继电器外形，直接罩在继电器上面）。

（5）电缆引线在接入气体继电器处应有滴水弯，进线孔封堵应严密。

（6）观察窗的挡板应处于打开位置。

3.4.18 压力释放装置的安装方向应正确，阀盖和升高座内部应清洁、密封严密，电触点动作准确，绝缘性能、动作压力值应符合产品技术文件要求。

3.4.19 吸湿器与储油柜间连接管的密封应严密，吸湿剂应干燥，油封油位应在油面线上。

3.4.20 测温装置的安装应符合下列规定：

（1）温度计安装前应进行校验，信号触点动作应正确，导通应良好；当制造厂已提供有温度计出厂检验报告时可不进行现场送检，但应进行温度现场比对检查。

（2）温度计应根据制造厂的规定进行整定。

（3）顶盖上的温度计座应严密，无渗油现象，温度计座内应注以绝缘油；闲置的温度计座也应密封。

（4）膨胀式信号温度计的细金属软管不得压扁和急剧扭曲，其弯曲半径不得小于50mm。

3.4.21 变压器、电抗器本体电缆，应有不锈钢蛇皮套保护措施，套管应整根套护，不允许分段铰接；排列应整齐，接线盒应密封，套头与接线盒应有螺栓紧固密封。

3.4.22 控制箱的检查安装应符合下列规定：

（1）控制回路接线应排列整齐、清晰、美观，绝缘无损伤；接线应采用铜质或有电镀金属防锈层的螺栓紧固，且应有防松装置；连接导线截面应符合设计要求、标志清晰，控制箱接地应牢固、可靠。

（2）保护电动机用的热继电器的整定值应为电动机额定电流的1.0～1.15倍。

（3）内部元件及转换开关各位置的命名应正确并符合设计要求，并做好设备、元件标识名称。

（4）控制箱应密封，控制箱内外应清洁无锈蚀，驱潮装置工作密封应正常要求。

（5）控制和信号回路应正确，并应符合GB 50171《电气装置安装工程 盘、柜及二次回路接线施工及验收规范》的有关规定。

◆注油

3.4.23 绝缘油必须按GB 50150《电气装置安装工程 电气设备交接试验标准》的规定试验合格后，方可注入变压器、电抗器中。

3.4.24 110kV的变压器、电抗器宜采用真空注油，注油全过程应保持真空。注入油的油温应高于器身温度，注油速度不宜大于100L/min。

3.4.25 在抽真空时，必须将不能承受真空下机械强度的附件与油箱隔离；对允许抽同样真空度的部件，应同时抽真空；真空泵或真空机组应有防止突然停止或因误操作而引起真空泵油倒灌的措施。

3.4.26 变压器本体及各侧绕组，以及滤油机及油管应可靠接地。

◆补油、整体密封检查和静放

3.4.27 对变压器连同气体继电器及储油柜进行密封性试验，可采用油柱或氮气，在油箱顶部加压0.03MPa。110～750kV变压器进行密封试验持续时间应为24h，并无渗漏。当产品技术文件有要求时，应按其要求进行。整体运输的变压器、电抗器可不进行整体密封试验。

3.4.28 注油完毕后，在施加电压前，110kV及以下电压等级变压器，应静置24h及以上。

3.4.29 静置完毕后，应从变压器、电抗器的套管、升高座、冷却装置、气体继电器及压力释放装置等有关部位进行多次放气，并启动潜油泵，直至残余气体排尽，调整油位至相应环境温度时的位置。

◆工程交接验收

3.4.30 变压器、电抗器在试运行前，应进行全面检查，确认其符合运行条件时，方可投入试运行。检查项目应包含以下内容和要求：

（1）本体、冷却装置及所有附件应无缺陷，且不渗油。

（2）设备上应无遗留杂物。

（3）事故排油设施应完好，消防设施齐全。

（4）本体与附件上的所有阀门位置核对正确。

（5）变压器本体应两点接地。中性点接地引出后，应有两根接地引线与主接地网的不同干线连接，其规格应满足设计要求。

（6）铁芯和夹件的接地引出套管、套管的末屏接地应符合产品技术文件的要求；电流互感器备用二次绕组端子应短接接地；套管顶部结构的接触及密封应符合产品技术文件的要求。

（7）储油柜和充油套管的油位应正常。

（8）分接头的位置应符合运行要求，且指示位置正确。

（9）变压器的相位及绕组的接线组别应符合并列运行要求。

（10）测温装置指示应正确，整定值符合要求。

（11）冷却装置应试运行正常，联动正确；强迫油循环的变压器、电抗器应启动全部冷却装置，循环4h以上，并应排完残留空气。

（12）变压器、电抗器的全部电气试验应合格；保护装置整定值应符合规定；操作及联动试验应正确。

（13）局部放电测量前、后本体绝缘油色谱试验比对结果应合格。

3.4.31　变压器、电抗器试运行时应按下列规定项目进行检查：

（1）中性点接地系统的变压器，在进行冲击合闸时，其中性点必须接地。

（2）变压器、电抗器第一次投入时，可全电压冲击合闸。冲击闸时，变压器由高压侧投入。

（3）变压器、电抗器应进行5次空载全电压冲击合闸，应无异常情况；第一次受电后持续时间不应少于10min；全电压冲击合闸时，其励磁涌流不应引起保护装置动作。

（4）变压器并列前，应核对相位。

（5）带电后，检查本体及附件所有焊缝和连接面，不应有渗油现象。

3.4.32　新建工程SF_6气体绝缘套管需开展跳闸气压下进行额定运行电压下的绝缘型式试验。

3.4.33　在验收时，应移交下列资料和文件：

（1）安装技术记录、器身检查记录、干燥记录、质量检验及评定资料、电气交接试验报告等。

（2）施工图纸及设计变更说明文件。

（3）制造厂的产品说明书、试验记录、合格证件及安装图纸等技术文件。

（4）备品、备件、专用工具及测试仪器清单。

四、互感器

◆一般规定

3.4.34　互感器在运输、保管期间应防止受潮、倾倒或遭受机械损伤；互感器的运输和放置应按产品技术文件的要求执行。

3.4.35 互感器整体起吊时，吊索应固定在规定的吊环上，并不得碰伤伞裙。

3.4.36 互感器到达现场后安装前的保管，除应符合产品技术文件要求外，尚应做下列外观检查：

（1）互感器外观应完整，附件应齐全，无锈蚀或机械损伤。

（2）油浸式互感器油位应正常，密封应严密，无渗油现象。

（3）电容式电压互感器的电磁装置和谐振阻尼器的铅封应完好。

（4）气体绝缘互感器内的气体压力，应符合产品技术文件的要求。

（5）气体绝缘互感器所配置的密度继电器、压力表等，应经校验合格，并有检定证书。

◆安装

3.4.37 互感器安装时应进行下列检查：

（1）互感器的变比分接头的位置和极性应符合规定。

（2）二次接线板应完整，引线端子应连接牢固、标志清晰，绝缘应符合产品技术文件的要求。

（3）油位指示器、瓷套与法兰连接处、放油阀均应无渗油现象。

（4）隔膜式储油柜的隔膜和金属膨胀器应完好无损，顶盖螺栓紧固。

（5）气体绝缘的互感器应检查气体压力或密度符合产品技术文件的要求，密封检查合格后方可对互感器充SF_6气体至额定压力，静置24h后进行SF_6气体含水量测量并合格。气体密度表、继电器必须经核对性检查合格。

3.4.38 互感器支架封顶板安装面应水平；并列安装的应排列整齐，同一组互感器的极性方向应一致。

3.4.39 电容式电压互感器应根据产品成套供应的组件编号进行安装，不得互换。组件连接处的接触面，应除去氧化层，并涂以电力复合脂。

3.4.40 零序电流互感器的安装，不应使构架或其他导磁体与互感器铁芯直接接触，或与其构成磁回路分支。

3.4.41 互感器的下列各部位应可靠接地：

（1）分级绝缘的电压互感器，其一次绕组的接地引出端子，以及电容式电压互感器的接地应符合产品技术文件的要求。

（2）电容型绝缘的电流互感器，其一次绕组末屏的引出端子、铁芯引出接地端子。

（3）互感器的外壳。

（4）电流互感器的备用二次绕组端子应先短路后接地。

（5）倒装式电流互感器二次绕组的金属导管。

（6）应保证工作接地点有两根与主接地网不同地点连接的接地引下线。

◆工程交接验收

3.4.42　在验收时，应进行下列检查：

（1）设备外观应完整无缺损。

（2）互感器应无渗漏，油位、气压、密度应符合产品技术文件的要求。

（3）保护间隙的距离应符合设计要求。

（4）油漆应完整，相色应正确。

（5）接地应可靠。

3.4.43　在验收时，应移交下列资料和文件：

（1）安装技术记录、质量检验及评定资料、电气交接试验报告等。

（2）施工图纸及设计变更说明文件。

（3）制造厂产品说明书、试验记录、合格证件及安装图纸等产品技术文件。

（4）备品、备件、专用工具及测试仪器清单。

3.5　母线装置技术要求

3.5.1　母线装置安装用的紧固件，应采用符合国家标准的热镀锌制品。

3.5.2　各种金属构件的安装螺孔，不得采用气焊或电焊割孔。

3.5.3　金属构件及母线的反腐处理，应符合下列要求：

（1）金属构件除锈应彻底，反腐漆涂刷应均匀，黏合应牢固，不得有起层、皱皮等缺陷。

（2）母线涂漆应均匀，不得有起层、皱皮等缺陷。

（3）室外金属构件应采用热镀锌制品。

（4）在有盐雾及含有腐蚀性气体的场所，母线应涂防腐层。

3.5.4　母线与母线、母线与分支线、母线与电器接线端子搭接，其搭接面的处理应符合下列规定：

（1）经镀银处理的搭接面可直接连接。

（2）铜与铜的搭接面，室外、高温且潮湿或对母线有腐蚀性气体的室内应搪锡；在干燥的室内可直接连接。

（3）铝与铝的搭接面可直接连接。

（4）钢与钢的搭接面不得直接连接，应搪锡或镀锌后连接。

（5）铜与铝的搭接面，在干燥的室内，铜导体应搪锡；室外或空气相对湿度接近

100%的室内，应采用铜铝过渡板，铜端应搪锡。

（6）铜搭接面应搪锡，钢搭接面应采用热镀锌。

（7）钢搭接面应采用热镀锌。

（8）金属封闭母线螺栓固定搭接面应镀银。

3.5.5　矩形母线弯制允许最小弯曲半径符合GB 50149的要求。

3.5.6　矩形母线扭转90°时，扭转部分的长度为2.5～5倍母线宽度。

3.5.7　母线安装的交流母线金具连接应牢固，且无闭合磁路。

3.5.8　母线接触面应平整、无氧化膜，镀银层不得锉磨，接触面保持清洁，根据厂家技术要求涂电力复合脂。

3.6　电缆线路技术要求

一、基本规定

3.6.1　电缆线路的施工，应制定安全技术措施和施工安全技术措施，应符合GB 50168—2018《电气装置安装工程 电缆线路施工及验收标准》及产品技术文件的规定。

3.6.2　电缆桥架及其附件安装用的紧固件，均采用热镀锌制品。

3.6.3　电缆敷设前应按下列规定进行检查：

（1）电缆沟、电缆导管、电缆井、交叉跨越管道及直埋电缆沟的深度、宽度、弯曲半径等应符合设计要求，电缆通道应畅通，排水应良好，金属部分的防腐层应完整。

（2）电缆额定电压、型号规格应符合设计要求。

（3）电缆外观应无损伤，当对电缆的外观和密封状态有怀疑时，应进行受潮判断；埋地电缆应试验并合格。

（4）电缆放线架应放置平稳，钢轴的强度和长度应与电缆盘质量和宽度相适应，敷设电缆的机具应检查并调试正常，电缆盘应有可靠的制动措施。

（5）敷设前应按设计和实际路径计算每根电缆的长度，合理安排每盘电缆，减少电缆接头；中间接头位置不得设置在倾斜处、转弯处、交义路口、建筑物门口、与其他管线交叉处或通道狭窄处。

3.6.4　电缆标识牌装设应符合下列规定：

（1）生产厂房及变电站内应在电缆终端头、电缆接头处装设电缆标识牌。

（2）标识牌上应注明线路编号，且宜写明电缆型号、规格、起讫地点；并联使用的电缆应有顺序号，单芯电缆应有相序或极性标识；标识牌的字迹应清晰不易脱落。

（3）标识牌规格宜统一，标识牌应防腐，挂装应牢固。

（4）招标方对电缆挂牌抽检10%，每个柜至少2根，抽检合格率须达到100%，不合格须重新返工。

二、施工范围

3.6.5 电缆支架与电缆桥架应按施工图图纸技术要求。除机岛供货商提供的电缆桥架外，其他电缆桥架由承包商提供。

3.6.6 电缆沟由承包商负责，安装电缆桥架的埋铁由承包商负责，但部分没有埋铁场所的电缆桥架采用其他方式的固定均由承包商负责。电缆桥架的接地由承包商负责。

3.6.7 全厂电缆敷设的工作范围包括但不限于：

（1）架空电缆桥架安装。

（2）电缆沟电缆桥架安装。

（3）电缆埋管预埋。

（4）电缆桥架和电缆埋管的接地。

（5）安装范围内所有电缆的敷设。

三、技术要求

◆ 电缆及附件的运输与保管

3.6.8 电缆及其附件到达现场后，应按下列规定进行检查：

（1）产品的技术文件应齐全。

（2）电缆额定电压、型号规格、长度和包装应符合订货要求。

（3）电缆外观应完好无损，电缆封端应严密，当外观检查有怀疑时，应进行受潮判断或试验。

（4）附件部件应齐全，材质质量应符合产品技术要求。

3.6.9 电缆及其有关材料储存应符合下列规定：

（1）电缆应集中分类存放，并应标明额定电压、型号规格、长度；电缆盘之间应有通道；地基应坚实，当受条件限制时，盘下应加垫；存放处应保持通风、干燥，不得积水。

（2）电缆终端瓷套在储存时，应有防止受机械损伤的措施。

（3）电缆附件绝缘材料的防潮包装应密封良好，并应根据材料性能和保管要求储存和保管，保管期限应符合产品技术文件要求。

（4）防火隔板、涂料、包带、堵料等防火材料储存和保管，应符合产品技术文件要求。

（5）电缆桥架应分类保管，不得变形。

3.6.10 保管期间电缆盘及包装应完好，标志应齐全，封端应严密。当有缺陷时，应及时处理。

◆电缆线路附属设施的施工

3.6.11 电缆管的加工应符合下列规定：

（1）管口应无毛刺和尖锐棱角。

（2）电缆管弯制后，不应有裂缝和明显的凹瘪，弯扁程度不宜大于管子外径的10%；电缆管的弯曲半径不应小于穿入电缆最小允许弯曲半径。

（3）无防腐措施的金属电缆管应在外表涂防腐漆，镀锌管锌层剥落处也应涂防腐漆。

3.6.12 电缆管的内径与穿入电缆外径之比不得小于1.5。

3.6.13 每根电缆管的弯头不应超过3个，直角弯不应超过2个。

3.6.14 电缆管明敷时应符合下列规定：

（1）电缆管走向宜与地面平行或垂直，并排敷设的电缆管应排列整齐。

（2）电缆管应安装牢固，不应受到损伤；电缆管支点间的距离应符合设计要求，当设计无要求时，金属管支点间距不宜大于3m，非金属支点间距不宜大于2m。

（3）当塑料管的直线长度超过30m时，应加装伸缩节；伸缩节应避开塑料管的固定点。

3.6.15 电缆管的连接应符合下列规定：

（1）相连接两电缆管的材质、规格应一致。

（2）金属电缆管不应直接对焊，应采用螺纹接头连接或套管密封焊接方式；连接时应两管口对准、连接牢固、密封良好；螺纹接头或套管的长度不应小于电缆管外径的2.2倍。采用金属软管及合金接头作为电缆保护接续管时，其两端应固定牢靠、密封良好。

（3）硬质塑料管在套接或插接时，其插入深度宜为管子内径的1.1～1.8倍。在插接面上应涂以胶合剂粘牢密封；采用套接时套管两端应采取密封措施。

（4）水泥管连接宜采用管箍或套接方式，管孔应对准，接缝应严密，管箍应有防水垫密封圈，防止地下水和泥浆渗入。

（5）电缆管与桥架连接时，宜由桥架的侧壁引出，连接部位宜采用管接头固定。

◆电缆支架的配制与安装

3.6.16 电缆桥架的规格、支吊跨距、防腐类型应符合设计要求。

3.6.17 电缆桥架转弯处的转弯半径，不应小于该桥架上的电缆最小允许弯曲半径的最大者。

3.6.18 电缆桥架要求。电缆桥架及其盖板采用热镀锌钢板材质，电缆桥架材质按设计要求，颜色由招标方确定；钢制热镀锌桥架用材料应符合下列规定。

（1）桥架的承载能力，应按CECS 31《钢质电缆桥架工程设计规范》第2.4.1条荷载试验的规定予以验证，使桥架最初产生永久变形时的荷载除以安全系数1.5的值不应小于额定均布荷载。

（2）支吊架及托臂采用钢材，支吊架及托臂表面要求热浸锌；桥架采购前提供各种规格的桥架样板供发包方和施工监理确认，将定期抽检、称重，如抽检称重与样板差别大，发包方有权责令将该批材料全部清退出现场。

（3）支吊架及托臂材质性能应符合GB/T 11253《碳素结构钢冷轧钢板及钢带》的要求。当工程条件有特殊要求时，材质由供需双方议定。

（4）桥架采用宝钢的冷轧钢板，其材质应符合GB 700《普通碳素结构钢技术条件》中Q235A钢、GB/T 11253《碳素结构钢冷轧钢板及钢带》和GB/T 3274《碳素结构钢和低合金结构钢热轧钢板和钢带》的有关规定。

（5）桥架板材厚度不小于2.5mm，卖方根据梯架的具体尺寸和荷载确定梯架的板材厚度，但都不应小于2.5mm。

（6）热镀锌技术质量指标见表2-3-4。

表2-3-4　　　　　　　　　热镀锌技术质量指标

镀锌厚度（附着量）平均值	桥架构件	≥65μm（460g/m²）
	螺栓及杆件（直径≥10mm）	≥54μm（460g/m²）
锌层附着力	划线、划格法或锤击法试验，锌层应不剥离、不凸起	
锌层均匀性	硫酸铜试验4次，不应露铁	
外观	锌层表面应均匀，无毛刺、过烧、挂灰、伤痕、局部未镀锌（直径为2mm以上）等缺陷，不得有影响安装的锌瘤。螺纹的镀层应光滑，螺栓连接件应能拧入	

（7）支吊架、托臂等钢制材料工艺要求。浸锌：大于等于12μm；喷塑：大于等于50μm；涂色：涂层色泽均匀，不得有露底、起泡、斑点等缺陷；附着力：10～20年不脱落；加工精度：未注公差尺寸的极限偏差不大于GB 1084规定的H（h）15级。

（8）阻燃桥架应符合下列规定：

1）在闷顶内需要采用线槽式全密封阻燃桥架。采用钢制全密封槽式桥架，热浸锌、喷塑，内衬有机阻燃板。内衬有机阻燃板的理化指标不低于表2-3-5所列要求。

表2-3-5　　　　　　　　　　　内衬有机阻燃板的理化指标

项目	要求
耐火极限	≥30
燃烧性能	B1级
氧指数	≥55
耐水性	按GB/T 2573
耐油性	≥240h
热导率	W/（m·K）≤0.5
拉强度	≥30MPa
抗压强度	≥45MPa
抗弯强度	≥35MPa
抗冲击强度	≥20kg/m
挠度值	≤10mm

2）从电缆桥架下来到设备的电缆应有电缆保护管全程封闭；电力电缆软管接头必须使用带接地端子的接头；电缆防火阻燃封堵前必须通过现场燃烧试验的检验，合格后才允许使用防火阻燃封堵材料；防爆区域要采用防爆电缆设施，并采取辅助防爆措施。

3.6.19　金属电缆支架、桥架及竖井全长均必须有可靠的接地。

◆电缆敷设

3.6.20　并联使用的电力电缆，其额定电压、型号规格和长度应相同。

3.6.21　电缆最小弯曲半径应符合表2-3-6的规定（D为电缆外径）。

表2-3-6　　　　　　　　　　　电缆最小弯曲半径

电缆型式		多芯	单芯
控制电缆	非铠装型、屏蔽型软电缆	6D	—
	铠装型、铜屏蔽型	12D	
	其他	10D	
橡皮绝缘电力电缆	无铅包、钢铠护套	10D	
	裸铅保护套	15D	
	钢铠护套	20D	

电缆型式		多芯	单芯
塑料绝缘 电力电缆	无铠装	15*D*	20*D*
	有铠装	12*D*	15*D*
0.6/1kV 铝合金导体电力电缆		7*D*	

3.6.22　电缆敷设时，电缆应从盘的上端引出，不应使电缆在支架上及地面摩擦拖拉。电缆上不得有铠装压扁、电缆绞拧、护层折裂等未消除的机械损伤。

3.6.23　110kV 及以上电缆敷设时，转弯处的侧压力应符合产品技术文件的要求，无要求时不应大于3kN/m。

3.6.24　电缆进入电缆沟、隧道、竖井、建筑物、盘（柜）以及穿入管子时，出入口应封闭，管口应密封。

◆直埋电缆敷设

3.6.25　埋电缆上下部应铺不小于100mm 厚的软土砂层，并应加盖保护板，其覆盖宽度应超过电缆两侧各50mm，保护板可采用混凝土盖板。软土或沙子中不应有石块或其他硬质杂物。

3.6.26　直埋电缆在直线段每隔50～100m 处、电缆接头处、转弯处、进入建筑物等处，应设置明显的方位标志或标桩。

3.6.27　直埋电缆回填前，应经隐蔽工程验收合格，回填料应分层夯实。

◆电缆导构筑物中电缆敷设

3.6.28　电缆排列应符合下列要求：

（1）电力电缆和控制电缆不可配置在同一层支架上。

（2）高低压电力电缆，强电、弱电控制电缆应按顺序分层配置，宜由上而下配置。

（3）同一重要回路的工作与备用电缆实行耐火分隔时，应配置在不同侧或不同层的支架上。

3.6.29　电缆与热力管道、热力设备之间的净距，平行时不应小于1m，交叉时不应小于0.5m，当受条件限制时，应采取隔热保护措施。电缆通道应避开锅炉的观察孔和制粉系统的防爆门；当受条件限制时，应采取穿管或封闭槽盒等隔热防火措施。电缆不得平行敷设于热力设备和热力管道的上部。

3.6.30　电缆敷设完毕后，应及时清除杂物、盖好盖板。当盖板上方需回填土时，宜将盖板缝隙密封。

◆电缆线路防火阻燃设施施工

3.6.31　应在下列孔洞处采用防火封堵材料密实封堵：

（1）在电缆贯穿墙壁、楼板的孔洞处。

（2）在电缆进入盘、柜、箱、盒的孔洞处。

（3）在电缆进出电缆竖井的出入口处。

（4）在电缆桥架穿过墙壁、楼板的孔洞处。

（5）在电缆导管进入电缆桥架、电缆竖井和电缆沟的端口处。

3.6.32　防火墙施工应符合下列规定：

（1）防火墙设置应符合设计要求。

（2）电缆沟内的防火墙底部应留有排水孔洞，防火墙上部的盖板表面宜做明显且不易褪色的红色标记"防火墙"。

（3）防火墙上的防火应严密，防火墙两侧长度不小于2m内的电缆应涂刷防火涂料或缠绕防火包带。

3.6.33　防火阻燃材料应具备下列质量证明文件：

（1）具有资质的第三方检测机构出具的检验报告。

（2）出厂质量检验报告。

（3）产品合格证。

四、工程交接验收

3.6.34　工程验收时应进行下列检查：

（1）电缆及附件额定电压、型号规格应符合设计要求。

（2）电缆排列应整齐，无机械损伤，标识牌应装设齐全、正确、清晰。

（3）电缆的固定、弯曲半径、相关间距和单芯电力电缆的金属护层的接线等应符合设计要求和相关标准的规定，相位、极性排列应与设备连接相位、极性一致，并符合设计要求。

（4）电缆终端、电缆接头应固定牢靠，电缆接线端子与所接设备端子应接触良好，接地箱和交叉互联箱的连接点应接触良好可靠。

（5）电缆线路接地点应与接地网接触良好，接地电阻值应符合设计要求。

（6）电缆终端的相色或极性标识应正确，电缆支架等的金属部件防腐层应完好。电缆管口封堵应严密。

（7）电缆沟内应无杂物、积水，盖板应齐全。

（8）电缆通道路径的标志或标桩，应与实际路径相符，并应清晰、牢固。

（9）防火措施应符合设计要求，且施工质量应合格。

3.6.35　隐蔽工程应进行中间验收，并应做好记录和签证。承包商在隐蔽工程施工前，未按规定书面通知生产经营单位、监理方检查验收，擅自覆盖隐蔽工程，生产经营单位、监理方有权要求停工，停工损失由承包商自行负责。该隐蔽工程如已覆盖，则生产经营单位、监理方对该工程部分要求返工所产生的所有费用均应由承包商承担，工期不予顺延。所有隐蔽工程施工过程中的上道工序未经验收合格，不得进行下一道工序的施工。

3.6.36　工程验收时，应提交下列资料和技术文件。

（1）电缆线路路径的协议文件。

（2）变更设计的证明文件和竣工图资料。

（3）直埋电缆线路的敷设位置图比例宜为1：500，地下管线密集的地段可为1：100，在管线稀少、地形简单的地段可为1：1000；平行敷设的电缆线路，宜用一张图纸。图上应标明各线路的相对位置，并有标明地下管线的剖面图及其相对最小距离，提交相关管线资料，明确安全距离。

（4）制造厂提供的产品说明书、试验记录、合格证件及安装图纸等技术文件。

（5）电缆线路的原始记录应包括下列内容：电缆的型号、规格及其实际敷设总长度及分段长度，电缆终端和接头的型式及安装日期；电缆终端和接头中填充的绝缘材料的名称、型号。

（6）电缆线路的施工记录应包括下列内容：

1）隐蔽工程隐蔽前检查记录或签证。

2）电缆敷设记录。

3）66kV及以上电缆终端和接头安装关键工艺工序记录。

4）质量检验及验收记录。

（7）试验记录。

（8）在线监控系统的出厂试验报告、现场调试报告和现场验收报告。

3.7　接地装置技术要求

一、基本规定

3.7.1　接地装置的安装应由工程施工单位按已批准的设计文件施工。

3.7.2　采用新技术、新工艺及新材料时，应经过试验及具有国家资质的验证评定。

3.7.3　接地装置的安装应配合建筑工程的施工，隐蔽部分在覆盖前由施工单位自检合格后通知监理及有关单位进行见证验收，并形成验收记录及签证。

3.7.4　电气装置的下列金属部分，均必须接地：

（1）电气设备的金属底座、框架及外壳和传动装置。

（2）携带式或移动式用电器具的金属底座和外壳。

（3）箱式变电站的金属箱体。

（4）互感器的二次绕组。

（5）配电、控制、保护用的屏（柜、箱）及操作台的金属框架和底座。

（6）电力电缆的金属护层、接头盒、终端头和金属保护管及二次电缆的屏蔽层。

（7）电缆桥架、支架和井架。

（8）升压站构件、支架。

（9）装有架空地线或电气设备的电力线路杆塔。

（10）配电装置的金属遮栏。

（11）电热设备的金属外壳。

3.7.5　需要接地的直流系统接地装置应符合下列要求：

（1）能与地构成闭合回路且经常流过电流的接地线应沿绝缘垫板敷设，不应与金属管道、建筑物和设备的构件有金属的连接。

（2）在土壤中含有在电解时能产生腐蚀性物质的地方，不宜敷设接地装置，必要时可采取外引式接地装置或改良土壤的措施。

（3）直流正极的接地线、接地极不应与自然接地极有金属连接；当无绝缘隔离装置时，相互间的距离不应小于lm。

3.7.6　包括导通试验在内的接地装置验收测试，应在接地装置施工后且线路架空地线尚未敷设至厂（站）进出线终端杆塔和构架前进行，接地电阻应符合设计规定。

3.7.7　对高土壤电阻率地区的接地装置，在接地电阻不能满足要求时，应由设计确定采取相应的措施，达到要求后方可投入运行。

3.7.8　接地线不应作其他用途。

3.7.9　承包商负责全厂防雷接地的报建工作，防雷接地承包商要满足当地政府有关防雷施工的资质要求。承包商防雷接地工程要求最终通过当地气象局的验收并取得相应的验收文件，报建及验收费用承包商负责。

二、施工范围

3.7.10　主厂房接地网。

（1）主厂房钢结构之间的接地连接由承包商负责，从钢结构接地点到接地网的连接也由承包商负责。

（2）机岛基础的接地网采用镀铜绞线和镀铜钢棒组成水平和垂直的接地网，预埋在机岛基础内，需要接地的位置在机岛基础表面预留接地端子。机岛基础内预埋的接地网由承包商负责；从机岛基础表面预留接地端子到主厂房主接地网以及到机岛的设备接地端子的连接接地线路由承包商负责。

（3）镀铜钢棒的铜层厚度不应低于0.254mm，业主对承包商采购的产品进行抽样送检第三方检测（也可以由厂家提供的涡流涂层测厚仪进行现场抽检，承包商、生产经营单位、监理共同见证）。主要对铜层厚度进行检测，检测费用由承包商承担，抽样数量为镀铜钢棒5根。如果不合格，需要增加抽检数量，费用仍由承包商负责。

（4）主厂房接地网的敷设由承包商负责。

（5）本标段范围内的建筑内接地干线、支线、电气设备外壳、开关装置和开关。

（6）接地母线、金属架构、电缆桥架、金属箱罐和其他可能事故带电的金属均应接地。上述设备接地（采取热镀锌扁钢铜接地）由承包商负责。

（7）在110kV配电装置、主厂房A排外变压器区域、网控室、继电保护室之间独立敷设与主接地网紧密连接的二次等电位接地网安装由承包商负责。

3.7.11　主接地网。

（1）电厂主接地网由水平接地网和垂直接地网组成。水平主接地网的接地导线采用镀铜绞线或镀铜钢棒，垂直接地网采用镀铜钢棒。

（2）主接地网的施工由承包商负责。为满足接地电阻要求的降阻措施也属于承包商的工作范围。

3.7.12　独立避雷针接地网。电厂的下列区域设置独立避雷针，包括但不限于：

（1）燃气轮机用天然气调压站及启动锅炉用天然气调压站。

（2）主变压器区域。

（3）独立避雷针由承包商负责，独立避雷针接地网的安装也属于承包商的工作范围。

3.7.13　辅助车间和建筑物防雷接地。

（1）辅助车间和其他建筑物的建筑本体防雷由承包商负责，但从接地端子到主接地网的连接也属于承包商的工作范围。

（2）辅助车间内部接地网的敷设以及所有本合同设备接地线路的敷设由承包商负责。

3.7.14　厂区管道等设备接地。

（1）道路照明接地由承包商负责。

（2）厂区各种金属管线包括电缆桥架的接地（包括静电接地）由承包商负责。

3.7.15　承包商供货范围。

（1）避雷针与避雷线。

（2）接地镀铜线。

（3）接地极。

（4）接地连接件。

（5）降阻材料（如需）。

（6）接地跨接线。

3.7.16 厂内通信系统和电力系统通信厂内部分设备安装。

（1）承包商应负责厂内通信系统设备和线路的安装和调试。

（2）电力系统通信厂内部分设备的安装和调试也属于承包商的工作范围。

（3）并网前当地政府和电网公司要求增加的设备的安装工作也属于本次工作范围。

三、技术要求

3.7.17 严禁利用金属软管、管道保温层的金属外皮或金属网、低压照明网络的导线铅皮，以及电缆金属护层作为接地线。

3.7.18 电气装置的接地必须单独与接地母线或接地网相连接，严禁在一条接地线中串接两个及两个以上需要接地的电气装置。

3.7.19 屋外接地装置安装。

（1）接地材料材质、规格应符合设计文件要求，有合格证明文件。

（2）垂直接地极顶面埋设深度应符合设计文件要求，设计无要求时应不小于0.8m。水平接地极顶面埋设深度（包括通过道路时的埋深）应符合设计文件要求，设计无要求时应不小于0.8m。

（3）接地装置焊接或搭接长度应满足：扁钢与扁钢（槽钢）不小于2倍宽度，且焊接面不小于3面；圆钢与圆钢或圆钢与扁钢（槽钢）双面焊接时不小于6倍圆钢直径，单面焊接时不小于12倍圆钢直径；扁钢与钢管（角钢）直接焊接，或在接触部位两侧焊接，并焊接加固卡子。

3.7.20 屋内接地装置安装。

（1）电气装置的接地与接地母线或接地网的连接应连接可靠、无串接。

（2）接地体连接应满足：扁钢与扁钢（槽钢）焊接长度不小于2倍宽度，且焊接面不小于3个棱边；圆钢与圆钢或圆钢与扁钢的连接长度双面焊接长度不小于6倍圆钢直径，单面焊接长度不小于12倍圆钢直径；焊缝外观无焊渣，表面防腐合格。

（3）对于新建站的户内地下部分的接地网和地下部分的接地线应采用紫铜材料。铜材料间或铜材料与其他金属间的连接，须采用放热焊接，不得采用电弧焊接或压接。土壤具有强腐蚀性的厂站应采用铜或铜覆钢材料。

3.7.21 避雷针、避雷带、避雷线、避雷网接地装置安装。

独立避雷针及其接地装置与道路或建筑物的出入口距离大于等于3m；当小于3m时，应采取均压措施或铺设卵石或沥青地面。

3.7.22 继电保护及安全自动装置的接地装置安装。

等电位接地网接地装置与主接地网的连接采用不小于50mm²、不少于4根的铜缆与主接地一点直接连接，且连接位置远离强电场。

四、工程交接验收

3.7.23　电气装置安装工程接地装置验收应符合下列规定：

（1）应按设计要求施工完毕，接地施工质量应符合 GB 50169—2016《电气装置安装工程 接地装置施工及验收规范》的规定。

（2）整个接地网外露部分的连接应可靠，接地线规格应正确，防腐层应完好，标识应齐全明显。

（3）避雷针、避雷线、避雷带及避雷网的安装位置及高度应符合设计要求。

（4）供连接临时接地线用的连接板的数量和位置应符合设计要求。

（5）接地阻抗、接地电阻值及其他测试参数应符合设计规定。

3.7.24　在交接验收时，应提交下列资料和文件：

（1）符合实际施工的图纸。

（2）设计变更的证明文件。

（3）接地器材、降阻材料及新型接地装置检测报告及质量合格证明。

（4）安装技术记录，其内容应包括隐蔽工程记录。

（5）接地测试记录及报告，其内容应包括接地电阻测试、接地导通测试等。

3.8　旋转电机技术要求

一、土建要求

3.8.1　与旋转电机安装有关的建筑工程应符合下列规定。

（1）建（构）筑物的质量应符合 GB 50300《建筑工程施工质量验收统一标准》的有关规定。

（2）设备安装前，建筑工程应具备下列条件：

1）屋顶、楼板工作应结束，不得有渗漏现象。

2）混凝土基础应达到允许安装的强度。

3）现场模板、杂物应清理完毕。

4）基础、地脚螺栓孔、沟道、孔洞、预埋件及电缆管的位置、尺寸和质量，应满足设计文件要求，预埋件应牢固。

（3）设备投运前，应完成二次灌浆和抹面工作，二次灌浆强度应满足设计要求。

3.8.2　旋转电机的重要施工项目或工序，应制定安全技术措施。

3.8.3　设备安装就位后应做好成品保护。

二、发电机技术要求

◆一般规定

3.8.4 采用的设备和器材应满足设计及产品技术文件要求，设备应有铭牌及合格证。

3.8.5 设备和器材到达现场后，应在规定期限内做验收检查。验收检查应包括初步检验和开箱检验，并应符合下列规定。

（1）初步检验应包括下列内容。

1）车面检查：设备和器材绑扎应合理、牢固和完好，并应无磕碰和倾覆现象。

2）外观检查：包装应完整、无破损和水湿，裸装件应无损伤和变形。

3）数量清点：包装件和裸装件数量应准确。

4）初步检验应形成记录，发现问题应形成文字或图像记录并应签字确认。

（2）开箱检验应符合下列规定：

1）包装和密封应良好。

2）设备器材型号、规格应满足设计文件要求；设备、附件、备品备件、专用工具等数量应与合同及装箱单一致。

3）外观应无损伤、变形、水湿及锈蚀。

4）产品技术文件应齐全。

5）开箱检验应形成记录，发现问题应形成文字或图像记录并应签字确认。

3.8.6 旋转电机安装前的存放和保管期限应为一年以内。当需要长期保管时，应按 DL/T 855《电力基本建设火电设备维护保管规程》的有关规定执行。

◆保管、搬运和起吊

3.8.7 发电机到达现场后，安装前的保管应符合下列规定：

（1）放置前应检查和确认枕木垛、卸货台、平台的承载能力。

（2）发电机主体设备应存放在清洁干燥内的仓库或厂房内，存放区域环境温度和湿度应满足产品技术文件的要求；当条件不允许时，可就地保管，并应有防火、防水、防潮、防尘、保温、防机械损伤及防止小动物进入等措施。

（3）存放保管期间，应按照产品技术文件要求定期测量发电机、调相机定子、转子绕组绝缘电阻；当保管条件有变化时，应及时测量绝缘电阻；当发现绝缘电阻值明显下降时，应查明原因，并应采取处理措施。

（4）对于运输到现场仍处于封闭状态的发电机定子，在其周围空间进行施焊或切割等作业前，应做好防火隔离措施，并检查发电机的封闭应良好。

（5）转子的存放应使大齿处于垂直方向，不得使护环受力。保管期间应每月一次检查轴颈、铁芯、集电环等部位不得有锈蚀，并应按产品技术文件要求定期盘动转子。

3.8.8 与起吊有关的建筑结构、起重机械、辅助起吊设施等强度应经核算，起重机械、辅助起吊设施负荷试验合格，并应满足起吊要求。

◆定子和转子的安装

3.8.9 埋入式测温元件的引出线及端子板应清洁和绝缘，其屏蔽接地应良好。埋设于汇水管水支路部位的测温元件应完好，并应安装牢固。

3.8.10 检查转子上的紧固件应紧牢，平衡块不得增减或变位，平衡螺钉应锁牢。风扇叶片应安装牢固、方向正确，并应无破损和变形，螺栓紧固力矩值应满足产品技术文件的要求，且螺栓锁片应锁牢。

3.8.11 安装发电机转子前，应取出转子通风孔所有封堵件并经检验人员验证，并应按 JB/T 6229《隐极同步发电机转子气体内冷通风道检验方法及限值》的有关规定进行转子通风试验。

3.8.12 发电机的空间间隙和磁场中心满足产品技术文件要求。

3.8.13 穿转子前后应测试定子绕组绝缘电阻和直流电阻，并应测试转子绕组绝缘电阻和交流阻抗，测试结果与出厂值比较应无明显差别。

3.8.14 安装端盖时，应进行下列检测：

（1）发电机内部应无杂物和遗留物，冷却介质及气封通道应通畅；安装后，端盖接合处应紧密；采用端盖轴承的发电机，端盖接合面应采用 10mm×0.05mm 的塞尺检查，塞入深度不得超过 10mm。

（2）安装端盖前应确认轴瓦绝缘测试线为耐油的绝缘导线或满足产品技术文件要求，并检查其与轴瓦的连接应牢固可靠；安装端盖并引出轴瓦绝缘测试线后，应进一步检测和确认其导通和绝缘情况，并应满足产品技术文件要求。

（3）应对轴瓦测温元件引线的完好性进行检查。

（4）端盖封闭前，应完成电气、热工专业相关检查和试验工作，并应完成相关签证。

3.8.15 发电机、调相机引出线的安装应符合下列规定：

（1）引线和出线的接触面应良好、清洁、无油垢，镀银层不应锉磨。

（2）引线和出线的连接应使用力矩扳手紧固，紧固力矩值应满足产品技术文件要求；当采用钢质螺栓时，连接后不得构成闭合磁路。

（3）出线套管表面应清洁，无损伤和裂纹，电气绝缘试验合格后方可安装。

（4）引线与出线连接后，其冷却通道密封和通畅性检查试验应满足产品技术文件要求；手包绝缘工艺和质量应满足产品技术文件要求。

（5）引线和出线的安装，不得使单相引线或出线周围构成闭合铁磁回路。

（6）安装前应检查现场组装的对拼接头电气连接接触面应平整、无机械损伤和变形，镀银层应完好。

（7）发电机出线对拼接头现场组装并紧固螺栓力矩后，应检查其连接和接触应牢固可靠，并应连同对拼接头测量发电机定子绕组的直流电阻，应无异常。

（8）对于发电机出线罩内一次侧安装的在线监测装置，应按GB 50150《电气装置安装工程 电气设备交接试验标准》的有关规定对其和引线进行耐压试验。

3.8.16 隔绝发电机、励磁装置轴电流的绝缘部件绝缘性能应良好，绝缘电阻值应满足产品技术文件要求。当无规定时，使用1000V绝缘电阻表测试其绝缘电阻值不应小于0.5MΩ。

◆集电环、电刷的安装

3.8.17 集电环应与轴同心，晃度应符合产品技术文件要求，当无要求时，晃度不宜大于0.05mm。集电环表面应光滑无锈蚀、损伤、油垢。

3.8.18 接至刷架的电缆，不应使刷架受力，其金属护层不应触及带有绝缘垫的轴承。

3.8.19 电刷架及其横杆应固定，绝缘衬管和绝缘垫应无损伤、污垢，并应测量其绝缘电阻，绝缘电阻值应满足产品技术文件要求。

3.8.20 刷握与集电环表面间隙应满足产品技术文件要求，当无要求时，其间隙可调整为2～3mm。

3.8.21 电刷的安装调整应符合下列规定：

（1）同一发电机上应使用同型号、同厂家的电刷。

（2）电刷的编织带应连接牢固、接触良好，不得与转动部分或弹簧片碰触；具有绝缘垫的电刷，绝缘垫应完好。

（3）电刷在刷握内应能上下自由移动，电刷与刷握的间隙应满足产品技术文件要求；当无要求时，其间隙可为0.10～0.20mm。

（4）恒压弹簧应完好无损，型号和压力应满足产品技术文件要求；同一极上的弹簧压力偏差不宜超过5%。

（5）电刷接触面应与集电环的弧度相吻合，接触面积不应小于单个电刷截面的75%；研磨电刷后，应将炭粉清扫干净。

（6）在考虑机组冷态和机组运行轴系膨胀量的情况下，电刷均应在集电环的整个表面内工作，不得靠近集电环的边缘。

◆工程交接验收

3.8.22 发电机交接验收应符合下列规定：

（1）旋转方向和相序应满足设计文件要求，运行中应无异常声音。

（2）集电环及电刷的工作情况应正常。

（3）振动测量值及各部温度，应满足产品技术文件要求。

（4）电压、电流、频率、功率等参数应满足产品技术文件要求。

（5）转子绕组交流阻抗、空载特性、短路特性、灭磁时间常数、定子残压和轴电压等测试结果，应满足产品技术文件要求。

（6）并入系统保持铭牌出力连续运行时间应符合DL/T 5437《火力发电建设工程启动试运及验收规程》的有关规定。

3.8.23　验收时，应提交下列资料和文件：

（1）设计变更证明文件和竣工图资料。

（2）制造厂提供的产品说明书、出厂检验记录、合格证件及随机图等技术文件。

（3）安装、试运记录及验收签证。

（4）发电机干燥记录。

（5）调整试验记录和报告。

（6）专用工具、备品、备件及测试仪器清单。

三、电动机技术要求

3.8.24　电动机必须有明显可靠的接地。

◆保管和起吊

3.8.25　电动机到达现场后，安装前的保管和起吊应符合下列规定：

（1）放置前应检查枕木垛、卸货台、平台的承载能力和平整度。

（2）电动机及其附件宜存放在清洁、干燥的场所，并应有防火、防水、防潮、防尘、防积水浸泡、防机械损伤及防止小动物进入的措施。

（3）保管期间，应每月检查一次，轴颈、铁芯、集电环等处不得有锈蚀；并应按产品技术文件要求定期盘动转子。

（4）起吊转子时，吊索宜选用柔性吊装带，不应将吊索绑在集电环、换向器或轴承等不宜承重受力的部位；起吊定子和穿转子时，不应碰伤定子绕组和铁芯。

◆检查和安装

3.8.26　电动机保管期间，应每月检查一次，轴径、铁芯、集电环等处不得有锈蚀；并应按产品技术文件要求定期盘动转子。

3.8.27　电动机安装时，可测量空气间隙的电动机，其气隙的不均匀度应满足产品文件要求。当无要求时，各点气隙与平均气隙的差值应不大于平均气隙的5%。

3.8.28　电动机接线盒内的空间应满足电缆曲绕压接的需要，引出线鼻子焊接或压接应良好，编号应齐全；接线端子支持强度应能承受电缆弯曲产生的应力，电缆在接线盒内不应受外力挤压和磨损，裸露地点部分的电气间隙应满足产品技术文件要求。

3.8.29 电动机接线盒密封性能应满足电动机防护等级要求。

3.8.30 加入电动机的滚动轴承润滑脂应填满其内部空隙的2/3；不得将不同品种的润滑脂填入同一轴承内。

3.8.31 电动机的电气开关柜、电缆防火封堵施工应完毕，并应验收合格。

3.8.32 电动机事故按钮应置于控制盒内，全封闭结构，防护等级达IP66及以上，并且应有按钮防护罩。标识应准确、齐全、清晰。

3.8.33 交流电动机应先进行空载试运，空载试运时间宜为2h以上直至电动机轴承温度稳定为止；直流电动机空载运转时间不宜小于30min。

◆工程交接验收

3.8.34 电动机交接验收应符合下列规定：

（1）旋转方向应满足设计文件要求，运行中应无异常声音。

（2）换向器、集电环及电刷应工作正常，接触面应无明显火花。

（3）启动电流、启动时间、空载电流应满足产品技术文件要求。

（4）各部温度应满足产品技术文件要求。

（5）滑动轴承温度不应超过80℃，滚动轴承温度不应超过95℃。

（6）振动测量值应满足产品技术文件要求。

（7）轴承状态应正常，润滑脂量应满足产品技术文件要求。

3.8.35 验收时，应提交下列资料和文件：

（1）设计变更证明文件和竣工图资料。

（2）制造厂提供的产品说明书、出厂检验记录、合格证件及随机图等技术文件。

（3）安装、试运记录及验收签证。

（4）调整试验记录和报告。

（5）专用工具、备品、备件及测试仪器清单。

3.9 盘、柜及二次回路接线技术要求

一、基本规定

3.9.1 盘、柜到达现场后，应在规定期限内做验收检查，并应符合下列规定：

（1）包装及密封应良好。

（2）应开箱检查铭牌、型号、规格应符合要求，设备应无损伤，附件、备件应齐全。

（3）产品的技术文件应齐全。

3.9.2 设备安装前建筑工程应具备下列条件：

（1）屋顶、楼板应施工完毕，不得渗漏。

（2）室内地面施工应基本结束，室内沟道应无积水、杂物。

（3）预埋件及预留孔应符合设计要求。

（4）门窗应安装完毕。

（5）对有可能损坏或影响到已安装设备的装饰施工全部结束。

3.9.3 设备安装用的紧固件，应用镀锌制品或其他防锈蚀制品。

3.9.4 二次回路的电源回路送电前，应检查绝缘，其绝缘电阻值不应小于1MΩ，潮湿地区不应小于0.5MΩ。

3.9.5 安装调试完毕后，在电缆进出盘、柜的底部或顶部以及电缆管口处应进行防火封堵，封堵应严密、平整、美观。

3.9.6 电厂继电保护用二次电缆应选用耐火型铠装电缆。

3.9.7 安装单位提供就地接线盒、盘柜要求：室外防护等级为IP54；外壳材料采用S30408不锈钢，厚度至少为2.5mm；就地接线盒应布置在远离高温区并便于维护的检修通道旁边；所有接线端子盒、端子柜合理配置电缆布线空间，确保所有电缆接线完成后仍留有15%的富余端子；各接线端子要有明显的标记，并与图纸和接线表相符；端子排、电缆夹头、电缆走线槽均应由阻燃型材料制造；承包方提供的接线盒前门、盘柜前后门应有永久牢固的标识牌。

二、盘、柜的安装

3.9.8 盘、柜安装在振动场所，应按设计要求采取减振措施。

3.9.9 盘、柜间及盘、柜上的设备与各构件间连接应牢固。控制保护盘、柜和自动装置盘等与基础型钢不宜焊接固定。

3.9.10 盘、柜单独或成列安装时，其垂直、水平偏差及盘、柜面偏差和盘、柜间接缝等的允许偏差应符合表2-3-7的规定。

表2-3-7　盘、柜的垂直、水平偏差、面偏差和接缝等的允许偏差

项目		允许偏差（mm）
垂直度（每米）		1.5
水平偏差	相邻两盘顶部	2
	成列盘顶部	5
盘面偏差	相邻两盘边	1
	成列盘面	5
盘间接缝		2

3.9.11　盘、柜的漆层应完整，并应无损伤；固定电器的支架等应采用不锈钢材质（S30408）。

三、盘、柜上的电器安装

3.9.12　端子排的安装应符合下列规定：

（1）端子排应无损坏，固定应牢固，绝缘应良好。

（2）端子应有序号，端子排应便于更换且接线方便；离底面高度宜大于350mm。

（3）回路电压超过380V的端子板应有足够的绝缘，并应涂以红色标识。

（4）交、直流端子应分段布置。

（5）强、弱电端子应分开布置，当有困难时应有明显标识，并应设空端子隔开或设置绝缘的隔板。

（6）正、负电源之间以及经常带电的正电源与合闸或跳闸回路之间，应以空端子或绝缘隔板隔开。

（7）电流回路应经过试验端子，其他需断开的回路宜经特殊端子或试验端子。试验端子应接触良好。

（8）潮湿环境应采用防潮端子。

（9）接线端子应与导线截面匹配，不得使用小端子配大截面导线。

3.9.13　二次回路的连接件均应采用铜质制品，绝缘件应采用自熄性阻燃材料。

3.9.14　盘、柜的正面及背面各电器、端子排等应标明编号、名称用途及操作位置，且字迹应清晰、工整，不易脱色。

四、二次回路接线

3.9.15　二次电缆接线前应对每一芯线进行绝缘检查，可以将屏柜内电缆剥开绝缘皮，将金属部分并接后一同摇测。

3.9.16　二次回路接线应符合下列规定：

（1）应按有效图纸施工，接线应正确。

（2）导线与电气元件间应采用螺栓连接、插接、焊接或压接等，且均应牢固可靠。

（3）盘、柜内的导线不应有接头，芯线应无损伤。

（4）多股导线与端子、设备连接应压接终端附件。

（5）电缆芯线和所配导线的端部均应标明其回路编号，编号应正确，字迹应清晰，不易脱色。

（6）配线应整齐、清晰、美观，导线绝缘应良好。

（7）每个接线端子的每侧接线宜为1根，不得超过2根；对于插接式端子，不同截面的2根导线不得接在同一端子中；螺栓连接端子接2根导线时，中间应加平垫片。

3.9.17　盘、柜内电流回路配线应采用截面不小于 $2.5mm^2$、标称电压不低于 450/750V 的铜芯绝缘导线，其他回路截面不应小于 $1.5mm$；^{2}电子元件回路、弱电回路采用锡焊连接时，在满足载流量和电压降及有足够机械强度的情况下，可采用不小于 $0.5mm$ 截面的绝缘导线。

3.9.18　导线用于连接门上的电器、控制台板等可动部位时，尚应符合下列规定：

（1）应采用多股软导线，敷设长度应有适当裕度。

（2）线束应有外套塑料缠绕管保护。

（3）与电器连接时，端部应压接终端附件。

（4）在可动部位两端应固定牢固。

3.9.19　引入盘、柜内的电缆及其芯线应符合下列规定：

（1）电缆、导线不应有中间接头，必要时，接头应接触良好、牢固，不承受机械拉力，并应保证原有的绝缘水平；屏蔽电缆应保证其原有的屏蔽电气连接作用。

（2）电缆应排列整齐、编号清晰、避免交叉、固定牢固，不得使所接的端子承受机械应力。

（3）铠装电缆进入盘、柜后，应将钢带切断，切断处应扎紧，钢带应在盘、柜侧一点接地。

（4）屏蔽电缆的屏蔽层应接地良好。

（5）橡胶绝缘芯线应外套绝缘管保护。

（6）盘、柜内的电缆芯线接线应牢固、排列整齐，并应留有适当裕度；备用芯线应引至盘、柜顶部或线槽末端，并应标明备用标识，芯线导体不得外露。

（7）强、弱电回路不应使用同一根电缆，线芯应分别成束排列。

（8）电缆芯线及绝缘不应有损伤；单股芯线不应因弯曲半径过小而损坏线芯及绝缘。单股芯线弯圈接线时，其弯线方向应与螺栓紧固方向一致；多股软线与端子连接时，应压接相应规格的终端附件。

3.9.20　在油污环境中的二次回路应采用耐油的绝缘导线，在日光直射环境中的橡胶或塑料绝缘导线应采取防护措施。

3.9.21　屏内光缆连接，熔纤盘内连接光纤单端盘留量大于等于 500mm，熔纤盘内连接光纤弯曲半径大于等于 40mm。

3.9.22　盘、柜内端子排需调整时，端子排布置不得影响端子排内、外侧接线操作。

五、盘、柜及二次系统接地

3.9.23　盘、柜基础型钢应有明显且不少于两点的可靠接地。

3.9.24　成套柜的接地母线应与主接地网连接可靠。

3.9.25　抽屉式配电柜抽屉与柜体间的接触应良好，柜体、框架的接地应良好。用万用表对每一段抽屉式配电柜抽屉进行抽检。

3.9.26　手车式配电柜的手车与柜体的接地触头应接触可靠，当手车推入柜内时，接地触头应比主触头先接触，拉出时接地触头应比主触头后断开。

3.9.27　装有电器的可开启的门应采用截面不小于 $4mm^2$ 且端部压接有终端附件的多股软铜导线与接地的金属构架可靠连接。

3.9.28　盘、柜柜体接地应牢固可靠，标识应明显。

3.9.29　计算机或控制装置设有专用接地网时，专用接地网与保护接地网的连接方式及接地电阻值均应符合设计要求。

3.9.30　二次系统接地要求：屏内专用接地铜牌截面积大于等于 $100mm^2$；屏柜内接地铜牌与等电位接地网应采用截面积大于等于 $50mm^2$ 带绝缘铜导线或铜缆连接；电缆屏蔽层的接地线截面积大于屏蔽层截面积的2倍；单个鼻子接地压接线芯数不超过6芯；铜牌与接线鼻子的连接，单个螺栓连接不超过2个。

3.9.31　盘、柜上装置的接地端子连接线、电缆铠装及屏蔽接地线应用黄绿绝缘多股接地铜导线与接地铜排相连。电缆铠装的接地线截面宜与芯线截面相同，且不应小于 $4mm^2$，电缆屏蔽层的接地线截面面积应大于屏蔽层截面面积的2倍。当接地线较多时，可将不超过6根的接地线同压一接线鼻子，且应与接地铜排可靠连接。

3.9.32　电流互感器二次回路中性点应分别一点接地，接地线截面不应小于 $4mm^2$，且不得与其他回路接地线压在同一接线鼻子内。

3.9.33　用于保护和控制回路的屏蔽电缆屏蔽层接地应符合设计要求，当设计未做要求时，应符合下列规定：

（1）用于电气保护及控制的单屏蔽电缆屏蔽层应采用两端接地方式。

（2）远动、通信等计算机系统所采用的单屏蔽电缆屏蔽层，应采用一点接地方式；双屏蔽电缆外屏蔽层应两端接地，内屏蔽层宜一点接地。屏蔽层一点接地的情况下，当信号源浮空时，屏蔽层的接地点应在计算机侧；当信号源接地时，接地点应靠近信号源的接地点。

3.9.34　二次设备的接地应符合下列规定：

（1）计算机监控系统设备的信号接地不应与保护接地和交流做接地混接。

（2）当盘、柜上布置有多个子系统插件时，各插件的信号接地点均应与插件箱的箱体绝缘，并应分别引接至盘、柜内专用的接地铜排母线。

（3）信号接地宜采用并联一点接地方式。

（4）盘、柜上装有装置性设备或其他有接地要求的电器时，其外壳应可靠接地。

3.9.35　独立的、与其他互感器二次回路没有电的联系的TA二次回路，宜在开关场实现一点接地。由几组TA绕组组合且有电路直接联系的回路，TA二次回路宜在第一级和电流处一点接地。

3.9.36 厂用电TA回路检查。为了保证单相接地保护动作的正确性，零序电流互感器套装在电缆上时，应使电缆头至零序电流互感器之间的一段金属外护层不与大地相接触。该段电缆的固定应与大地绝缘，其金属外护层的接地线应穿过零序电流互感器后接地，使金属外护层中的电流不致通过零序电流互感器；如回路中有2根及以上电缆并联，且每根电缆上分别装有零序电流互感器，则应将各零序电流互感器的二次绕组串联或并联后接至继电器。

六、质量验收

3.9.37 在验收时，应按下列规定进行检查：

（1）盘、柜的固定及接地应可靠，盘、柜漆层应完好、清洁整齐、标识规范。

（2）盘、柜内所装电器元件应齐全完好，安装位置应正确，固定应牢固。

（3）所有二次回路接线应正确，连接应可靠，标识应齐全清晰。二次回路的电源回路绝缘不应小于$1M\Omega$，潮湿地区不应小于$0.5M\Omega$。

（4）手车或抽屉式开关推入或拉出时应灵活，机械闭锁应可靠，照明装置应完好。

（5）盘、柜孔洞及电缆管应封堵严密，可能结冰的地区还应采取防止电缆管内积水结冰的措施。

（6）备品备件及专用工具等应移交齐全。

3.9.38 在验收时，应提交下列技术文件：

（1）变更设计的证明文件。

（2）安装技术记录、设备安装调整试验记录。

（3）质量验收记录。

（4）制造厂提供的产品技术文件。

（5）备品备件及专用工具等清单。

3.9.39 电气接线端子用的紧固件应符合GB/T 5273《高压电器端子尺寸标准化》的有关规定。

3.10 蓄电池技术要求

一、基本规定

3.10.1 蓄电池到达现场后，应进行验收检查，并应符合下列规定：

（1）包装及密封应良好。

（2）应开箱检查清点，型号、规格应符合设计要求，附件应齐全，元件应无损坏。

（3）产品的技术文件应齐全。

（4）按 GB 50172—2012《电气装置安装工程 蓄电池施工及验收规范》的要求外观检查应合格。

3.10.2 蓄电池到达现场后，应在产品规定的有效保管期限内进行安装及充电。不立即安装时，其保管应符合下列规定：

（1）酸性和碱性蓄电池不得存放在同一室内。

（2）蓄电池不得倒置，开箱后不得重叠存放。

（3）蓄电池应存放在清洁、干燥、通风良好的室内，应避免阳光直射；存放中，严禁短路、受潮，并应定期清除灰尘。

（4）阀控式密封铅酸蓄电池宜在 5～40℃的环境温度、相对湿度低于 80%的环境下存放；镉镍碱性蓄电池宜在 -5～35℃的环境温度、相对湿度低于 75%的环境下存放。蓄电池从出厂之日起到安装后的初始充电时间超过 6 个月时，应采取充电措施。

二、阀控式密封铅酸电池组安装

3.10.3 蓄电池安装前，应按下列规定进行外观检查：

（1）蓄电池外观应无裂纹、无损伤；密封应良好，应无渗漏；安全排气阀应处于关闭状态。

（2）蓄电池的正、负端接线柱应极性正确，应无变形、无损伤。

（3）透明的蓄电池槽，应检查极板无严重变形；槽内部件应齐全，无损伤。

（4）连接条、螺栓及螺母应齐全。

3.10.4 清除蓄电池表面污垢时，对塑料制作的外壳应用清水或弱碱性溶液擦拭，不得用有机溶剂清洗。

3.10.5 蓄电池组的安装应符合下列规定：

（1）蓄电池放置的基架及间距应符合设计要求；蓄电池放置在基架后，基架不应有变形；基架应接地。

（2）蓄电池在搬运过程中不应触动极柱和安全排气阀。

（3）蓄电池安装应平稳，间距应均匀，单体蓄电池之间的间距不应小于 5mm；同一排、列的蓄电池槽应高低一致，排列应整齐。

（4）连接条的接线应正确，连接部分应涂以电力复合脂。螺栓紧固时，应用力矩扳手，力矩值应符合产品技术文件的要求。

3.10.6 蓄电池组的引出电缆的敷设应符合 GB 50168《电气装置安装工程 电缆线路施工及验收标准》的有关规定，电缆引出线正、负极的极性及标识应正确，且正极应为赭色，负极应为蓝色。蓄电池组电源引出电缆不应直接连接到极柱上，应采用过渡板连接。电缆接线端子处应有绝缘防护罩。

3.10.7　蓄电池组的每个蓄电池应在外表面用耐酸材料标明编号。

三、质量验收

3.10.8　蓄电池组的绝缘应良好，绝缘电阻不应小于0.5MΩ。

3.10.9　在验收时，应提交下列技术文件：

（1）设计变更的证明文件。

（2）制造厂提供的产品说明书、装箱单、试验记录、合格证明文件等。

（3）充、放电记录及曲线，质量验收资料。

（4）材质化验报告。

（5）备品、备件、专用工具及测试仪器清单。

3.11　通信工程技术要求

3.11.1　光纤连接线弯曲半径大于等于40mm。

3.11.2　机架接地连接应可靠。

3.11.3　终端设备安装完整，标志齐全、正确。

3.11.4　OPGW（光纤复合架空地线）引下光缆应可靠接地，导引光缆管口封堵材料符合设计文件要求，密封良好。

3.12　电气照明技术要求

一、一般规定

二、道路灯杆

3.12.1　路灯杆钢材材质为宝钢、武钢、三钢、鞍钢等大厂特制SS400低硅低碳高强度钢（Si≤0.04%），厚度不小于6mm，底法兰厚度大于等于20mm。要求确保热镀锌底硬度和附着力，表面不发黑。符合国家或企业标准，并提供钢材供货合同及钢材质量证明书。

3.12.2　灯杆采用法兰盘安装形式，通过地脚螺栓安装在基础上。灯杆的底部带有基底法兰盘，通过地脚螺栓安装在基础上，法兰盘的厚度不小于20mm。

3.12.3　灯杆高度为13m及以下的宜一次成型。配合最大间隙不应大于2mm。

3.12.4　灯臂与灯杆主体套接应采用上套接，并有紧固装置，套接深度不应小于200mm。

3.12.5　智能灯杆除符合常规灯杆规定外，还应符合下列要求：

（1）杆体底部可设置智慧控制传感器、交换机、充电桩等电器安装箱体，箱体高度不宜高于1800mm，长宽不宜大于450mm。

（2）箱体、箱体与灯杆连接处应满足抗风强度要求。

3.12.6　灯杆检修门（口）应符合下列要求：

（1）采用等离子、激光和线切割等工艺加工，切割断面整齐光滑、无毛刺。

（2）门（口）应与杆体浑然一体，门框开口处应符合灯杆抗风强度的要求。

（3）门（口）框下沿离地距离不宜低于500mm，允许偏差宜为±5mm。

（4）门板应具有互换性，门内应设置电器安装空间和接地螺栓。

（5）门（口）框与门板的配合间隙不应大于1mm（规范为1.5mm），防护等级为IP45及以上。

（6）门（口）孔的宽度不应大于灯杆开孔处最大周长的1/4。

3.12.7　灯杆的基础设计应与灯杆相匹配，基础采用混凝土结构，基础上留有固定灯杆法兰盘的地脚螺栓及固定地脚螺栓用的下法兰；基础内预埋进出电缆的穿线管采用PVC管，穿线管驳接处采用熔接方式连接；所有紧固件均采用不锈钢制造，可靠耐久易操作。各种螺母紧固，应加垫片和弹簧垫，紧固后螺钉露出螺母应露出2~3个螺距。

3.12.8　不锈钢材质螺栓装配时，应在螺纹部分涂抹防咬合剂。

3.12.9　灯杆基础螺栓高于地面时，混凝土基础顶平面应与地面路缘石平面持平；灯杆基础低于地面时，基础螺栓顶距地面标高宜为150mm。基础与灯杆固定的螺栓应露出基础顶平面50~60mm（双螺母固定），基础埋深、螺栓、螺杆长度见表2-3-8。

表2-3-8　　　　　　　　　　　基础埋深、螺栓、螺杆长度

灯杆高度 h（m）	基础埋深 H（m）	螺栓直径 ϕ（mm）	螺杆长度 L（m）
7~9	155	M20	1.50
10~12	1.8	M24	1.75
13~14	2.2	M24	2.15

3.12.10　路灯杆焊接工艺

应采用氩气保护焊接，整个杆体应无任何一处漏焊，焊缝平整，无任何焊接缺陷。焊缝符合GB/T 3323.1中的Ⅲ级标准，熔深达805以上，要求提供焊接探伤报告。

3.12.11　路灯杆热镀锌工艺

灯杆内外表面、灯盘及所有金属配件表面均应热浸锌处理。要求镀锌层均匀、厚度不小于65μm；镀锌表面应光滑美观。符合GB/T 13912—2020的标准，并提供镀锌测试报告。

3.12.12　路灯杆喷塑工艺

镀锌后应钝化处理，喷塑附着力好，厚度大于等于80μm（颜色为X色）。喷塑应采用进口优质塑粉。符合 ASTM D3359-83 的标准，并提供喷塑测试报告。

3.12.13　电缆

（1）电缆要由批准的制造商制造并带有制造厂家的完整的封签和保证书。应保持封签的完整，以便日后出故障时用以检验和记录，全部电缆要提供产品测试的合格证。

（2）电缆穿PVC管后直埋敷设。电缆应在所有入孔给予支托。一条电缆通过各个入孔所占用的管孔和电缆托板的位置，并后应保持一致，避免电缆相互交叉或由入孔的一侧跨越至另一侧。

（3）电缆管的内径与穿入电缆外径之比不得小于1.5。

（4）每根电缆管的弯头不应超过3个，直角弯不应超过2个。

（5）当塑料管的直线长度超过30m时，应加装伸缩节；伸缩节应避开塑料管的固定点。

（6）相连接两电缆管的材质、规格应一致。

（7）硬质塑料管在套接或插接时，其插入深度宜为管子内径的1.1～1.8倍。在插接面上应涂以胶合剂粘牢密封；采用套接时套管两端应采取密封措施。

（8）水泥管连接宜采用管箍或套接方式，管孔应对准，接缝应严密，管箍应有防水垫密封圈，防止地下水和泥浆渗入。

4 仪控

4.1 基本规定

一、施工技术准备

4.1.1 自动化仪表工程施工组织设计和施工方案应已批准。对复杂、关键的安装和试验工作应编制施工技术方案。

施工方案应包括以下内容：

（1）编制说明。

（2）工程概况和工程特点。

（3）主要施工方法、关键操作法及施工程序。

（4）施工进度计划。

（5）劳动力计划。

（6）执行的技术标准、规范、规程和主要质量指标。

（7）施工技术措施、质量保证措施。

（8）施工安全措施。

（9）施工机具计划。

（10）临时设施计划。

（11）安全危险因素、环境因素及相应的控制措施。

4.1.2 自动化仪表工程施工前，应进行工程设计交底和设计会审。工程设计交底和设计会审一般由建设单位、设计单位、监理单位和施工单位共同参加，施工单位技术人员应预先熟悉图纸。

设计会审包括下列内容：

（1）检查设计文件的完整情况和设计深度。

（2）核查控制流程图、系统图、回路图、平面布置图、设备一览表、安装图等在相应仪表的位号、型号、规格、材质、位置等设计中的一致性。

（3）核查系统原理图与接线图的一致性。

（4）核查仪表专业提出的盘柜基础、预埋件、预留孔等条件在土建设计图中的相应位置、尺寸、数量上的符合性。

（5）核查仪表设备和取源部件在设备图、管道图中相应位号的型号、规格、材质、位置上的符合性。

（6）核查仪表设备、仪表管道、仪表线路的安装位置与有关专业设施在空间布置上的合理性。

（7）核查仪表控制系统相互之间，仪表专业与电气专业相互之间在供电、接地、联锁、信号等相关设计中的要求的一致性及连接的正确性。

（8）核对仪表材料数量。

（9）检查设计漏项。

4.1.3 自动化仪表工程施工中的安全技术措施，应符合相关规范及国家有关标准的规定。

4.1.4 自动化仪表工程施工前，应对施工人员进行技术交底。技术交底包括工程施工任务的具体内容和安排，以及有关施工工艺、方法、质量、安全、工作程序和记录表格方面的要求。工程需要时，还应进行技术培训。

4.1.5 监视和测量设备应按规定的时间间隔或在使用前进行校准和（或）验证。

二、质量管理

4.1.6 施工现场应有健全的质量管理体系、质量管理制度和相应的施工技术标准。

4.1.7 自动化仪表工程应对施工过程进行质量控制，并应按工序和质量控制点进行检验。

4.1.8 自动化仪表专业与相关专业之间，应进行施工工序交接检验。

4.1.9 自动化仪表工程的工程划分、质量控制点确定、质量检验和验收记录表格，均应在施工方案或质量计划中明确。

4.1.10 自动化仪表工程质量验收应在施工单位自检合格的基础上进行。

4.1.11 检验项目的质量应按主控项目和一般项目进行检验和验收。

三、施工质量验收的划分

4.1.12 仪表工程施工质量验收应按单位工程、分部工程和分项工程划分。

4.1.13 单位工程应由分部工程组成。当一个单位工程中仅有仪表分部工程时，该分部工程应为单位工程。

4.1.14 分部工程应由分项工程组成。同一单位工程中的仪表工程，应为一个分部工程。

4.1.15 分项工程的划分应符合下列要求：

（1）当仪表工程为厂区、车间、站区、单元等单位工程中的分部工程时，应按仪表类别和安装工作内容划分为仪表盘柜箱安装、仪表设备安装、仪表试验、仪表线路安装、仪表管道安装、脱脂、接地、防护等。

（2）主控制室的仪表分部工程应划分为盘柜安装、电源设备安装、仪表线路安装、接地、系统硬件和软件试验等。

（3）仪表回路试验和系统试验应划入主控制室仪表分部工程。

（4）在大中型民用建筑工程中，应按楼层、跨间或区间划分分项工程，线路安装和仪表试验可单独划分为分项工程。

（5）对小型工程，可划分为现场仪表及线路管道安装、控制室仪表安装、仪表试验等分项工程。

（6）当大中型机组、设备由制造厂成套供应且作为一个分部工程时，其配套的仪表和控制系统安装、试验可划分为一个分项工程。

四、检验数量

4.1.16　本节所规定的检验数量抽检比例，在特殊情况下可增加检验数量。

4.1.17　用于高温、低温、高压、易燃、易爆、有毒、有害物料的取源部件安装，以及计量、安全监测报警和联锁系统的取源部件安装，应全部检验。其他取源部件应按温度、压力、流量、物位、分析等用途分类各抽检30%，且不得少于1件。

4.1.18　用于高温、低温、高压、易燃、易爆、有毒、有害物料的仪表设备安装，以及计量、安全监测报警和联锁系统的仪表设备安装，应全部检验。其他仪表设备应按类型各抽检30%，且不得少于1台（件）。

4.1.19　单独设置的仪表盘、柜、箱安装，应抽检20%，且不得少于1台。成排设置的仪表盘、柜、箱安装，应抽检30%，且不得少于1排。

4.1.20　仪表电源设备的安装应全部检验。

4.1.21　爆炸和火灾危险区域外的仪表线路安装应按系统抽检30%。

4.1.22　用于高温、低温、高压、易燃、易爆、有毒、有害物料的仪表管道安装，以及计量、安全监测报警和联锁系统的仪表管道安装，应全部检验。其他仪表管道应按系统抽检30%。

4.1.23　脱脂工程应全部检验。

4.1.24　爆炸和火灾危险区域内的仪表安装工程应全部检验。

4.1.25　仪表接地安装工程应全部检验。

4.1.26　隔离与吹洗防护工程应全部检验。

4.1.27　防腐、绝热、伴热工程应按系统抽检30%。

4.1.28　用于高温、低温、高压、易燃、易爆、有毒、有害物料的仪表设备单台校准和试验，应全部检验。计量、安全监测报警和联锁系统的仪表单台校准和试验，应全部检验。其他仪表的单台校准和试验应按系统抽检30%，且不得少于1台（件）。

4.1.29　仪表电源设备的试验应全部检验。

4.1.30　综合控制系统的试验应全部检验。

4.1.31　仪表回路试验和系统试验应全部检验。

五、验收方法和质量合格标准

4.1.32　质量验收工作应按分项工程、分部工程、单位工程依次进行。

4.1.33　质量检验应在施工过程中进行。

4.1.34　分项工程的质量验收工作应在检验项目质量检验和验收工作完毕后进行。

4.1.35　分部工程、单位工程的质量验收工作应在分项工程质量验收完毕后逐级进行。

4.1.36　质量检验和验收的依据应为设计文件、国家有关标准和相关规范。

4.1.37　质量检验和验收可采用工程项目统一确定的记录表格。

4.1.38　分项工程质量验收合格应符合下列要求：

（1）分项工程所含的检验项目中，主控项目和一般项目应全部合格。

（2）分项工程的质量控制资料应齐全。

（3）分项工程质量验收记录应按附录A填写。

（4）分项工程质量验收记录应包括章节一般规定中相应质量验收内容。

4.1.39　分部工程质量验收合格应符合下列要求：

（1）分部工程所含分项工程的质量应全部合格。

（2）分部工程的质量控制资料应齐全。

（3）分部工程质量验收记录，应按GB/T 50252《工业安装工程施工质量验收统一标准》中附录C的规定填写。

4.1.40　单位工程质量验收合格应符合下列要求：

（1）当单位工程仅由仪表工程组成时，该仪表工程的质量验收应即为单位工程的质量验收。

（2）当单位工程由仪表工程和其他专业工程组成时，仪表工程应作为一个分部工程参加该单位工程的质量验收。

（3）单位工程所含分部工程应全部合格。

（4）单位工程的质量控制资料应齐全。

（5）单位工程质量验收记录和单位工程质量控制资料检查记录，应按GB/T 50252《工业安装工程施工质量验收统一标准》中附录D、附录E的相关规定填写。

4.1.41　质量检验不合格时，应及时处理。经处理后的工程应按下列规定进行验收：

（1）返工后检验合格，可作为合格验收。

（2）返修后满足安全使用要求，可按返修方案和协商文件进行验收。

（3）返修后仍不能满足安全使用要求，严禁验收。

4.2 仪表设备和材料的检验及保管

一、检验及保管

4.2.1 仪表设备和材料到达现场后，应进行检验或验证。

4.2.2 仪表设备和材料的开箱外观检查应符合下列要求：

（1）包装和密封应良好。

（2）型号、规格、材质、数量与设计文件的规定应一致，并应无残损和短缺。

（3）铭牌标志、附件、备件应齐全。

（4）产品的技术文件和质量证明书应齐全。

4.2.3 仪表盘、柜、箱的开箱检查除应符合4.2.2规定外，尚应符合下列规定：

（1）表面应平整，内外表面涂层应完好。

（2）外形尺寸和安装孔尺寸，盘、柜、箱内的所有仪表、电源设备及其所有部件的型号、规格，应符合设计文件的规定。

4.2.4 分析仪表的开箱检查除应符合4.2.2规定外，尚应符合下列规定：

（1）分析仪表配套的试验标准样品名称、数量、样品浓度应符合设计文件的规定。

（2）试验样品应包装完好、无泄漏。

4.2.5 仪表设备的性能试验应符合4.10的规定。

4.2.6 检验不合格的仪表设备和材料不得使用，并应做好标识和隔离。

4.2.7 仪表设备和材料检验合格后，应按要求的保管条件进行保管，标识应明显清晰。

4.2.8 施工过程中，对已安装的仪表设备和材料应进行保护。

二、质量验收

4.2.9 仪表设备和材料检验质量验收应符合表2-4-1的规定。

表2-4-1　　　　　　　　　　　仪表设备和材料检验质量验收

序号	检验项目	检验内容	检验方法
1	主控项目	仪表设备和材料应具有产品技术文件和质量证明文件，特征数据应符合设计文件的规定	检查产品技术文件和质量证明文件

序号	检验项目	检验内容	检验方法
2	主控项目	仪表设备铭牌标志应清晰牢固,附件、备件应符合设计文件规定	观察检查,清点设备备件
3		仪表盘、柜、箱内仪表、电源设备及部件的型号、规格应符合设计文件规定	观察检查,核对内部仪表设备数据
4		分析仪表配套的试验标准样品,数量和浓度应符合设计文件的规定,并应包装良好、无泄漏	观察检查,核对标准样品数量和浓度标识
5		仪表设备和材料按保管条件分区、分类保管	观察检查
6	一般项目	仪表设备和材料数量、标识、几何尺寸应符合设计文件的规定,并应无残损或短缺,标识应清晰完整	观察检查和用尺测量检查

4.3 取源部件安装

一、一般规定

4.3.1 取源部件的结构尺寸、材质和安装位置应符合设计文件规定。

4.3.2 设备上的取源部件应在设备制造的同时安装,管道上的取源部件应在管道预制、安装的同时安装。

4.3.3 在设备或管道上安装取源部件的开孔和焊接工作,必须在设备或管道的防腐、衬里和压力试验前进行。

4.3.4 在高压、合金钢、有色金属设备和管道上开孔时,应采用机械加工的方法。

4.3.5 对易受损坏的取源部件,安装时应采取防护措施。

4.3.6 在砌体和混凝土浇筑体上安装的取源部件,应在砌筑或浇筑的同时埋入,埋设深度、露出长度应符合设计和工艺要求。当无法同时安装时,应预留安装孔。安装孔周围应按设计文件规定的材料填充密实、封堵严密。

4.3.7 安装取源部件,不应在焊缝及其边缘上开孔及焊接。

4.3.8 当设备及管道有绝热层时,安装的取源部件应露出绝热层外。

4.3.9 取源阀门与设备或管道的连接不宜采用卡套式接头。

4.3.10 取源部件安装完毕,应与设备和管道同时进行压力试验。

二、温度取源部件

4.3.11　在管道上安装温度取源部件，应符合下列要求：

（1）与管道相互垂直安装时，取源部件轴线应与管道轴线垂直相交。

（2）与管道呈倾斜角度安装时，宜逆着物料流向，取源部件轴线应与管道轴线相交。

（3）在管道的拐弯处安装时，宜逆着物料流向，取源部件轴线应与工艺管道轴线相重合。

4.3.12　取源部件安装在扩大管上时，扩大管的安装方式应符合设计文件的规定。

三、压力取源部件

4.3.13　压力取源部件的安装位置应选在被测物料流束稳定的位置。

4.3.14　压力取源部件与温度取源部件在同一管段上时，应安装在温度取源部件的上游侧。

4.3.15　压力取源部件的端部不应超出设备或管道的内壁。

4.3.16　当检测带有灰尘、固体颗粒或沉淀物等混浊物料的压力时，在垂直和倾斜的设备和管道上，取源部件应倾斜向上安装，在水平管道上宜顺物料流束成锐角安装。

4.3.17　在水平和倾斜的管道上安装压力取源部件时，取压点的方位应符合下列要求：

（1）测量气体压力时，应在管道的上半部。

（2）测量液体压力时，应在管道的下半部与管道的水平中心线成0°~45°夹角的范围内。

（3）测量蒸汽压力时，应在管道的上半部，以及下半部与管道水平中心线成0°~45°夹角的范围内。

四、流量取源部件

4.3.18　流量取源部件上、下游直管段的最小长度应符合设计文件的规定。

4.3.19　孔板、喷嘴和文丘里管上、下游直管段的最小长度，当设计文件无规定时，应符合附录B的规定。

4.3.20　在规定的直管段最小长度范围内，不得设置其他取源部件或检测元件，直管段管子内表面应清洁，并应无凹坑和凸出物。

4.3.21　在节流件的上游安装温度计时，温度计与节流件间的直管段距离应符合下列规定：

（1）当温度计插套或套管直径小于等于$0.03D$（D为管道内径）时，不应小于$5D$。

（2）当温度计插套或套管直径在（$0.03~0.13$）D时，不应小于$20D$。

4.3.22　在节流件的下游安装温度计时，温度计与节流件间的直管段距离不应小于管道内径的5倍。

4.3.23　节流装置在水平和倾斜的管道上安装时，取压口的方位应符合下列规定：

（1）测量气体流量时，应在管道的上半部。

（2）测量液体流量时，应在管道的下半部与管道的水平中心线成0°~45°夹角的范围内。

（3）测量蒸汽流量时，应在管道的上半部与管道水平中心线成0°~45°夹角的范围内。

4.3.24　孔板或喷嘴采用单独钻孔的角接取压时，应符合下列规定：

（1）上、下游侧取压孔轴线，分别与孔板或喷嘴上、下游侧端面间的距离，应等于取压孔直径的1/2。

（2）取压孔的直径宜为4~10mm，上、下游侧取压孔的直径应相等。

（3）取压孔的轴线应与管道的轴线垂直相交。

4.3.25　孔板采用法兰取压时，应符合下列规定：

（1）上、下游侧取压孔的轴线分别与上、下游侧端面间的距离，当直径比大于0.60且直径小于150mm时，应为（25.40±0.50）mm；当直径比小于等于0.60或直径比大于0.60且直径大于等于150mm和小于等于1000mm时，应为（25.40±1.00）mm。

（2）取压孔的直径宜为6~12mm之间，上、下游侧取压孔的直径应相等。

（3）取压孔的轴线，应与管道的轴线垂直相交。

4.3.26　孔板采用D和$D/2$取压时，应符合下列规定：

（1）上游侧取压孔的轴线与孔板上游侧端面间的距离应为$D±0.10D$；下游侧取压孔的轴线与孔板上游侧端面间的距离，当直径比小于等于0.60时，应为（$0.50±0.02$）D；当直径比大于0.60时，应为（$0.50±0.01$）D。

（2）取压孔的轴线应与管道轴线垂直相交。

（3）上、下游侧取压孔的直径应相等。

4.3.27　采用均压环取压时，取压孔应在同一截面上均匀设置，且上、下游侧取压孔的数量应相等。

4.3.28　皮托管、文丘里式皮托管和均速管等流量检测元件的取源部件的轴线，应与管道轴线垂直相交。

五、物位取源部件

4.3.29　物位取源部件的安装位置，应选在物位变化灵敏，且检测元件不应受物料冲击的部位。

4.3.30　内浮筒液位计和浮球液位计采用导向管或其他导向装置时，导向管或导向装置应垂直安装，导向管内液流应畅通。

4.3.31 双室平衡容器的安装应符合下列规定：

（1）安装前应复核制造尺寸。

（2）应垂直安装，中心点应与正常液位相重合。

4.3.32 单室平衡容器宜垂直安装，安装标高应符合设计文件的规定。

4.3.33 补偿式平衡容器安装固定时，应设置防止因被测容器的热膨胀而被损坏的措施。

4.3.34 安装浮球式液位仪表的法兰短管，应使浮球能在全量程范围内自由活动。

4.3.35 电触点水位计的测量筒应垂直安装，筒体零水位电极的中轴线与被测容器正常工作时的零水位线应处于同一高度。

4.3.36 静压液位计取源部件的安装位置应远离液体进、出口。

4.3.37 雷达、超声波、射频导纳物位计的取源部件位置应使检测元件与被测对象区域内无遮挡物，并应远离物料进、出口。

六、分析取源部件

4.3.38 分析取源部件应安装在压力稳定、能灵敏反映真实成分变化和取得具有代表性的分析样品的位置。取样点的周围不应有层流、涡流、空气渗入、死角、物料堵塞或非生产过程的化学反应。

4.3.39 在水平或倾斜的管道上安装分析取源部件时，安装方位应符合4.3.17的规定。

4.3.40 被分开的气体内含有固体或液体杂质时，取源部件的轴线与水平线之间的仰角应大于15°。

七、质量验收

4.3.41 取源部件安装一般规定质量验收应符合表2-4-2的规定。

表2-4-2　　　　　　　　　取源部件安装一般规定质量验收

序号	检验项目	检验内容	检验方法
1	主控项目	取源部件的结构尺寸、材质和安装位置应符合设计文件的规定	检查合格证、质量证明书，核对设计文件
2		在设备或管道上安装取源部件的开孔和焊接工作，应符合4.3.3的规定	检查施工记录
3	一般项目	取源部件安装完毕后，应随同设备和管道进行压力试验	检查压力试验记录
4		在砌体和混凝土浇筑体上安装的取源部件，埋入深度、露出长度应符合设计文件的规定，安装孔周围应用设计文件要求的材料填充密实、封堵严密	观察检查

4.3.42 在管道上安装温度取源部件，质量验收应符合4.3.11的规定。

检验项目：主控项目。

检验方法：观察检查，用尺测量检查。

4.3.43 压力取源部件质量验收应符合表2-4-3的规定。

表2-4-3　　　　　　　　　　　　压力取源部件质量验收

序号	检验项目	检验内容	检验方法
1	主控项目	压力取源部件的安装位置应在介质流速稳定的位置	观察检查，核对设计文件
2		压力取源部件与温度取源部件在同一管段上时，应安装在温度取源部件的上游侧	观察检查
3		压力取源部件的端部不应超出设备或管道的内壁	在安装同时观察检查
4		在水平和倾斜管道上安装压力取源部件时，取压点的方位应符合4.3.17的规定	

4.3.44 流量取源部件质量验收应符合表2-4-4的规定。

表2-4-4　　　　　　　　　　　　流量取源部件质量验收

序号	检验项目	检验内容	检验方法
1	主控项目	流量取源部件上、下游直管段的最小长度，应符合设计文件的规定	观察检查，检查施工记录
2		在规定的直管段最小长度范围内，不得设置其他取源部件或检测元件，直管段管子内表面应清洁，无凹坑和凸出物	
3		在节流件的上游安装温度计时，温度计与节流件间的直管段距离应符合4.3.21的规定	用尺测量检查，检查施工记录
4		在节流件的下游安装温度计时，温度计与节流件间的直管段距离应符合4.3.22的规定	用尺测量检查
5		节流装置在水平和倾斜的管道上安装时，取压口的方位应符合4.3.23的规定	观察检查，检查施工记录

序号	检验项目	检验内容	检验方法
6	主控项目	孔板或喷嘴采用单独钻孔的角接取压时，应符合4.3.24的规定	检查施工记录
7		孔板采用法兰取压时，应符合4.3.25的规定	
8		孔板采用 D 和 $D/2$ 取压时，应符合4.3.26的规定	
9		采用均压环取压时，取压孔的位置和数量应符合4.3.27的规定	观察检查
10		皮托管、文丘里式皮托管和均速管等流量检测元件取源部件的轴线，应与管道轴线垂直相交	观察检查，用尺测量检查

4.3.45　物位取源部件质量验收应符合表2-4-5的规定。

表2-4-5　　　　　　　　　　　物位取源部件质量验收

序号	检验项目	检验内容	检验方法
1	主控项目	物位取源部件的安装位置，应符合4.3.29的规定	观察检查
2		内浮筒液位计和浮球液位计采用导向管或其他导向装置时，导向管或导向装置应垂直安装，导向管内液流应畅通	观察检查，用尺测量检查
3		双室平衡容器的安装，应符合4.3.31的规定	观察检查，检查施工记录
4		单室平衡容器宜垂直安装，安装标高应符合设计文件的规定	观察检查，检查施工记录
5		补偿式平衡容器的安装，应符合4.3.33的规定	观察检查
6		安装浮球式液位仪表的法兰短管应使浮球能在全量程范围内自由活动	
7		电触点水位计的测量筒应垂直安装，筒体零水位电极的中轴线与被测容器正常工作时的零水位线应处于同一高度	观察检查，测量检查
8		静压液位计取源部件的安装位置应远离液体进、出口	观察检查
9		雷达、超声波、射频导纳物位计取源部件的安装，应符合4.3.37的规定	观察检查

4.3.46 分析取源部件质量验收应符合表2-4-6的规定。

表2-4-6 分析取源部件质量验收

序号	检验项目	检验内容	检验方法
1		分析取源部件的安装位置,应符合4.3.38的规定	观察检查,用尺测量检查
2	主控项目	在水平或倾斜的管道上安装分析取源部件时,安装方位应符合4.3.17的规定	观察检查
3		被分析的气体内含有固体或液体杂质时,取源部件的轴线与水平线之间的仰角应大于15°	观察检查,用尺测量检查

4.4 仪表设备安装

一、一般规定

4.4.1 现场仪表的安装位置应符合设计文件的规定,当设计文件未规定时,应符合下列规定:

(1)光线应充足,操作和维护应方便。

(2)仪表的中心距操作地面的高度宜为1.20~1.50m。

(3)显示仪表应安装在便于观察示值的位置。

(4)仪表不应安装在有振动、潮湿、易受机械损伤、有强电磁场干扰、高温、温度变化剧烈和有腐蚀性气体的位置。

(5)检测元件应安装在能真实反映输入变量的位置。

4.4.2 在设备和管道上安装的仪表应按设计文件规定的位置安装。

4.4.3 仪表安装前应按设计文件核对其位号、型号、规格、材质和附件。

4.4.4 安装过程中不应敲击、振动仪表。仪表安装后应牢固、平正。仪表与设备、管道或构件的连接及固定部位应受力均匀,不应承受非正常的外力。

4.4.5 设计文件规定需要脱脂的仪表,应经脱脂检查合格后安装。

4.4.6 直接安装在管道上的仪表,宜在管道吹扫后安装。当与管道同时安装时,在管道吹扫前应将仪表拆下。

4.4.7 直接安装在设备或管道上的仪表安装完毕应进行压力试验。

4.4.8 仪表接线箱(盒)在施工过程中应及时封闭盖及引入口。

4.4.9 仪表接线箱(盒)应采取密封措施,引入口不宜朝上。

4.4.10 对仪表和仪表电源设备进行绝缘电阻测量时,应有防止弱电设备及电子元件被损坏的措施。

4.4.11　仪表铭牌和仪表位号标识应齐全、牢固、清晰。

4.4.12　仪表毛细管的敷设应有保护措施，其弯曲半径不应小于50mm，周围温度变化剧烈时应采取隔热措施。

4.4.13　现场总线仪表的安装除应符合4.4.1～4.4.12的规定外，还应符合下列规定：

（1）仪表线路连接应为并联方式。

（2）每条总线上的仪表数量、总线的最大距离应符合设计文件规定。

二、仪表盘、柜、箱

4.4.14　仪表盘、柜、操作台的安装位置和平面布置，应按设计文件施工。现场仪表箱、保温箱和保护箱的位置，应符合设计文件规定，且应安装在光线充足、通风良好和操作维修方便的位置。

4.4.15　仪表盘、柜、操作台的型钢底座的制作尺寸，应与盘、柜、操作台相符，其直线度允许偏差应为1mm/m；当型钢底座长度大于5m时，全长允许偏差应为5mm。

4.4.16　仪表盘、柜、操作台的型钢底座安装时，上表面应保持水平，其水平度允许偏差应为1mm/m；当型钢底座长度大于5m时，全长水平度允许偏差应为5mm。

4.4.17　仪表盘、柜、操作台的型钢底座应在地面施工完成前安装找正，其上表面宜高出地面。型钢底座应进行防腐处理。

4.4.18　仪表盘、柜、操作台安装在振动场所，应按设计文件规定采取防振措施。

4.4.19　仪表盘、柜、箱安装在多尘、潮湿、有腐蚀性气体或爆炸和火灾危险环境，应按设计文件规定选型，并应采取密封措施。

4.4.20　仪表盘、柜、操作台之间及盘、柜、操作台内各设备构件之间的连接应牢固，用于安装的紧固件应为防锈材料。安装固定不应采用焊接方式。

4.4.21　单独的仪表盘、柜、操作台的安装应符合下列规定：

（1）固定应牢固。

（2）垂直度允许偏差应为1.50mm/m。

（3）水平度允许偏差应为1mm/m。

4.4.22　成排的仪表盘、柜、操作台的安装，除应符合4.4.21的规定外，还应符合下列规定：

（1）同一系列规格相邻两盘、柜、操作台的顶部高度差不得大于2mm。

（2）当同一系列规格盘、柜、操作台间的连接处超过两处时，顶部高度差不得大于5mm。

（3）相邻两盘、柜、操作台接缝处正面的平面度偏差不得大于1mm。

（4）当盘、柜、操作台间的连接处超过5处时，正面的平面度偏差不得大于5mm。

（5）相邻两盘、柜、操作台之间的接缝的间隙不得大于2mm。

4.4.23 仪表箱、保温箱、保护箱的安装应符合下列规定：

（1）固定应牢固。

（2）垂直度允许偏差应为3mm，当箱的高度大于1.20m时，垂直度允许偏差应为4mm。

（3）水平度的允许偏差应为3mm。

（4）成排安装时应整齐美观。

4.4.24 仪表盘、柜、操作台、箱在搬运和安装过程中，不得有变形和表面涂层损伤。

4.4.25 仪表盘、柜、操作台、箱在安装及加工过程中应采用机械加工方法加工。

4.4.26 TSI、轴承温度等元件与油系统直接接触的仪表测点，其现场端子箱安装高度宜高于大轴中分面30cm以上位置，防止因毛细血管现象致使油渍通过延伸电缆渗漏至端子排或前置器等设备。

4.4.27 现场接线箱的安装应符合下列规定：

（1）周围环境温度不宜高于45℃。

（2）与各检测点的距离应适当，箱体中心距操作地面的高度宜为1.20～1.50m。

（3）不应影响操作、通行和设备维修。

（4）接线箱应密封并应标明编号，箱内接线应标明线号。

（5）不锈钢材质的接线箱固定时，不得与碳钢材料直接接触。

三、温度检测仪表

4.4.28 水银温度计、双金属温度计、压力式温度计、热电阻、热电偶等接触式温度检测仪表的测温元件，应安装在能准确反映被测对象温度的部位。

4.4.29 测温元件安装在易受被测物料强烈冲击的位置，应按设计文件规定采取防弯曲措施。

4.4.30 表面温度计的感温面与被测对象表面应紧密接触，并应固定牢固。

4.4.31 压力式温度计的温包应全部浸入被测对象中。

四、压力检测仪表

4.4.32 现场安装的压力表不应固定在有强烈振动的设备或管道上。

4.4.33 测量低压的压力表或变送器的安装高度，宜与取压点的高度一致。

4.4.34 测量高压的压力表安装在操作岗位附近时，宜距操作面1.80m以上，或在仪表正面加设保护罩。

五、流量检测仪表

4.4.35 节流件的安装应符合下列要求：

（1）安装前应进行外观检查，孔板的入口和喷嘴的出口边缘应无毛刺、圆角和可见损伤，并应按设计数据和制造标准规定测量验证其制造尺寸。

（2）安装前应进行清洗，清洗时不应损伤节流件。

（3）流件必须在管道吹洗后安装。

（4）节流件的安装方向，应使流体从节流件的上游端面流向节流件的下游端面。孔板的锐边或喷嘴的曲面侧应迎着被测流体的流向。

（5）在水平和倾斜的管道上安装的孔板或喷嘴，当有排泄孔流体为液体时，排泄孔的位置应在管道的正上方；流体为气体或蒸汽时，排泄孔的位置应在管道的正下方。

（6）环室上有"+"号的一侧应在被测流体流向的上游侧。当用箭头标明流向时，箭头的指向应与被测流体的流向一致。

（7）节流件的端面应垂直于管道轴线，其允许偏差应为1°。

（8）安装节流件的密封垫片的内径不应小于管道的内径，夹紧后不得凸入管道内壁。

（9）节流件应与管道或夹持件同轴，其轴线与上、下游管道轴线之间的不同轴线误差应符合式（2-4-1）的规定：

$$e_x \leqslant \frac{0.0025D}{0.1+2.3\beta^4} \qquad (2-4-1)$$

式中 e_x——轴线误差；

　　D——管道内径；

　　β——工作状态下节流件的内径与管道内径之比。

4.4.36 差压计或差压变送器正负压室与测量管道的连接应正确，引压管倾斜方向、坡度和隔离器、凝汽器、沉降器、集气器的安装，均应符合设计文件的规定。

4.4.37 转子流量计应安装在无振动的管道上，其中心线与铅垂线间的夹角不应超过2°，垂直安装时被测流体流向应自下而上，上游直管段长度不宜小于管子直径的2倍。

4.4.38 靶式流量计靶的中心应与管道轴线同心，靶面应迎着流向且与管道轴线垂直，上、下游直管段长度应符合设计文件的规定。

4.4.39 涡轮流量计信号线应使用屏蔽线，上、下游直管段的长度应符合设计文件的规定，前置放大器与变送器间的距离不宜大于3m。

4.4.40 涡街流量计信号线应使用屏蔽线，上、下游直管段的长度应符合设计文件的规定，放大器与流量计分开安装时，放大器与流量计的距离不应超过20m。

4.4.41　电磁流量计的安装应符合下列规定：

（1）流量计外壳、被测流体和管道连接法兰之间应连接为等电位，并应接地。

（2）在垂直的管道上安装时，被测流体的流向应自下而上；在水平的管道上安装时，两个测量电极不应在管道的正上方和正下方位置。

（3）流量计上游直管段长度和安装支撑方式应符合设计文件的规定。

4.4.42　椭圆齿轮流量计的刻度盘面应处于垂直平面内。椭圆齿轮流量计和腰轮流量计在垂直管道上安装时，管道内流体流向应自下而上。

4.4.43　超声波流量计上、下游直管段长度应符合设计文件的规定。对于水平管道，换能器的位置应在与水平直线成45°夹角的范围内。被测管道内壁不应有影响测量精度的结垢层或涂层。

4.4.44　均速管流量计的安装应符合下列规定：

（1）总压测孔应迎着流向，其角度偏差不应大于3°。

（2）检测杆应通过并垂直于管道中心线，其偏离中心的偏差、与轴线不垂直的偏差均不应大于3°。

（3）流量计上、下游直管段的长度应符合设计文件的规定。

4.4.45　质量流量计的安装应符合下列要求：

（1）应安装于被测流体完全充满的管道上。

（2）宜安装于水平管道上。测量气体时，箱体管应置于管道上方；测量液体时，箱体管应置于管道下方。

（3）在垂直管道上被测流体为液体时，流体的流向应自下而上。

（4）支撑安装方式应符合设计文件的规定。

六、物位检测仪表

4.4.46　浮力式液位计的安装高度应符合设计文件规定。

4.4.47　浮筒液位计的安装应使浮筒呈垂直状态，垂直度允许偏差应为2mm/m。浮筒中心应处于正常操作液位或分界液位的高度。

4.4.48　钢带液位计的导向管应垂直安装，钢带应处于导向管的中心并应滑动自如。

4.4.49　用差压计或差压变送器测量液位时，仪表安装高度不应高于下部取压口。当用双法兰差压变送器、吹气法及利用低沸点液体汽化传递压力的方法测量液位时，可不受本条规定限制。

4.4.50　超声波物位计的安装应符合下列要求：

（1）不应安装在进料口的上方。

（2）传感器宜垂直于物料表面。

（3）在信号波束角内不应有遮挡物。

（4）物料的最高物位不应进入仪表的盲区。

4.4.51 雷达物位计不应安装在进料口的上方，传感器应垂直于物料表面。

4.4.52 音叉物位计的两个平行叉板应与地面垂直安装，叉体不应受到强烈冲击。

4.4.53 射频导纳物位计不应安装在进料口的上方，传感器的中心探杆和屏蔽层与容器壁（或安装管）不得接触，应绝缘良好。安装螺纹（或法兰）与容器应连接牢固、电气接触良好。

七、机械量检测仪表

4.4.54 测量位移、振动、速度等机械量的仪表安装应符合下列要求：

（1）测量探头的安装应在机械安装完毕、被测机械部件处于工作位置时进行，探头的定位应按产品说明书和机械设备制造厂技术文件的要求确定和固定。

（2）涡流传感器测量探头与前置放大器之间的连接应使用专用同轴电缆，该电缆的阻抗应与探头和前置放大器相匹配。

（3）安装中应保护探头和专用电缆不受损伤。

（4）TSI差胀、轴向位移等安装的位置须与主机厂确认后严格按相关规范安装。

八、成分分析和物性检测仪表

4.4.55 分析取样系统的预处理装置应单独安装，并宜靠近传送器。

4.4.56 被分析样品的排放管应直接与排放总管连接，总管应引至室外安全场所，其集液处应有排液装置。

4.4.57 湿度计测湿元件不应安装在热辐射、剧烈振动、油污和水滴的位置，当不能避开时，应采取防护措施。

4.4.58 可燃气体检测器和有毒气体检测器的安装位置应根据所检测气体的密度确定。其密度大于空气密度时，检测器应安装在距地面200～300mm的位置；其密度小于空气密度时，检测器应安装在泄漏区域的上方。

九、其他检测仪表

4.4.59 噪声测量仪表的传声器的安装位置应有防止外部磁场、机械冲击和风力干扰的措施。

4.4.60 安装辐射式火焰探测器时，其探头上的小孔应对准火焰，并应采取防止炽热空气和炽热材料辐射进入探头的措施。

十、执行器

4.4.61 控制阀的安装位置应便于观察、操作和维护。

4.4.62 执行机构应固定牢固，操作手轮应处在便于操作的位置。

4.4.63　安装用螺纹连接的小口径控制阀时，应装有可拆卸的活动连接件。

4.4.64　执行机构的机械传动应灵活，并应无松动和卡涩现象。

4.4.65　执行机构连杆的长度应能调节，并应使调节机构在全开到全关的范围内动作灵活、平稳。

4.4.66　当调节机构随同工艺管道产生热位移时，执行机构与调节机构的相对位置应保持不变。

4.4.67　气动及液动执行机构的连接管道和线路应有伸缩余度，不得妨碍执行机构的动作。

4.4.68　液动执行机构的安装位置宜低于控制器。当高于控制器时，液动执行机构和控制器间最大的高度差不应超过10m，且管道的集气处应有排气阀，靠近控制器处应有止回阀或自动切断阀。

4.4.69　电磁阀的进出口方位应安装正确。安装前应检查线圈与阀体间的绝缘电阻，并提供测试表格。

十一、控制仪表和综合控制系统

4.4.70　控制室内安装的各类控制、显示、记录仪表和辅助单元以及综合控制系统，在开箱和搬运中不应有剧烈振动和灰尘、潮气进入设备。

4.4.71　综合控制系统设备安装前应具备下列条件：

（1）基础底座应安装完毕。

（2）地板、顶棚、内墙、门窗应施工完毕。

（3）空调系统应已投入运行。

（4）供电系统及室内照明应施工完毕并已投入运行。

（5）接地系统应已施工完毕，接地电阻应符合设计文件的规定。

4.4.72　综合控制系统安装就位后应达到产品要求的供电条件、温度和湿度，并应保持室内清洁。

4.4.73　在插件的检查、安装、试验过程中应有防止静电的措施，并佩戴防静电手环。

十二、仪表电源设备

4.4.74　安装电源设备前应检查其外观及技术性能，并应符合下列要求：

（1）继电器、接触器和断路器的触点，接触应紧密可靠，动作应灵活，并应无锈蚀、损坏。

（2）固定和接线用的紧固件、接线端子应完好无损，且应无污物和锈蚀。

（3）防爆电气设备及附件的密封垫、填料函应完整、密封。

（4）设备的电气绝缘性能、输出电压值、熔断器的容量应符合设计文件的规定。

（5）设备的附件应齐全。

4.4.75 现场仪表供电箱的规格型号和安装位置应符合设计文件的规定。设备不宜安装在高温、潮湿、多尘、爆炸及火灾危险、腐蚀作用、振动或干扰其附近仪表等的位置。

4.4.76 现场仪表供电箱的箱体中心距操作地面的高度宜为1.20～1.50m，成排安装。

4.4.77 电源设备的安装应牢固、整齐、美观，设备位号、端子标号、用途标识、操作标识等应完整无缺。

4.4.78 检查、清洗或安装电源设备时，不得损伤设备的绝缘、内部接线和触点部分。设备上已密封的可调部位不得启封，当必须启封时，启封后应重新密封并做好记录。

4.4.79 盘柜内安装的电源设备及配电线路，两带电导体间，导电体与裸露的不带电导体间，电气间隙和爬电距离应符合下列规定：

（1）额定电压不大于60V的线路，电气间隙和爬电距离不得小于3mm。

（2）额定电压大于60V且不大于300V的线路，电气间隙不得小于5mm，爬电距离不得小于6mm。

（3）额定电压大于300V且不大于500V的线路，电气间隙不得小于8mm，爬电距离不得小于10mm。

4.4.80 强、弱电的端子应分开布置。

4.4.81 金属供电箱应有明显的接地标识，接地线连接应牢固可靠。

4.4.82 供电系统送电前，系统内所有的断路器均应置于断开位置，并应检查熔断器的容量。在仪表工程安装和试验期间，所有供电断路器和仪表的通电断电状态都应有显示或警示标识。

十三、质量验收

4.4.83 仪表设备安装一般规定质量验收应符合表2-4-7的规定。

表2-4-7　　　　　　　　　　仪表设备安装一般规定质量验收

序号	检验项目	检验内容	检验方法
1	主控项目	现场仪表的安装位置应符合规范第4.4.1条的规定	核对设计文件和观察检查
2		仪表的安装应牢固、平正，不应承受非正常外力	观察检查
3		设计文件规定需要脱脂的仪表，应经脱脂检查合格后安装	核对设计文件，检查脱脂记录

续表

序号	检验项目	检验内容	检验方法
4	主控项目	直接安装在设备或管道上的仪表安装完毕应进行压力试验	检查施工和压力试验记录
5		仪表毛细管的敷设应有保护措施，其弯曲半径不应小于50mm	观察检查
6	一般项目	仪表接线箱（盒）应采取密封措施，引入口不宜朝上	
7		仪表铭牌和仪表位号标识应齐全、牢固、清晰	

4.4.84 仪表盘、柜、箱质量验收应符合表2-4-8的规定。

表2-4-8   仪表盘、柜、箱质量验收

序号	检验项目	检验内容	检验方法
1	主控项目	仪表盘、柜、操作台的安装位置和平面布置应符合设计文件的规定	核对设计文件和观察检查
2		现场仪表箱、保温箱和保护箱的位置应符合设计文件的规定	
3		仪表盘、柜、操作台之间及盘、柜、操作台内各设备构件之间的连接应牢固，用于安装的紧固件应为防锈材料；安装固定不应采用焊接方式	检查施工记录，观察检查
4		仪表盘、柜、操作台、箱应无安装变形和表面涂层损伤	观察检查
5	一般项目	仪表盘、柜、操作台的型钢底座的制作应符合4.4.15的规定	用拉线和尺量检查
6		仪表盘、柜、操作台的型钢底座的安装应符合4.4.16的规定	用拉线、尺和水平尺测量检查
7		单独的仪表盘、柜、操作台的安装应符合4.4.21的规定	
8		成排的仪表盘、柜、操作台的安装应符合4.4.21和4.4.22的规定	
9		仪表箱、保温箱、保护箱的安装应符合4.4.23的规定	观察检查，用尺和水平尺测量检查
10		接线箱应密封并应标明编号，箱内接线应标明线号	观察检查
11		不锈钢材质的接线箱固定时，不得与碳钢材料直接接触	

4.4.85 温度检测仪表质量验收应符合表2-4-9的规定。

表2-4-9　　　　　　　　　　　温度检测仪表质量验收

序号	检验项目	检验内容	检验方法
1	主控项目	表面温度计的感温面与被测对象表面应紧密接触，并应固定牢固	观察检查
2		压力式温度计的温包应全部浸入被测对象中	

4.4.86 压力检测仪表质量验收应符合表2-4-10的规定。

表2-4-10　　　　　　　　　　　压力检测仪表质量验收

序号	检验项目	检验内容	检验方法
1	主控项目	安装在操作岗位附近、测量高压的压力表，宜距操作面1.80m以上，或在仪表正面加设保护罩	观察检查
2		现场安装的压力表不应固定在有强烈振动的设备或管道上	
3	一般项目	测量低压的压力表或变送器的安装高度，宜与取压点的高度一致	

4.4.87 流量检测仪表质量验收应符合表2-4-11的规定。

表2-4-11　　　　　　　　　　　流量检测仪表质量验收

序号	检验项目	检验内容	检验方法
1	主控项目	节流件安装前应进行外观检查，应无损伤，并应按设计数据测量验证其制造尺寸	观察检查，检查施工记录
2		水平和倾斜的管道上安装的孔板或喷嘴，排泄孔的位置应符合4.4.35（5）的规定	观察检查
3		节流件上"十"号的一侧应在被测流体流向的上游侧，当用箭头标明流向时，箭头的指向应与被测流体的流向一致	
4		差压计或差压变送器正负压室与测量管道的连接应正确	观察检查、核对设计文件和尺量检查
5		转子流量计、靶式流量计、涡轮流量计、涡街流量计、超声波流量计、均速管流量计等流量计，上、下游直管段长度应符合设计文件的规定	观察检查和尺量检查

序号	检验项目	检验内容	检验方法
6		电磁流量计的安装应符合4.4.41的规定	
7	主控项目	椭圆齿轮流量计的刻度盘面应处于垂直平面内；椭圆齿轮流量计和腰轮流量计在垂直管道上安装时，管道内流体流向应自下而上	观察检查
8		质量流量计的安装应符合4.4.45的规定	

4.4.88 物位检测仪表质量验收应符合表2-4-12的规定。

表2-4-12 物位检测仪表质量验收

序号	检验项目	检验内容	检验方法
1		浮筒液位计的安装应使浮筒呈垂直状态，垂直度允许偏差为2mm/m；浮筒中心应处于正常操作液位或分界液位的高度	观察检查
2		超声波物位计的安装应符合4.4.50的规定	观察检查和尺量检查
3	主控项目	雷达物位计不应安装在进料口的上方，传感器应垂直于物料表面	观察检查
4		音叉物位计的两个平行叉板应与地面垂直安装	
5		射频导纳物位计的安装应符合4.4.53的规定	观察检查、用仪器检查

4.4.89 机械量检测仪表质量验收应符合表2-4-13的规定。

表2-4-13 机械量检测仪表质量验收

序号	检验项目	检验内容	检验方法
1	主控项目	测量位移、振动、速度等机械量仪表的安装应符合4.4.54的规定	观察检查

4.4.90 成分分析和物性检测仪表质量验收应符合表2-4-14的规定。

表2-4-14 成分分析和物性检测仪表质量验收

序号	检验项目	检验内容	检验方法
1	主控项目	分析取样系统预处理装置应单独安装，并宜靠近传感器	观察检查

序号	检验项目	检验内容	检验方法
2	主控项目	被分析样品的排放管应直接与排放总管连接，总管应引至室外安全场所，其集液处应有排液装置	观察检查
3		可燃气体检测器和有毒气体检测器的安装位置应符合4.4.58的规定	
4	一般项目	湿度计测湿元件的安装位置有热辐射、剧烈振动、油污和水滴时，应采取相应的防护措施	

4.4.91 其他检测仪表质量验收应符合表2-4-15的规定。

表2-4-15　　其他检测仪表质量验收

序号	检验项目	检验内容	检验方法
1	一般项目	噪声测量仪表传声器的安装位置应有防止外部磁场、机械冲击和风力干扰的措施	观察检查

4.4.92 执行器质量验收应符合表2-4-16的规定。

表2-4-16　　执行器质量验收

序号	检验项目	检验内容	检验方法
1	主控项目	执行机构的安装应符合4.4.61和4.4.62的规定	观察检查
2		执行机构的机械传动应灵活，并应无松动和卡涩现象；执行机构连杆的长度应能调节	
3		气动及液动执行机构的连接管道和线路应有伸缩余度	
4		电磁阀的进、出口方位应安装正确；线圈与阀体间的绝缘电阻应符合设计文件的规定	观察检查和检查绝缘试验记录
5	一般项目	用螺纹连接的小口径控制阀的安装，应装有可拆卸的活动连接件	观察检查

4.4.93 控制仪表和综合控制系统、仪表电源设备质量验收应符合表2-4-17的规定。

表2-4-17　　　控制仪表和综合控制系统、仪表电源设备质量验收

序号	检验项目	检验内容	检验方法
1	主控项目	接地系统的接地电阻应符合设计文件的规定	检查接地电阻测试记录
2		电源设备的安装应牢固、整齐、美观，并应检查技术性能	观察检查和检查施工记录
3		金属供电箱应有明显的接地标识，接地线连接应牢固可靠	观察检查
4	一般项目	现场仪表供电箱的箱体中心距操作地面的高度宜为1.20~1.50m	
5		电源设备的设备位号、端子标号、用途标识、操作标识等应完整无缺	

4.5　仪表线路安装

一、一般规定

4.5.1　仪表电气线路的敷设，除应符合本章规定外，还应符合GB 50168《电气装置安装工程 电缆线路施工及验收规范》和GB 50575《1kV及以下配线工程施工与验收规范》的有关规定。

4.5.2　电缆电线敷设前，应进行外观检查和导通检查，并应用直流500V绝缘电阻表测量绝缘电阻，100V以下的线路采用直流250V绝缘电阻表测量绝缘电阻，其电阻值不应小于5MΩ；当设计文件有特殊规定时，应符合设计文件的规定。

4.5.3　线路应按最短路径集中敷设，并应横平竖直、整齐美观，不宜交叉。敷设线路时，线路不应受到损伤。

4.5.4　线路不得敷设在易受机械损伤、腐蚀性物质排放、潮湿、强磁场和强静电场干扰的位置。

4.5.5　线路不得敷设在影响操作和妨碍设备、管道检修的位置，应避开运输、人行通道和吊装孔。

4.5.6　当线路周围环境温度超过65℃时，应采取隔热措施。当线路附近有火源时，应采取防火措施。

4.5.7　线路不宜敷设在高温设备和管道的上方，也不宜敷设在具有腐蚀性液体的设备和管道的下方。

4.5.8　线路与绝热的设备和管道绝热层之间的距离应大于200mm，与其他设备和管道表面之间的距离应大于150mm。

4.5.9　线路从室外进入室内时，应有防水和封堵措施。

4.5.10　线路进入室外的盘、柜、箱时，宜从底部进入，并应有防水密封措施。

4.5.11　线路的终端接线处以及经过建筑物的伸缩缝和沉降缝处，应留有余度。

4.5.12　电缆不应有中间接头，当需要中间接头时，应在接线箱或接线盒内接线，接头宜采用压接；当采用焊接时，应采用无腐蚀性的焊药。补偿导线应采用压接。同轴电缆和高频电缆应采用专用接头。

4.5.13　敷设线路时，不宜在混凝土梁、柱上凿安装孔。敷设在有防腐蚀层的建筑物和构筑物上时，不应损坏防腐蚀层。

4.5.14　线路敷设完毕，应进行校线和标号，并应按3.5.1.2的规定测量电缆电线的绝缘电阻。

4.5.15　测量电缆电线的绝缘电阻时，必须将已连接上的仪表设备及部件断开。

4.5.16　在线路的终端处，应加标志牌。地下埋设的线路，应设置明显标识。

二、支架制作与安装

4.5.17　制作支架时，应将材料矫正、平直，切口处不得有卷边和毛刺。制作好的支架应牢固、平正。

4.5.18　安装支架应符合下列要求：

（1）在允许焊接的金属结构上和混凝土构筑物的预埋件上，应采用焊接固定。

（2）在混凝土上，宜采用膨胀螺栓固定。

（3）在不允许焊接支架的管道上，宜采用U形螺栓或卡子固定。

（4）在允许焊接支架的金属设备和管道上，可采用焊接固定。当设备、管道与支架不是同一种材质或需要增加强度时，应预先焊接一块与设备、管道材质相同的加强板后，再在上面焊接支架。

（5）支架不得与高温或低温管道直接接触。

（6）支架应固定牢固、横平竖直、整齐美观。在同一直线段上的支架间距应均匀。

（7）支架安装在有坡度的电缆沟内或建筑结构上时，其安装坡度应与电缆沟或建筑结构的坡度相同。支架安装在有弧度的设备或结构上时，安装弧度应与设备或结构的弧度相同。

4.5.19　电缆桥架及电缆导管安装时，金属支架的位置和支架之间的间距应符合设计文件的规定。当设计文件未规定时，电缆桥架及电缆导管的金属支架间距宜为1.50～3.00m。在拐弯处、终端处及其他需要的位置应设置支架。

4.5.20　直接敷设电缆的支架间距，当水平敷设时宜为0.80m，当垂直敷设时宜为1.00m。

三、电缆桥架安装

4.5.21 电缆桥架安装前，应进行外观检查。电缆桥架的内、外表面应平整，内部应光洁、无毛刺，尺寸应准确，配件应齐全。

4.5.22 电缆桥架不宜采用焊接连接。当需要焊接时，应焊接牢固，且不应有明显的焊接变形。

4.5.23 电缆桥架采用螺栓连接和固定时，应采用平滑的半圆头螺栓，螺母应在电缆桥架的外侧，固定应牢固。

4.5.24 电缆桥架的安装应横平竖直，并应排列整齐。电缆桥架的上部与建筑物和构筑物之间应留有便于操作的空间。垂直排列的电缆桥架拐弯时，其弯曲弧度应一致。

4.5.25 桥架之间、桥架与仪表盘柜和仪表箱之间、桥架与盖板之间、盖板之间的连接处，应接合严密。槽式电缆桥架的端口宜封闭。

4.5.26 电缆桥架安装在工艺管架上时，宜在管道的侧面或上方。对于高温管道，不得平行安装在管道上方。

4.5.27 托盘、托槽式电缆桥架的开孔应采用机械加工方法。

4.5.28 托盘、托槽式电缆桥架应有排水孔。

4.5.29 当电缆桥架垂直段大于2m时，应在垂直段上、下端桥架内增设固定电缆用的支架。当垂直段大于4m时，应在其中部增设支架。

4.5.30 当钢制电缆桥架的直线长度大于30m、铝合金或玻璃钢电缆桥架的直线长度大于15m时，宜采取热膨胀补偿措施。

4.5.31 当金属电缆桥架采用断开连接时，应保持桥架接地的连续性。

4.5.32 当铝合金电缆桥架在钢制支吊架上固定时，应采取防电化腐蚀的措施。

四、电缆导管安装

4.5.33 电缆导管不得有变形或裂缝，其内部应清洁、无毛刺，管口应光滑、无锐边。

4.5.34 当埋设于混凝土内时，钢管外壁不应涂刷涂料。

4.5.35 电缆导管弯管的加工制作应符合下列规定：

（1）电缆导管弯曲后的角度不应小于90°。

（2）电缆导管的弯曲半径，不应小于所穿入电缆的最小允许弯曲半径。

（3）电缆导管弯曲处不应有凹陷、裂缝和明显的弯扁，且弯扁程度不应大于管外径的10%。

（4）单根电缆导管的直角弯不宜超过2个。

4.5.36 当电缆导管的直线长度超过30m或弯曲角度的总和超过270°时，应在中间加装穿线盒。

4.5.37 当电缆导管的直线长度超过30m、沿炉体敷设或经过建筑物伸缩缝时，应采取下列热膨胀措施之一：

（1）根据现场情况，弯管形成自然补偿。

（2）增加一段软管。

（3）在两管连接处预留间距，外套套管单端固定。

4.5.38 电缆导管的两端管口应带护线帽。

4.5.39 金属电缆导管的连接应符合下列规定：

（1）采用螺纹连接时，管端螺纹长度不应小于管接头长度的1/2。

（2）埋设时宜采用套管焊接，连接时应两管口对准，管子的对口处应处于套管的中心位置；套管长度不应小于电缆导管外径的2.2倍，焊接应牢固，焊口应严密，并应做防腐处理。

（3）镀锌管及薄壁管应采用螺纹连接或套管紧定螺栓连接，不得采用熔焊连接。

（4）在有粉尘、液体、蒸汽、腐蚀性或潮湿气体进入管内的位置敷设的电缆导管，其两端管口应密封。

4.5.40 电缆导管与检测元件或现场仪表之间，宜用挠性管连接，应设有防水弯。与现场仪表箱、接线箱、接线盒等连接时应密封，并应固定牢固。

4.5.41 埋设的电缆导管应选最短途径敷设，埋入墙或混凝土内时，与表面的净距离不得小于15mm。

4.5.42 电缆导管应排列整齐、固定牢固。当用管卡或U形螺栓固定时，固定点间距应均匀。

4.5.43 当电缆导管有可能受到雨水或潮湿气体浸入时，应在最低点采取排水措施。

4.5.44 穿墙保护套管或保护罩两端延伸出墙面的长度，不应大于30mm。

4.5.45 当电缆导管穿过楼板时，应有预埋件，当需在楼板或钢平台开孔时，不得切断楼板内的钢筋或平台钢梁。

4.5.46 当埋设的电缆导管引出地面时，管口宜高出地面200mm，并应有防水、防尘措施；当从地下引入落地式仪表盘、柜、箱时，宜高出盘、柜、箱内地面50mm。

五、电缆、电线及光缆敷设

4.5.47 敷设仪表电缆时的环境温度不应低于下列温度值：

（1）塑料绝缘电缆0℃。

（2）橡皮绝缘电缆-15℃。

4.5.48 敷设电缆应合理安排，不宜交叉。敷设时，不应使电缆在支架上及地面摩擦、拖拉。固定时，松紧应适当。

4.5.49　塑料绝缘、橡皮绝缘多芯控制电缆的弯曲半径，不应小于其外径的10倍。电力电缆的弯曲半径应符合GB 50168《电气装置安装工程 电缆线路施工及验收规范》的有关规定。

4.5.50　带铠或屏蔽层的电缆敷设时，弯曲半径大于12D（电缆直径）；不带铠和屏蔽层的电缆敷设时，弯曲半径大于6D。

4.5.51　当仪表电缆与电力电缆交叉敷设时，宜成直角；当平行敷设时，其相互间的距离应符合设计文件规定。

4.5.52　在电缆桥架内，交流电源线路和仪表信号线路应用金属隔板隔开敷设。

4.5.53　当电缆沿支架敷设时，应绑扎固定牢固。

4.5.54　明线敷设的仪表信号线路与具有强磁场和强静电场的电气设备之间的净距离宜大于1.50m；当采用屏蔽电缆或穿金属电缆导管以及金属槽式电缆桥架内敷设时，宜大于0.80m。

4.5.55　电缆在隧道或沟道内敷设时，应敷设在支架上或电缆桥架内。

4.5.56　电缆敷设后，两端应做电缆头。

4.5.57　当制作电缆头时，绝缘带应干燥、清洁、无折皱、层间无空隙；当抽出屏蔽接地线时，不应损坏绝缘；在潮湿或有油污的位置，应采取防潮、防油措施。

4.5.58　综合控制系统和数字通信线路的电缆敷设应符合设计文件的规定。

4.5.59　补偿导线应穿电缆导管或在电缆桥架内敷设，不得直接埋地敷设。

4.5.60　当补偿导线与测量仪表之间不采用切换开关或冷端温度补偿器时，宜将补偿导线和仪表直接连接。

4.5.61　当对补偿导线进行中间或终端接线时，不得接错极性。

4.5.62　仪表信号线路、仪表供电线路、安全联锁线路、补偿导线及本质安全型仪表线路和其他特殊仪表线路，应分别采用各自的电缆导管。

4.5.63　光缆敷设应符合下列要求：

（1）光缆敷设前应进行外观检查和光纤导通检查。

（2）光缆的弯曲半径不应小于光缆外径的15倍。

（3）光缆敷设时，光缆应由绕盘上方放出，并应保持松弛弧形，光缆敷设过程中应无扭结现象发生。

（4）光缆敷设时，在线路的拐弯处、电缆井内以及终端处，应预留适当的长度，并应有标识。

（5）光缆敷设完毕，光缆端头应做密封防潮处理，不得浸水。

（6）光缆线路中间不宜有接头。

4.5.64 光缆连接应符合下列要求：

（1）光纤连接前应根据接头位置预留足够长度。

（2）光纤连接环境应整洁，光缆各连接部件、工具及材料应清洁。

（3）光纤连接前和光纤连接后均应对光纤进行测试。

（4）光纤连接应采用专用设备进行熔接。

（5）光纤连接时，应按光纤排列顺序对应连接，并应标识清晰。

（6）光纤连接应连续作业。

（7）光纤连接操作中不得损伤、折断光纤。

（8）室外光缆接头套（管、箱）应按设计文件规定进行密封，并应标识清晰。

六、仪表线路配线

4.5.65 从外部进入仪表盘、柜、箱内的电缆电线，应在其导通检查及绝缘电阻检查合格后再进行配线。

4.5.66 仪表盘、柜、箱内的线路宜敷设在汇线槽内，在小型接线箱内可明线敷设。当明线敷设时，电缆电线束应采用由绝缘材料制成的扎带扎牢，扎带间距宜为100～200mm。

4.5.67 仪表的接线应符合下列规定：

（1）接线前应校线，线端应有标号。

（2）剥绝缘层时不应损伤芯线。

（3）电缆与端子的连接应均匀牢固、导电良好。

（4）多股芯线端头宜采用接线端子，电线与接线端子的连接应压接。

4.5.68 仪表盘、柜、箱内的线路不得有接头，其绝缘保护层不得有损伤。

4.5.69 仪表盘、柜、箱接线端子两端的线路，均应按设计图纸标号。标号应正确、字迹清晰且不易褪色。

4.5.70 接线端子板的安装应牢固。当端子板在仪表盘、柜、箱底部时，距离基础面的高度不宜小于250mm。当端子板在顶部或侧面时，与盘、柜、箱边缘的距离不宜小于100mm。多组接线端子板并排安装时，其间隔净距离不宜小于200mm。

4.5.71 剥去外部护套的橡皮绝缘芯线及屏蔽线，应加设绝缘护套。

4.5.72 当导线与接线端子板、仪表、电气设备等连接时，应留有余量。

4.5.73 备用芯线应接在备用端子上，或按使用的最大长度预留，并应按设计文件规定标注备用线号。

4.5.74 电缆两端必须挂标识牌，内容包括电缆编号、设备kks码、电缆起始位置、终端位置以及电缆型号。

4.5.75　招标方对电缆挂牌抽检10%，每个柜至少2根，抽检合格率须达到100%，不合格须重新返工。

七、质量验收

4.5.76　仪表线路安装一般规定质量验收应符合表2-4-18的规定。

表2-4-18　　　　　　　　　仪表线路安装一般规定质量验收

序号	检验项目	检验内容	检验方法
1	主控项目	电缆电线的绝缘电阻试验应采用500V绝缘电阻表测量，100V以下的线路采用250V绝缘电阻表测量，电阻值不应小于5MΩ	检查电缆绝缘试验记录
2	一般项目	当线路周围环境温度超过65℃或线路附近有火源时，线路敷设应符合4.5.6的规定	观察检查
3		线路应横平竖直、整齐美观、固定牢固，不宜交叉	
4		线路敷设位置应符合4.5.4、4.5.5、4.5.7、4.5.8的规定	观察检查、用尺测量检查
5		线路从室外进入室内时应有防水和封堵措施；线路进入室外的盘、柜、箱时宜从底部进入，并应有防水密封措施	观察检查
6		线路终端接线处、建筑物伸缩缝和沉降缝处，应留有余量	
7		电缆不应有中间接头；当需要中间接头时，接头形式应符合4.5.12的规定	观察检查和检查施工记录
8		线路敷设完毕，芯线和线路标识应符合4.5.14、4.5.16的规定	观察检查

4.5.77　支架制作与安装质量验收应符合表2-4-19的规定。

表2-4-19　　　　　　　　　支架制作与安装质量验收

序号	检验项目	检验内容	检验方法
1	主控项目	支架的材质、规格、结构形式应符合设计文件的规定	观察检查
2		支架的安装应符合4.5.18的规定	

序号	检验项目	检验内容	检验方法
3	一般项目	电缆桥架及电缆导管安装时，金属支架的位置和支架之间的间距应符合4.5.19的规定	观察检查，用尺测量检查
4		直接敷设电缆的支架间距应符合4.5.20的规定	

4.5.78　电缆桥架安装质量验收应符合表2-4-20的规定。

表2-4-20　　　　　　　　　　　　电缆桥架安装质量验收

序号	检验项目	检验内容	检验方法
1	主控项目	电缆桥架安装前，外观检查应符合4.5.21的规定	观察检查
2		金属电缆桥架断开连接时，应保持接地的连续性	
3	一般项目	电缆桥架的安装应横平竖直，并应排列整齐；连接处应对合严密；成排拐弯时弧度应一致	
4		电缆桥架采用螺栓连接时，应符合4.5.23的规定	
5		电缆桥架的开孔应采用机械方法	
6		电缆桥架垂直敷设时，桥架内部电缆支架应符合4.5.29的规定	观察检查和用尺测量
7		铝合金电缆桥架在钢制支架固定时，应符合4.5.32的规定	观察检查

4.5.79　电缆导管安装质量验收应符合表2-4-21的规定。

表2-4-21　　　　　　　　　　　　电缆导管安装质量验收

序号	检验项目	检验内容	检验方法
1	主控项目	电缆导管的外观应符合4.5.33的规定	观察检查
2	一般项目	电缆导管敷设应排列整齐，固定并牢固	
3		电缆导管的弯曲应符合4.5.35（1）（3）的规定	
4		金属电缆导管采用螺纹连接时，管端螺纹长度不应小于管接头长度的1/2	
5		埋地敷设的电缆导管应符合4.5.39条（2）和4.5.46的规定	

序号	检验项目	检验内容	检验方法
6	一般项目	电缆导管在有粉尘、液体、蒸汽、腐蚀性或潮湿气体进入管内的位置敷设时，应符合4.5.39（4）的规定	观察检查
7		电缆导管与检测元件或就地仪表之间，与现场仪表箱、接线箱、接线盒连接时，应符合4.5.40的规定	
8		当电缆导管可能受到雨水或潮湿气体浸入时，应符合4.5.43的规定	

4.5.80 电缆、电线、光缆敷设质量验收应符合表2-4-22的规定。

表2-4-22　　　　　　　　　　电缆桥架安装质量验收

序号	检验项目	检验内容	检验方法
1	主控项目	电缆、电线、光缆的型号、规格应符合设计文件的规定	检查电缆、光缆敷设记录
2		电缆应排列整齐，固定时应松紧适当；绝缘层应无损坏	观察检查
3		光缆敷设前的检查应符合4.5.63（1）的规定	检查施工测试记录
4		光缆连接应符合4.5.63的规定	检查光缆敷设和接续测试记录
5	一般项目	塑料绝缘、橡皮绝缘多芯控制电缆的弯曲半径应符合4.5.49的规定	观察检查
6		仪表电缆与电力电缆交叉或平行敷设时应符合4.5.51的规定	
7		在电缆桥架内，交流电源线路和仪表信号线路敷设应符合4.5.52的规定	
8		明线敷设的仪表信号线路与具有强磁场和强静电场的电气设备之间的距离，应符合4.5.54的规定	观察检查和尺量检查
9		电缆终端应有适当余量，敷设后两端应做电缆头	观察检查
10		光缆敷设应符合4.5.63（2）～（6）的规定	

4.5.81 仪表线路的配线质量验收应符合表2-4-23的规定。

表2-4-23 仪表线路配线质量验收

序号	检验项目	检验内容	检验方法
1	主控项目	接线应正确、牢固；线端应有标号	
2	一般项目	仪表盘、柜、箱内的线路敷设和接线应符合4.5.66和4.5.68的规定	观察检查
3		多股线芯端头宜采用接线端子压接	
4		备用芯线接线应符合4.5.73的规定	

4.6 仪表管道安装

一、一般规定

4.6.1 仪表工程中金属管道的施工，除应符合建设手册的规定外，还应符合GB 50235《工业金属管道工程施工规范》的有关规定。

4.6.2 仪表管道安装前应将内部清扫干净，管端应临时封闭。需要脱脂的管道应经过脱脂合格后再安装。

4.6.3 仪表管道的型号、规格、材质应符合设计文件的规定。

4.6.4 仪表管道埋地敷设时，必须经试压合格和防腐处理后再埋入。直接埋地的管道连接时必须采用焊接，并应在穿过道路、沟道及进出地面处设置保护套管。

4.6.5 仪表管道在穿墙和过楼板处，应加装保护套管或保护罩，管道接头不应在保护套管或保护罩内。当管道穿过不同等级的爆炸危险区域、火灾危险区域和有毒场所的分隔间壁时，保护套管或保护罩应密封。

4.6.6 仪表管道不宜安装在妨碍检修、易受机械损伤、腐蚀和振动的位置。

4.6.7 金属管道的弯制宜采用冷弯，并宜一次弯成。管子弯制后，应无裂纹和凹陷。

4.6.8 高压钢管的弯曲半径宜大于管子外径的5倍，其他金属管的弯曲半径宜大于管子外径的3.5倍，塑料管的弯曲半径宜大于管子外径的4.5倍。

4.6.9 仪表管道应采用机械方法切割，管口应平整光滑，并应无毛刺、裂纹、凸凹或缩口。

4.6.10 高压管道分支时应采用三通连接，三通的材质应与管道材质相同。

4.6.11 仪表管道连接时，其轴线应一致。

4.6.12 直径小于13mm的铜管和不锈钢管，宜采用卡套式接头连接，也可采用承插法或套管法焊接连接。

4.6.13 当仪表管道与仪表设备连接时，应连接严密，且不得使仪表设备承受机械应力。

4.6.14　当仪表管道成排安装时，应排列整齐，间距应均匀一致。

4.6.15　仪表管道应采用可拆卸的管卡固定在支架上。当管子与支架间有经常性的相对运动时，应在管道与支架间加木块或软垫。

4.6.16　仪表管道支架的制作与安装，除应符合7.2的规定外，还应符合仪表管道安装坡度的要求。支架的间距宜符合下列规定：

（1）钢管水平安装时宜为1.00～1.50m；垂直安装时宜为1.50～2.00m。

（2）铜管、铝管、塑料管及管缆水平安装时宜为0.50～0.70m；垂直安装时宜为0.70～1.00m。

4.6.17　不锈钢管固定时，不应与碳钢材料直接接触。不锈钢管与支架、固定卡子之间宜加设隔离垫板。

4.6.18　仪表管道阀门应安装在便于操作和维护的位置。

4.6.19　仪表管道焊接时，不得损伤仪表设备。

二、测量管道

4.6.20　测量管道的敷设应符合设计文件的规定，并应按最短路径敷设。

4.6.21　当测量管道水平敷设时，应根据不同的物料和测量要求，设置1∶10～1∶100的坡度，其倾斜方向应能排除测量管道中积聚的气体或冷凝液。当无法满足时，应在管道的集气处安装排气装置、在集液处安装排液装置。

4.6.22　当测量管道与高温设备、管道连接时，应采取热膨胀补偿措施。

4.6.23　测量差压的正压管和负压管应安装在环境温度相同的位置。

4.6.24　当测量管道与玻璃管微压计连接时，应采用软管。管道与软管的连接处，应高出仪表接头150～200mm。

4.6.25　测量管道与设备、工艺管道或建筑物表面之间的距离不得小于50mm。测量油类及易燃易爆物质的管道与热表面之间的距离不得小于150mm，且不应平行敷设在其上方。

4.6.26　低温管道敷设应采取膨胀补偿措施。

4.6.27　低温管及合金管下料切断后，必须移植原有标识。薄壁管、低温管及钛管，严禁使用钢印做标识。

三、气动信号管道

4.6.28　气动信号管道应采用紫铜管、不锈钢管或聚乙烯、尼龙管。

4.6.29　气动信号管道不宜有中间接头。当需设置中间接头连接时，应采用卡套式中间接头。管道终端应配装活动连接件。

4.6.30　气动信号管道应汇集成排敷设。

4.6.31 管缆的敷设应符合下列要求：

（1）外观不应有明显的变形和损伤。

（2）施工环境温度不应低于材料规定的最低环境温度。

（3）敷设时，不应受机械损伤。

（4）敷设后，应留有余量。

（5）分支处宜设接管箱，接管箱的位置应便于维修。

四、气源管道

4.6.32 气源管道采用镀锌钢管时，应采用螺纹连接，拐弯处应采用弯头管件，连接处应密封。当缠绕密封带或涂抹密封胶时，不得使其进入管内。当采用无缝钢管时，应焊接连接，焊接时焊渣不得落入管内。

4.6.33 供气管道宜架空敷设，不宜在地表面或埋地敷设，并应避开高温、易受机械损伤、腐蚀、强烈振动及工艺管道或设备物料排放口等位置。

4.6.34 控制室内的气源总管的连续坡度不应小于1∶500，并应在集液处安装排污阀，排污管口应远离仪表、电气设备和线路。装在过滤器下面的排污阀与地面间，应留有便于操作的空间。

4.6.35 气源系统的配管应整齐美观，其末端和集液处应有排污阀。水平干管上的支管引出口，应设置在干管的上方。

4.6.36 气源总管上引出的干管宜安装气源切断阀，并应符合设计文件的规定。

4.6.37 气源系统安装完毕后应进行吹扫，并应符合下列要求：

（1）吹扫前，应将控制室气源的入口、支管的入口和接至各用气设备的过滤减压阀进口断开并敞口，应先吹总管，再吹干管、支管及接至各仪表的管道。

（2）吹扫气应使用合格的仪表空气。

（3）排出的吹扫气应用涂白漆的木制靶板检验，1min内板上无铁锈、尘土、水分或其他杂物时，可判为吹扫合格。

4.6.38 气源装置使用前，应按设计文件的规定整定气源压力值。

五、液压管道

4.6.39 液压管道压力不大于1.6MPa的液压控制系统的安装应符合本节的规定。

4.6.40 油压管道不应平行敷设在高温设备和管道的上方，与热表面绝热层的距离应大于150mm。

4.6.41 供液系统用的过滤器安装前，应清洗干净。进口与出口方向不得装错，排污阀与地面间应留有便于操作的空间。

4.6.42 供液系统内的止回阀或闭锁阀，在安装前应进行清洗、检查和试验。

4.6.43 液压泵的自然流动回液管的坡度不应小于1∶10，当回液落差较大时，应在集液箱之前安装一个水平段或U形弯管。

4.6.44 当回液管道的各分支管与总管连接时，支管应顺回液流动方向与总管成锐角连接。

4.6.45 储液箱的安装位置应低于回液集管，回液集管与储液箱上回液接头间的最小高差宜为0.30～0.50m。

4.6.46 储液箱应设置呼吸阀。液压管道的集气处应设置放空阀，放空管的上端应向下弯曲180°。

4.6.47 接至液压控制器的液压管道，不得有环形弯和曲折弯。

4.6.48 当液压控制器与供液管和回流管连接时，应采用耐压挠性管。

4.6.49 供液系统应进行清洗，并应按设计文件规定进行检查、调整和试验。

六、盘、柜、箱内仪表管道

4.6.50 仪表管道应敷设在不妨碍操作和维修的位置。

4.6.51 当仪表管道引入安装在有爆炸和火灾危险、有毒、有害及有腐蚀性物质环境的仪表盘、柜、箱时，其管道引入孔处应密封。

4.6.52 仪表管道宜汇集成排敷设，应整齐、美观，并应固定牢固。

4.6.53 仪表管道与仪表线路应分开敷设。

七、管道试验

4.6.54 仪表管道在试验前应进行检查，并应符合下列要求：

（1）安装完毕的仪表管道系统，不得有漏焊、错接等现象。

（2）当试验前有冲洗及吹扫要求时，应已完成冲洗及吹扫。

（3）试验所用介质、工器具应已准备完善。

（4）试验方案应已经批准，并应已进行技术和安全交底。

（5）压力试验前，对不允许超压的仪表设备应已隔离。

4.6.55 仪表管道的压力试验应采用液体作为试验介质。仪表气源管道、气动信号管道或设计压力小于等于0.6MPa的仪表管道，宜采用气体作为试验介质。

4.6.56 当用水进行液压试验时，应使用洁净水。当对奥氏体不锈钢管道进行试验时，水中氯离子含量不得超过25mg/L。试验后应将液体排净。当在环境温度5℃以下进行试验时，应采取防冻措施。

4.6.57 气压试验介质应使用空气或氮气。

4.6.58 液压试验的压力应为设计压力的1.5倍。当达到试验压力后，应稳压10min，再将试验压力降至设计压力，稳压10min，应无压降，并应无渗漏。

4.6.59 气压试验的压力应为设计压力的1.15倍，试验时应逐步缓慢升压，达到试验压力后，应稳压10min，再将试验压力降至设计压力，应稳压5min，采用发泡剂检验应无泄漏。

4.6.60 真空管道压力试验应采用0.2MPa气压试验压力。达到试验压力后，稳压15min，采用发泡剂检验应无泄漏。

4.6.61 测量和输送易燃易爆、有毒、有害介质的仪表管道，必须进行管道压力试验和泄漏性试验。

4.6.62 当工艺系统规定要求进行真空度或泄漏性试验时，其内的仪表管道系统应与工艺系统一起进行试验。

4.6.63 当采用气体压力试验时，试验温度严禁接近管道材料的脆性转变温度。

4.6.64 压力试验用的压力表应经检定合格，其准确度不得低于1.6级，刻度满度值应为试验压力的1.5～2.0倍。

4.6.65 在压力试验过程中，如发现泄漏现象，应泄压后再修理。修复后，应重新试验。

4.6.66 压力试验合格后，宜在管道的另一端泄压，检查管道不得堵塞，并应拆除用于压力试验的临时堵头或盲板。

八、质量验收

4.6.67 仪表管道安装一般规定质量验收应符合表2-4-24的规定。

表2-4-24　　　　　　　　　仪表管道安装一般规定质量验收

序号	检验项目	检验内容	检验方法
1	主控项目	仪表管道的型号、规格、材质应符合设计文件的规定	核对设计文件、检查质量证明文件
2		需要脱脂的仪表管道应经过脱脂合格	观察检查、检查脱脂施工记录
3		埋地敷设的仪表管道安装应符合4.6.4的规定	观察、见证检查，检查施工记录
4		在穿越墙体和楼板处的仪表管道，应加装保护套管或保护罩，保护套管或保护罩内应无接头	观察检查
5		穿过不同等级的爆炸危险区域、火灾危险区域和有毒场所的分隔间壁时，应加装保护套管或保护罩，并应做好密封	
6		仪表管道的焊接应符合GB 50236《现场设备、工业管道焊接工程施工规范》的有关规定	观察检查，着色检查

序号	检验项目	检验内容	检验方法
7	主控项目	仪表管道与设备连接时，仪表设备不应承受其他机械应力	拆卸后观察，连接试验
8		仪表管道连接装配应正确、齐全	观察检查
9		仪表管道连接轴线应一致	用尺测量检查
10	一般项目	管子内部应清洁、畅通	观察检查
11		仪表管道安装位置应不妨碍检修，应不易受机械损伤，环境应无腐蚀和振动	
12		管子表面应无裂纹、伤痕、重皮；金属管道弯制后应无裂纹和凹陷	
13		管子的弯曲半径应符合4.6.8的规定	用尺测量检查
14		高压管道分支时应采用三通连接，三通的材质应与管道材质相同	观察检查
15		管道成排安装时，排列应整齐，间距应均匀	
16		管道应使用管卡固定且牢固	
17		仪表管道支架的制作与安装，应符合"支架制作与安装"章节和4.6.16的规定	观察检查，用尺测量检查
18		不锈钢管道固定时，与碳钢之间应无直接接触	观察检查
19		仪表管道阀门应便于操作和维护	

4.6.68 测量管道质量验收应符合表2-4-25的规定。

表2-4-25 测量管道质量验收

序号	检验项目	检验内容	检验方法
1	主控项目	测量管道的敷设路径应符合设计文件的规定	观察检查，核对设计文件
2		测量管道水平敷设时，应根据不同的物料及测量要求，设置1：10～1：100的坡度，其倾斜方向应能满足排除气体或冷凝液要求	观察检查，用尺测量检查

序号	检验项目	检验内容	检验方法
3	主控项目	当坡度达不到要求时，在管道的集气处应安装排气装置，在集液处应安装排液装置	观察检查，用尺测量检查
4		测量管道与高温设备及管道连接时，膨胀补偿措施应满足最大工况下膨胀量的要求	
5		低温管道敷设应采取膨胀补偿措施	
6		低温管道、合金管道的材质应符合设计文件的规定，管子标识应符合4.6.27的规定	观察检查，核查合金材质现场复查报告、低温管道出厂低温冲击试验报告
7	一般项目	测量管道应符合最短路径敷设的原则	用尺测量检查
8		测量差压的正、负压管道环境温度应相同	观察检查
9		测量管道与工艺设备、管道和建筑物之间的距离不应小于50mm	观察检查，用尺测量检查
10		测量油类的仪表管道与热表面的距离不应小于150mm	
11		测量易燃、易爆物质的仪表管道与热表面的距离不应小于150mm	
12		测量管道与微压计之间软管连接处应高于仪表接头150～200mm	用尺测量检查

4.6.69 气动信号管道质量验收应符合表2-4-26的规定。

表2-4-26　　　　　　　　气动信号管道质量验收

序号	检验项目	检验内容	检验方法
1	一般项目	气动信号管道材质应符合设计文件的规定	核查设计文件
2		气动信号管道有中间接头时，应采用卡套式接头	观察检查
3		管道终端连接件应便于拆装	
4		管缆安装在拐弯、中间接头、终端处应留有一定余量	
5		管缆安装应无损伤，固定牢固，装配正确	
6		管缆敷设应平直，管缆不应承受额外机械应力	

4.6.70　气源管道质量验收应符合表2-4-27的规定。

表2-4-27　　　　　　　　　　　气源管道质量验收

序号	检验项目	检验内容	检验方法
1	主控项目	镀锌钢管的气源管道应采用螺纹连接；无缝钢管的气源管道应采用焊接连接	观察检查
2		镀锌钢管的气源管道拐弯处应使用弯头连接	
3		镀锌钢管的气源管道螺纹连接处应密封良好	试压检查
4		气源管道连接处缠绕密封带或涂抹密封胶时，不应使密封材料进入管内	观察检查
5		气源管道系统安装完毕的吹扫应符合4.6.37的规定	观察检查，检查吹扫记录
6		气源装置使用前，已按设计文件规定整定气源压力值	观察检查，核查设计文件
7	一般项目	气源管道的敷设路径应符合4.6.33的规定	观察检查
8		控制室内气源总管坡度不应小于1∶500	
9		控制室内气源总管积液处应有排污阀，排污管口应远离仪表、电气设备和线路	
10		管道敷设整齐美观，水平干管上的支管引出口应在干管的上方	
11		气源总管引出的干管宜加装气源切断阀	核查设计文件，观察检查

4.6.71　液压管道质量验收应符合表2-4-28的规定。

表2-4-28　　　　　　　　　　　液压管道质量验收

序号	检验项目	检验内容	检验方法
1	主控项目	油压管道不得平行敷设在高温设备和管道上方，与热表面绝缘层的距离应大于150mm	观察检查，用尺测量检查
2		供液系统用的过滤器、止回阀安装前，应检查并清洗干净	检查施工记录
3		供液系统过滤器、止回阀进口与出口方向的安装应正确	观察检查
4		供液系统排污阀与地面间应留有便于操作的空间	

序号	检验项目	检验内容	检验方法
5	主控项目	供液系统内的止回阀或闭锁阀，在安装前应进行试验	核查试验记录
6		自然流动回液管的坡度不应小于1：10	尺测检查
7		分支管与总管的连接，应顺介质流向成锐角	观察检查
8		供液系统的压力试验，应符合"管道试验"章节的规定	检查试验记录
9		供液系统投入前应进行清洗、检查和试验，各管阀部件的压力调整项目应符合设计文件的规定	观察检查，检查施工记录，核对设计文件
10	一般项目	储液箱的安装位置应低于回液集管，回液集管与储液箱上的回液接头间的最小高差为0.30～0.50m	观察检查，用尺测量检查
11		接至液压控制器的液压管道，应无环形弯和曲折弯	
12		液压管道的集气处应设置放空阀，放空管上端应向下弯曲180°	观察检查
13		储液箱应设置呼吸阀	
14		液压控制器与供液管和回流管连接时，应采用耐压挠性管	

4.6.72 盘、柜、箱内管道质量验收应符合表2-4-29的规定。

表2-4-29 盘、柜、箱内管道质量验收

序号	检验项目	检验内容	检验方法
1	主控项目	有爆炸和火灾危险、有毒及有腐蚀性物质的环境，盘、柜、箱的仪表管道引入孔应符合4.6.51的规定	观察检查
2	一般项目	仪表管道成排敷设应整齐、美观、固定牢固	
3		仪表管道不应妨碍操作和维修	
4		仪表管道与仪表线路不得直接接触或绑固在一起，应分开敷设	

4.6.73 管道试验质量验收应符合表2-4-30的规定。

表2-4-30 管道试验质量验收

序号	检验项目	检验内容	检验方法
1	主控项目	水压试验介质应使用洁净水，奥氏体不锈钢管道进行试验时，水中氯离子含量不得超过25mg/L	检查试验记录
2		在环境温度为5℃以下进行试验时，应采取防冻措施	
3		气压试验介质应使用空气或氮气	
4		仪表管道液压试验应符合4.6.58的规定	试压过程见证、检查试验记录
5		仪表管道气压试验应符合4.6.59的规定	
6		真空管道压力试验应符合4.6.60的规定	
7		测量和输送易燃易爆、有毒有害介质的仪表管道试验应符合4.6.61的规定	检查试验记录
8		工艺管道规定进行真空度或泄漏性试验时，工艺管道内的仪表管道试验应符合4.6.62的规定	
9		气体压力试验时，试验温度应符合4.6.63的规定	
10		压力试验用的压力表应经检定合格，准确度不应低于1.6级，刻度满度值应为试验压力的1.5~2.0倍	检查压力表检定记录
11	一般项目	管道试验完毕，应恢复完好，并应畅通、无堵塞	观察检查

4.7 脱脂

一、一般规定

4.7.1 需要脱脂的仪表、控制阀、管子和其他管道组成件，应按设计文件的规定脱脂。

4.7.2 用于脱脂的有机溶剂含油量不应大于50mg/L。含油量较大的溶剂可先用于粗脱脂，再用合格的溶剂进行精脱脂。含油量大于350mg/L的溶剂应进行脱油处理，并应经检验合格后再作为脱脂剂。

4.7.3 设计文件未规定脱脂溶剂时，可按下列要求选用脱脂溶剂：

（1）金属件的脱脂应选用工业用二氯乙烷、四氯乙烯。

（2）黑色金属和有色金属的脱脂应选用工业用三氯乙烯。

（3）铝制品的脱脂应选用10%的氢氧化钠溶液。

（4）工作物料为浓硝酸的仪表、控制阀、管子和其他管道组成件的脱脂应选用65%的浓硝酸。

4.7.4 脱脂溶剂不得混合使用，且不得与浓酸、浓碱接触。

4.7.5 当采用二氯乙烷、四氯乙烯和三氯乙烯脱脂时，脱脂件应干燥、无水分。

4.7.6 接触脱脂件的工具、量具及仪器应经脱脂合格后再使用。

4.7.7 脱脂合格的仪表、控制阀、管子和其他管道组成件应封闭保存，并应加设标识；安装时严禁被油污染。

4.7.8 制造厂脱脂合格并封闭的仪表及附件，安装时可不再脱脂，但应进行外观检查，当有油迹或有机杂质时，应重新脱脂。

4.7.9 脱脂合格后的仪表和仪表管道，在压力试验及仪表校准、试验时，应使用不含油脂的介质。

4.7.10 脱脂溶剂应妥善保管，脱脂后废液的处理应符合环境保护要求。

4.7.11 脱脂应在室外通风处或有通风装置的室内进行。施工中应采取穿戴防护用品等安全措施。

二、脱脂方法

4.7.12 有明显锈蚀的管道部位，应先除锈再脱脂。

4.7.13 易拆卸的仪表、控制阀和管道组成件脱脂时，应将需脱脂的部件、附件及填料拆下放入脱脂溶剂中浸泡，浸泡时间应为1~2h。

4.7.14 当不易拆卸的仪表脱脂时，可采用灌注脱脂溶剂的方法，脱脂剂的灌注量应为仪表组件内部空间的2/3~3/4，灌注后浸泡时间不应小于2h。

4.7.15 管子脱脂可采用在脱脂槽内浸泡的方法，浸泡时间应为1~1.5h。

4.7.16 采用擦洗法脱脂时，应使用不易脱落纤维的布或丝绸，不得使用棉纱。脱脂后，脱脂件上严禁附着纤维。

4.7.17 当用氢氧化钠溶液脱脂时，应将溶液加热至60~90℃，应浸泡脱脂件30min，再用水冲洗后将脱脂件放入15%的硝酸溶液中中和，并应用清水洗净风干。

4.7.18 经脱脂的仪表、控制阀、管子和其他管道组成件，应进行自然通风或用清洁无油、干燥的空气或氮气吹干。当允许用蒸汽吹洗时，可用蒸汽吹洗。

三、脱脂件检查

4.7.19 仪表、控制阀和管道组成件脱脂后，应检验合格。

4.7.20 符合下列规定之一的情况应视为检验合格：

（1）当用清洁干燥的白滤纸擦洗脱脂件表面时，纸上应无油迹。

（2）当用紫外线灯照射脱脂表面时，应无紫蓝荧光。

（3）当用蒸汽吹洗脱脂件时，应将颗粒度小于1mm的数粒纯樟脑放入蒸汽冷凝液内，樟脑在冷凝液表面应不停旋转。

（4）当用浓硝酸脱脂时，浓硝酸中所含有机物的总量不应超过0.03%。

四、质量验收

4.7.21　脱脂质量验收应符合表2-4-31的规定。

表2-4-31　　　　　　　　　　脱脂质量验收

序号	检验项目	检验内容	检验方法
1	主控项目	脱脂剂的选择应符合设计文件的规定，当设计文件未规定时，脱脂剂的选择应符合4.7.3的规定	检查施工记录
2		用二氯乙烷、四氯乙烯和三氯乙烯脱脂时，脱脂件应干燥、无水分	观察检查
3		接触脱脂件的工具、量具及仪器应经脱脂合格后再使用	
4		脱脂合格的仪表、控制阀、管子和其他管道组成件的保存，应符合4.7.7的规定	观察检查和检查脱脂记录
5		有明显锈蚀的管道部位，应先除锈再脱脂	观察检查
6		采用擦洗法脱脂时，应符合4.7.16的规定	
7		仪表、管子、控制阀和管道组成件脱脂后进行检查，检查结果应符合4.7.20的规定	检查脱脂记录

4.8　电气防爆和接地

一、爆炸和火灾危险环境的仪表装置施工

4.8.1　爆炸和火灾危险环境的仪表装置施工，除应符合建设手册的规定外，还应符合GB 50257《电气装置安装工程 爆炸和火灾危险环境电气装置施工及验收规范》的规定。

4.8.2　安装在爆炸危险环境的仪表、仪表线路、电气设备及材料，其规格型号必须符合设计文件的规定。防爆设备必须有铭牌和防爆标识，并应在铭牌上标明国家授权的机构颁发的防爆合格证编号。

4.8.3　当防爆仪表和电气设备引入电缆时，应采用防爆密封圈密封或用密封填料进行封固，外壳上多余的孔应做防爆密封，通常情况下，不允许在防爆箱体上擅自开孔，在设计之初应充分考虑引入口余量。弹性密封圈的一个孔应密封一根电缆。

4.8.4　采用正压通风的防爆仪表盘（箱）的通风管应畅通，且不宜安装切断阀；盘（箱）内应能维持不低于设计文件规定的压力；当设有低压力联锁或报警装置时，其动作应准确、可靠。

4.8.5　当电缆桥架或电缆沟道通过不同等级的爆炸危险区域的分隔间壁时，在分隔间壁处必须做充填密封。

4.8.6　安装在爆炸危险区域的电缆导管应符合下列要求：

（1）电缆导管之间及电缆导管与接线箱（盒）、穿线盒之间，应采用螺纹连接，螺纹有效啮合部分不应少于5扣。螺纹处应涂电力复合脂，不得使用麻、绝缘胶带、涂料等，并应用锁紧螺母锁紧，连接处应保证良好的电气连续性。

（2）当电缆导管穿过不同等级爆炸危险区域的分隔间壁时，分界处电缆导管和电缆之间、电缆导管和分隔间壁之间应做充填密封。

（3）当电缆导管与仪表、检测元件、电气设备、接线箱连接时，或进入仪表盘、柜、箱时，应安装防爆密封管件，并应充填密封。

4.8.7　本质安全型仪表的安装和线路敷设，除应符合4.8.2、4.8.5和4.8.6（2）的规定外，还应符合下列要求：

（1）本质安全电路和非本质安全电路不得共用一根电缆或穿同一根电缆导管。

（2）当采用芯线无分别屏蔽的电缆或无屏蔽的导线时，两个及以上不同回路的本质安全电路，不得共用同一根电缆或穿同一根电缆导管。

（3）本质安全电路及其附件应有蓝色标志。

（4）当本质安全电路与非本质安全电路在同一电缆桥架或同一电缆沟道内敷设时，应采用接地的金属隔板或绝缘板隔离，或分开排列敷设，其间距应大于50mm，并应分别固定牢固。

（5）当本质安全电路与非本质安全电路共用一个接线箱时，本质安全电路与非本质安全电路接线端子之间应采用接地的金属板隔开。

（6）仪表盘、柜、箱内的本质安全电路与关联电路或其他电路的接线端子之间的间距，不得小于50mm；当间距不符合要求时，应采用高于端子的绝缘板隔离。

（7）当仪表盘、柜、箱内的本质安全电路敷设配线时，应与非本质安全电路分开，应采用有盖汇线槽或绑扎固定，线束固定点应靠近接线端。

（8）本质安全电路中的安全栅、隔离器等关联设备的安装位置，应在安全区域一侧或置于另一环境相适应的防爆设备内，需接地的关联设备应有可靠接地。

（9）当采用屏蔽电缆电线时，屏蔽层不得接到安全栅的接地端子上。

（10）本质安全电路内的接地线和屏蔽连接线应有绝缘层。

（11）本质安全电路不得受到其他线路的强电磁感应和强静电感应，线路的长度和敷设方式应符合设计文件的规定。

（12）本质安全型仪表及本质安全关联设备，必须有国家授权的机构颁发的产品防爆合格证，其型号、规格的替代，必须经原设计单位确认。

（13）本质安全电路的分支接线应设在增安型防爆接线箱（盒）内。

4.8.8 当对爆炸危险区域的线路进行连接时，必须在设计文件规定采用的防爆接线箱内接线。接线必须牢固可靠、接地良好，并应有防松和防拔脱装置。

4.8.9 用于火灾危险环境的装有仪表及电气设备的箱、盒等，应采用金属或阻燃材料制品，电缆和电缆桥架应采用阻燃材料制品。

4.8.10 ★从事防爆电气作业的人员应持有防爆电气作业人员培训资格证书（有效期三年）。

4.8.11 防爆区域划分需要有资质的设计院确定爆炸性气体环境区域及等级，作业人员需按照规范要求安装防爆电气设备。

4.8.12 当需要变更防爆区域的设计时，需有设计院更正图纸并重新定级后，方可按规定施工。

4.8.13 ★防爆设备资料在运输到厂时，需提供附带的产品防爆合格证书，并由招标方验收保存。

4.8.14 ★防爆设备为达到防爆要求，本身用料较足，做工精致、厚实。如果在验收时，明显觉得做工粗糙、用料单薄，可让厂家提供该产品防爆认证时的图纸，确认是否与实物一致。

4.8.15 ★防爆合格证有效期为5年，过期产品不能再生产和销售。如果设备出厂日期已过防爆合格证有效期，在验收时有权拒绝验收。

4.8.16 防爆箱安装螺钉及配件需全部安装到位，不得缺失。

4.8.17 电缆引入口直径需与电缆直径相匹配，确保电缆引入口牢固，不会沿着轴向移动。

4.8.18 设备安装位置需合理，避免电缆引入时表皮弯折不符合防爆要求。

4.8.19 防爆设备标志牌需清晰可见，刷漆时需将标志牌遮挡后再刷，不得污损标志牌。

二、接地

4.8.20 现场电气设备的外壳，仪表盘、柜、箱、支架、底座等正常不带电的金属部分，均应做保护接地。

4.8.21 在非爆炸危险区域的金属盘、板上安装的按钮、信号灯、继电器等小型低压电器的金属外壳，当与已接地的金属盘、板接触良好时，可不做保护接地。

4.8.22　仪表保护接地系统应接到电气工程低压电气设备的保护接地网上，连接应牢固可靠，不应串联接地。

4.8.23　保护接地的接地电阻值应符合设计文件的规定。

4.8.24　在建筑物上安装的电缆桥架和电缆导管可重复接地。

4.8.25　仪表及控制系统应做工作接地，工作接地应包括信号回路接地和屏蔽接地，以及特殊要求的本质安全电路接地，接地系统的连接方式和接地电阻值应符合设计文件的规定。

4.8.26　各仪表回路应只有一个信号回路接地点。

4.8.27　信号回路的接地点应在显示仪表侧，当采用接地型热电偶和检测元件已接地的仪表时，在显示仪表侧不应再接地。

4.8.28　仪表电缆电线的屏蔽层应在控制室仪表盘柜侧接地，同一回路的屏蔽层应有可靠的电气连续性，不应浮空或重复接地。

4.8.29　铠装电缆的铠装两端应进行保护接地。

4.8.30　在中间接线箱内，主电缆分屏蔽层应用端子将对应的二次电缆屏蔽层进行连接，不同的屏蔽层应分别连接，不应混接，并应绝缘。

4.8.31　当有防干扰要求时，多芯电缆中的备用芯线应在一点接地，屏蔽电缆的备用芯线与屏蔽层，应在同一侧接地。

4.8.32　仪表盘、柜、箱内各回路的各类接地，应分别由各自的接地支线引至接地汇流排或接地端子板，由接地汇流排或接地端子板引出接地干线，再与接地总干线和接地极相连。各接地支线、汇流排或端子板之间在非连接处应相互绝缘。

4.8.33　仪表及控制系统的工作接地、保护接地应共用接地装置。

4.8.34　接地系统的连线应采用铜芯绝缘电线或电缆，并应采用镀锌螺栓紧固。仪表盘、柜、箱内的接地汇流排应采用铜材，并应采用绝缘支架固定。接地总干线与接地体之间应采用焊接。

4.8.35　当控制室、机柜宰内的接地干线采用扁钢时，应进行绝缘，并应绝缘到接地装置连接点。

4.8.36　本质安全电路本身除设计文件有特殊规定外，不应接地。当采用二极管安全栅时，其接地应与直流电源的公共端相连。

4.8.37　接地线的标识颜色应采用绿、黄两色或绿色。

4.8.38　防静电接地应符合设计文件的规定。

4.8.39　仪表控制系统、仪表控制室等应按设计文件的规定采取防雷措施。

4.8.40　2区除照明灯具外的电气设备，都应加装专用接地线，外皮为黄绿相间喷塑的地线。即使设备是良好导体也仍应加装。如果设备所处区域为高温区域，可使用铜导线代替。

4.8.41　接地导线横截面积需使用4mm²的优质软绞线，铜材质，对于大功率用能设备依据规范接地导线加粗。

4.8.42　仪表设备备用引入口需加装金属材质堵板或堵头，并经防爆认证，堵头上不得使用麻、绝缘胶带、涂料等材料密封。

三、质量验收

4.8.43　爆炸和火灾危险环境仪表装置质量验收应符合表2-4-32的规定。

表2-4-32　　　　　　　　　爆炸和火灾危险环境仪表装置质量验收

序号	检验项目	检验内容	检验方法
1		安装在爆炸危险环境的仪表、仪表线路、电气设备及材料，应符合4.8.2的规定	
2		防爆仪表和电气设备电缆的引入应符合4.8.3的规定	
3		本质安全电路和非本质安全电路不得共用一根电缆或同穿一根电缆导管	
4		采用芯线无分别屏蔽的电缆或无屏蔽的导线时，两个及以上不同回路的本质安全电路的敷设，应符合4.8.7（2）的规定	
5		本质安全电路与非本质安全电路在同一电缆桥架或同一电缆沟道内的敷设，应符合4.8.7（4）的规定	
6		本质安全电路与非本质安全电路共用一个接线箱时，接线应符合4.8.7条（5）的规定	
7	主控项目	仪表盘、柜、箱内的本质安全电路与关联电路或其他电路的接线端子之间的间距，应符合4.8.7（6）的规定	观察检查
8		电缆导管之间及电缆导管与接线箱（盒）、穿线盒之间的连接，应符合4.8.6（1）的规定	
9		电缆桥架或电缆沟道通过不同等级的爆炸危险区域的分隔间壁时，应符合4.8.5的规定	
10		仪表盘、柜、箱内的本质安全电路敷设配线，应符合4.8.7（7）的规定	
11		电缆导管穿过不同等级爆炸危险区域的分隔间壁时，应符合4.8.6（2）的规定	
12		电缆导管与仪表、检测元件、电气设备、接线箱连接，或进入仪表盘、柜、箱，应符合4.8.6（3）的规定	
13		对爆炸危险区域的线路连接，应符合4.8.8的规定	

4.8.44　接地质量验收应符合表2-4-33的规定。

表2-4-33　　　　　　　　　接地质量验收

序号	检验项目	检验内容	检验方法
1	主控项目	现场仪表的外壳、仪表盘、柜、箱、支架、底座等正常不带电的金属部分的保护接地，应符合4.8.20的规定	观察检查
2		仪表及控制系统的工作接地，应符合4.8.27的规定	
3		仪表回路应只有一个信号回路接地点	
4		保护接地的接地电阻应符合设计文件的规定	
5		信号回路的接地点应符合4.8.29的规定	
6		铠装电缆的铠装两端应接至保护接地	
7		仪表及控制系统的工作接地、保护接地应共用接地装置	
8		中间接线箱内主电缆分屏蔽层与二次电缆屏蔽层的连接，应符合4.8.32的规定	
9		仪表盘、柜、箱内各回路的各类接地与接地干线和接地极的连接，应符合4.8.34的规定	
10	一般项目	仪表保护接地系统应接到电气工程的保护接地网上，连接应牢固可靠，不应串联接地	
11		接地系统的连线应符合4.8.36的规定	
12		控制室、机柜室内的接地干线采用扁钢时，扁钢间应进行绝缘	
13		接地线的颜色应采用绿、黄两色或绿色	

4.9 防护

一、隔离与吹洗

4.9.1　当采用膜片隔离时，膜片式隔离器的安装位置宜紧靠检测点。

4.9.2　隔离容器应垂直安装，成对隔离器的安装标高应一致。

4.9.3　当采用隔离管充注隔离液隔离时，测量管和隔离管的配管，应使隔离液充注方便、储存可靠。

4.9.4　隔离液的选用应符合下列要求：

（1）与被测物质不应发生化学反应。

（2）与被测物质不应相互混合和溶解。

（3）与被测物质的密度相差宜大，分层应明显，且应具有良好的流动性。

（4）当工作环境温度变化时，挥发和蒸发应小，应不黏稠、不凝结。

（5）仪表和测量管道应无腐蚀。

4.9.5　当采用吹洗法隔离时，吹洗介质的入口应接近检测点。吹洗和冲液介质应符合下列要求：

（1）应清洁无污物。

（2）与被测物质不应发生化学反应。

（3）不应污染被测物质。

（4）冲液介质应无腐蚀性，在节流减压之后不应发生相变。

（5）吹洗流体的压力应高于被测物质的压力。

二、防腐、绝热

4.9.6　仪表管道、支架、仪表设备底座、电缆桥架、电缆导管、固定卡等外表面防腐蚀涂层的涂刷应符合设计文件的规定。

4.9.7　涂料的施工应符合下列要求：

（1）涂刷前应清除表面的铁锈、焊渣、毛刺和污物。

（2）涂料的施工环境温度宜为10~35℃。

（3）多层涂刷时，应在涂膜完全干燥后再涂下一层。

（4）涂层应均匀，并应无漏涂。

（5）面层涂料颜色应符合设计文件的规定。

4.9.8　仪表管道焊接部位的涂刷应在管道系统压力试验后进行。

4.9.9　仪表绝热工程可与设备和管道的绝热工程同时进行，并应符合设计文件和 GB 50126《工业设备及管道绝热工程施工规范》的有关规定。

4.9.10　仪表绝热工程的施工应在测量管道、伴热管道压力试验或通电合格及防腐工程完工后进行。

4.9.11　仪表管道的绝热层厚度应符合设计文件的规定。

三、伴热

4.9.12　当伴热方式为重伴热时，伴热管道应与仪表及仪表测量管道直接接触。当伴热方式为轻伴热时，伴热管道与仪表及仪表管道不应直接接触，并应加以隔离。碳钢伴热管道与不锈钢管道不应直接接触。

4.9.13　当伴热管通过被伴热的液位计、仪表管道阀门、隔离器等附件时，宜设置活接头。

4.9.14　当采用蒸汽伴热时，应符合下列要求：

（1）蒸汽伴热管应单独供汽，伴热系统之间不应串联连接。

（2）伴热管的集液处应有排液装置。

（3）伴热管的连接宜焊接，固定不应过紧，应能自由伸缩。接汽点应在蒸汽管的顶部。

4.9.15　当采用热水伴热时，应符合下列要求：

（1）热水伴热管应单独供水，伴热系统之间不应串联连接。

（2）伴热管的集气处应有排气装置。

（3）伴热管的连接宜焊接，应能自由伸缩，固定不应过紧。接水点应在热水管的底部。

4.9.16　当采用电伴热时，应符合下列要求：

（1）电热线在敷设前，应进行外观和绝缘检查，其绝缘电阻值不应小于1MΩ。

（2）电热线应均匀敷设，并应固定牢固。

（3）敷设电热线时不应损坏绝缘层。

（4）仪表管道系统各部件的伴热应无遗漏。

四、质量验收

4.9.17　隔离与吹洗质量验收应符合表2-4-34的规定。

表2-4-34　　　　　　　　　　隔离与吹洗质量验收

序号	检验项目	检验内容	检验方法
1	主控项目	膜片式隔离器的安装位置宜紧靠检测点	观察检查
2		隔离容器应垂直安装，成对隔离容器的标高应一致	测量检查

4.9.18　防腐、绝热质量验收应符合表2-4-35的规定。

表2-4-35　　　　　　　　　　防腐、绝热质量验收

序号	检验项目	检验内容	检验方法
1	主控项目	仪表管道涂刷涂料前，应清除表面的铁锈、焊渣、毛刺和污物	观察检查
2		仪表管道、支架、仪表设备底座、电缆桥架、电缆导管、固定卡等外表面防腐蚀涂层的涂刷，应符合设计文件的规定	
3	一般项目	仪表管道焊接部位的涂刷，应在管道系统压力试验后进行	观察检查，检查施工记录
4		仪表管道的绝热层厚度应符合设计文件的规定	观察检查
5		测量低温仪表、管道及管道支架等均应保冷，不得外露	

4.9.19　伴热质量验收应符合表2-4-36的规定。

表 2-4-36 伴热质量验收

序号	检验项目	检验内容	检验方法
1	主控项目	当采用蒸汽伴热时，应符合4.9.14的规定	观察检查
2		当采用热水伴热时，应符合4.9.15的规定	
3		当采用电伴热时，应符合4.9.16的规定	观察检查，检查绝缘记录
4	一般项目	重伴热的伴热管道应与仪表及仪表测量管道直接接触，轻伴热的伴热管线与仪表及仪表管道不应直接接触，并应加以隔离	观察检查

4.10 仪表试验

一、一般规定

4.10.1 仪表在安装和使用前应进行检查、校准和试验。

4.10.2 仪表安装前的校准和试验应在室内进行。试验室应具备下列条件：

（1）室内应清洁、安静、光线充足，并应无振动、无对仪表及线路的电磁场干扰。

（2）室内温度宜为10~35℃。

4.10.3 仪表试验的电源电压应稳定。交流电源及60V以上的直流电源电压波动范围应为±10%，60V以下的直流电源电压波动范围应为±5%。

4.10.4 仪表试验的气源应清洁、干燥，露点应低于最低环境温度10℃。气源压力应稳定。

4.10.5 仪表工程在系统投用前应进行回路试验。

4.10.6 仪表回路试验的电源和气源宜由正式电源和气源供给。

4.10.7 用于仪表校准和试验的标准仪器仪表，应具备有效的计量检定合格证明，其基本误差的绝对值不宜超过被校准仪表基本误差绝对值的1/3。

4.10.8 仪表校准和试验的条件、项目、方法应符合设计文件的规定。

4.10.9 施工现场不具备校准条件的仪表，可对检定合格证明的有效性进行验证。

4.10.10 设计文件规定禁油和脱脂的仪表在校准和试验时，必须按其规定进行。

4.10.11 单台仪表的校准点应在仪表全量程范围内均匀选取，不应少于5点。当进行回路试验时，仪表校准点不应少于3点。

二、单台仪表校准和试验

4.10.12 指针式显示仪表的校准和试验应符合下列要求：

（1）面板应清洁，刻度和字迹应清晰。

（2）指针在全标度范围内移动应平稳、灵活。其示值误差、回程误差应符合仪表准确度的规定。

（3）在规定的工作条件下倾斜或轻敲表壳后，指针位移应符合仪表准确度的规定。

4.10.13　数字式显示仪表的示值应清晰、稳定，在测量范围内其示值误差应符合仪表准确度的规定。

4.10.14　指针式记录仪表的校准和试验应符合下列要求：

（1）指针在全标度范围内的示值误差和回程误差应符合仪表准确度的规定。

（2）记录机构的画线或打印点应清晰，打印纸移动应正常。

（3）记录纸上打印的号码或颜色应与切换开关及接线端子上标识的编号一致。

4.10.15　积算仪表的准确度应符合设计文件的规定。

4.10.16　变送器、转换器应进行输入输出特性试验和校准，其准确度应符合设计文件的规定，输入输出信号范围和类型应与铭牌标识、设计文件规定一致，并应与显示仪表配套。

4.10.17　温度检测仪表的校准试验点不应少于2点。直接显示温度计的示值误差应符合仪表准确度的规定。热电偶和热电阻可在常温下对元件进行检测，可不进行热电性能试验。

4.10.18　压力、差压变送器的校准和试验除应符合3.10.2.5的规定外，还应按设计文件和使用要求进行零点、量程调整和零点迁移量调整。

4.10.19　现场不具备校准条件的流量检测仪表，应对制造厂的产品合格证和有效的检定证明进行验证。

4.10.20　开关量仪表校准和试验应按设计文件规定的整定值进行校准试验。

4.10.21　浮筒式液位计可采用干校法或湿校法校准。干校挂重质量的确定、湿校试验介质密度的换算，均应符合产品设计使用状态的要求。

4.10.22　储罐液位计可在安装完成后，直接模拟物位进行校准。

4.10.23　测量位移、振动、转速等机械量的仪表，可使用专用试验设备进行校准和试验。

4.10.24　分析仪表的显示仪表部分应按本节第3.10.2.1条、第3.10.2.2条的规定进行校准。分析仪表的检测、传感、转换等性能的试验和校准，以及对试验用标准样品的要求，均应符合设计文件的规定。

4.10.25　单元组合仪表、组装式仪表等应对各单元分别进行试验和校准，其性能要求和准确度应符合设计文件的规定。

4.10.26　控制仪表的显示部分应按本节第3.10.2.1条、第3.10.2.2条的规定进行校准，仪表的控制点误差，比例、积分、微分作用，信号处理及各项控制、操作性能，均应按设计文件规定进行检查、试验、校准和调整，并应进行有关组态模式设置和调节参数预整定。

4.10.27　控制阀和执行机构的试验应符合下列要求：

（1）阀体压力试验和阀座密封试验等项目，可对制造厂出具的产品合格证明和试验报告进行验证，对事故切断阀应进行阀座密封试验。

（2）应进行膜头、缸体泄漏性试验以及行程试验。

（3）事故切断阀和设计规定全行程时间的阀门，应进行全行程时间试验。

（4）执行机构在试验时应调整到设计文件规定的工作状态。

4.10.28　现场总线仪表应用总线通信器检查设备内部参数。

4.10.29　单台仪表校准和试验应填写校准和试验记录；仪表上应有试验状态标识和位号标识；仪表需加封印和漆封的部位应加封印和漆封。

三、仪表电源设备试验

4.10.30　电源设备的带电部分与金属外壳之间的绝缘电阻，采用500V绝缘电阻表测量时不应小于5MΩ。

4.10.31　电源设备应进行输出特性检查。

4.10.32　不间断电源应进行自动切换性能试验。

四、综合控制系统试验

4.10.33　综合控制系统在回路试验和系统试验前应在控制室内对系统本身进行试验。试验项目应包括组成系统的各操作站、工程师站、控制站、个人计算机和管理计算机、总线和通信网络等设备的硬件和软件的有关功能试验。

4.10.34　综合控制系统的试验应在本系统安装完毕，且供电、照明、空调等有关设施均已投入运行的条件下进行。

4.10.35　综合控制系统的试验应按批准的试验方案进行。

4.10.36　综合控制系统的硬件试验项目应包括下列内容：

（1）应进行盘柜和仪表装置的绝缘电阻测量。

（2）应进行接地系统检查和接地电阻测量。

（3）应进行电源设备和电源插卡各种输出电压的测量和调整。

（4）应对系统中全部设备和全部模块插卡的通电状态进行检查。

（5）应对系统中单独的显示、记录、控制、报警等仪表设备进行单台校准和试验。

（6）应通过直接信号显示和软件诊断程序，对装置内的模块插卡、控制和通信设备、操作站、控制站、计算机及其外部设备等进行状态检查。

（7）应进行输入、输出模块插卡的校准和试验。

4.10.37 综合控制系统的软件试验项目应包括下列功能：

（1）系统显示、运算处理、操作、控制、报警功能的检查试验。

（2）系统诊断、维护功能的检查试验。

（3）系统冗余功能的检查试验。

（4）系统总线、网络通信功能的检查试验。

（5）系统记录、打印、拷贝等功能的检查试验。

（6）与工程有关的组态数据的检查确认。

（7）控制方案、控制和联锁程序的检查。

4.10.38 可编程序控制器应进行下列试验：

（1）应模拟输入条件进行逻辑、控制功能试验，同时应检测逻辑控制输出。

（2）具有模拟量控制的系统，应进行模拟量输入和模拟量输出试验，同时应进行运算、控制功能试验。

4.10.39 分散控制系统应进行下列试验：

（1）应进行系统通信功能试验。

（2）应进行系统操作画面功能试验。

（3）应模拟输入进行运算功能、控制功能、报警联锁功能试验，在操作站应查看对应功能显示，同时应测量相应控制输出值。

（4）应进行系统冗余功能、断电恢复功能试验。

（5）系统报表打印、拷贝、历史数据查询等功能试验。

（6）工程师站操作、维护、修改功能检查试验。

4.10.40 现场总线控制系统应进行下列试验：

（1）应进行系统通信线路检查、通信功能检查试验、总线地址分配检查。

（2）应进行总线系统供电检查试验。

（3）应进行系统操作画面功能试验。

（4）应模拟现场总线设备进行系统运算、控制、报警联锁功能检查试验，应进行操作画面试验。

（5）应进行系统冗余功能检查试验。

（6）应进行系统报表、打印、历史数据查询等功能检查试验。

（7）应进行工程师站操作、维护、修改功能检查试验。

五、回路试验和系统试验

4.10.41 回路试验应在系统投入运行前进行，试验前应具备下列条件：

（1）回路中的仪表设备、装置和仪表线路、仪表管道应安装完毕。

（2）组成回路的各仪表的单台试验和校准应已经完成。

（3）仪表配线和配管应经检查确认正确完整，配件附件齐全。

（4）回路的电源、气源和液压源应已能正常供给，并应符合仪表运行的要求。

4.10.42　回路试验应根据现场情况和回路的复杂程度，按回路位号和信号类型合理安排。回路试验应做好试验记录。

4.10.43　综合控制系统可先在控制室内与现场线路相连的输入输出端为界进行回路试验，再与现场仪表连接进行整个回路的试验。

4.10.44　检测回路的试验应符合下列要求：

（1）在检测回路的信号输入端输入模拟被测变量的标准信号，回路的显示仪表部分的示值误差，不应超过回路内各单台仪表允许基本误差平方和的平方根值。

（2）温度检测回路可在检测元件的输出端向回路输入电阻值或毫伏值模拟信号。

（3）现场不具备模拟被测变量信号的回路，应在其可模拟输入信号的最前端输入信号进行回路试验。

（4）模拟量现场设备与DCS远传信号时，不得采用短接的方式。

4.10.45　控制回路的试验应符合下列规定：

（1）控制器和执行器的作用方向应符合设计文件要求。

（2）通过控制器或操作站的输出向执行器发送控制信号，检查执行器的全行程动作方向和位置应正确。执行器带有定位器时应同时试验。

（3）当控制器或操作站上有执行器的开度和起点、终点信号显示时，应同时进行检查和试验。

4.10.46　报警系统的试验应符合下列要求：

（1）系统中有报警信号的仪表设备，包括各种检测报警开关、仪表的报警输出部件和触点，应根据设计文件规定的设定值进行整定。

（2）在报警回路的信号发生端模拟输入信号，检查报警灯光、音响和屏幕显示应正确。报警点整定后宜在调整器件上加封记。

（3）报警的消声、复位和记录功能应正确。

4.10.47　程序控制系统和联锁系统的试验应符合下列要求：

（1）程序控制系统和联锁系统有关装置的硬件和软件功能试验应已完成，系统相关的回路试验应已完成。

（2）系统中的各有关仪表和部件的动作设定值，应根据设计文件规定进行整定。

（3）联锁点多、程序复杂的系统，可先分项、分段进行试验，再进行整体检查试验。

（4）程序控制系统的试验应按程序设计的步骤逐步检查试验，其条件判定、逻辑关系、动作时间和输出状态等均应符合设计文件规定。

（5）在进行系统功能试验时，可采用已试验整定合格的仪表和检测报警开关的报警输出触点直接发出模拟条件信号。

（6）系统试验中应与相关的专业配合，共同确认程序运行和联锁保护条件及功能的正确性，并应对试验过程中相关设备和装置的运行状态和安全防护采取必要措施。

六、质量验收

4.10.48　仪表试验一般规定质量验收应符合表2-4-37的规定。

表2-4-37　　　　　　　　　　仪表试验一般规定质量验收

序号	检验项目	检验内容	检验方法
1	主控项目	仪表在安装和使用前外观应无损坏，性能符合设计文件的规定	检查仪表检定、校准和试验记录
2		仪表工程投用前应符合4.10.5的规定	检查回路试验记录
3		规定禁油和脱脂的仪表的校准，应符合4.10.10的规定	检查仪表鉴定、校准和试验记录、施工记录
4	一般项目	仪表校准和试验用的标准仪器仪表应具备有效的计量检定合格证明；其基本误差的绝对值不宜超过被校准仪表基本误差绝对值的1/3	检查标准仪器仪表的计量检定证书
5		单台仪表校准点，应在仪表全量程范围内均匀选取5点，回路试验时，仪表校准点不应少于3点	检查仪表鉴定、校准和试验记录
6		不具备现场校准条件的仪表，应对检定合格证的有效性进行验证	检查仪表出厂合格证和计量检定证书

4.10.49　单台仪表校准和试验质量验收应符合表2-4-38的规定。

表2-4-38　　　　　　　　　　单台仪表校准和试验质量验收

序号	检验项目	检验内容	检验方法
1	主控项目	指针式显示仪表校准和试验应符合4.10.12、4.10.14的规定	检查仪表检定、校准和试验记录
2		变送器、转换器应进行输入输出特性校准和试验；输入输出信号范围和类型应与铭牌标识、设计文件规定一致；零点迁移量应符合设计文件的规定	检查仪表检定、校准和试验记录

续表

序号	检验项目	检验内容	检验方法
3		温度检测仪表的校准试验点不应少于2点；直接显示温度计的被检示值应符合仪表准确度的规定；热电偶和热电阻可在常温下检测其完好状态	检查仪表检定、校准和试验记录
4		在线流量检测仪表应对制造厂产品合格证和有效的检定证明进行验证	检查制造厂产品合格证和检定证书
5		浮筒式液位计干校挂重质量的确定或湿校试验介质密度的换算，均应符合设计使用状态的要求，校准结果应符合设备准确度的规定	
6		储罐液位计、料面计可在安装完成后直接模拟物料进行就地校准，校准结果应符合设备准确度的规定	
7	主控项目	称重仪表及传感器可在安装完成后直接均匀加载标准质量进行就地校准，校准结果应符合设备准确度的规定	检查仪表检定、校准和试验记录
8		测量位移、振动等机械量的仪表，应用专用试验设备进行校准试验，探头性能符合设计文件的规定	
9		分析仪表校准和试验应符合4.10.25的规定	
10		控制仪表的显示仪表部分应按显示仪表的规定进行验收。仪表的控制点误差、比例、积分、微分作用，信号处理及各项控制性能、操作性能均应按设计文件的规定进行检查、试验、校准和调整，组态模式应设置合理，调节参数应整定准确	
11		控制阀和执行机构的试验应符合4.10.27的规定	检查试验记录
12		总线型仪表参数设置应符合设计文件的规定	
13		数字式显示仪表的示值应清晰、稳定，在测量范围内示值误差应符合仪表准确度的规定	
14		指针式记录仪表的记录机构的画线或打点应清晰，打印纸移动应正常；记录纸上打印的号码或颜色应与切换开关及接线端子上标识的编号一致；测量范围内示值误差应符合仪表准确度的规定	检查仪表检定、校准和试验记录
15		带报警装置的报警点应设置准确、输出触点通断正确、动作可靠	
16		积算仪表的准确度应符合设计文件的规定，批量控制积算仪表的设定值应准确、动作可靠	

续表

序号	检验项目	检验内容	检验方法
17		仪表面板应清洁	观察检查
18	一般项目	单台仪表校准和试验，应及时填写校准和试验记录；仪表上应有试验状态标识和位号标志；仪表需加封印和漆封的部位应加封印和漆封	观察、检查记录

4.10.50 仪表电源设备试验质量验收应符合表2-4-39的规定。

表2-4-39　　　　　　　仪表电源设备试验质量验收

序号	检验项目	检验内容	检验方法
1		电源设备的带电部分与金属外壳之间的绝缘电阻，采用500V绝缘电阻表测量，不应小于5MΩ	检查试验记录
2	主控项目	电源输出稳压电压及带负载能力应符合设计文件的规定	观察和检查试验记录
3		不间断电源应进行自动切换性能试验，并应符合设计文件的规定	检查试验记录

4.10.51 综合控制系统试验质量验收应符合表2-4-40的规定。

表2-4-40　　　　　　　综合控制系统试验质量验收

序号	检验项目	检验内容	检验方法
1		综合控制系统的硬件试验应符合4.10.36的规定	
2		综合控制系统的软件试验应符合4.10.37的规定	
3	主控项目	可编程序控制器试验应符合4.10.37的规定	检查试验记录
4		分散控制系统试验应符合4.10.38的规定	
5		现场总线控制系统试验应符合4.10.39的规定	
6	一般项目	综合控制系统设备安装应牢固，线路接线应准确、牢固可靠	观察检查、检查安装记录

4.10.52 回路试验和系统试验质量验收应符合表2-4-41的规定。

表2-4-41　　　　　　　回路试验和系统试验质量验收

序号	检验项目	检验内容	检验方法
1	主控项目	在检测回路的信号输入端输入模拟被测变量的标准信号，回路的显示仪表部分的示值误差，不应超过回路内各单台仪表允许基本误差平方和的平方根值	检查回路试验记录

序号	检验项目	检验内容	检验方法
2	主控项目	温度检测回路可在检测元件的输出端向回路输入电阻值或毫伏值模拟信号	检查回路试验记录
3		控制回路通过控制器或操作站的输出向执行器发送控制信号，检查执行器执行机构的全行程动作方向和位置应正确	
4		控制回路执行器带有定位器时应同时试验	
5		控制回路当控制器或操作站上有执行器的开度和起点、终点信号显示时，应同时检查试验开度和起点、终点信号的正确性	
6		报警系统中有报警信号的仪表设备，检测报警开关，仪表的报警输出点，应根据设计文件规定的设定值进行整定	检查系统试验记录
7		在报警回路的信号发生端模拟输入信号，检查报警灯光、声响和屏幕显示应正确	
8		报警的消声、复位和记录功能应正确	
9		程序控制系统和联锁系统有关装置的硬件和软件功能试验应已完成，系统相关的回路试验应已完成	
10		程序控制系统和联锁系统中的各有关仪表和部件的动作设定值，应根据设计文件规定进行整定	
11		程序控制系统的试验应按程序设计的步骤逐步检查试验，其条件判定、逻辑关系、动作时间和输出状态等应符合设计文件的规定	
12		联锁控制系统的联锁条件和输入输出功能应符合设计文件的规定	
13	一般项目	回路中仪表设备、装置的安装应牢固、正确	检查安装记录
14		组成回路的各仪表的单台试验和校准已经完成，应符合设计文件的规定	检查试验记录
15		仪表线路和仪表管路经检查应正确完整、配件附件齐全	检查安装记录
16		回路的电源、气源和液压源应能正常供给并符合仪表运行的要求	

4.11　工程交接验收

一、验收条件

4.11.1　设计文件范围内仪表工程的取源部件，仪表设备和装置，仪表管道，仪表线路，仪表供电、供气、供液系统，均应按设计文件和建设手册的规定安装完毕，仪表单台设备应校准和试验合格。

4.11.2　仪表工程的回路试验和系统试验，应按设计文件和建设手册的规定进行，并应经试验合格。

4.11.3　仪表工程应连续开通投入运行48h，并应运行正常。

二、交接验收

4.11.4　仪表工程具备交接试验条件后，应办理交接验收手续。

4.11.5　交接验收时，应提交下列文件：

（1）工程竣工图。

（2）设计修改文件和材料代用文件。

（3）隐蔽工程记录。

（4）安装和质量验收记录。

（5）绝缘电阻测量记录。

（6）接地电阻测量记录。

（7）仪表管道脱脂、压力试验记录。

（8）仪表设备和材料的产品质量证明文件。

（9）仪表校准和试验记录。

（10）回路试验和系统试验记录。

（11）仪表设备交接记录。

4.11.6　因客观条件限制未能全部完成的工程，可办理工程交接验收手续，并应提交未完工程项目明细表。未完工程的施工安排，应按合同的规定进行。

5 化水系统

5.1 化水系统通用要求

5.1.1 系统设备安装应符合的有关规定，纵、横中心线及标高应符合设计要求，当设计无要求时，设备就位基准允许偏差应符合表2-5-1的规定。

表2-5-1 设备就位基准允许偏差 mm

项目	质量标准	
	纵、横中心线	标高
泵类	2	2
箱罐	5	5
框架模块	10	10

5.1.2 设备基础的位置、几何尺寸和质量要求，应符合 GB 50204《混凝土结构工程施工质量验收规范》的有关规定，并应有验收资料或记录。设备安装前设备基础尺寸和位置的偏差值应按表2-5-2的规定对设备基础位置和几何尺寸进行复检。

表2-5-2 设备基础尺寸和位置的偏差值 mm

项目		允许偏差
纵、横中心线		10
标高		−10 ~ 0
预埋地脚螺栓	标高	0 ~ 10
	中心距	2
	中心位置	10
地脚螺栓预留孔	深度	0 ~ 20
	垂直度	< 10‰

5.1.3 设备基础表面和地脚螺栓预留孔应清理干净；预埋地脚螺栓的螺纹和螺母应保护完好；放置垫铁部位的表面应凿平。

5.1.4 平底水箱设备基础上应做沥青砂垫层，其坡向、坡度应符合设计要求或 GB 50128《立式圆筒形钢制焊接储罐施工规范》的相关规定。

5.1.5 容器的排水管道应在沟内设置与排水方向一致的过渡弯。

5.2 专项技术安装验收要求

一、管道

5.2.1 塑料、玻璃钢及工程塑料管件的安装施工，应符合下列规定：

（1）应采用检验合格的定型模压产品。

（2）管件黏接时，接口应打磨清理干净，严格按黏接工艺施工。黏接后应加以保护，待黏接剂充分固化后再进行施工。

（3）法兰螺栓的两端应加平垫圈，并应对称、均匀紧固，螺栓螺纹宜外露2～3扣。

（4）附近动用电火焊时，应采取隔离措施。

（5）不应在烈日下暴晒。

5.2.2 管道支吊架的间距应符合设计要求，支吊架金属卡箍和管道之间应加装软垫。

5.2.3 多种材质的管道平行敷设时，安装顺序应为金属管道、玻璃钢管道、塑料管道。

5.2.4 自重较大的阀门、喷射器等，应单独支吊。

5.2.5 衬胶、衬塑等复合管件和法兰结合面，在运输、安装时应采取保护措施，防止损坏。

5.2.6 埋地管道施工时，其基础、埋设深度、回填应符合设计要求，管下支承面的回填土应夯实。

5.2.7 酸、碱管道的安装，应符合下列规定：

（1）法兰连接应严密，在行人通道上方的酸、碱管道不应布置阀门及法兰连接。

（2）法兰垫片材质应符合设计要求。

（3）管道不应在电气控制柜、仪表箱上方敷设，且不应从办公场所穿过。

（4）盐酸箱的排气管，应通过酸雾吸收器引至室外空旷区域。

（5）浓盐酸系统不应使用修补过的衬胶、喷塑及衬塑管件。

（6）浓硫酸管道应采用长管连接，尽量减少焊接接头。

（7）碱液管道上的配件、阀门，不应使用黄铜或铝质材料。碱液容器及管道内部不应涂刷油漆。

（8）盐酸系统不应使用奥氏体材质不锈钢。

（9）盐酸和次氯酸钠排放系统应分开设置，不应同时混合排放。

5.2.8　塑料管道的安装，应符合下列规定。

（1）应根据其材质特性、产品技术规定及焊接规定进行。

（2）塑料管的质量应符合下列规定。

1）管壁应无分层、裂纹及凹凸不平。

2）内径小于150mm的塑料管，椭圆度允许偏差为管径的5%。

3）壁厚小于30mm的塑料管，厚度允许偏差为壁厚的15%。

（3）管道的固定连接，应符合设计要求；无设计时，应采用胶套盒或承插式连接，自流管可采用对口焊接。

（4）塑料焊条的质量要求及焊缝的质量检查，应符合以下要求：

1）焊条应柔软平直，粗细均匀，无杂质和老化现象；焊接时应根据焊件的厚薄，选用不同直径的焊条。焊条直径的选择见表2-5-3。

表2-5-3		焊条直径选用表		mm
焊件厚度		2～3	4～8	8～15
焊条直径	单焊条	2～2.5	3	3.5
	双焊条	2×2	2×2	2×2.5

2）焊接前应使用二氯乙烷或酒精等溶剂清洗焊条及焊缝处，除去表面的油脂、脏物。

3）塑料管焊接后，不应有断裂、变色、烧焦、分层、鼓泡和凸瘤等缺陷；焊缝表面应光洁；焊纹应排列均匀、紧密、宽窄一致。

（5）塑料管道采用黏接方式连接时应符合下列规定：

1）管道端口应平齐，毛刺应除净，外棱角度宜为15°。

2）黏接剂与管道应为配套产品。

3）黏接前应对承插口进行插入试验，不应全部插入，插入深度应为承口深度的3/4。

4）黏接部位应清洁、干燥，无灰尘和油污。

5）承口和插口的黏接剂应涂刷均匀，涂刷后用力插入，插口在承口中稍做转动，转动角度一般不大于10°，1min后方可除去外力，确保黏接牢固。

6）溢出的黏接剂应及时清除干净。

（6）塑料管道采用法兰连接时，应符合下列规定：

1）塑料法兰间垫片的内、外径应与法兰内外径相同。

2）法兰螺栓均应加设平垫圈。

3）紧固螺栓时，不应使管道产生轴向拉力。

（7）直管段每隔30m应装膨胀节。膨胀节应平直无扭曲，表面无裂纹、鼓泡和变质等缺陷。弯管的外圆弧应均匀，椭圆度允许偏差为管径的6%。

（8）ABS工程塑料管采用承插式加黏合剂黏接的连接方法时，管道应按工艺要求加工倒角、擦毛；涂黏接剂后，应尽快插入到位，管件不应扭转，放置时间不应小于24h，待完全固化后方可使用。

5.2.9 玻璃钢管道的安装，应符合下列规定。

（1）在安装前，逐件进行外观检查，内表面应光滑平整，无对使用性能有影响的龟裂、分层、针孔、杂质、贫胶区、气泡和纤维浸润不良等现象；管端面应平齐；边棱应无毛刺；外表面无明显缺陷。管端应标明材料执行标准、规格类型等。

（2）管壁厚度任一截面的管壁平均厚度不应小于规定的设计厚度，其中最小管壁厚度不应小于设计厚度的90%。

（3）承插管承口内外表面应平滑，不应有裂纹、断口或对连接面使用性能不利的其他缺陷。检查密封橡胶圈，外观应完好、无接头，表面不应有裂纹、杂质和气泡，规格、外观尺寸必须与沟道圈槽加工尺寸一致，橡胶圈截面直径差不大于0.5mm，橡胶圈环的直径差不大于10mm。

（4）不应在管道上直接钻孔装接取样管或仪表管；如必须装接时，应在法兰连接处另外安装接管法兰或管座。

（5）架空安装的玻璃钢管道标高允许偏差为10mm；地沟内安装的玻璃钢管道标高允许偏差为15mm；埋地安装的玻璃钢管道标高允许偏差为20mm；垂直安装的玻璃钢管道，垂直度允许偏差为2mm，且最大不应超过15mm；安装坡向及坡度应符合设计要求。

（6）玻璃钢平接口和承插接口应同心，其允许偏差为2mm。

（7）法兰管道安装时应控制法兰面与管线中心线的垂直度、法兰中心标高、法兰螺栓孔的位置。法兰安装工作应符合下列规定：

1）彻底清洁法兰表面和密封槽。

2）检查垫片或O形密封圈的完好性和是否清洁，不应使用已经发现有损坏迹象的垫片或O形密封圈，每个垫片或O形密封圈在使用前必须擦洗干净。

3）垫片放置不应偏斜；O形密封圈应正确地放入槽内，固定其位置。

4）校准待连接的法兰位置。

5）安装的螺栓、垫圈和螺母，应保证清洁无毛刺和安装位置准确，不应有遗漏。

6）使用扭矩扳手，按正确的扭紧顺序，拧紧所有螺栓到规定的紧固力矩值的80%，检查无异常，将螺栓的扭矩增加到规定的扭力矩。

（8）平接口的切口应平整，切割尺寸误差不大于2mm；切口打磨成V形坡口，坡口宽度应符合表2-5-4的规定，切口应磨到内衬层（内衬厚度1.5～2.5mm），为保证糊制表面的黏接强度，将管道表面打磨粗糙，要求表面平整的同时保持一定的粗糙度，严禁出现亮面；打磨区域宽度应大于敷层宽度100mm。打磨完毕，用毛刷或风机吹扫打磨表面留下的粉尘。

表2-5-4 坡口宽度的规定 mm

管道通径DN	坡口宽度A
25～50	10
75～150	20
200	30
250	30
300	30
350	30
400	30
500	40～50
600～1000	50
1000	50～100

（9）糊制前用丙酮擦洗坡口表面及所有打磨区域，以免杂物影响黏接强度。当打磨区域发潮时，可用烤灯烘干水分。

（10）按生产厂家要求配制树脂调料，在低温环境下施工前，原辅材料应先在20℃以上环境下至少放置8h，并在储运时注意密封及保温。

（11）糊制用树脂配方由生产厂家提供，在配制前，应根据当时的气温条件进行试验，确定配比。

（12）糊制时先刷第一层树脂，用树脂和玻纤毡、针织毡玻璃布交替糊制，直至达到要求的厚度和尺寸。过程中避免产生气泡，可采用压棍轻压赶走气泡。当其固化变硬时，在表面用石蜡树脂刷外保护层。当管道通径大于700mm时，应糊制内缝。

5.2.10 衬塑管、涂塑管的制作应符合下列规定：

（1）系统工作压力不大于1.0MPa的衬塑管、涂塑管宜采用焊接钢管制作，并采用法兰连接。

（2）系统工作压力大于1.0MPa的衬塑管、涂塑管应采用无缝钢管和铸钢管件制作。

（3）连接法兰的选用应符合设计要求，如设计未明确，则法兰选用应符合GB/T 9119《板式平焊钢制管法兰》的规定。

（4）采用平焊钢制法兰时，法兰与管道的内外焊口均应满焊，内侧焊口应打磨光滑，过渡半径不小于5mm。

5.2.11 衬胶管、衬塑管、涂塑管等衬里管道的安装应符合下列规定。

（1）在组装前应对所有管段及管件进行以下检查：

1）用目测法及用0.25kg以下小木锤轻轻敲击，以判断外观质量和金属黏接情况。

2）法兰结合面应平整，搭接处应严密，不应有径向沟槽。

3）法兰结合面间应加软质、干净的耐酸橡胶垫或耐酸塑料垫，加垫时应保护好衬胶部位。

4）吊装衬里管道时，应轻起轻落，严禁敲打和猛烈碰撞。

（2）衬胶管道及管件受到污染时，不应使用能溶解橡胶的溶剂处理。

（3）已安装好的衬里管道上不应动用电火焊或钻孔。

（4）衬胶管道和管件，应存放在5℃以上的环境中，避免阳光暴晒。

5.2.12 孔网钢带塑料复合管安装应符合下列规定。

（1）外观检查：

1）复合管外表面应色泽均匀，无明显划伤、气泡，针眼、脱皮和其他影响使用功能的缺陷。

2）复合管内表面应平滑，无斑点、异味、异物，无针眼、裂纹。

3）复合管端面封口与管材熔接良好，钢带应无裸露。

（2）运输与储存应符合下列规定：

1）管材运输时，不应划伤、撞击、抛摔，应避免油污和化学品污染。

2）复合管应储存在通风良好、环境温度不超过40℃的地方，并应远离热源、油污和化学品污染；复合管堆放应水平、整齐，堆放高度不宜超过1.5m。

（3）安装应符合下列要求：

1）吊装管道时，吊索应采用柔软的皮带、吊带或绳索，钢丝绳不应直接与管材接触。管材宜采用两吊点起吊，不应用绳子贯穿两端装卸管材；不应在沟槽内拖拉、滚动或用叉车、拖拉机牵引等方式搬运。

2）采用热熔连接时，应使用专用的熔接设备，并按照产品技术文件的规定进行施工。

3）管道熔接前，管道和接头表面应清洁、干燥，管道端面应与管轴线垂直，无毛边、毛刺；在熔合及冷却过程中，不应移动、转动接头部位及两侧管道，不应在连接部位和管道上施加外力。

4）管道埋地敷设时，管材、管件等外壁的标识应位于管道顶面；当管道采用承插式接口连接时，承口应对介质流向，管道中介质应由承口流向插口；立管承口应向上；管道不应作为拉攀、吊装、支架等使用，管道的开口部位应及时封堵。

5）管材应采用机械方法切割，切割端面应平整，且应与管道轴线垂直，不应使用火焰切割。

6）管道的变径或支管连接部位，应采用配套管件，不应直接在管道、管件上开孔接管。

7）管道系统水压试验应符合下列规定：在工作压力加0.5MPa，且不　小于0.9MPa的试验压力下稳压1h，压力降不应大于0.05MPa；合格后在1.15倍工作压力下稳压2h，压力降不应大于0.03MPa。

5.2.13　双相不锈钢管道安装应符合下列规定：

（1）双相不锈钢管道焊接应符合DL/T 869《火力发电厂焊接技术规程》中的相关规定。

（2）组装点焊工作进行前，应完成管道的清洁、裁料、倒角等工作。

（3）双相不锈钢管道进行外部加固焊接后，应进行钝化处理。

（4）严禁在坡口外的母材表面引弧和试验电流，并防止电弧擦伤母材。

二、阀门

5.2.14　衬胶（塑）阀门应做沥电试验检查，质批应符合产品技术文件的要求，结合面应平整无损伤，衬里表面不应有鼓泡。

5.2.15　气动阀门投用前应做空载试验和工作压力下的启闭试验，应动作灵活、开关到位。试验不宜手动操作。

5.2.16　蝶阀转动应灵活，安装方向应正确。

三、箱槽罐

5.2.17　箱、槽、罐的加工质量应符合下列规定：

（1）箱壁、箱底应平整。

（2）附件齐全，肋、筋等加固件应焊接牢固。

（3）有防腐层的箱、槽、罐，防腐层应完好无损，检验合格。

（4）箱体的垂直允许偏差为箱体高度的0.15%。

（5）灌水试验应合格，持续24h无渗漏。

5.2.18　安装前对基础施工记录和验收资料进行确认，并对基础进行复验。

5.2.19 水箱箱底与基础接触面应受力均匀，现场制作的水箱底板应做真空箱严密性试验，水箱应做24h灌水试验。

5.2.20 储罐基础的不均匀沉降值不应超过设计要求；当设计无要求时，储罐基础直径方向的沉降差应符合表2-5-5的规定；支撑罐壁的基础部分不应发生沉降突变，沿罐壁圆周方向任意10m弧长内的沉降差不应大于25mm。

表2-5-5 储罐基础径向沉降差允许值 m

外浮顶罐与内浮顶罐		固定顶罐	
罐内径 D	任意直径方向最终沉降差允许值	罐内径 D	任意直径方向最终沉降差允许值
≤ 22	$0.007D$	≤ 22	$0.015D$
$22 < D \leq 30$	$0.006D$	$22 < D \leq 30$	$0.010D$
$30 < D \leq 40$	$0.005D$	$30 < D \leq 40$	$0.009D$
$40 < D \leq 60$	$0.004D$	$40 < D \leq 60$	$0.008D$
$60 < D \leq 80$	$0.003D$	$60 < D \leq 80$	$0.007D$
> 80	$< 0.0025D$	> 80	$< 0.007D$

5.2.21 卧式箱、槽、罐的支座圆弧与箱壁应接触均匀，无明显间隙。

5.2.22 水箱的呼吸管直径应符合设计要求，溢流管不应伸入排水沟的水面下。

5.2.23 采用塑料覆盖球密封的箱罐，其液体进出口及排污口滤网的材质、孔径应符合设计要求。

5.2.24 酸、碱储存罐等衬胶罐体宜避免阳光暴晒，安装前应进行电火花试验并合格。

5.2.25 液位计应安装隔离门和保护罩，安装位置应便于监视、指示清晰，严寒地区的室外水箱不应采用玻璃管液位计。

5.2.26 箱罐液位计的安装应符合下列规定：

（1）液位计安装应牢固可靠，垂直度偏差应符合要求，筒体应严密无渗漏。

（2）液位计指示杆上下动作应平稳、灵活且指示正确。

（3）液位计指示刻度的范围和"正常""最高""最低"液位标识应符合制造厂要求。

5.2.27 箱、槽、罐防腐应符合下列规定：

（1）内壁防腐层的施工，应在所有管件、附件安装及焊接施工结束并经检验合格后进行。

（2）箱、罐基础防腐应符合设计要求，直接安装在基础上的箱、槽、罐底板外表面应涂刷防锈涂料。

（3）除锈的金属表面经检验合格后应涂刷底漆，如因保管不当发生污染或锈蚀时，应重新处理，直至合格。

（4）涂、衬防腐层材料应符合设计要求，无牌号、无生产厂家及合格证或过期的材料不应使用。

（5）除锈等级应符合设计要求及 GB 8923.1《涂覆涂料前钢材表面处理 表面清洁度的目视评定 第1部分：未涂覆过的钢材表面和全面清除原有涂层后的钢材表面的锈蚀等级和处理等级》的分级规定。

（6）混凝土结构水箱防腐基面应平整、坚实、清洁干净，防腐工艺应符合设计要求。

（7）环境温度低于5℃时，内部防腐层应采取防冻保护措施。

四、转动机械

5.2.28 泵的安装应按照产品技术文件和DL 5190.3《电力建设施工技术规范 第3部分：汽轮发电机组》的相关规定执行。整体组装出厂的泵在保质期内，不宜解体；有明显的损伤、缺陷时，报制造厂家处理。

5.2.29 非金属材料制作或做衬里的耐腐蚀泵的安装，应符合下列规定。

（1）在解体和清理零部件时，应避免碰撞、挤压，且不应与有机溶剂或高温介质接触。

（2）安装前应检查下列项目：

1）黏合的叶轮应清洁、无损伤、无裂纹。

2）轴头螺母、密封圈和轴套应无变形、无毛刺、无裂纹，轴头螺纹应完好。

3）热压泵壳、端盖以及各零部件，应无分层和变形。

4）轴封填料或机械密封应采用耐腐蚀材料。

5）黏衬的防腐层应完整无损。

（3）安装时应符合下列规定：

1）泵壳结合面的耐腐蚀垫片应与该系统法兰所用垫片的材质相同。

2）泵的密封水源和水封压力应符合设计要求；水封压力设计无要求时，应略高于泵内工质的压力。

5.2.30 计量泵的安装应符合下列规定。

（1）泵体找正应以机身滑道、轴承座、轴外露部分或其他精加工面为测量基准。整体出厂的计量泵纵横向安装水平允许偏差为0.5‰，解体出厂的计量泵动力端机座纵向安装水平允许偏差为0.2‰，横向安装水平允许偏差为0.5‰。

（2）输液系统内的安全阀应动作灵活，并应符合DL 5190.5《电力建设施工技术规范　第5部分：管道及系统》的相关规定。

（3）计量泵入口应装便于拆装的滤网，网孔尺寸宜为0.15～0.30mm，滤网有效面积不应小于入口管截面积的3倍，滤网材料应耐腐蚀。

（4）安装时应测量减速箱蜗轮与蜗杆的窜动间隙、柱塞与柱塞衬套的间隙，并做好记录，数据应符合产品技术文件的要求。

（5）隔膜泵缸体安装，应符合下列规定：

1）前后缸头螺栓紧力应均匀。隔膜装好后，不应因挤压而发生变形。

2）填料压盖的紧力应符合产品技术文件的要求。

3）进、排液阀的所有螺纹连接处，应缠绕耐腐蚀材料加以密封。

4）应按产品技术文件的规定加注液压油，液压腔内的气体应排尽。

（6）对需要解体检查的计量泵，拆装应符合下列规定：

1）出厂已装配完善的组合件不应拆卸。

2）解体检查时，应对零部件做标记，以免错装。

3）传动部位的装配间隙和接触情况，应符合产品技术文件的要求。

4）主机零部件及接触面清理后，应将清洁剂和水分除净，并应涂上一层润滑油。

5）进液阀、排液阀、填料和其他密封面不应用蒸汽清洗。

5.2.31　自吸泵安装，应符合下列规定：

（1）泵的入口应设计安装便于拆装的滤网，设计无要求时应按10.2.30的要求执行。

（2）自吸泵附近应有水源，并便于启动时灌水。

5.2.32　罗茨风机安装，应符合下列规定：

（1）应按产品技术文件的规定进行安装和验收。

（2）风机应安装在明亮、无粉尘的环境中，室外布置时应采取必要的防雨措施，并应对电动机、V形皮带进行安全防护。

（3）进、排气口封闭应严密，内部应清洁、无杂物。

（4）防护罩安装应齐全、牢固。

5.2.33　搅拌器安装，应符合下列规定：

（1）搅拌器叶轮处导杆的晃度不应大于0.20mm，叶轮应无变形。运行前转动应灵活、无卡涩，带负荷运行不应有强烈的振动和噪声。

（2）浮筒在最低位置时，吸水管口应高于搅拌器锥形底250～300mm。

（3）平台和安全栏杆安装应牢固，便于检修。

（4）搅拌器安装后各种密封件不应有润滑剂泄漏现象。

5.2.34 刮泥机安装，应符合下列规定：

（1）驱动装置用垫板找正后与预埋钢板焊接，旋转中心与池体中心应重合；同轴度误差不大于10mm，焊缝应连续。

（2）传动装置底座应找平，传动轴的垂直度应小于0.1%，找平后，传动装置底板应与垫板焊接，焊缝应连续。

（3）刮臂安装应对称、水平，刮臂安装完毕后调整拉杆，刮泥板与工作桥下吊架及刮泥架的调整固定应在安装现场进行；刮泥板与池底间距应符合设计及厂家要求，其偏差不应大于5mm；刮板之间的间距应按照图纸尺寸要求与刮泥架焊牢，然后安装排泥斗中小刮板。

（4）刮泥机全部安装完毕后，设备磕碰部位重新补漆，将螺栓孔用面漆涂严，不应有漏点。

5.2.35 污泥脱水设备安装，应符合下列规定：

（1）按照厂家要求进行设备调整，平稳安装于设备基础上。

（2）按要求安装合理的巡视、检修平台及安全栏杆。

5.3 预处理设备安装验收要求

一、沉淀池

5.3.1 配水渠与沉淀池的配水孔应符合设计要求。

5.3.2 钢制配水渠组装宜在水池完成灌水试验后进行，配水渠孔眼中心线应在同一水平线上，允许偏差为2mm。

5.3.3 沉淀池的施工安装，应符合以下要求：

（1）非机械排泥的缓冲层高度宜为0.5m；机械排泥时，应根据刮泥板高度确定，缓冲层上缘宜高出刮泥板0.3m。

（2）储泥斗斜壁的倾角，方斗宜为60°，圆斗宜为55°。

（3）平流式沉淀池的坡向泥斗底板坡度不宜小于1%。

（4）投药管、泥渣浓缩斗、排泥管的插入高度应符合设计要求。

（5）澄清池内的斜管安装角度宜为60°。

5.3.4 堰流出水槽的出水堰口应水平，允许偏差为2mm。

5.3.5 采用不锈钢材质的集水槽、溢流堰、斜管支撑等部件，焊接应执行不锈钢焊接工艺；采用螺栓连接时，不锈钢材质应相同。

5.3.6 沉淀池的爬梯应满焊，并做防腐处理。

5.3.7 沉淀池的调试验收，应符合以下要求：

（1）沉淀内部清理干净，验收合格后进行封闭。

（2）根据原水水质和药剂种类进行小型试验，确定各种药剂的剂量。

（3）沉淀调试后，出水质量及出力应符合设计要求。

二、过滤器

5.3.8 过滤器应垂直安装，外壳垂直允许偏差为设备高度的0.25%，且最大偏差为5mm，壳体找正后，及时将支脚、垫铁与基础预埋件焊接牢固并进行二次灌浆。

5.3.9 过滤器配水系统、排水系统及空气分配系统的支管与母管中心线应相互垂直，支管的水平允许偏差为2mm。

5.3.10 水帽座的中心线应与支管水平面垂直，水帽水平高度应一致，允许偏差为3mm，水帽间的缝隙及水帽与容器底板间隙应符合设计要求，且安装牢固。

5.3.11 配水母管、支管的管孔应光滑无毛刺，套裹支管的网布，应符合设计要求，并绑扎牢固。

5.3.12 设置空气擦洗装置的过滤器，底部垫层的上平面应与鼓气孔眼或水帽顶部处于同一水平面。

5.3.13 过滤器壳体内部的防腐层在填料装填前，应按8.2.6《防腐层漏电检验电压表》的规定进行质量检查。

5.3.14 过滤器底部垫层及滤料应符合以下规定。

（1）凝聚处理后的水，宜采用石英砂。

（2）镁剂除硅后的水，宜采用白云石或无烟煤。

（3）磷酸盐、食盐过滤器的滤料，宜采用无烟煤。

（4）活性炭过滤器底部的垫层，应采用石英砂。

（5）对石英砂和无烟煤应进行酸性、碱性和中性溶液的化学稳定性试验；对大理石和白云石应进行碱性和中性溶液的化学稳定性试验；滤料浸泡24h后，应分别符合以下规定：

1）全固形物的增加值不超过20mg/L。

2）二氧化硅的增加值不超过2mg/L。

（6）用于离子交换器、活性炭过滤器垫层的石英砂，应符合以下规定并出具第三方检测报告：

1）纯度。二氧化硅浓度应大于等于99%。

2）化学稳定性试验合格。

（7）过滤材料的组成应符合设计要求。如未作规定，应按表2-5-6选择。

表2-5-6   过滤材料粒度表

序号	类别		粒径 d（mm）	不均匀系数 K_{80}
1	单层滤料	石英砂	$d_{min}=0.5$；$d_{max}=1.0$	2.0
		大理石	$d_{min}=0.5$；$d_{max}=1.0$	
		白云石	$d_{min}=0.5$；$d_{max}=1.0$	
		无烟煤	$d_{min}=0.5$；$d_{max}=1.5$	
2	双层滤料	无烟煤	$d_{min}=0.8$；$d_{max}=1.8$	2~3
		石英砂	$d_{min}=0.5$；$d_{max}=1.2$	

（8）过滤器填充滤料前，应做滤料粒度均匀性的试验，并应达到下列标准：

1）单流式过滤器滤料不均匀系数 d_{80}/d_{10}，应小于2。

2）双流式过滤器滤料不均匀系数 d_{80}/d_{10}，应为2~3。

（9）过滤器在采用承托层结构时，其承托层粒度应符合表2-5-7的规定。

表2-5-7   承托层粒度表

层次（自上而下）	粒径（mm）	层次（自上而下）	粒径（mm）
1	2~4	3	8~16
2	4~8	4	16~32

5.3.15 过滤器试运验收，应符合下列规定：

（1）按照制造厂技术文件要求设置滤层失效压差。

（2）按照过滤器运行进水和反洗要求，进行进水试验。

（3）完成压缩空气通气试验并合格。

（4）过滤器反洗水质应符合设计要求，反洗时水流应自下而上，调整反洗水流量直至滤层附着物脱落，反洗过程中应控制反洗强度，防止滤料冲出。

（5）过滤器空气吹洗时应用压缩空气通入过滤器内，调整吹洗强度直至滤层附着物脱落。

（6）系统长时间停运后再开启前应进行反洗。

（7）过滤器调试后，反洗强度、反洗时间、运行周期、失效时出入口差压、出水品质、出力等应符合设计要求。

三、超滤装置

5.3.16 安装前检查应符合下列规定：

（1）装置外观不应有缺损，包装和标识应规范、完整。

（2）设备和膜组件的型号、规格、数量、材质和产地等应符合合同要求。

（3）备品备件型号、数量应符合合同要求。

5.3.17　膜保管应符合下列规定：

（1）膜存放环境应干燥、通风良好，远离热源、防止冻结和阳光直射。

（2）膜保管应防雨、防尘，储存温度应为5～40℃，湿法包装的膜组件应确保包装袋密封严密，运输时不应受到撞击、颠簸、抛掷和正压等外力作用。

（3）未使用的膜元件不应排除内部的保存液。

（4）元件或膜不应接触有机溶剂或浓酸、浓碱溶液。

5.3.18　膜组件安装应符合下列规定：

（1）超滤、微滤膜组件组装前对装置进行水压试验和水冲洗，水压试验压力不小于泵的最大扬程，冲洗水采用过滤后的清水，冲洗至进、出口浊度不变为合格。

（2）膜组件内部应无变质、发霉及杂质，膜组件应无内漏。

（3）膜组件组装时应轻拿轻放，不应受到外力损坏。

（4）膜组件安装应符合产品技术文件的要求。

（5）配管连接时不应破损膜组件。

（6）金属箍在与配管连接时不应使装置变形。

（7）安装后用清水进行冲洗。

5.4　水处理设备安装验收要求

一、反渗透装置

5.4.1　设备检查应符合下列规定。

（1）保安过滤器滤芯应完好、清洁、无杂物。

（2）反渗透高压泵的检查应按照DL 5190.3《电力建设施工技术规范　第3部分：汽轮发电机组》的相关规定执行。

（3）膜元件应符合下列规定：

1）包装袋应完好无破损。

2）采用湿法包装的膜元件内部保护液应无泄漏。

3）膜元件外观不应有损伤、发霉、变质及杂物。

4）膜元件长度和直径应符合产品技术文件规定，几何尺寸允许偏差为3mm。

5）密封圈应完整、弹性好、无扭曲和永久变形；两端的淡水管内壁和内端面应光滑、无凸起物。

（4）反渗透膜壳筒体内表面应光滑，密封面无划痕，壁厚应均匀。

（5）端板表面应平整、无损伤，密封面应无划痕，易于拆卸；塑料接头表面应光滑、无破损。

（6）淡水管、膜片、挡板、盐水密封环等零件，应完好无损。

（7）管道及阀门布置应整齐美观、方便操作，有可靠的固定和支撑。

5.4.2 反渗透设备安装应符合下列规定：

（1）安装膜元件时，环境应清洁，温度应在4～35℃之间。

（2）反渗透设备基础中心允许偏差为10mm，标高允许偏差为5mm，水平度允许偏差为设备长度的0.15%，框架基础的几何尺寸允许偏差为5mm。

（3）主机框架安装应牢固，焊缝平整，涂层应均匀美观、无擦伤、无划痕。

（4）膜元件安装前，应对反渗透装置进行水压试验，水压试验压力不应低于高压泵的最大扬程；水压试验合格后，系统管道应冲洗干净，冲洗水水质应符合设计要求，出口的水质浊度应小于1.0NTU。

（5）膜壳内壁应采用机械擦洗，确认膜壳内无机械杂质后，方可安装反渗透膜元件；若有油污，应用热碱水清洗干净。

（6）装卸膜元件一侧的预留空间应大于单支膜元件长度的1.2倍。

（7）膜壳的底部宜用弧形垫块支撑，并用U形卡将膜壳固定在支架上。

（8）卡箍式连接时，两端与管道的连接应采用焊接，高压段管道的固定应满足径向、纵向位移要求。

（9）膜元件排列位置应准确。

（10）水浸后，膜面应完好无损。

（11）膜元件应逐支推入膜壳内进行串接，每支组件应承插到位，应连接严密、不泄漏，轴向位移应符合产品技术文件要求。

（12）安装膜元件时，不应使用凡士林、有机溶剂、阳离子表面活性剂。

（13）安装后应采取保护措施，确保膜组件和管道干净、无杂物。

（14）能量回收装置中心最大允许偏差为10mm，最大垂直偏差为5mm。

（15）保安过滤器至膜组件的管道内壁应清洁，污染严重时应采用化学清洗。

（16）高压环氧外壳、淡水管、膜片、挡板、O形密封环等部件的同心度应符合产品技术文件的要求。

（17）垫片材质应采用聚四氟乙烯材料或性能相当的其他材料。

（18）按产品技术文件规定的顺序将密封环装入压力容器内，安装方向应正确。

（19）浓排水管和淡水管的布置应保证在任何运行条件下，反渗透膜两侧的逆向压差低于膜产品允许值；同时，浓水管道的设计应保证反渗透装置正常停用时，最高一层的膜组件不应排空。

（20）每套装置的产水管出口应按设计要求安装爆破膜。

（21）膜元件在安装后应按DL/T 951《火电厂反渗透水处理装置验收导则》中的相关规定进行保护。

5.4.3　保安过滤器安装应符合下列规定：

（1）垂直偏差为2mm，中心线偏差为10mm，标高偏差为10mm。

（2）法兰接合面应光洁平整、无径向沟槽。

（3）设备进出口方位应符合设计要求。

5.4.4　膜清洗装置安装应符合下列规定：

（1）防腐层的质量应按8.2.6《防腐层漏电检验电压表》的规定进行外观检查和漏电检验。

（2）垂直偏差为设备高度的0.25%，中心线偏差为10mm，标高偏差为10mm。

（3）进出口管方位应符合设计要求。

（4）容器内应清洁、无杂物。

（5）液位计应标志明显、刻度均匀、动作灵活。

（6）梯子、平台、栏杆等附件安装，应齐全、牢固，栏杆顺直，便于设备操作。

二、电除盐装置

5.4.5　电除盐装置的安装应符合下列规定：

（1）组件的搬运应符合产品技术文件的要求。

（2）组件安装的水平允许偏差为2mm，中心线、标高允许偏差为10mm，进出口管方位应正确。

（3）组件就位后应及时固定。

（4）组件与系统管道连接前，进水管应冲洗，进入组件的水质应符合产品技术文件的要求。

（5）板框式组件注水前必须检查其螺栓的扭矩，各螺栓的扭矩应符合产品技术文件的要求。

（6）管接头连接时应确认已去除封闭管口的堵头。

（7）各模块浓水管、淡水管、极水管的连接应正确，极水管道应接至室外。

（8）管接口的密封方式应按照产品技术文件的规定进行。

（9）塑料管接头不应过度拧紧，以免损坏螺纹、影响密封。

5.4.6　电除盐设备必须可靠接地。

5.4.7　电除盐装置模块在安装前后的保护要求，应符合产品技术文件要求。

5.5 循环冷却水处理设备安装验收要求

5.5.1 加药间、药剂储存间、酸碱储罐附近应设置安全洗眼淋浴器等防护设施。酸碱储存和计量区域应设置围堰，围堰的有效容积应容纳最大一个储罐的容量，围堰内应做防腐处理。

5.5.2 浓硫酸系统安装应符合下列规定：

（1）浓硫酸箱应可靠固定，箱上部应安装防雨设施，呼吸管应安装吸湿装置，附近应有冲洗水设施。

（2）所有管道应采用无缝钢管或聚四氟乙烯管。

（3）阀门、法兰等接合面的垫片应采用铅质或聚四氟乙烯垫片，不应使用橡胶垫片。

（4）系统安装完毕后，应按8.4.9的规定进行严密性试验。

（5）加酸混合槽的制作应符合设计要求，焊缝检验应合格。

（6）浓硫酸设备第一次储酸前，应将设备、系统内的积水排尽、吹干。储酸后设备及容器周围严禁火种。

5.5.3 杀菌剂、水质稳定剂加药设备的衬胶溶药箱（储罐）应按8.2.6《防腐层漏电检验电压表》的规定要求进行电火花试验。

5.6 水汽取样和加药系统安装验收要求

一、加药设备

5.6.1 加药装置安装应符合下列规定：

（1）箱、槽的加工质量应符合10.2.17的要求。

（2）加药泵的安装应符合10.2的要求。

（3）箱、槽的液位计应垂直安装，并应加装隔离门和保护罩；安装位置应便于监视，指示应清晰。

5.6.2 加药点的位置设计未明确要求时，应符合以下规定：

（1）凝结水加药点应设在凝结水泵出口阀门之后。

（2）给水加药点应设在给水泵出口阀门后。

（3）炉水加药管应从汽包中部接入，沿汽包轴向水平布置。

（4）闭式冷却循环水加药点应设在闭式冷却循环水泵的出口母管上。

5.6.3 加药管道安装应符合下列规定：

（1）管道的材质应符合设计要求，安装前管内应无杂物、清洁、畅通。

（2）管道的弯制宜采用冷弯工艺，弯曲半径不小于管外径的3倍；弯制后管壁应无裂缝、凹坑，弯曲断面的椭圆度允许偏差为管径的10%。

（3）管道敷设应符合设计要求，或按现场具体情况合理布置，安装管道时应避开有剧烈振动、潮湿和有腐蚀性介质的区域。

（4）敷设管道时应考虑主设备及管道的热膨胀，并应采取膨胀补偿措施。

（5）成排敷设的管道间距应均匀，管道的弧度应一致。

（6）敷设于地下、穿过平台、墙壁的管道，应加装保护套管。

（7）相同直径的管道对焊，不应有错口现象；不同直径的管道对焊，其内径差值不宜大于2mm，否则应采用变径管。

（8）管道敷设完毕应检查确认无漏焊、堵塞和错接等现象，并做严密性试验。

（9）寒冷地区室外加药管道应有防冻措施。

5.6.4 加药管道支架安装，应符合下列规定：

（1）管道应用可拆卸的卡子固定在支架上。

（2）安装应牢固、整齐、美观，坡度、坡向符合设计要求。

（3）支架的间距应均匀，距离应符合表2-5-8的规定。

表2-5-8 管道支架的间距规定

管道外径（mm）	最大间距（m）	
	保温	不保温
25以下	1.0~1.5	2.0
25	1.1~1.5	2.6
32	1.3~1.6	3.0
38	1.4~1.8	3.4

5.6.5 加药系统的加药管、配药用水管应采用不锈钢材质。

5.6.6 盘架内的设备部件安装，应便于检查和维修。

二、水汽取样系统

5.6.7 水汽取样装置安装，应符合下列规定：

（1）水汽取样装置外观不应有变形、损坏等缺陷，装置应无缺件。

（2）取样装置的安装位置、阀门、连接管道的材质及排放系统应符合设计要求；装置底座中心允许偏差为10mm，标高允许偏差为10mm。

（3）二次阀门安装应牢固，便于操作和维护。

（4）取样点开孔直径与取样管径的允许偏差为1.0mm，开孔边缘应光滑、无毛刺；取样管插入深度宜为被取样管径的1/2，取样口的朝向应与介质流向相反。

（5）分析仪器的包装应完整、无损坏。

（6）仪器铭牌安装位置应正确，铭牌标志应符合国家计监器具规定。

（7）仪器内部元器件的安装位置、馈接导线的连接、终端端子标识编号应与随机文件的标号一致。

（8）水汽取样装置投运前，取样管道、减压系统、取样阀应做系统严密性试验。

5.6.8 取样点与加药点的安装位置应符合设计要求，取样点的位置应设于加药点后、距加药点宜不低于被加药管道25倍管径距离的直管段上。

5.6.9 凝汽器检漏装置等设施应按设计要求布置，检漏点位置不应高于热井。

5.6.10 盘架内的设备部件的安装，应便于检查、维修。

5.6.11 取样管、冷却水管及冷却器等部件的材质应符合设计要求。

5.6.12 高温取样管应采取防烫措施。

5.7 制供氢设备安装验收要求

一、电解槽装置

5.7.1 安装前检查应符合下列规定：

（1）阳极侧镍层应完整无脱落，表面应无油污。

（2）电极框镍层应完整无损，密封水线应完整，导气孔和电解液流通孔应畅通。

（3）双电极板和主电极板应平整，高低不平时，应用木锤平整。

（4）聚四氟乙烯等垫片应平整无折叠痕迹，不应使用拼接垫片。

5.7.2 电解槽就位后冷紧。

5.7.3 电解槽热紧应符合下列规定：

（1）临时汽源应满足电解槽加热要求，加热时应均匀，并达到规定温度。

（2）热紧温度不应超过垫片的耐热温度，以聚四氟乙烯板为垫片的电解槽，其热紧温度宜为95℃，对于其他材料的垫片，紧固工艺应符合设备厂家的要求。

（3）热紧时间宜为36～48h，热紧后弹簧片受力应符合技术要求，两端极板间的四根拉紧螺杆长度允许偏差为1mm。

（4）热紧后自然冷却到50℃以下应进行冷紧，冷却至室温后用除盐水进行1.5倍设计压力水压强度试验，或用1.15倍设计压力做气压强度试验合格。

5.7.4 凡与电解液接触的设备和管道，不应在其内部涂刷任何防腐涂料。

5.7.5 制供氢设备与系统宜采用氮气或压缩空气做强度试验和气密性试验。

二、氢气管道

5.7.6 安装前检查应符合下列规定：

（1）氢气系统的阀门应采用球阀、截止阀，材质应为不锈钢，当氢气管道工作压力大于0.1MPa时，不应采用闸阀。

（2）氢气管道阀门应采用聚四氟乙烯填料。

5.7.7 氢气管道系统安装应符合下列规定：

（1）除与设备、阀门连接处可采用法兰或螺纹连接外，其他连接均应采用焊接；法兰或螺纹连接处应采用聚四氟乙烯带作为填料；不锈钢管应采用氩弧焊，碳钢管应采用氩弧焊打底，焊条及焊丝的选用应符合DL/T 869《火力发电厂焊接技术规程》的规定。

（2）氢气管道接地施工必须符合下列要求。

1）室外架空敷设氢气管道的防雷电波侵入建筑物的接地必须可靠。

2）室内外架空敷设氢气管道每隔20～25m必须设置防雷电感应接地。

3）法兰、阀门的连接处必须采用金属线作为跨接接地。

4）接地的设备、管道等均应设接地端头，接地端头与接地线间的连接可采用螺栓紧固连接并牢靠。

5）有振动、位移的设备和管道，其连接处必须加挠性连接线过渡。

6）氢气管道系统接地电阻不大于10Ω。

（3）氢气管道应按设计选用无缝不锈钢管，应避免高低起伏，其坡度应大于0.3%，放水门应装在管道的最低位置，并经专用疏水装置或排水水封排至室外；水封上的气体放空管，应接至室外安全处。

（4）氢气管道可采用架空、直埋及明沟敷设。当采用明沟敷设时，氢气管道不应与其他管道共沟敷设，并应符合DL 5068《发电厂化学设计规范》的相关规定。

（5）寒冷地区的氢气管道，应采取防冻措施。

（6）管道、阀门、管件等在安装过程中及安装后，应防止焊渣、铁锈及可燃物等进入或遗留在管道内，接触氢气的管道内壁除锈应达到出现本色为止；安装完毕后，按表2-5-9的规定做相关试验。

表2-5-9　　　　　　　　　管道、阀门、管件等在安装后的试验

管道设计压力 p（MPa）	强度试验		气密性试验		泄漏量试验	
	试验介质	试验压力（MPa）	试验介质	试验压力（MPa）	试验介质	试验压力（MPa）
< 0.1	空气或氮气	0.10p	空气或氮气	1.05p	空气或氮气	1.0p
0.1～3.0		1.15p		1.05p		1.0p
> 3.0	水	1.50p		1.05p		1.0p

（7）管道气密性试验合格后，应用无油干燥的氮气或压缩气体进行吹扫，流速不应小于20m/s，目测排气口无尘埃时，在排气口设白色油漆板检查，以10min内板上无铁锈或其他杂物为合格。

（8）水电解制氢系统中，制氢气和制氧气设备及其管道内的冷凝水，应经各自的排水水封排至室外；水封上的气体放空管，应分别接至室外安全处。

（9）管道穿过墙壁或楼板时，应加装套管，套管内的管段不应有焊缝；管道与套管间，应采用非燃烧材料填塞。

（10）氢气站和厂房内氢气管道的敷设，应符合下列规定：

1）宜沿墙、柱架空敷设，其高度不应妨碍交通并便于检修。

2）不应穿过生活间、办公室，并不应穿过不使用氢气的房间。

3）车间入口处应设切断阀，并设流量累计记录仪表。

4）车间内管道末端应设放空管。

5）接至用氢设备的支管应设切断阀，有明火的用氢设备还应设阻火器。

（11）厂区内氢气管道直接埋地敷设时，应符合下列规定：

1）埋地管道敷设深度应符合设计要求。

2）管道防腐应符合设计要求。

3）与建筑物、构筑物、道路及其他埋地敷设管线之间的最小净距，宜按DL 5190.6—2019中附录B.2、附录B.3的规定执行。

4）不应敷设在露天堆场下面或穿过热力地沟；当必须穿过热力地沟时，应设套管。套管和套管内的管段不应有焊缝。

5）敷设在铁路或不便开挖的道路下面时，应加设套管；套管的两端伸出铁路路基、道路路肩或延伸至排水沟沟边的长度应不小于1m，套管内的管段不应有焊缝。

（12）氢气管道除按要求防腐外，还应按DL/T 5072《发电厂保温油漆设计规程》的规定根据介质涂色或色环，并喷涂管道标识和流向箭头。

（13）与储氢罐等重型设备连接管道的施工安装，应在此类设备安装就位沉降稳定或经注水沉降稳定后进行。

5.7.8　氢气管道与氧气管道平行布置时，净距不小于500mm，如净距小于500mm，则中间应采用不燃物隔开。

5.7.9　氢气管道与氧气管道交叉布置时，氢气管道与氧气管道的阀门、法兰、机械接头及焊接点净距不小于500mm，且交叉点的最小净距不小于250mm。如不能符合上述规定，则交叉处应采用不燃物隔开。

三、储氢设备

5.7.10　储氢设备安装前检查应符合下列规定：

（1）核对出厂编号、监督检验钢印应与产品合格证一致。

（2）检查储氢设备的附件、安全设施的型号、规格、数量和完好状况。

（3）储氢罐内不应有水、油等污物。

5.7.11　当设备有下列情况之一时，不应进行安装：

（1）产品质量证明文件性能参数不全或对其数据有异议。

（2）实物标识与质量证明文件标识不符。

5.7.12　储氢设备应在制造厂整体制造，主体不应进行现场焊接。

5.7.13　储氢设备禁止敲击、禁止碰撞、禁止带压紧固或修理。

5.7.14　储氢设备放置地点不应靠近热源、明火或氧化剂（如氧气）；应保证工作场所具备良好的通风条件，空气中的氢浓度应低于0.4%。

5.7.15　储氢罐应设置在室外，在寒冷地区，储氢罐底部应采取防冻措施。

5.7.16　储氢罐应采用承载力强的钢筋混凝土基础，其所承受的荷载应考虑水压试验的水容积质量以及风载、地震荷载等。

5.7.17　储氢区域设置的防爆起重设施，不应采用金属链绳。

5.7.18　储氢罐安装就位后应符合下列规定：

（1）水平度允许偏差为5mm。

（2）垂直度允许偏差为设备高度的0.1%，最大偏差为3mm。

5.7.19　储氢罐等有爆炸危险的露天钢质封闭容器，应有可靠接地；接地点不应少于两处，接地点间距不宜大于30m，冲击接地电阻不应超过10Ω。

5.7.20　储氢罐应设置超压报警和低压报警措施。

5.7.21　不同设计压力的储氢设备相互连通时，应设置减压装置，严禁储氢设备超压。

5.7.22　减压阀的额定进口压力不应低于氢气瓶设计压力。

5.7.23　储氢罐应按规定进行水压强度试验。

5.7.24　储氢罐安全门应按规定检定合格，签证齐全。

5.7.25　氢气站采用外购氢气钢瓶供氢方式时，应按GB/T 28054《钢质无缝气瓶集束装置》的要求进行安装和验收。

5.7.26　氢气钢瓶集装格使用中应符合下列规定：

（1）氢气钢瓶集装格及其防撞杠应保持完整，没有破损。

（2）氢气钢瓶集装格除在使用过程中，瓶阀处于开启状态；其他任何时候应确保瓶阀处于关闭状态。

（3）搬运氢气钢瓶集装格时，应使用起吊设施或其他合适的工具，禁止使用易产生火花的机械设备和工具。

（4）吊装氢气钢瓶集装格时，应轻装轻卸，不应将氢气瓶或瓶阀作为吊运着力点。

（5）氢气钢瓶集装格的装卸操作，不应少于两人，一人操作电器，另一人把扶吊装架。吊装时严禁吊装架与集装格发生撞击，防止因撞击产生火花及损坏集装格附件。

（6）空氢气钢瓶集装格与实氢气钢瓶集装格应分开放置，并设置明显标识。

（7）氢气钢瓶集装格之间的距离不应小于1.50m。

5.8 工程质量验收要求

一、工程质量验收划分

5.8.1 工程开工前应进行工程质量验收范围的划分，验收范围应划分为单位工程、分部工程、分项工程、检验批。单位工程可按设备、系统实现的部分功能或施工节点阶段划分为若干个分部工程；分部工程可按设备、系统实现的项目功能或几个工序阶段划分为若干个分项工程；分项工程可按同一条件或按规定方式汇总一定数量的检验体划分为若干检验批。

二、工程质量验收通用规定

5.8.2 工程质量验收应符合建设手册的规定，验收合格后应办理验收签证。

5.8.3 工程施工质量验收应符合下列规定：

（1）建设单位在开工之前应明确监理等相关单位质检人员的质量验收职责范围。

（2）工程质量检查验收的各级质检人员应持有与所验收专业一致的有效资格证书。

（3）检验批项目验收合格方可对分项工程进行验收；分项工程验收合格方可对分部工程进行验收；分部工程验收合格方可对单位工程进行验收。

5.8.4 检验批、分项、分部、单位工程施工质量验收"合格"应符合下列规定：

（1）检验批中所有检验项目应经全部检查验收，并且检查结果应符合规定的质量标准要求，且应具有准确齐全的设备、材料合格证明、施工记录，以及质量检验、试验和签证记录。

（2）分项工程所含各检验批工程质量验收应全部合格，分项工程资料应准确齐全。

（3）分部工程所含分项工程质量验收应全部合格，分部工程资料应准确齐全。

（4）单位工程所含分部工程质量验收应全部合格，单位工程资料应齐全并符合档案管理规定。

5.8.5 工程质量验收的程序及组织应符合下列规定：

（1）检验批和分项工程完工后，施工单位应进行自检，在施工单位进行自检合格的基础上，应由监理单位组织进行质量验收。

（2）分部工程应在各分项工程验收合格的基础上，由监理单位组织相关单位进行质量验收。

（3）单位工程应在各分部工程验收合格的基础上，由监理单位组织相关单位进行质量验收。

5.8.6 工程施工所涉及的有关强制性条文的内容应有专项检查记录或签证。

5.8.7 所有隐蔽工程应在隐蔽前由监理单位组织验收，并在完成验收记录及签证后方可进行下道工序的施工。

5.8.8 单位工程的观感质量应由质检人员通过目测、检验或辅以必要的量测，并应根据检验项目的总体情况进行独立验收签证。

5.8.9 各方质检人员进行工程质量检查、验收时应按合同约定、设计文件及制造技术文件中的要求执行，当制造厂家要求不明确或无要求时，应按建设手册执行。

5.8.10 检验批、分项工程施工质量有下列情况之一者不应进行验收：

（1）工程使用国家明令禁止的设备、材料。

（2）主控检验项目的检验结果没有达到质量标准。

（3）设计单位及制造厂对质量标准有数据要求，而检验结果未提供实测数据。

（4）质量验收文件资料不符合归档要求。

5.8.11 当工程施工质量出现不符合项时，应按下列规定处理：

（1）经返工或更换设备的检验项目，应重新进行验收。

（2）经返修处理能满足安全使用功能的检验项目，可按技术处理方案和协商文件进行验收。

（3）未进行返工或返修的不合格检验项目，应经有资质的鉴定机构或相关单位进行鉴定，对不影响内在质量、使用寿命、使用功能、安全运行的可做让步处理。经让步处理的项目不再进行二次验收，但应在"验收结果"栏内注明，其书面报告应附在该验收表后。

5.8.12 工程验收时，应提供下列项目文件：

（1）设计变更文件及竣工图文件。

（2）原材料、设备出厂合格证、质量证明文件及现场复检报告。

（3）基础沉降观测报告。

（4）施工检验试验报告、测试报告。

（5）涉及工程施工内容的各类施工记录。

（6）强制性条文执行检查资料及签证。

（7）隐蔽工程验收记录和签证。

（8）中间交接验收记录、专项工程验收记录或签证。

（9）检验批、分项工程、分部工程，单位工程质量验收记录。

（10）单位工程观感质量检查记录。

（11）工程竣工报告。

（12）备品备件、专用工具移交签证。

（13）施工组织设计，施工方案、施工管理资料。

（14）工程质量问题和质量事故处理的相关资料。

（15）其他文件和记录。

5.8.13 工程技术文件应与工程施工同步编制、收集，并应按工程技术资料归档的相关标准分类整理、分卷编目，工程验收后应及时审核归档。

6 土建

设计图纸或行业规范、标准如果与以下要求不一致，则以其中高要求者为准。

6.1 土建工程部分

一、钢结构工程

◆原材料部分

6.1.1 承包商负责采购的原材料及成品应符合设计要求和国家产品标准，其中压型钢板应是正规厂家的产品，能满足20年免维护的要求。承包商采购的原材料和成品的品种、规格、性能应经过监理方和生产经营单位批准，方可采购。

6.1.2 对Z向钢应按国家标准做厚度方向性能试验，钢材的含硫量及厚度方向断面收缩率应符合国家有关标准的规定。

6.1.3 所有钢材的质量标准应符合各钢种的国家产品标准及设计文件的要求，不得使用无质量证明的钢材。

6.1.4 钢板的制造偏差包括其断面尺寸偏差及表面平整度偏差等，均应符合国家标准的允许偏差。

6.1.5 钢材表面外观质量除应符合国家有关标准的规定外，尚应符合下列规定：

（1）钢材应无脱皮、裂伤、翘曲等缺陷，当钢材表面有锈蚀、麻点或划痕等缺陷时，其深度不得大于该钢材厚度负允许偏差值的1/2。

（2）钢材表面锈蚀等级应符合GB/T 8923.1—2011《涂覆涂料前钢材表面处理 表面清洁度的目视评定 第1部分：未涂覆过的钢材表面和全面清除原有涂层后的钢材表面的锈蚀等级和处理等级》规定的C级及C级以上。

（3）钢材端边或断口处不应有分层、夹渣等缺陷。

6.1.6 供货商应提供合格的出厂检验报告，该检验应按照有关规定的程序进行。检验报告中应包括钢材化学分析报告，不同厚度材料的力学性能试验报告等。

6.1.7 对用于吊车梁的钢板及厚度大于等于60mm的钢板要求100%做超声波检查，其中用于吊车梁翼缘的钢板质量等级为Ⅱ级，其他为Ⅲ级。

6.1.8 应按国家有关规范的规定，对钢材进行检查，其检查的数量、方法、结果应符合国家产品标准和设计要求。

6.1.9　应按国家有关规范的规定，对钢材进行抽样复验，其复验的数量、方法、结果应符合国家产品标准和设计要求。

6.1.10　钢板要标明炉号、断面尺寸、工厂名称等。该标识应清晰、防雨、防锈且不脱落。

6.1.11　包装应保证钢板不变形、不损坏、不散失；包装应符合运输的有关规定。

◆钢结构连接用材料

6.1.12　E43××型和E50××型焊条、焊丝、焊剂、保护焊用气体等，应与钢材匹配使用。

6.1.13　高强度螺栓连接副：六角法兰面扭剪型高强螺栓、螺母、垫圈或高强度大六角螺栓、大六角螺母、垫圈。

6.1.14　高强螺栓用10.9级，材质为20MnTiB，具体以设计为准。

6.1.15　一般规定：钢结构的钢材和连接用材料如焊条、焊丝、焊剂、高强度螺栓、涂料等应符合国家有关规范、规程、国家产品标准和设计要求。当采用其他钢材和焊接材料替代设计选用的材料时，必须经设计单位同意。

6.1.16　焊接材料要求

（1）焊条采用国产E43××型和E50××型焊条，焊条的品种、规格、性能等应符合国家产品标准和设计要求。

（2）手工焊接所用焊条型号应与母材金属强度相适应。自动焊接或半自动埋弧焊接所用的焊丝和焊剂等，应与母材金属强度相适应。所有焊条必须有合格证明。焊接材料与母材的匹配应符合设计要求及国家行业标准的规定。

（3）依据GB 50205—2020《钢结构工程施工质量验收标准》，对用于一级焊缝等重要钢结构的焊接材料应进行抽样复验，复验的数量、方法及结果应符合国家产品标准和设计要求。

（4）严禁使用有药皮脱落、焊芯生锈等缺陷的焊条；焊剂不应受潮结块。

6.1.17　摩擦面的抗滑移系数。钢结构连接节点构件的摩擦面要求喷砂（丸）处理。Q345钢摩擦面的抗滑移系数为0.50，Q235钢摩擦面的抗滑移系数为0.45。

6.1.18　柱接头处接触面应磨光顶紧，设计要求接触部位应有75%以上的面积紧贴。

◆材料管理

6.1.19　钢结构工程所用的钢材，必须符合招标及设计文件的规定，并具有质量保证书和检测报告。钢材入库前，必须办理入库检验手续并应符合有关规程规范的要求，必要时进行复检。

6.1.20 材料检验加工中发现有缺陷时，应进行处理。投标方有义务和责任发现并提出钢材的缺陷。未经检验或检验不合格的材料不得入库。

6.1.21 合格的材料应按品种规格分类堆放，并应采取标识措施，严禁混用。

6.1.22 焊条焊丝及焊剂应符合设计文件及招标文件的规定，并具有质量保证书。焊接材料应按牌号和批号分别存放在适温和干燥的地方。

◆加工与制造

6.1.23 加工

（1）构件加工时，下料、切坡口、焊接矫正等工序均应采用不损伤材料组织的方法。

（2）钢结构的放样、号料、切割，以及矫正、弯曲和加工部分都应符合GB 50205—2020《钢结构工程施工质量验收标准》及国家相关规范的规定。

（3）全部高强螺栓连接孔，不论母材还是拼接板一律要求采用钻模套钻或数控钻孔，孔边应无飞边、毛刺。

（4）高强螺栓制孔的允许偏差值，应符合GB 50205—2020《钢结构工程施工质量验收标准》及国家相关规范的规定。高强螺栓的孔距和连距要求按JGJ 82—2011《钢结构高强度螺栓连接技术规程》和GB 50017—2003《钢结构设计规范》的有关规定。

6.1.24 加工图。钢结构制作商应按照设计院提供的钢结构节点设计资料、要求及相应规范规程的要求，进行钢结构节点设计，绘制加工详图，提交招标方认可（招标方的认可不免除投标方的责任）。在提交前要召集有关人员自查，以免图纸相互矛盾。任何对原设计图的设计变更，必须取得原设计单位的设计变更文件。未经认可的图纸不得进行加工和发往现场。

6.1.25 高强度螺栓连接摩擦面的抗滑移系数。投标方应按有关规范进行高强度螺栓连接摩擦面的抗滑移系数试验和复检，现场处理的构件摩擦面应单独进行摩擦面抗滑移系数试验，其结果应符合设计要求。

6.1.26 焊接

（1）在开始制作前应将焊接工艺方案与焊接工艺评定报告提交招标方批准。投标方应按有关技术标准的规定对采购的焊接材料进行验收。

（2）应根据有关规范的要求，在钢结构构件制作前对属于规范规定的情况进行焊接工艺评定。

（3）焊接工作应按GB 50661—2011《建筑钢结构焊接技术规程》及国家相关规范的规定经考试并取得合格后，方可进行操作。必须在焊接工程师的指导下进行，焊接工作开始前必须编制焊接工艺，并采取相应措施使结构的焊接变形和焊接残余应力减到最小。所有焊接要求，均应满足有关规范和设计文件的要求。

（4）焊接开始前，应复查组装质量、定位焊质量和焊接部件的清理质量是否符合有关规范及设计文件要求，若不符合要求，应修正合格后方可施工。

（5）对厚钢板及T形接头、角接接头、十字接头焊接时，应按规范要求采用防止板材层状撕裂的焊接工艺措施。

（6）除通过工艺试验可不预热和后热外，对于厚度大于25mm的低合金钢施焊前应进行预热，焊后应进行后热。预热及后热控制温度应按有关规定执行。

（7）在焊缝送交检查前，所有的斑疤和表面缺陷均应磨光。所有焊缝的检验及质量等级要求应符合GB 50205—2020《钢结构工程施工质量验收标准》的有关规定。

（8）对各种焊缝型式、长度以及厚度均按设计文件要求施工。

（9）Q235B、Q345B钢材之间的焊接应做焊接工艺试验，以选择合适的焊接方法和焊接材料，保证焊接质量和强度。

（10）主厂房主要构件的焊缝质量等级应符合表2-6-1的要求。

表2-6-1 主厂房主要构件的焊缝质量等级

构件名称	焊缝质量等级	备注
吊车梁	一级	对接焊缝和腹板与上翼缘的T型焊缝
	二级	其他焊缝
	外观质量二级	加劲肋角焊缝
楼层梁、框架梁及柱	一级	对接焊缝
	二级	其他重要部位的熔透焊缝
	三级	非熔透的坡口焊缝和角焊缝
连接节点	一级	要求焊透的焊缝
	三级	一般角焊缝

注 其他有特殊要求的焊缝质量检验参照设计文件。

6.1.27 装配

（1）加工完成的钢柱，必须用冲眼在构件上标出2~3面的中心线（包括柱底板中心线），并明显标志出钢柱标高基准线。以保证钢柱安装的标高轴线对中，上、下柱对中的精度要求。

（2）组装前，零件、部件应经检查合格；连接表面及沿焊缝每边30~50mm范围内的铁锈、毛刺和油污等必须清除干净。

（3）吊车梁不应下挠。

（4）钢构件组装的允许偏差，应按GB 50205—2020《钢结构工程施工质量验收标准》执行。

（5）板材、型材的拼接，应在组装前进行；构件的组装应在部件组装、焊接、矫正后进行。

（6）构件的组装工作应在坚固的平台或装配胎具内进行，保证各个零件相互间的标准尺寸。

（7）成品出厂前应进行外观、尺寸、接头角底、焊缝、摩擦面等的质量检验。

（8）构件出厂前加工厂应进行试拼装。组装范围应由招标方、设计院、投标方协商。并经招标方、设计院以及投标方确认后方可出厂，预拼装的允许偏差详见GB 50205—2020《钢结构工程施工质量验收标准》。

6.1.28　涂装

（1）表面清理。

1）根据具体规定的表面清理工作程序，对钢结构表面进行喷砂（丸）除锈，除锈等级为Sa2.5，表面粗糙度应满足油漆底漆对基材粗糙度的要求。

2）进行喷砂（丸）清理时应用质量好、干燥、未污染的砂子、金属屑或铁丸。

3）完成喷砂（丸）清理之后，应采用无水无油的压缩空气或真空清理去除表面上的所有砂子、金属屑或铁丸的痕迹和粉尘。

4）应特别注意防止指印或工人服装上的有害物质或任何其他污染源污染经喷砂（丸）清理过的表面。

5）在涂敷涂料前，所有焊缝的清洁都不得使用酸性物质。焊接完成后72h和应力消除后才能对焊缝上涂料。

（2）涂装工作包括：在车间对钢结构表面进行清理，底漆和中间漆的施工均应在制造厂进行，漆膜总厚度按图纸说明要求，在运输和装卸过程中油漆被损坏的部分应予修补，涂刷底漆时，严格防止在摩擦面上粘上油漆或其他脏物。涂层工作应根据承揽方质量控制和保证方案中规定的方法和程序进行。

（3）高强螺栓连接面不涂层。

（4）涂装前的检查如下：

1）检查钢材表面是否达到Sa2.5的除锈质量等级，除锈后若有返锈或重新污染现象，则要重新处理，除锈后应4h内涂好底漆。

2）对构件设计规定禁止的涂漆部分，在涂漆前应用胶纸遮蔽起来。

（5）钢结构防腐涂料涂装工程应在钢结构制作施工质量验收合格后进行。

1）钢结构防火涂料涂装工程（如有）应在钢结构防腐涂装工程的施工质量验收合格后进行。对于钢梁，最后一道面漆在吊装就位完毕后再涂；如钢结构有涂防火漆的要求，则不涂最后一道面漆。

2）钢结构防腐性能应达到室外10年以上、室内15年以上免维护的要求。

3）投标方可根据上述使用年限要求，提出其他防腐涂料配套方案，但必须经过招标方和设计院确认方可采用。

4）面漆涂层颜色待定。要求先做色板，待招标方和设计院确认后方可施工。

5）漆膜干膜厚度用漆膜测厚仪检查，各层漆膜厚度允许偏差应符合GB 50205—2020《钢结构工程施工质量验收标准》的要求。

6）安装焊缝处应留出30～50mm暂不涂装，凡是发现在焊缝位置范围内误涂油漆的，应按除锈方法清除干净后才能施焊。

7）涂装完毕后要在明显处标注原构件号，此外还要对重大的构件注明重量和起吊位置等标记，便于运输和安装。

6.1.29 端部铣平。要求端部铣平的构件的连接件必须满足设计要求，其允许偏差应按照GB 50205—2020《钢结构工程施工质量验收标准》执行。

6.1.30 标记。投标方应对在现场装配的所有零部件做好标记，标记牌材料用镀锌铁板，以保证在现场能方便查找和安装，如果需要附加填板，应与相应的施工构件用螺栓牢固地连接，一同运抵现场。

6.1.31 检测验收。投标方应有自己的质检部门，质检部门应在生产现场进行全过程的监督。

6.1.32 焊缝清理。焊缝和焊缝清理步骤的检查，应按规范进行。焊缝中间焊道之间的所有焊渣、过量填料金属和表面不规则处均应消除。清理可采用手工或电动工具，禁止自行凿除。

◆ 焊工

6.1.33 根据适用于本工程的批准的标准要求，所有的焊工和焊接操作人员均应具备从事该工作的资格并持有效的焊工资格证书（须取得招标方及监理单位认可）。

6.1.34 应为每个合格的焊工和焊接操作人员指定唯一的标识号。工作多次被拒收的任何焊工或焊接操作人员均应就有关焊接程序重新接受资格鉴定试验。根据招标方自行决定，未通过再次资格鉴定试验的焊工或焊接操作人员可能无资格继续在工程中执行焊接工作。

6.1.35 说明每个焊工和焊接操作人员接受的资格鉴定试验结果和日期及指定标识号的记录，应随时可供招标方仔细检查。

6.1.36 所有测验的结果均应可供招标方检查，其副本应保存在现场。

◆ 焊接检查

6.1.37 根据规范和图纸的要求分别进行外观检查和内部缺陷超声波探伤等检验，检验范围根据焊缝质量等级按有关规范和设计的要求进行。

6.1.38 钢结构的焊接检验包含检查和验收两项内容，因而焊接检验不能仅仅局限于焊接完毕后，应贯穿于焊接作业的全过程中。

6.1.39 焊缝的外观检查及内部缺陷的检验均应符合 GB 50205—2020《钢结构工程施工质量验收标准》的有关规定。

6.1.40 焊缝内部缺陷检查，对碳素结构钢可在焊缝冷却到环境温度时进行；对低合金高强度结构应在完成焊接24h后进行。

◆各构件焊缝检查的要求

6.1.41 一般角焊缝（贴角焊缝）做三级外观检验。

6.1.42 对接焊缝和吊车梁腹板与上翼缘的T型焊缝、连接节点要求焊透的焊缝、所有牛腿要求焊透（包括坡口焊）的焊缝、角接头的剖口焊按一级外观检查及超声波探伤检查。焊接H型钢要求焊透的焊缝除施工图有注明者外，可按二级焊缝检查。

◆尺寸检测

6.1.43 轧制钢材的尺寸及公差、焊接拼接截面的尺寸误差、制作误差应同时满足规范及招标方制定的要求。

◆钢结构安装

6.1.44 钢结构安装前，应验收建筑物的定位轴线、基础轴线和标高、地脚螺栓的规格及紧固是否符合设计要求。

6.1.45 钢构件的运输、堆放和吊装等造成的钢构件变形及涂层脱落，应进行矫正和修补。

6.1.46 钢梁、次梁及受压构件的垂直度和侧向弯曲矢高的允许偏差，压型钢板安装的允许偏差等应符合设计要求和DL/T 5210《电力建设施工质量验收规程》、GB 50205—2020《钢结构工程施工质量验收标准》的规定。

二、土石方工程

◆场地土方量计算原则：力求挖填平衡、运距最短、费用最省，考虑十方的利用，以减少土方的重复挖填和运输。场地平整场地设计标高 H_0 的确定应满足生产工艺和运输的要求。

6.1.47 充分利用地形，分区或分台阶布置，分别确定不同的设计标高。

6.1.48 考虑挖填平衡，弃土运输或取土回填的土方量最少。

6.1.49 要有合理的泄水坡度（大于等于2‰），满足排水要求。

6.1.50 考虑最高洪水位的影响。

◆场地设计标高 H_0 的调整：H_0 仅为一理论值，还应考虑以下因素进行调整。

6.1.51 土的可松性影响——填方因土的可松性引起的填方体积增加。

6.1.52 场内挖方和填方的影响——从经济观点出发，安排的挖方就近弃土和填方就近场外取土，引起的挖填土方量的变化。

6.1.53 场地泄水坡度的影响。

◆基坑（槽）和管沟开挖

6.1.54 基坑开挖，上部应有排水措施，防止地表水流入坑内冲刷边坡，造成塌方和破坏基土。

6.1.55 基坑开挖，应进行测量定位、抄平放线，定出开挖宽度，根据土质和水文情况确定在四侧或两侧、直立或放坡开挖，坑底宽度应注意预留施工操作面。

6.1.56 应根据开挖深度、土体类别及工程性质等综合因素确定保持土壁稳定的方法和措施。

6.1.57 相邻基坑开挖时应遵循先深后浅或同时进行的施工程序，挖土应自上而下水平分段分层进行，边挖边检查坑底宽度及坡度，<u>每3m左右修一次坡，至设计标高再统一进行一次修坡清底。</u>

6.1.58 基坑开挖应防止对基础持力层的扰动。基坑挖好后不能立即进入下道工序时，应预留15（人工）~30cm（机械）的一层土不挖，待下道工序开始前再挖至设计标高，以防止持力层土壤被阳光暴晒或雨水浸泡。

6.1.59 在地下水位以下挖土，应在基坑内设置排水沟、集水井或其他施工降水措施，降水工作应持续到基础施工完成。

6.1.60 雨季施工时基坑槽应分段开挖，挖好一段浇筑一段垫层。

6.1.61 弃土应及时运出，在基坑槽边缘上侧临时堆土、材料或移动施工机械时，<u>应与基坑上边缘保持1m以上的距离，以保证坑壁或边坡的稳定。</u>

6.1.62 基坑挖完后，应组织有业主、设计、勘察、监理四方参与的基坑验槽，并报质监站验证。符合要求后方可进入下一道工序。

6.1.63 土方开挖应遵循开槽支撑、先撑后挖、分层开挖、严禁超挖的原则。

6.1.64 <u>机械开挖基坑时。基底以上应预留200~300mm厚土层由人工清底，以避免超挖和基底土层遭受扰动。</u>

◆深基坑支护的基本要求

6.1.65 深基坑支护应编制专项方案，并应通过专家论证后严格按方案实施。

6.1.66 确保支护结构能起挡土作用，基坑边坡保持稳定。

6.1.67 确保相邻的建（构）筑物、道路、地下管线的安全，不因土体的变形、沉陷、坍塌受到危害。

6.1.68 通过排水降水等措施，确保基础施工在地下水位以上进行。

◆施工排水基坑开挖时，流入坑内的地下水和地表水应及时排出，避免造成施工条件恶化、土壁塌方、降低地基的承载力。施工排水采用截、疏、抽的方法。

6.1.69 截：在现场周围设临时或永久性排水沟、防洪沟或挡水堤，以拦截雨水、潜水流入施工区域。

6.1.70 疏：在施工范围内设置纵横排水沟，疏通、排干场内地表积水。

6.1.71 抽：在低洼地段设置集水、排水设施，然后用抽水机抽走。

◆土方回填

6.1.72 基底处理，必须符合设计要求或施工规范的规定。

6.1.73 回填的土料，必须符合设计或施工规范的规定。

6.1.74 回填土必须按规定分层夯实。

6.1.75 密实度应符合设计要求，环刀取样的方法及数量应符合规定。

6.1.76 回填土应分层铺摊，每层铺土厚度为200~250mm。

6.1.77 回填土应分层夯实，每层至少夯打三遍。

6.1.78 回填施工时，对机械设备、预埋螺栓及混凝土梁柱等不得碰撞。

6.1.79 夜间回填施工时，应合理安排施工顺序，设有足够的照明设施，防止铺填超厚，严禁汽车直接倒土入槽。

6.1.80 基础或管沟的现浇混凝土应达到一定强度，不致因填土而受损坏时方可回填。

6.1.81 管沟中的管线，基槽内从建筑物伸出的各种管线，均应妥善保护后，再按规定回填土料，不得碰坏。

三、桩基工程

◆适用范围

适用于项目各类桩基工程的施工与验收。

◆施工工艺

6.1.82 施工准备

（1）材料质量要求。预应力桩质量应符合设计要求和施工规范的要求，并有产品合格证和标识，成品管桩外观检查无裂缝等缺陷，管壁厚度符合标准要求。

（2）桩基及护壁使用的混凝土、钢筋及水泥等原材料的质量应符合国家标准及设计要求，有出厂合格证及见证取样试验报告。

（3）焊条型号及质量应符合设计要求和相关标准的规定，有产品合格证。

（4）护壁泥浆应通过比重测试仪确定配合比。

（5）外加剂、掺合料有出厂合格证明和配合比试验报告，外加早强剂应通过试验选用。

（6）预应力PC桩的混凝土强度等级不低于C50，PHC（高强）桩的混凝土强度等级不低于C80。

（7）桩尖、桩帽的制作及焊接应符合设计要求。

6.1.83 设备质量要求：桩基施工机械及质量检测设备应符合施工专项方案及施工工序、质量检测标准的要求，有出厂合格证及有效期内的校验证明。

◆作业条件

6.1.84 工程地质资料齐全，桩基设计图纸已组织会审，桩基专项施工方案已审批。

6.1.85 已排除桩基范围内高空、地面和地下障碍物，场地已平整压实，桩基施工机械能在场地内正常运行，雨期施工已落实排水措施。

6.1.86 根据现场实际情况，打桩场地附近建（构）筑物已采取隔振措施。

6.1.87 桩基轴线和水准基点控制桩已设置完毕，并经复核已办理确认移交手续。

6.1.88 桩位已复核无误，用木桩、短钢筋或白灰撒线等做出标志。

6.1.89 已选择和确定打桩设备进出路线和桩基施工顺序。

6.1.90 检查管桩外观质量合格，将需用的桩按平面布置图堆放在打桩机附近，不合格管桩已做好标记并安排退场处理。桩的外观质量应符合下列要求：

（1）桩表面应平整、密实，掉角深度不应超过10mm，局部蜂窝和掉角的缺损总面积不得超过桩全部表面积的0.5%，并不得过分集中。

（2）混凝土收缩产生的裂缝深度不得大于20mm，宽度不得大于0.5mm。

（3）桩顶和桩尖处不得有蜂窝、麻面、裂缝和掉角。

6.1.91 桩基施工设备已安装，检查桩基施工机械设备及起重工具是否完好，铺设水电管线。

6.1.92 管桩、旋挖桩等施工前应根据设计要求进行试桩，试桩数量应满足设计要求。

◆各工序质量控制要点

6.1.93 冲孔桩

（1）成孔时应先在孔口设圆形6~8mm钢板护筒，护筒（圈）内径应比钻头直径大200mm，深度一般为1.2~1.5m，冲孔机就位。开始冲孔作业前，应及时加块石与黏土泥浆护壁，使孔壁挤压密实，泥浆密度和冲程应符合相关规范的规定，在造孔时将孔内残渣排出孔外。

（2）造浆用材料及泥浆质量应自检符合要求，冲孔时应随时测定和控制泥浆密度，每冲击1~2m深度应排渣一次，直至设计深度。排渣时须及时向孔内补充泥浆，以防亏浆造成孔内坍塌。

（3）在钻进过程中每1~2m应复查成孔垂直度，发现偏斜应立即停止钻进，采取措施进行纠偏。

（4）成孔后应测量孔深，复核无误后开始进行清孔。清水置换应使泥浆密度控制在1.15～1.25之间。

（5）清孔后立即放入钢筋笼，并固定在孔口钢护筒上，防止钢筋笼在浇灌混凝土过程中浮起或下沉。钢筋笼安装完毕并检查无误后，应立即浇筑混凝土，避免泥浆沉淀和塌孔。

（6）针对水下混凝土浇注一般采用导管法在水中灌注。

1）导管的选用和连接应符合规定，并防止法兰盘挂住钢筋笼影响钢筋笼就位。导管拼接前应进行密封性试压检查，试水压力为0.6～1.0MPa，或应符合设备规定，以不漏水、不冒气为合格。

2）导管每次接管1～7m，接至高出孔深1m处，埋管深度应满足2～4m的规定，严禁埋管深度小于2m或大于6m。

3）水下混凝土施工须连续进行，每根桩的灌注时间按混凝土的初凝时间控制，一般不超过3h，灌注过程中应有专人负责测量混凝土顶上升高度，随时掌握导管埋深。第一斗混凝土施工时，导管下端离孔底宜控制在300～500mm间，且第一斗混凝土投入完后，导管埋深应在0.8m以上。

4）水下混凝土浇注过程中监理和项目部工程师应跟踪检查，及时督促整改存在的问题。

6.1.94　旋挖桩

（1）作业前根据土质情况进行护壁泥浆制备工作，使用的造浆材料应符合设计和规范要求。

（2）在较松软的土层上施工时，应设置井口钢护筒（壁厚不小于10mm），对周边土石进行防护，以免渣土坠落，影响成孔清孔质量。

（3）钻孔机械就位符合要求，应平整、稳固，防止在钻进过程中发生倾斜或移动。钻架上应有控制深度标尺，在施工中进行观测、记录。

（4）钻进0.5～1.0m深后，应进行首次检查，钻进5～8m后进行二次检查，监理工程师应对检查结果进行确认，对发现的偏移及时采取纠正措施。钻进达到设计深度及设计要求持力层（满足入岩深度）后停钻，提钻，检查成孔质量结果合格并保留检查记录后，方可移动钻机至下一桩位。

（5）钻进过程中，排出孔口的土应随时清运，孔底虚土厚度超过标准时，应分析原因，采取措施处理。

（6）清孔用新泥浆的性能应符合设计或相关规范要求，清孔完成采用测锤测定孔底沉渣，沉渣厚度应小于50mm。钢筋笼下放后，浇注混凝土前须再次进行桩孔探底检查，如发现孔底沉渣过厚，必须将钢筋笼拔出，再次进行清孔。

（7）钢筋笼钢筋的种类、规格、数量及尺寸、保护层厚度应符合设计要求。钢筋笼吊放时应轻提慢放，注意避免碰撞孔壁土方，如有土方掉落则需重新清孔。

（8）钢筋笼放置好后应及时固定钢筋笼，并立即灌注混凝土，以防塌孔。

（9）混凝土浇筑应连续进行（混凝土灌注间隙时间不应大于20min），分层振实，分层高度一般不得大于1.5m，连续灌注导管埋深为3.0～4.0m，最小埋深为1.5～2.0m。浇筑至桩顶时，应适当超过桩顶设计标高500～1000mm，应凿除桩顶浮浆层满足设计标高要求。

（10）桩顶有插筋时，应垂直向下插入，且位置应准确，避免插斜或插偏。

（11）坍孔的处理。

1）钻进时如严重坍孔，有大量的泥土时，需回填砂或黏土重新钻孔或往孔内倒少量土粉或石灰粉。如遇有含石块较多的土层，或含水量较大有软塑黏土层时，应注意避免钻杆晃动引起孔径扩大，致使孔壁附着拢动土和孔底增加回落土。

2）对于塌孔特别严重的，可采用钢板自制加工成套筒，壁厚不小于10mm，自上而下均匀压入，浇筑混凝土时拔管应控制拔出时间，分段拔出，混凝土及时跟进，确保不塌孔和套筒的重复使用。

3）成孔作业过程中为防止发生塌孔，应采用黏土造浆法进行护壁处理。

（12）冬期施工应保证混凝土入模温度不低于5℃，并采取保温措施。在桩混凝土强度未达到设计强度的50%前不得撤除保温措施。

（13）雨期施工现场应采取有效防雨、排水措施。桩成孔后立即下钢筋笼浇筑混凝土，以避免桩孔灌水造成塌孔。

（14）终孔验收。由项目部组织，桩基施工单位、监理单位、勘察及设计单位参加验收，并办理验收记录。

6.1.95　预应力管桩（静压、锤击）

（1）试桩。

1）应提供给设计方的沉桩记录包括以下项目：每米锤击数、最后2～3m每30cm锤击数、总锤击数、落锤高、桩垂直度、桩偏差、焊接时间、桩节段组成、焊缝操作等，以确定施工用桩机、桩锤及桩锤性能、衬垫及其参数，核对地质资料，并配合设计工作。

2）根据各类桩型及所处的方位、桩长、倾斜度、持力层情况和地形、地貌条件选取，数量以设计方、项目部确认为准，沉桩工艺报告经招标方、监理单位认可后方可进行大面积施工。

（2）桩基施工。

1）吊桩。采用两点起吊时，应将管桩送至桩机起吊位置3m内，起吊时应防止管桩损坏、断裂。混凝土预制桩的混凝土强度达到100%时方可起吊。

2）沉桩。

a.静压桩。

（a）沉桩时应控制桩身垂直度符合规定，并使桩锤、桩帽、桩身中心线在一条直线上，以免沉桩时发生偏击、造成桩头破损。

（b）当桩入土50cm时，应校正桩的垂直度和平台的水平度，桩沉入地面3m左右时，再次测量桩身垂直度，以保证桩的纵横双向垂直偏差不得超过0.5%。

（c）依据设计和规范规定，桩身垂直度应控制在1%L以内（L为桩长），第一节桩的沉桩垂直度应控制在0.5%L。

（d）混凝土预制桩的混凝土强度达到强度设计值的100%才能进行沉桩施工。

b.锤击桩。

（a）桩尖应按设计要求制作，现场应由监理检查验收后进行焊接安装。为防止桩头在锤击时损坏，打桩前要在桩头顶部放置桩帽，其上放置硬木制减振木垫。

（b）按桩基础施工流水顺序施工依次向后退打，群桩基础或桩心距小于3.5倍桩径时应采取跳打法施工。

（c）沉桩过程中如发生或可能发生水或泥进入桩管的，应先在管内灌入高1.5m左右的混凝土，方可开始沉管。

（d）打桩时，应检查、校正桩架导向杆及桩的垂直度，并保持锤、桩帽与桩在同一轴线上，桩的贯入深度应满足设计和规范要求。当沉至桩顶高出地面60~80cm时停止锤击，进行接桩，当桩顶标高离地有一定差距，而不采用接桩时，可用送桩器将桩打到设计标高。

（e）锤击施工最后三阵必须严格控制，每阵贯入度应符合设计要求。

（f）停锤原则。当桩端位于一般土层时，以桩端设计标高为主控条件，贯入度为参考依据；当桩端位于其他土层时，则反之。

（g）若出现严重偏位、倾斜、断桩等情况，应及时知会设计单位进行处理。

3）接桩。

a.钢筋混凝土预应力管桩宜采用焊接法接桩，接桩采用的焊条应符合设计要求，一般采用E43系列焊条。接桩处的焊缝经验收合格（必要时进行探伤检测），方可继续施工。

b.接桩一般在距地面1m左右进行。上下桩的中心线偏差应小于10mm，节点弯曲矢高不得大于1%桩长。

4）沉桩停打。

a.沉桩停打标准以确定的停锤标准为准，沉桩完毕后，及时填盖送桩孔。

b.沉桩过程中遇到下列情况之一，及时通知现场监理和招标方工程师，并联系地勘、设计单位，经各方研究确定处理方案。

（a）贯入度剧变，或最后贯入度相对设计值或试桩资料过大或过小。

（b）桩身突然发生倾斜、偏移或撞击时有严重回弹。

（c）桩顶严重破裂或桩身产生裂缝。

（d）桩架剧烈晃动。

（e）其他异常情况。

c.正常情况下，压桩施工应连续进行，同一根桩的中间停歇时间不宜超过30min。

（3）对于出现断桩，应会同设计等单位现场确定处理方案。

（4）压桩顺序如下：

1）应按照批准的桩基施工方案进行。

2）当建筑面积较大、桩数较多时，可将基桩分为数段，压桩在各段范围内分别进行。

3）多桩台施工时，应符合桩基施工方案的要求，严禁两边向中间压桩。

（5）管桩混凝土填芯。

1）施工前应对管桩进行清孔，填芯混凝土的高度应满足各地设计具体要求。

2）截桩：桩顶标高允许偏差为 ±50mm。对于直径 $L \geq 800mm$ 的桩，桩顶进入承台的高度不宜小于100mm；对于直径 $250 \leq L < 800$ 的桩，桩顶进入承台的高度不宜小于50mm。截割桩头宜采用电动锯桩器，严禁采用人工剔凿或桩机压碎的办法施工。

3）接桩：桩顶低于设计标高2个桩直径以上时，可以利用现场截桩下来的短桩进行接桩；当底桩桩头离地0.5～1.0m时，应暂停锤击，进行管桩接长；接桩时，应先清理接头泥土、铁锈等至露出金属光泽，再扣上特制接桩夹具；将待接桩吊入夹具内，对接偏差不宜大于2mm；焊接完毕清除焊渣，焊缝质量由监理单位组织验收合格方可继续施工。

◆质量标准及验收方法

6.1.96 质量标准

（1）冲孔桩及旋挖桩。

1）护壁泥浆制备：泥浆的使用材料和质量应按规定进行自检，必要时委托检测单位进行相关指标的检测。

2）钢筋笼制作：检查钢材的质保资料，按设计及规范要求验收钢筋的直径、长度、规格、数量和制作质量。

3）桩基混凝土强度应符合设计要求和施工规范的规定。成孔深度、沉渣厚度符合设计要求，采用沉锤法进行测量，当沉渣厚度超过设计要求时，应进行清渣。

4）浇筑后的桩顶标高、插筋位置及浮浆处理，必须符合设计要求和施工规范的规定。

5）允许偏差及检验方法应符合设计及规范要求，桩基质量检测应委托第三方按相关标准的要求进行。

（2）预应力管桩（静压、锤击）。

1）预应力管桩质量必须符合设计和相关要求，施工前由监理单位组织对进场的管桩进行外观及资料检查，不合格桩应做好标记并及时退场处理。

2）管桩施工过程中应检查轴线、垂直度、压力、贯入度、接桩间歇时间、接桩焊缝外观质量等，必要时应按当地规定进行接桩焊缝探伤检测。

3）桩的接头、桩头插筋等节点处理应符合设计要求和施工规范的规定。

4）底板防水施工时，桩头部位防水做法应符合设计及相关规范要求。

5）钢筋混凝土预制桩完整性、承载力检验方法及检验数量应满足设计和相关标准要求，一般采用低应变动力检测、高应变动力检测及静载荷试验等方法进行检验。

6.1.97 桩基终孔验收及质量检测

（1）桩基质量检测及验收。

1）灌注桩桩身完整性检测。检测前对需检测的桩头凿除桩头浮浆，清除浮渣或松动的混凝土，凿平桩头处理。

2）桩身混凝土质量及桩底沉渣检测应采用抽芯检测并保留芯样，根据芯样判断混凝土的质量情况，并做好记录，取芯样进行抗压强度试验。

3）灌注桩桩长小于等于15m时可采用低应变动力检测法，并按10%的比例采用声波透射法进行检测。

4）当桩长大于15m时应采用超声波透射法进行检测。检测桩身缺陷及其位置，判定桩身完整性类别。

a.声测管埋设数量应符合如下要求：桩身直径$D \leqslant 800$mm，2根管；$800 < D \leqslant 2000$mm，不少于3根管；$D > 2000$mm，不少于4根管。声测管安装时应间距均匀。

b.预应力管桩施工完成后，进行静载试验及桩身完整性检测。

（2）桩基验收程序规定。

1）桩基全部完成、养护龄期满足28天要求后，按规定进行桩基检测。

2）桩基验收由监理单位组织，投标方、监理、勘察设计和招标方相关人员参加，验收通过后形成由各单位签字确认的验收报告，桩基未验收前，不得进行下道工序。

◆成品保护措施

6.1.98 桩基的轴线桩和水平基点桩要有防护措施或显眼标记，避免碰撞和振动而造成位移。

6.1.99 基坑开挖应根据施工方案确定的开挖顺序和保护措施进行施工，防止桩身倾斜或位移，施工完成应及时进行复核。

6.1.100 施工完成的桩，应有专人看护或设围档、标识，避免车辆压过或从邻近经过，造成断桩、桩位偏移。

6.1.101 桩头钢筋应有防护措施，避免车辆碾压弯折或压断。

6.1.102 针对灌注桩已成形的钢筋笼，不得扭曲、松动变形。吊入钢筋笼时防止碰撞孔壁，串桶应垂直放置，避免混凝土斜向冲击孔壁，造成孔壁塌落形成夹渣。

6.1.103 灌注桩

（1）在凿除灌注桩高出设计标高的桩顶混凝土时，应自上而下进行，不横向凿打，以免桩受水平冲击力而受到破坏或松动。

（2）冬期施工桩头混凝土强度未达到设计强度的40%时，应采取适当保温措施，防止受冻。

（3）灌注桩新浇筑混凝土后，不宜立即进行相邻桩孔施工，宜采取间隔施工，防止振动或土体侧向挤压而造成桩基变形、断裂。

（4）成孔内放入钢筋笼后，应在4h内浇筑混凝土。在浇筑过程中，应有不使钢筋笼上浮和防止泥浆污染的措施。

（5）现场绑扎成形的钢筋笼应防止被泥浆污染；浇筑混凝土时，在钢筋笼顶部固定牢固，限制钢筋笼上浮。

（6）桩基混凝土浇筑完毕，桩头应用塑料布等覆盖，防止混凝土发生收缩、干裂。

6.1.104 预应力管桩

（1）已进场的预制管桩堆放整齐，堆放高度不宜超过4层，每层应用方木支垫，上下支点在同一垂直线上，并注意防止施工机械碰撞。

（2）施工完成的桩头应防止车辆碰撞、碾压，防止桩头损坏。

（3）打桩过程中应设桩帽，防止桩头损坏。

◆应避免的常见问题

6.1.105 灌注桩

（1）冲孔桩成孔过程和终孔时液面过低（孔内液面应高于地下水位1.5~2.0m），导致孔壁坍塌、缩孔。

（2）冲孔桩泥浆比重较低，孔壁出现流沙现象。

（3）钢筋笼无加劲箍，出现变形、扭曲、泥浆污染。桩头预留钢筋变形、折断，钢筋笼主筋接头未错开，焊接接头质量差。钢筋笼安装时损坏孔壁、混凝土浇筑时出现上浮、偏位。

（4）灌注桩浇注桩身混凝土时有土或其他杂物掉落，出现缩颈、孔洞、夹土、断桩或强度不足现象，桩头混凝土高出垫层标高。

（5）旋挖桩钻孔时，未及时清理虚土或遇地下水塌方。

（6）桩底沉渣厚度不符合规定，未及时清理。

（7）桩位控制措施不到位，桩位施工发生偏移。

（8）未按规定要求进行泥浆护壁或支护，出现塌孔现象。

6.1.106 预应力管桩

（1）不合格桩未标识，未退场处理，用于桩基施工中。

（2）成品管桩混凝土强度未达到设计强度的100%，进行桩基施工。

（3）桩基施工前未清除桩位周边及地下的障碍物，桩身平直度不符合规定，上、下节桩不在同一轴线上，压桩时出现断裂或横向位移。

（4）接桩时焊缝焊接质量不符合规定，焊接完成未进行自然冷却就继续施工。

四、绿化

◆绿化场地清理

应将现场内的渣土、工程废料、宿根性杂草、树根及有害污染物清除干净，对清理的废弃构筑物、工程渣土、不符合栽植土理化标准的原状土应集中堆放，做好记录，统一外运。填垫范围内不能有坑洼、积水。场地标高及清理程度符合国家标准规范及设计要求。

◆地形主体构造

原表层土为耕地、草地时，必须先清除地表杂草、树根等后方可填筑。原状土为松土时，填筑厚度及压实度均应满足国家标准规范及设计要求。

◆地形造型

6.1.107 地形造型胎土、栽植土应符合设计要求并附检测报告；地形造型的范围、厚度、标高、造型及坡度均应符合设计要求；地形造型应自然顺畅。

6.1.108 过程中，应适当抬高30～50cm预留沉降量。

6.1.109 为保证施工安全和场地整洁，雨天禁止土方施工，雨后及时排水再施工，以免出现"弹簧土"情况。

6.1.110 地形造型应在栽植土回填完成后进行地形造型即微地形整平。微地形整平分两步进行，即粗平和精平：

（1）粗平应采用机械进行施工，经过粗平大概勾勒出地形起伏后，肉眼观察地形，查看是否与周边环境一致，修整的地形无突兀及突缓突降。

（2）精平应在粗平完成后进行，即场地粗平后精平场地，勾勒地被线条，同时去除表面的大小石块、垃圾树枝等杂物，进行场地细化，保证地形自然流畅，排水通畅，也起到土壤翻松便于栽植的作用。

◆种植穴、槽工程

6.1.111 种植穴、槽定点放线应符合图纸设计要求，位置准确，标记明显，栽植穴定点时应标明中心点位置，种植槽应标记出边线。穴槽应垂直下挖，上、下底应相等。

6.1.112 穴槽的直径及高度由苗木的土球及根茎大小决定，尺寸满足和符合国家标准规范和设计要求。

6.1.113 种植穴、槽挖出的表层土和底土应分别堆放，底部应施基肥，并回填表土或改良土。

6.1.114 挖种植穴、槽时要注意地下管线走向，遇地下异物时做到"一探、二试、三挖"，保证不挖坏地下管线和构筑物。

◆号苗

6.1.115 苗木号苗、起苗施工单位应派人入驻苗圃，根据树种、苗木规格、设计图纸的要求，向苗圃提出起挖苗木的土球规格、胸径、质量等方面的要求，号苗不合格的苗木严禁装车运输。

6.1.116 胸径采用专业测树钢围尺（胸径尺）进行量测。苗木的胸径、冠径、高度允许偏差均应在国家标准规范允许范围之内且符合设计要求。

◆材料检验、选备

6.1.117 植物材料种类、品种、名称规格应符合设计要求，严禁使用带有严重病虫害的植物材料，非检疫对象的病虫害危害程度或危害痕迹不得超过树体的5%～10%。自外省市及国外引进的植物材料应有植物检疫证。

6.1.118 植物外观质量要求和检验方法、内容及频率如下：乔木灌木应检查姿态和长势、病虫害、土球苗、裸根苗根系、容器苗木。检查数量为每100株检查10株，每株为1点，少于20株全数检查，检查方法采用观察、量测，检查结果均应符合国家标准规范和设计要求。

◆苗木起挖及运输

6.1.119 起挖：苗木在起挖后必须用草绳紧密缠绕至分支点，土球同样需要缠绕草绳，严禁使用无纺布包裹。树木挖好后，应在最短的时间内运输到现场，坚持做到随挖、随运、随种的原则，装苗前要核对树种、规格、质量、数量，凡不合要求的要予以更换，不得栽植。

6.1.120 运输：外地苗木要事先办理苗木检疫手续，装车、运输苗木应重点保护好土球，使苗木处在潮湿条件下。长途运输苗木时，在苗木全部装车后要用绳索固定，避免摇晃，且用帆布进行遮盖挡风。

◆苗木进场验收及卸车

6.1.121 卸车前，由专人上车检查苗木品种、规格等信息是否准确无误、苗木有无严重损伤（劈裂、掉皮、脱水）、土球是否散坨、是否有检疫对象病虫害等。确认无误后，方可开展卸苗工作。

（1）主干直（特殊要求除外），无明显破皮、划伤、折断。

（2）主枝无枯死，无树干空心。

（3）主侧枝分布均匀，枝叶及毛细根无严重脱水。

（4）土球基本完整，大小符合要求，包装不松散。

（5）无假土球、假树皮、假根、假枝等；无病虫害。

（6）行道树或列植苗木高度、冠幅、分枝点基本一致。

6.1.122 土球直径在0.6m以上或人工无法抬卸的乔灌木，需用机械卸苗；土球直径在0.4～0.6m的灌木，可用厚木板斜搭于车厢外沿辅助卸苗，下滑时避免土球滚落，造成散坨。

◆苗木修剪及处理

6.1.123 乔木修剪保持原有高度、冠幅不变的自然树形，观赏面适当保持原景观效果。应遵循以下原则：

（1）内疏外密。"大枝亮堂堂，小枝闹嚷嚷"。

（2）内高外低。

（3）苗木成活与效果相冲突时，以保成活为主。

（4）先上后下、先内后外、先大枝后小枝。

（5）具有中央领导干、主轴明显的落叶乔木应保持原有主尖和树形，适当疏枝，对保留的主侧枝应在健壮芽上部截短，可剪去枝条的1/5～1/3。

（6）常绿阔叶乔木具有圆头形树冠的可适当疏枝，枝叶集生树干顶部的苗木可不修剪。

（7）灌木修剪一般苗木均需剪除不良枝至分生枝处。常见不良枝有内膛枝、过低的下垂枝、砧木萌蘖枝、影响观赏效果的徒长枝、过密枝、枯病枝、平行枝等，全冠移植苗木应保持自然、完整树形。

（8）无病枝、枯死枝、影响冠形整齐的徒长枝、嫁接砧木萌蘖枝等不良枝。

（9）剪口平滑，无劈裂根、劈裂枝。

（10）有高度、形态要求的灌木，修剪后须达到设计要求。

（11）特殊情况可以先栽植，后根据要求再修剪。

（12）修剪较大的枝条要涂抹伤口愈合剂，防止伤口感染和水分蒸发。

6.1.124 常用缠干材料有草绳、薄膜、无纺布和成品保温保湿带等，对苗木缠干可起到防晒、保湿、防寒的目的，提升苗木整体成活率。

◆苗木种植及支撑

6.1.125　苗木种植。

（1）苗木须运至树穴附近时才可解除包装。

（2）土球未散坨的苗木，过密、过厚的草绳、草帘、无纺布、遮阳网等包装物应在稳固土球后，全部取出。

（3）土球稍有松裂的苗木，待放入树穴后解除全部包装，不宜解除的须尽量减稀包装物，遮阳网必须剪掉解除，草绳不宜多留。如果土球出现松动、开裂或土球为沙土易散坨，包裹物又是草绳、遮阳网或塑料绳等，且包裹物有足够大的空隙不影响植物生根，则可以考虑不解除包裹物或土球放入树穴后部分拆除。

（4）栽植时应注意观赏面的合理朝向，树木栽植深度与原种植线持平。

（5）灌木栽植色块种植时应先种植外沿边线，再种植边线内区域，并由中心或内侧沿边线向外依序呈品字形退植。

（6）微地形及坡地色块应由上向下种植，不同色彩植物的色块应由内向外分块种植。

（7）种植标准为放线线条流畅、美观，株行距均匀一致，种植密度以设计数量为基准。

6.1.126　支撑：乔木支撑形式有三角撑、四角撑、拉线支撑等；支撑物、牵拉物与地面连接点的连接应牢固；针叶常绿树的支撑高度应不低于树木主干的2/3；落叶树支撑高度为树木主干高度的1/2；灌木可采用"门"字撑、三角撑等常规支撑。

◆修筑水圈及浇水

6.1.127　苗木定植后，应在树球外沿15～20cm位置用细土筑成高15～20cm的浇水圈人工踏实或用铁锹拍实，做到不跑水、不漏水；定根水应在定植后24h内浇灌一遍透水，采用四点浇灌法，使树木均匀下沉。

6.1.128　使用硬质导管插入树穴底部，边浇水边用铁锹或木棍捣实、回土，直到浇透土球为止。

6.1.129　定根水浇完后，应勤检查土球墒情，根据墒情确定是否浇第二遍水。用小型洛阳铲检查土球三分之二处的含水量，手握成团，落地能散，水分刚好。否则，则需浇第二遍水。以浇透土球为原则，做到"不干不浇，浇则浇透"。浇完之后，松土保墒。

◆输液、养护

6.1.130　树木（乔木）种植浇透定根水之后，可吊注营养液。吊注时根据苗木大小确定吊注的部位和层级。15cm以下苗木，分两级吊注（根基部、分枝处）；超过20cm，分三级吊注（根基部、分枝处、分枝以上2～3m处）。输液时间以每袋水不超过5天为宜。

6.1.131 根据植物生长情况应及时追肥、施肥。

6.1.132 树木应及时剥芽、去蘖、疏枝整形。

6.1.133 对树木应加强支撑、绑扎及裹干措施，做好防强风、干热、洪涝、越冬防寒等工作。

6.1.134 根据植物习性和墒情及时浇水，结合中耕除草平整树台。

6.1.135 加强病虫害观测，控制突发性病虫害的发生，主要病虫害防治应及时。

◆地被、花卉植物种植

6.1.136 选苗：按设计规格的要求选择合适的苗木，选择用盆或种植袋养殖的假植苗；选择无病虫害、无病死的枯枝，冠幅饱满，叶色有光泽、苗梗苗壮的苗木，不能有徒长现象的苗木（徒长现象是指失去原本矮壮的造型，茎叶疯狂伸长的现象）；袋苗脱袋后土球完整。

6.1.137 平整：顺地形和周围环境的情况，清除砾石杂卓物、平整好种植床，整成龟背形、斜坡形等；如有设计要求则按照设计要求进行坡度施工，如设计无要求，则坡度可定在2.5%～3.0%，以达到利于排水的目的；所有靠路边或侧石沿线内的绿地面应保证，种植完成后面层标高低于路边或者侧石沿线5cm。

6.1.138 改土：种植床填入一层10cm厚的有机肥（常用塘泥、鸡屎干等），并进行一次约20～30cm深的耕翻，将肥与土充分混匀，做到肥土相融，起到提高土壤养分的作用，又使土壤疏松、通气良好，改良后的土壤符合国家标准规范中花卉及地被种植土的要求且满足设计要求（如有成品则购买成品）。

6.1.139 放线：按设计图纸将种植范围定位，并用熟石灰粉定出轮廓线；将植物摆出种植的轮廓线。

6.1.140 种植：该类植物栽植时间在春、秋、冬季基本没有限制，但在夏季最好在上午10点之前和下午4点后，避开太阳暴晒时段进行栽植；花苗运到场后，应即时种植，种植前应对地被进行切边处理；栽植时先将轮廓处的植物按品字形种植的方法种植，剩余的苗木由种植位的内部向外部种植；种植时应根据植株的高矮差异，按外低内高的高度控制要求调整种植效果。花苗的种植密度应符合设计图纸要求。

6.1.141 定根浇水：栽植完成后，要马上淋第一遍水（俗称定根水）。水要浇透，使泥土充分吸收水分，泥表面达到润湿为止。淋水前要先检查地面的排水效果，防止积水泡坏植物根系。

6.1.142 修剪：种植完成后，应立即进行修剪。适当控制色块或地被植物高度，并剪去病虫枝、干枯枝，使枝条自然生长；只需对部分阴枝和嫩枝进行轻修，剪至成型即可。

6.1.143　养护：高温季节每日早晚各喷水一遍，浇水时间必须保证在9点之前和15点之后，普通季节每周1～2次。养护期间及时清除灌木丛、地被间的杂草和残枝败叶。加强病虫害观测，控制突发性病虫害发生，主要病虫害防治应及时。

◆草坪种植

6.1.144　场地整理：种植场地范围内不得有任何杂质（如大小石砾），根据原土中杂质比例的大小，用过筛或换土的方法，确保土壤纯度。地表坡度如有设计要求则按设计要求进行坡度施工，如图纸无要求则以能顺利进行灌水、排水为基本要求，并注意草坪的美观。一般情况下，草坪应中部略高、四周略低，或一侧高、另一侧低。草坪周边高度应略低于侧石、路面或落水的高度，以灌溉水不致流出草坪为原则。为确保草坪建成后地表平整，种草前需充分灌水1～2次，然后再次起高填低进行翻耕与平整。基肥的使用根据种植的草的品种及土质来确定，种植冷季型草或土壤贫瘠地带应使用基肥，施肥量应视土质与肥料种类确定。肥料必须腐熟，分布要均匀，以与15cm土壤混合为宜。

6.1.145　草皮质量检查及铺草质量：草皮卷和草块要求覆盖度为95%以上，无杂草，草色纯正，根系密接，草皮或草块周边平直、整齐。草坪土质应与草皮和草块的土质相似，质地、肥力不可相差较大。草皮卷和草块的运输、堆放时间不能过长，以草叶挺拔鲜绿为标准。铺设时可先进行种植边线及铺设线定位，各草皮间可稍留缝隙，不能重叠。草块与其下的土壤必须密接，可采用碾压、敲打等方法，由中间向四周逐块铺开，铺完后及时浇水，并保持土壤湿润直至新叶开始生长。

6.1.146　施肥：高质量草坪建造时除应施基肥外，每年还必须追施一定数量的化肥或有机肥，高质量草坪在返青前施腐熟粉碎的麻渣等有机肥。冷季型草主要施肥时期是9、10月，以氮肥为主；3、4月视草坪生长情况决定施肥与否；5～8月非特殊草坪一般不必施肥。采用撒肥方式施工时，必须撒匀，可把总施肥量分成两份，以互相垂直的方向分两次分撒，注意切不可有大小肥块直接落到地面或草坪，避免潮湿时撒肥，撒肥后应及时灌水。采用喷肥方式施工时，根据肥料不同，配制不同的溶液浓度，喷洒应均匀。当草坪中某些局部长势明显弱于其他部位时，应及时补肥；补肥以氮肥和复合肥为主，视"草情"而定，通过补肥，使衰弱的局部与整体的生长势达到一致。因土质等条件不同，以及前期管理水平不同，所以在施肥前应做小面积施肥量试验，根据试验结果确定合适的施肥量，避免造成不足和浪费以及长势不同，影响草坪整体外观质量。

6.1.147　灌水：人工草坪原则上都需要进行灌水，除土壤封冻期外，草坪土壤应始终保持湿润。暖季型草灌水时期为4~5月、8~10月；冷季型草为3~6月、8~11月；苔草类为3~5月、9~10月；每次浇水以达到30cm土层内水分饱和为原则，不能漏浇。因土质差异容易造成干旱的范围内应增加灌水次数，采用漫灌方式浇水，要注意勤移出水口，避免局部水量不足或局部地段水分过多或"跑水"。用喷灌方式灌水要注意是否有"死角"，若因喷头位置设置角度等问题使局部地段无法喷到，则应以人工加以浇灌。冷季型草坪应注意排水，对可能造成积水的草坪应有排水措施。

6.1.148　剪草：人工草坪必须剪草，特别是高质量草坪更需多次剪草。剪草高度以草种、季节、环境等因素而定，剪草次数应根据不同的草种、管理水平及环境条件而确定。剪草前需彻底清除地表石块，尤其是坚硬的物质。检查剪草机各部位是否正常，刀片是否锋利；剪草需在无露水的时间内进行；剪下草屑及时从草坪上清除；剪草需一行压一行进行，不能遗漏，某些剪草机无法剪到的角落需人工补充修剪。

6.1.149　病虫害防治及除杂草：病虫害防治在草坪管理过程中相当重要，药物防治要根据不同的草种在不同的生长期根据病虫害种类的生长发育期选用不同的农药，使用不同的浓度和不同的施肥方法；草坪的杂草应按照除早、除小、除了的原则清除；加强水肥管理，促进目的草旺盛生长，抑制杂草的滋生与蔓延；生长迅速、蔓延能力强的杂草如牛筋草、马塘、灰菜等必须人工及时拔出，以减少危害。

◆园林绿化质量检查

6.1.150　乔、灌木：乔、灌木的高度、胸径、冠径符合设计要求；每100株检查10株，每株为1点，少于20株全数检查。

6.1.151　地被植物：地被植物种植密度应符合设计要求。

6.1.152　草坪成坪后应符合下列要求：成坪后覆盖度应不低于95%；单块裸露面积应不大于25cm；杂草及病虫害的面积应不大于5%。

6.2　装饰装修

一、清水混凝土施工要求

◆参照标准

GB 50204—2015《混凝土结构工程施工质量验收规范》；

GB 50300—2013《建筑工程施工质量验收统一标准》；

JGJ/T 74—2017《建筑工程大模板技术标准》；

ZJQ 00-SG-002—2003《混凝土结构工程施工工艺标准》；

DL/T 5210.1—2012《电力建设施工质量验收规程　第1部分：土建工程》；

JGJ 169—2009《清水混凝土应用技术规程》。

◆适用范围

零米以上所有外露混凝土结构（如燃气轮机基座上部结构、主厂房梁柱、A排外变压器防爆墙、综合管道支架、辅机基础等）。

◆施工质量标准

6.2.1 结构尺寸准确，轴线通直，线条平直顺畅，顶面平整，棱角工艺美观。

6.2.2 结构表面平整有光泽，色泽一致，无蜂窝、麻面、露筋、明显气泡和施工冷缝等质量通病。

6.2.3 模板拼缝及施工缝痕迹淡灭，对拉螺栓等布设规律、整齐、美观，连接面搭接平整。

6.2.4 预埋铁件、预留孔洞位置准确，表面与结构面平齐，边线横平竖直，预埋铁件下混凝土密实，没有空壳。各检查项目的施工质量标准见表2-6-2。

表2-6-2　　　　　　　　　各检查项目的施工质量标准

序号	检查项目			质量标准
1	中心线位移			≤5mm
2	截面尺寸偏差			±3mm
3	表面平整度			≤3mm
4	全高垂直偏差			≤H/1000mm且≤30m
5	预埋件、预留孔中心线位移			≤2mm
6	预埋件、预留孔水平高差			≤2mm
7	预埋件与混凝土表面高低差			≤1mm
8	预留孔洞位置			10mm
9	预埋件	钢板连接板等	位置	3mm
			平面高度	2
		螺栓锚筋等	位置	10mm
			外露长度	±10mm
10	预埋螺栓偏差	同组螺栓中心与轴线的相对位移偏差		2mm
		各螺栓中心之间的相对位移偏差		1mm
		顶标高偏差		0～10mm
		垂直偏差（L为螺栓长度）		≤L/450mm

◆施工工艺要求

清水混凝土是对混凝土表面不做任何装饰，构筑物的外观质量即能达到显示混凝土结构的力度和美感的观感质量标准。其施工工艺要求如下。

6.2.5 模板选型与加工

（1）模板面板要求板材强度高、韧性好、加工性能好，具有足够的刚度。

（2）模板选择的模板表面要求平整光滑，胶合板覆膜要求强度高，耐磨性好，耐水、耐久性好，物理化学性能均匀稳定，表面平整光滑、无污染、无破损、清洁干净。

（3）模板龙骨顺直、规格一致，与面板紧贴，连接牢固，具有足够的刚度。

（4）模板表面不得弹放墨线、油漆写字编号，避免污染混凝土表面。

（5）模板上除设计预留的穿墙螺栓孔眼外，不得随意打孔、开洞、刻画、敲钉。

（6）脱模剂应选用对混凝土表面质量和颜色不产生影响的脱模剂。

（7）对拉螺栓的规格、品种应根据混侧压力、墙体防水、人防要求和模板面板等情况选用，选用的对拉螺栓应有足够的强度；对拉螺栓套管及堵头应根据对拉螺栓的直径进行确定，可选用塑料、橡胶、尼龙等材料。

（8）明缝条截面形式可根据工程具体情况确定，要求能顺利拆除，宜采用梯形、方形、圆角方形；材质可以为硬木、尼龙、塑料、铝合金、不锈钢等材料。深度不宜大于20mm。

（9）钢龙骨在组装前必须调直，木龙骨要求有足够的刚度。龙骨尽量不用接头，如确需连接，接头部位必须错开。

（10）模板加工时，材料裁口应弹线后切割，尺寸准确，角度到位。

（11）使用模板前应对模板进行现场预拼，对模板表面平整度、截面尺寸、阴阳角、相邻板面高低以及对螺栓组合安装情况进行校核。

（12）合模前，对模板进行检查，特别是模板面板与龙骨的连接，保证龙骨间距符合设计要求。另外，检查是否涂刷脱模剂、面板清洁与否，严禁带有污物的模板上墙。

（13）根据预拼编号进行模板安装，明确明缝、蝉缝的垂直胶圈，吊装时注意对钢筋及塑料卡环的保护。

（14）套穿墙螺栓时，必须调整好位置后轻轻入位，保证每个孔位都加塑料垫圈，避免螺栓损伤穿墙孔眼。模板紧固前，保证面板对齐，拧紧对拉螺栓，加固时用力要均匀，避免模板产生不均匀变形。严禁在面板校正前加固。

（15）模板制作好运到现场必须经监理验收合格后，方可安装使用。

（16）模板运输到现场的路程中及到现场堆放都应受到保护，应采用相应的材料进行保护。

6.2.6 混凝土材料选用

（1）在同一工程使用的水泥为同一厂家生产、同一品种、同强度等级、同批号，且采用同一熟料磨制、颜色均匀的水泥。

（2）处于潮湿环境和干湿交替环境的混凝土，应选用非碱活性骨料（强条）。

（3）所用的粗骨料应连续级配良好，颜色均匀、洁净，含泥量小于1%。在同一工程中使用的骨料应为同一生产厂家的产品。

（4）细骨料选用中砂，含泥量小于3%。

（5）严格控制预拌混凝土的原材料掺量精度，允许偏差不超过1%。宜选用Ⅰ级粉煤灰。

（6）清水混凝土结构在施工全过程均必须使用同一生产厂家同一品种的外加剂和同一生产厂家同一细度的掺合料。

6.2.7 混凝土搅拌运输

（1）控制好混凝土搅拌时间，清水混凝土的搅拌应采用强制式搅拌机，且搅拌时间比普通混凝土延长20~30s。

（2）进场的混凝土，应逐车检测坍落度，目测混凝土外观颜色、有无泌水离析，并做好记录。

（3）搅拌运输车每次清洗后应排净料筒的积水，避免影响水胶比。

（4）混凝土拌和物从搅拌结束到施工现场浇筑不宜超过1.5h，在浇筑过程中，严禁添加配合比以外的用水或外加剂。

6.2.8 钢筋工程

（1）钢筋绑扎前，必须先清理钢筋，保持清洁，无明显锈污。

（2）钢筋绑扎的扎丝应采用防锈镀锌钢丝，扎丝头全部向钢筋内侧设置，同时将外侧扎丝圆钩全部压平，以防外露，避免混凝土表面出现锈斑。

（3）为避免钢筋绑扎与对拉螺栓位置的矛盾，在地面上弹出对拉螺栓的位置，并设置竖向标识杆。遇到对拉螺栓与钢筋相碰时，将相邻的几排钢筋进行适当调整，但调整幅度必须在规范允许范围内。

（4）混凝土保护层垫块：柱、墙体结构宜选用与混凝土颜色一致的塑料卡环；梁、板宜选用与混凝土同配比的砂浆制作。

6.2.9 混凝土施工

（1）混凝土浇筑时，应保证浇筑的连续性，尽量缩短浇筑时间间隔，避免分层产生冷缝。

（2）现场浇筑混凝土时，振动棒采用"快插慢拔"、均匀的梅花形布点，并使振动棒在振捣过程中上下有抽动，上下混凝土振动均匀。初凝前加强二次振捣排出气泡。

（3）混凝土振点应从中间开始向边缘分布，且布棒均匀，层层搭扣，遍布浇筑的各个部位，插入下层混凝土中50~100mm。振捣过程中应避免撬振模板、钢筋，每一振点的振动时间，应以混凝土不再下沉、无气泡逸出为止，一般为20~30s，避免过振产生离析。

（4）后续混凝土浇筑前应先剔除施工缝处松动石子或浮浆层，并清理干净。

6.2.10　模板拆除

（1）模板拆除要严格按照施工方案的拆除顺序进行，并加强对清水混凝土成品和对拉螺栓孔眼的保护。

（2）拆除模板时，要按照程序进行，操作人员不得站在墙顶采用晃动、撬动模板，禁止用大锤敲击，防止混凝土墙面及门窗洞口等出现裂纹和损坏模板。

（3）拆除模板时，应先拆除模板之间的对拉螺栓及连接件，松动斜撑节丝杆，使模板后倾与墙体脱开，在检查确认无误后，方可起吊模板。

6.2.11　混凝土养护

（1）混凝土浇筑完毕后，应在12h以内加以覆盖和浇水养护，清水混凝土墙、柱拆模后应采用定制的塑料薄膜套包裹，混凝土养护时间不少于7天。

（2）养护剂宜采用水乳型养护剂，避免混凝土表面变黄。

◆图片效果

混凝土养护的理想效果见图2-6-1。

图2-6-1　混凝土养护的理想效果

二、砌筑工程

◆参照标准

GB 50300—2013《建筑工程施工质量验收统一标准》；

DL/T 5210.1—2012《电力建设施工质量验收规程　第1部分：土建工程》；

GB 50203—2011《砌体结构工程施工质量验收规范》。

◆适用范围

全厂所有砌筑工程。

◆ 施工质量标准

6.2.12 施工时所有的小砌块的产品龄期不应小于28天。

6.2.13 承重墙体严禁使用断裂小砌块。

6.2.14 小砌块应底面朝上反砌于墙上。

6.2.15 小砌块和砂浆的强度等级必须符合设计要求。

6.2.16 墙体转角处和纵横墙交接处应同时砌筑。临时间断处应砌成斜槎，斜槎水平投影长度不应小于高度的2/3。

6.2.17 设置在砌体水平灰缝中的钢筋的锚固长度不宜小于50d，且其水平或垂直弯折段的长度不宜小于20d和150mm；钢筋的搭接长度不应小于55d。

6.2.18 配筋砌块砌体剪力墙中，采用搭接接头的受力钢筋搭接长度不应小于35d，且不应小于300mm。

6.2.19 构造柱与墙体的连接处应砌成马牙槎，马牙槎应先退后进，预留的拉结钢筋应位置正确，施工中不得任意弯折。

砌筑工程的施工质量标准见表2-6-3。

表2-6-3　　　　　　　　　　砌筑工程的施工质量标准

序号	检查项目			质量标准
1	饱满度	水平灰缝		≥90%
		竖向灰缝		≥80%
2	轴线位移			≤10mm
3	垂直度	每层		≤5mm
		全高	≤10m	≤10mm
			>10m	≤20mm
4	表面平整度	清水墙、柱		≤5mm
		混水墙、柱、基础		≤8mm
5	水平灰缝平直度	清水墙		≤7mm
		混水墙		≤10mm

◆ 施工工艺要求

6.2.20 砌筑顺序应符合下列规定：

（1）基底标高不同时，应从低处砌起，并应由高处向低处搭砌。当设计无要求时，搭接长度不应小于基础扩大部分的高度。

（2）砌体的转角处和交接处应同时砌筑。当不能同时砌筑时，应按规定留槎、接槎。

（3）在墙上留置临时洞口，其侧边离交接处墙面不应小于500mm，洞口净宽不应超过1m。

6.2.21　不得在下列墙体或部位设置脚手眼：

（1）120mm厚墙、料石清水墙和独立柱。

（2）过梁上与过梁成60°角的三角形范围及过梁净跨度1/2的高度范围内。

（3）宽度小于1m的窗间墙。

（4）砌体门窗洞口两侧200mm（石砌体为300mm）和转角处450mm（石砌体为600mm）范围内。

（5）梁或梁垫下及其左右500mm范围内。

（6）设计不允许设置脚手眼的部位。

6.2.22　施工脚手眼补砌时，灰缝应填满砂浆，不得用干砖填塞。

6.2.23　设计要求的洞口、管道、沟槽应于砌筑时正确留出或预埋，未经设计统一，不得打凿墙体和在墙体上开凿水平沟槽。宽度超过300mm的洞口上部应设置过梁。

6.2.24　框架柱填充墙拉结筋应预埋（不得拆模后采用植筋或使用膨胀螺栓），不得将拉结筋折弯压入砖缝。

三、墙面分隔缝

◆参照标准

DL/T 5210.1—2012《电力建设施工质量验收规程　第1部分：土建工程》；

GB 50300—2013《建筑工程施工质量验收统一标准》；

GB 50210—2018《建筑装饰装修工程质量验收标准》。

◆适用范围

全厂所有粉刷外墙。

◆施工质量标准

6.2.25　分格缝棱角整齐、横平竖直、交接处平顺、深浅宽窄一致、颜色鲜明无污染。

6.2.26　分格缝直线度小于3mm。

◆施工工艺要求

6.2.27　分格缝图纸上有设计的按设计要求施工；无设计要求的，施工前必须绘制效果图，报招标方批准后方可施工。

6.2.28　分格缝统一使用黑色塑料条。塑料条材质和颜色样品由投标方提供，招标方确认。

6.2.29　分格缝原则上应设于混凝土与砌体交界处或结构易产生裂缝的位置，以及窗洞口的上下口和侧边，门洞口的上口和侧边。分格缝应棱角整齐、横平竖直、交接处平顺、深浅宽窄一致、颜色鲜明无污染。

四、墙面抹灰

◆参照标准

DL/T 5210.1—2012《电力建设施工质量验收规程　第1部分：土建工程》；

GB 50300—2013《建筑工程施工质量验收统一标准》；

GB 50210—2018《建筑装饰装修工程质量验收标准》。

◆适用范围

全厂所有墙体抹灰工程。

◆施工质量标准

6.2.30　应使用含泥量低于2%、细度模数不小于2.5的中粗砂，严禁使用细砂、石粉、混合粉。

6.2.31　混凝土基层应采用人工凿毛或涂刷界面剂后再抹砂浆。

6.2.32　基层平整度偏差超标时，应进行局部凿除（凿除时不得露出钢筋）或采用聚合物水泥砂浆填补。

6.2.33　抹灰前应清除墙面污物，并提前一天浇水湿润。

6.2.34　原则上外墙施工不允许使用单排脚手架，外墙不留架眼；构造柱、圈梁支模不允许留设架眼，采用钻孔方式固定模板。少量必要的架眼（架子较高需要与墙体联结固定时）要安排专人封。封堵时，必须清除孔内杂物并用水湿润，用润水砖及防水砂浆捣实或用细石混凝土分层捣实。

6.2.35　在两种不同基体交接处及墙面有管线开槽处，应采用钢丝网抹灰或耐碱玻璃网布聚合物砂浆加强带进行处理，加强带与各基体的搭接宽度不应小于150mm（满挂钢丝网）。

6.2.36　当抹灰厚度大于30mm时，应按规定增加钢丝网。

6.2.37　楼板底面粉刷时应对基层进行毛化处理，粉刷砂浆中宜掺入抗裂纤维。

6.2.38　抹灰必须分层进行，严禁一遍成活，施工时厚度宜控制在6~8mm，层间间隔时间不小于24h。

6.2.39　外墙粉刷各层接缝位置应错开，并设置在混凝土梁、柱中部；一般可设置在分格条或雨水管安装中心线背部，避免观感不佳产生消减色差现象。

6.2.40　室外温度低于5℃时，不宜进行外墙粉刷。

6.2.41　外墙为涂料时，其粉刷层宜掺入抗裂纤维。

6.2.42 外墙涂料找平腻子的厚度不应大于1mm。

墙面抹灰各项目的质量标准见表2-6-4。

表2-6-4　　　　　　　　　　　墙面抹灰各项目的质量标准

序号	检查项目	质量标准（mm）	
		普通抹灰	高级抹灰
1	立面垂直度	4	3
2	表面垂直度	4	3
3	阴阳角方正	4	3
4	分格条（缝）直线度	4	3
5	墙裙、勒脚上口垂直度	4	3

◆施工工艺要求

6.2.43 墙面抹灰原则上先做阴阳角、贴饼，再满刮抹墙面，阳角用1：2水泥砂浆做护角。用2m长铝合金方型型材做尺杆，可采用白乳胶漆和白水泥调制成腻子（外墙和有防水要求的墙采用上述材料，内墙采用普通腻子），刮抹阴阳角，用捋子捋顺直。阳角均做成小圆角，确保阴阳角清晰、顺直、方正。

6.2.44 抹灰前，基层表面的尘土、污垢、油渍等应清除干净，并洒水润湿。

6.2.45 一般抹灰用材料的品种和性能应符合设计要求。水泥的凝结时间和安定性复验应合格。砂浆的配合比应符合设计要求。

6.2.46 抹灰应分层进行。当抹灰总厚度大于等于35mm时，应采取加强措施。不同材料基体交接表面的抹灰，应采取防止开裂的加强措施。当采用加强网时，加强网与各基体的搭接宽度不应小于100mm。

6.2.47 抹灰层与基层之间及各抹灰层之间必须黏结牢固，抹灰层应无脱层、空鼓，面层应无爆灰和裂缝。

6.2.48 抹灰表面要光滑、洁净、颜色均匀，无抹纹，分格缝、灰线应清晰美观。

6.2.49 扩角、孔洞、槽、盒周围的抹灰表面应整齐、光滑；管道后面的抹灰表面应平整。

6.2.50 有排水要求的部位应做滴水线（槽）。滴水线（槽）应整齐顺直，滴水线应内高外低，滴水槽的宽度和深度不应小于10mm。

◆图片效果

墙面抹灰的理想效果见图2-6-2。

（a）
（b）

图 2-6-2　墙面抹灰的理想效果

（a）抹平拉毛；（b）加气混凝土墙面满挂细钢丝网

五、外墙面砖

◆参照标准

DL/T 5210.1—2012《电力建设施工质量验收规程　第1部分：土建工程 》；

GB 50300—2013《建筑工程施工质量验收统一标准》；

GB 50210—2018《建筑装饰装修工程质量验收标准》。

◆适用范围

全厂所有外墙面砖工程。

◆施工质量标准

6.2.51　外墙面砖表面应平整、洁净、色泽一致，无裂痕和缺损。

6.2.52　阴阳角处搭接方式、非整砖使用部位应符合设计要求。

6.2.53　墙面突出物周围的面砖应整砖套割吻合，边缘整齐，墙裙、贴脸突出墙面的厚度应一致。

6.2.54　面砖接缝应平直、光滑，填嵌应连续、密实；宽度与深度符合设计要求。

6.2.55　有排水要求的部位应做成滴水线（槽）。滴水线（槽）应顺直，流水坡向正确，坡度符合设计要求。

外墙面砖各项目的质量标准见表2-6-5。

表2-6-5　　　　　　　　　　　　外墙面砖各项目的质量标准

序号	检查项目	质量标准（mm）	
		外墙面砖	内墙面砖
1	立面垂直度	3	2
2	表面平整度	4	3

序号	检查项目	质量标准（mm）	
		外墙面砖	内墙面砖
3	阴阳角方正	3	3
4	接缝直线度	3	2
5	接缝高低差	1	0.5
6	接缝宽度	1	1

◆工艺要求

6.2.56 镶贴前进行模数计算，统一弹线分格预排，使排砖和拼缝均匀。

6.2.57 按设计要求挑选规格、颜色一致的面砖，面砖使用前要隔夜在清水中浸泡后阴干备用。

6.2.58 底子灰抹完后，一般要养护1~2天才可镶贴面砖。

6.2.59 用面砖做灰饼，找出墙面、柱面、门窗套横竖标准，阳角要双面排直，灰饼间距不应大于1.5m。

6.2.60 粘贴面砖的外墙面用防水砂浆刮糙时，门窗洞口四周墙面两次刮糙层的接缝位置必须错开。

6.2.61 镶贴时，在面砖背后满铺贴黏结砂浆，镶贴后，用小铲把轻轻敲击，使之与基层黏结牢固，并用靠尺随时找平找方。贴完一皮后须将砖上口灰刮平，每日下班前清理干净。

6.2.62 如设计无规定，则外墙面砖缝隙缝宽应为8mm左右，缝深应凹进面砖外皮2~3mm。

6.2.63 勾缝材料采用专业填缝剂。勾嵌缝应采用勾缝工具，要求嵌填密实。

6.2.64 水平缝和立缝均应做到通顺平直、宽窄一致，灰缝颜色一致，无丢缝。

6.2.65 不允许有小于1/4的块料，条形饰面砖不得小于1/2砖。非整砖排在阴角处或次要部位。

6.2.66 独立柱用条形饰面砖时，宽度方向必须用整砖。同一平面内的转角（阳台顶面、女儿墙压顶等）应按角平分线对角拼贴。饰面砖墙面与不同类型做法的平面交接处宜留置5~8mm的间隙，并留置分格缝。

6.2.67 门窗洞口饰面砖表面应与门窗框外留5~8mm通缝，缝内填嵌建筑密封胶。

6.2.68 阴阳角方正顺直，阳角处两面贴面砖的对应边宜切成45°对角镶贴。窗台下檐檐口处，应以水平铺贴面将垂直铺贴面盖住，且突出挑口底面5mm（兼做滴水），水平面砖外侧应比内侧低10mm。

6.2.69　工程完工后，可用浓度为10%的稀盐酸刷洗表面，并随即用清水冲洗干净。

◆图片效果

外墙面砖的理想装饰效果见图2-6-3。

图2-6-3　外墙面砖的理想装饰效果

六、地面砖、内墙面砖及楼梯面砖

◆参照规范

DL/T 5210.1—2012《电力建设施工质量验收规程　第1部分：土建工程》；

GB 50300—2013《建筑工程施工质量验收统一标准》；

GB 50210—2018《建筑装饰装修工程质量验收标准》。

◆适用范围

全厂地面砖、内墙面砖及楼梯面砖铺贴

◆施工质量标准

6.2.70　饰面砖表面应平整、洁净、色泽一致，无裂痕和缺损。

6.2.71　阴阳角处搭接方式、非整砖使用部位应符合设计要求。

6.2.72　墙面突出物周围的饰面砖应整砖套割吻合，边缘应整齐。墙裙、贴脸突出墙面的厚度应一致。

6.2.73　饰面砖接缝应平直、光滑，填嵌应连续、密实；宽度和深度应符合设计要求。

6.2.74　有排水要求的部位应做滴水线（槽）。滴水线（槽）应顺直，流水坡方向应正确，坡度应符合设计要求。

地面砖、内墙面砖及楼梯面砖各项目的质量标准见表3-6-6。

表3-6-6 地面砖、内墙面砖及楼梯面砖各项目的质量标准

序号	项目	质量标准（mm）	
		外墙面砖	内墙面砖
1	立面垂直度	3	2
2	表面平整度	4	3
3	阴阳角方正	3	3
4	接缝直线度	3	2
5	接缝高低差	1	0.5
6	接缝宽度	1	1

◆工艺要求

6.2.75 地面砖粘贴采用标准工艺，大面积地面砖施工时，要对地面砖进行几何尺寸、变形、色差等方面的筛选。

6.2.76 地面砖粘贴前应进行布板设计，使房间四周拼砖一致，在墙柱阴阳角处均采用整块砖切割。如房间四周有色带，则在墙柱阴阳角处均采用45°割角拼接工艺。

6.2.77 楼梯、卫生间地面砖与墙面砖对缝设置，器具位于四周砖缝中心。

6.2.78 地面砖与钢隔栅、沟道相交处加镀锌角钢保护沿。地面铺400mm×400mm以下块料时应通缝铺贴；400mm×400mm以上块料可用分色块料分隔。块料铺贴应有防膨胀起鼓变形的措施（采用干铺法，块料缝隙用批灰刀划透至找平层，块料与墙体间留粘贴5mm厚的海绵胶带至找平层）。

6.2.79 为防止地面开裂，水泥地面以及耐磨地面在面层施工时应按规范要求设规则的伸缩缝。

6.2.80 踢脚线应嵌入墙内，拼缝要统一；阴阳角处均应采用45°割角拼接工艺。

6.2.81 楼梯踏步面平整、宽度均匀一致，相邻台阶两级差不超过6mm。踏面应设防滑槽（条），并顺直、牢固。防滑条顺直、清晰。

6.2.82 踏面压踢面，外露宽度宜控制在4~6mm（石材采用该探出宽度，瓷砖应控制在探出宽度为0~2mm内），外侧边缘磨圆抛光；踏步及休息平台梯井侧应采用同标准抛光花岗岩做挡水沿，花岗岩挡水沿板外侧各面均应抛光。

6.2.83 楼梯踏步施工完，机组试运前，宜做角钢护角，角钢与踏步前塞海绵减振，工程竣工前拆除。楼梯下沿应留成统一形式的滴水线或滴水槽。

七、硬化耐磨面层

◆参照标准

DL/T 5210.1—2012《电力建设施工质量验收规程　第1部分：土建工程》；

GB 50300—2013《建筑工程施工质量验收统一标准》；

GB 50209—2010《建筑地面工程施工质量验收规范》。

◆适用范围

全厂硬化耐磨地坪

◆施工质量标准

6.2.84 硬化耐磨面层采用的材料应符合设计要求和国家有关标准的规定。

6.2.85 采用拌和料铺设时，水泥的强度不应小于42.5MPa。金属渣、屑、纤维不应有其他杂质，使用前应去油除锈、冲洗干净并干燥；石英砂应用中粗砂，含泥量不应大于2%。

6.2.86 面层的厚度、强度等级、耐磨性能应符合设计要求。

6.2.87 面层与基层（或下一层）结合应紧密，且应无空鼓、裂缝。当出现空鼓时，空鼓面积不应大于400cm²，且每自然间或标准间不应多于2处。

6.2.88 面层表面批复应符合设计要求，不应有倒泛水和积水现象。

6.2.89 面层表面色泽应一致，切缝应顺直，不应有裂纹、脱皮、麻面、起砂等缺陷。

6.2.90 踢脚线与柱、墙应紧密结合，踢脚线高度及出柱、墙厚度应符合设计要求且均匀一致。当出现空鼓时，局部空鼓长度不应大于300mm，且每自然间或标准间不应多于2处。

◆工艺要求

6.2.91 硬化耐磨面层应采用金属渣、屑、纤维或石英砂、金刚砂等，并应与水泥类胶凝材料拌和和铺设，或在水泥类基层上撒布铺设。

6.2.92 采用拌和料铺设时，拌和料的配合比应通过试验确定；采用撒布铺设时，耐磨材料的撒布量应符合设计要求，且应在水泥类基层初凝前完成撒布。

6.2.93 面层采用拌和料铺设时，宜先铺设一层强度等级不小于M15、厚度不小于20mm的水泥砂浆，或水灰比宜为0.4的素水泥浆结合层。

6.2.94 采用拌和料铺设时，铺设厚度和拌和料强度应符合设计要求。当设计无要求时，水泥钢（屑）面层铺设厚度不应小于30mm，抗压强度不应小于40MPa；水泥石英砂浆面层铺设厚度不应小于20mm，抗压强度不应小于30MPa；钢纤维混凝土面层铺设厚度不应小于40mm，抗压强度不应小于40MPa。

6.2.95 采用撒布铺设时，耐磨材料应撒布均匀，厚度应符合设计要求；混凝土基层或砂浆基层的厚度及强度应符合设计要求。但设计无要求时，混凝土基层的厚度不应小于50mm，强度等级不应小于C25；砂浆基层的厚度不应小于20mm，强度等级不应小于M15。

6.2.96　分隔缝的间距及缝深、缝宽、填缝材料应符合设计要求。

6.2.97　面层铺设后应在湿润条件下静置养护，养护期限应符合材料的技术要求，应在面层强度达到设计强度后方可投入使用。

八、塑胶地坪

◆参照标准

DL/T 5210.1—2012《电力建设施工质量验收规程　第1部分：土建工程》；

GB 50300—2013《建筑工程施工质量验收统一标准》；

GB 50209—2010《建筑地面工程施工质量验收标准》。

◆适用范围

主厂房塑胶地坪。

◆施工质量标准

基层应平整、密实，无裂纹、无空鼓、不起砂、无油脂。应除去基层干燥后在表面形成的粉末层，并达到一定的表面粗糙程度。对表面受油污、化学品作用、破损部分等均需处理。对凹坑采用环氧腻子填平修补，自然养护干燥后，打磨平整。底涂层处理时，温度应大于等于10°，湿度应小于等于85%，基层表面含水率应大于等于9%，强度应大于等于21MPa。底涂层每遍间隔时间为8h时以上。自流平面层采用刮板将熟化的混合料轻刮，使其均匀分布。粘贴塑胶卷材面层，粘贴塑料踢脚板。在四周或柱根处，要留不小于12cm的宽度进行镶边。面层应表面洁净，图案清晰，色泽一致，接缝严密，顺直美观，无胶痕。

◆工艺要求

6.2.98　塑胶地板施工前，应除去基层干燥后在表面形成的粉末层，并达一定的表面粗糙程度。基层应干燥、平整、密实，无裂纹、无空鼓、不起砂、无油脂。对表面受油污、化学品作用、破损部分等均需处理。对凹坑采用环氧腻子填平修补，自然养护干燥后，打磨平整。

6.2.99　底涂层处理时，温度应大于等于10℃，湿度应小于等于85%，基层表面含水率应小于等于9%，强度应大于等于4MPa。底涂层每遍间隔时间为8h以上。

6.2.100　自流平施工前对找平地面进行打磨处理，对空鼓地面进行返工（可用水泥砂浆或自流平水泥、原子灰进行处理，但水泥砂浆经处理干燥后才能打磨进行自流平施工）；地面平整度达到2m范围内±2mm后方能进行施工，否则加厚自流平施工的厚度，但其厚度应小于等于5mm。

6.2.101　找平地面打磨后检验合格后再进行自流平施工，以免造成质量隐患；地面自流平施工前，对地面进行彻底的清洁，然后涂刷底胶，涂刷时纵横交叉一遍无遗漏，均匀涂布，对局部粗糙面加做一次保证封底效果，可以避免自流平施工大量起泡。

6.2.102　自流平施工时严格控制其和易性，避免起壳、不平等缺陷；自流平搅拌均匀后存放几分钟，再二次搅拌后方能施工。

6.2.103　在自流平施工时，用挂齿板将倒在地面的自流平水泥浆按顺序刮至均匀，并用专人进行放气作业，往返放气，使自流平水泥浆更流畅、均匀、无气孔。

6.2.104　自流平施工完后封闭现场，12h内不得上人，24h后视现场的干燥程度进行下道工序的打磨施工。

6.2.105　打磨过后对地面重复进行检查，用大功率吸尘器对地面进行清理；对留下的齿轮纹或局部气泡产生的凹槽刷结合剂及时进行修补。

6.2.106　自流平施工至少24h后先把塑胶地板移至局部施工现场适应环境温度（塑胶地板放在现场的总时间不得少于24h），进行处理后试铺，达到要求后按设计要求进行弹线、定位，再大面积铺贴。

6.2.107　铺设前先试排，并注意保持地板背部的箭头方向一致，然后根据现场结构和设计方案进行拼接裁割，拼缝不得大于1mm；正对门处必须为整块，不得留下拼缝；先铺设粘贴好周边地脚线，再进行大面粘贴。

6.2.108　将拼设好的地板按顺序翻起，清洁场地，现场选用刮齿进行地面刮胶，待晾干时间适当后方可粘贴；粘贴按顺序轻推轻放，排除地板底部的空气，使用60kg铁压辊按顺序滚压不遗漏，并及时修整翻边、翘角、离缝等现象及多余的胶水。

6.2.109　粘贴配套塑料踢脚线前先清理好墙面的浮渣、腻子等，表面平整后才能粘贴踢脚线。若预留粘贴的尺寸小于其高度或墙面不顺直而影响万能胶的粘贴，可在墙面上先安装好2~3mm的夹板再粘贴踢脚线，其表面与墙体间的细缝用与踢脚线相近颜色的玻璃胶或墙面腻子进行填实并刮平滑。

6.2.110　踢脚线阴阳角对称捣边，达到方正、顺直及垂直，无有翘曲、变形、歪斜要求，拉通线检查偏差不超过3mm。

6.2.111　塑胶地板拼花待地板铺设24h后切割。切割前先弹线，与现场实际情况对比确定并通过认定后才能施工，施工时采用无缝拼接的方式进行粘贴。

6.2.112　焊接开槽切缝平滑、顺直，各角部、交叉口不能用机具开槽的部位用钢尺辅助刀片切割，并且与大面长条宽窄一致，待检查后再进行焊接；焊接后及时割平表面高出的焊条，并清理干净焊缝口外表面黏附的薄片胶体，待2h后再次用滚辊滚压地板。

6.2.113　施工完后塑胶地板表面不能有胶水、胶带等遗留物，表面不得有颗粒状或尖状物品出现，地面周边与踢脚线角处打玻璃胶密闭。

6.2.114 塑胶地板铺贴完工后无有起泡、翘边、脱焊、脱胶等质量缺陷，焊缝无有弯曲、凸凹不平的现象，保证塑胶地板和配套踢脚线焊缝光洁、平整、无焦化变色、斑点、焊瘤、起鳞等缺陷，焊缝凹凸允许偏差不应大于0.6mm。

6.2.115 面层应表面洁净，图案清晰，色泽一致；拼缝处图案、花纹应吻合，无明显高低差及缝隙，无胶痕；与周边接缝应严密，阴阳角应方正、收边整齐。

6.2.116 在四周或柱根处，要留不小于12cm的宽度进行镶边。

◆图片效果

塑胶地坪的理想效果见图2-6-4。

图2-6-4 塑胶地坪的理想效果

九、沟道及盖板

◆参照标准

DL/T 5210.1—2012《电力建设施工质量验收规程 第1部分：土建工程》；

GB 50300—2013《建筑工程施工质量验收统一标准》。

◆适用范围

全厂沟道及盖板。

◆施工质量标准

沟道盖板室内选用内嵌式，室外选用外压式。室内外沟道要平直，坡度符合设计要求，沟沿应埋置热镀锌角钢保护，盖板底的端部应粘贴橡胶条，避免盖板与沟沿接触不紧密、晃动。盖板的长宽比例按黄金分割比例来做，沟沿角钢反扣向墙内，嵌入式盖板每隔10块板用空心钻开孔并加装沉头螺母。室内外所有盖板均要求设热镀锌角钢，盖板盖上后，要平整、稳固，盖板与盖板、盖板与角钢之间的缝隙要做到基本密合。

沟道检查的质量标准见表2-6-7。

表2-6-7　　　　　　　　　　　　　　沟道检查的质量标准

序号	检查项目	质量标准（mm）
1	中心线位移	≤ 15
2	基准点孔洞偏差	5～-10

盖板检查的质量标准见表2-6-8。

表2-6-8　　　　　　　　　　　　　　盖板检查的质量标准

序号	检查项目	质量标准（mm）
1	长度偏差	0～-5
2	宽度偏差	0～-5
3	厚度偏差	2～-3
4	对角偏差	≤ 3

◆工艺要求

6.2.117　沟道顺直，露出地面的部分应按照清水混凝土施工工艺标准执行。

6.2.118　沟道盖板周边均要求设置热镀锌角钢。

6.2.119　沟底平整、排水坡度、排水点设置符合设计要求。

6.2.120　内嵌式沟道盖板上表面与沟沿上口应平齐一致，室外沟道盖板面层要达到清水混凝土标准。

6.2.121　盖板角钢下宜粘贴橡胶板，避免盖板与沟沿接触不紧密，晃动有响声；盖板安装要求平整、固定，盖板与盖板之间的隙缝基本密合。

◆图片效果

沟道及盖板的理想效果见图2-6-5和图2-6-6。

（a）　　　　　　　　　　　　　　　　（b）

图2-6-5　沟道及盖板的理想效果（一）

（a）钢格栅盖板；（b）管沟花纹钢盖板

（a）　　　　　　　　　　　　（b）

图2-6-6　沟道及盖板的理想效果（二）

（a）盘柜预留孔洞镀锌花纹盖板；（b）转弯处细部工艺

十、楼梯踏步

◆参照标准

DL/T 5210.1—2012《电力建设施工质量验收规程　第1部分：土建工程》；

GB 50300—2013《建筑工程施工质量验收统一标准》；

GB 50209—2010《建筑地面工程施工质量验收规范》；

GB 50210—2018《建筑装饰装修工程质量验收标准》。

◆适用范围

全厂楼梯踏步。

◆质量标准

6.2.122　饰面砖表面应平整、洁净、色泽一致，无裂痕和缺损。

6.2.123　阴阳角处搭接方式、非整砖使用部位应符合设计要求。

6.2.124　墙面突出物周围的饰面砖应整砖套割吻合，边缘应整齐。墙裙、贴脸突出墙面的厚度应一致。

6.2.125　饰面砖接缝应平直、光滑，填嵌应连续、密实；宽度和深度应符合设计要求。

楼梯踏步检查的质量标准见表2-6-9。

表2-6-9　　　　　　　　　　楼梯踏步检查的质量标准

序号	检查项目	质量标准（mm）	
		外墙面砖	内墙面砖
1	立面垂直度	3	2
2	表面平整度	4	3
3	阴阳角方正	3	3

序号	检查项目	质量标准（mm）	
		外墙面砖	内墙面砖
4	接缝直线度	3	2
5	接缝高低差	1	0.5
6	接缝宽度	1	1

◆工艺要求

6.2.126　踏步面平整、宽度均匀一致，相邻台阶两级差不超过10mm。踏面应设防滑槽（条）。

6.2.127　踏步施工完，168h试运前，宜做角钢护角，角钢与踏步前塞海绵减振，工程竣工前拆除。

十一、楼梯栏杆与维护栏杆

◆参照标准

DL/T 5210.1—2012《电力建设施工质量验收规程　第1部分：土建工程》；

GB 50300—2013《建筑工程施工质量验收统一标准》；

GB 50210—2018《建筑装饰装修工程质量验收标准》。

◆适用范围

全厂楼梯栏杆与维护栏杆。

◆施工质量标准

6.2.128　护栏和扶手安装预埋件的数量、规格、位置及护栏与预埋件的连接节点应符合设计要求。

6.2.129　护栏和扶手转角弧度应符合设计要求，接缝应严密，表面应光滑，色泽应一致，不得有裂缝、翘曲及损坏。

6.2.130　建筑工程护栏的安装应采用预埋件法，预埋件要定位准确；栏杆与埋件应焊接牢固，栏杆与埋件间隙较大时，应采用增加铁件过渡方式；钢制楼梯扶手、护栏的安装应焊接固定在支撑踏步或平台结构型钢上。

6.2.131　水平护栏的安装，所有立柱间距应均匀一致，转弯处需设立柱，通长直线度不大于3mm，所有杆件横平竖直，垂直度、水平度均不大于2mm。

6.2.132　楼梯扶手的安装，所有立杆必须垂直，垂直度不大于2mm，通长直线度不大于3mm；立杆长度一致，横杆与楼梯坡度要一致。

6.2.133　所有孔洞周边栏杆下均应设置挡水沿或踢脚板，高度不小于120mm。楼梯设置钢制踢脚板，厚度不得小于3mm，上口直线度按2mm以内控制，上沿须磨光，不得留有毛刺。

楼梯栏杆与维护栏杆检查的质量标准见表2-6-10。

表2-6-10 楼梯栏杆与维护栏杆检查的质量标准

序号	检查项目	质量标准（mm）
1	护栏垂直度	≤2
2	栏杆间距偏差	≤3
3	扶手直线度	≤4
4	扶手高度偏差	≤3

◆工艺要求

6.2.134 楼梯栏杆及建筑栏杆扶手的型式、尺寸、颜色可根据使用场所情况，施工前应进行二次设计，征得业主同意后方可施工。

6.2.135 楼梯栏杆下均应设挡水沿或踢脚板，高度不小于120mm；钢制平台或楼梯设钢制踢脚板，厚度不得小于3mm；上口直线度按2mm以内控制，上沿须磨光，不得留有毛刺。

6.2.136 扶手在转角处弯圆，焊缝打磨光滑。楼梯栏杆扶手高度应大于等于1050mm，放样时必须考虑楼地面建筑层厚度。严禁在加工时将管压扁施工。

6.2.137 围护栏杆与柱、墙连接处及立管落地处一律加扣碗。

6.2.138 栏杆接口应使用机械切割下料。

6.2.139 拐弯栏杆应使用冷弯机械加工，或订购特殊异型件。

6.2.140 栏杆上的装饰性板材，一律使用机械压制、机械切口。

6.2.141 固定栏杆的预埋件在栏杆安装前应放线，当误差较大时，应另用铁件找平。上述铁件直接埋入楼板的面层中，以保证工艺美观。

6.2.142 玻璃栏板一律使用经打磨的浮法（安全）玻璃。

6.2.143 栏杆的角度，对口全部使用$L=500$mm的方尺四面归方后方能焊接。栏杆安装连接应牢固可靠，扶手转角应光滑。

6.2.144 栏杆接口焊接应使用ϕ3mm以下焊条，并使用小电流参数，以防止夹渣。其对口一般应打坡口，栏杆焊接工作应一次完成。

6.2.145 栏杆立柱的垂直、间距要均匀，立柱安装应拉线校准在同一高度和垂直线上，靠转弯处应装一根立柱，栏杆接头焊接后要打磨光滑。

◆图片效果

楼梯栏杆与维护栏杆检查的理想效果见图2-6-7。

图2-6-7 楼梯栏杆与维护栏杆的理想效果

十二、屋面找平层

◆参照标准

DL/T 5210.1—2012《电力建设施工质量验收规程 第1部分：土建工程》；

GB 50300—2013《建筑工程施工质量验收统一标准》；

GB 50207—2012《屋面工程质量验收规范》。

◆适用范围

全厂屋面刚性层。

◆施工质量标准

6.2.146 找平层的基层采用装配式钢筋混凝土板时，应符合下列规定：

（1）板端、侧缝应用细石混凝土灌缝，其强度等级不应低于C20。

（2）板缝宽度大于40mm或上窄下宽时，板缝内应设置构造钢筋。

（3）板端缝应进行密封处理。

6.2.147 找平层的排水坡度应符合设计要求。平屋面采用结构找坡不应小于3%，采用材料找坡宜为2%；天沟、檐沟纵向找坡不应小于1%，沟底水落差不得超过

200mm。

6.2.148　基层与突出屋面结构（女儿墙、山墙、天窗壁、变形缝、烟囱等）的交接处和基层的转角处（落水口、檐口、天沟、檐沟、屋脊等），找平层均应做成圆弧形，内部排水的水落口周围，找平层应做成略低的凹坑。

6.2.149　找平层宜设置分格缝，并嵌填密封材料。分格缝应留设在板端缝处，其纵横缝的最大间距为：水泥砂浆或细石混凝土找平层，不宜大于6m；沥青砂浆找平层，不宜大于4m。

6.2.150　水泥砂浆、细石混凝土找平层应平整、压光，不得有酥松、起砂、起皮现象；沥青砂浆找平层不得有拌和不匀、蜂窝现象。

6.2.151　找平层表面平整度的允许偏差为5mm。

屋面找平层的技术要求见表2-6-11。

表2-6-11　　　　　　　　　　屋面找平层的技术要求

序号	类别	基层种类	厚度（mm）	技术要求
1	水泥砂浆找平层	整体混凝土	15～20	1：2.5～1：3（水泥）体积比，水泥强度等级不得低于32.5级
		整体或板状材料保温层	20～25	
		装配式混凝土板，松散材料保温层	20～30	
2	细石混凝土找平层	松散材料保温层	30～35	混凝土强度等级不低于C20
3	沥青砂浆找平层	整体混凝土	15～20	1：8（沥青：砂）质量比
		装配式混凝土板，整体或板状材料保温层	20～25	

◆工艺要求

6.2.152　屋面刚性层与女儿墙、山墙之间应预留30mm的伸缩缝，伸缩缝用柔性防水材料填充。应设置分格缝，水泥砂浆或细石混凝土找平层纵横缝分格间距不宜大于6m，沥青找平层纵横缝分格间距不宜大于4m，分格缝内嵌填柔性密封材料。

十三、刚性防水层及保护层

◆参照标准

DL/T 5210.1—2012《电力建设施工质量验收规程　第1部分：土建工程》；

GB 50300—2013《建筑工程施工质量验收统一标准》；

GB 50207—2012《屋面工程质量验收规范》。

◆适用范围

全厂刚性防水层及保护层。

◆施工质量标准

6.2.153 细石混凝土的原材料及配合比必须符合设计要求。

6.2.154 防水层的分格缝，应设在屋面板的支承端、屋面转折处、防水层与突出屋面结构的交接处，并与板缝对齐。普通细石混凝土和补偿收缩混凝土防水层的分隔缝，其纵横间距不宜大于6m。分格缝内应嵌填密封材料。

6.2.155 细石混凝土防水层厚度不应小于40mm，并应配置双向钢筋网片。钢筋网片在分格缝处应断开，其保护层厚度不应小于10mm。

6.2.156 细石混凝土防水层与立墙及突出屋面结构等交接处，均应做柔性密封处理；细石混凝土防水层与基层间宜设置隔离层。

6.2.157 细石混凝土防水层不得有渗漏或积水现象。

6.2.158 密封材料嵌填必须密实、连续、饱满，粘贴牢固，无气泡、开裂、脱落等缺陷。

◆工艺要求

6.2.159 细石混凝土防水层应表面平整、压实抹光，不得有裂缝、起壳、起砂等缺陷。

6.2.160 细石混凝土防水层厚度和钢筋位置应符合设计要求。

6.2.161 细石混凝土分格缝的位置和间距应符合设计要求。

6.2.162 细石混凝土防水层表面平整度的允许偏差为5mm。

6.2.163 密封放水部位的基层质量应符合下列要求：

（1）基层应牢固、干净、干燥，表面应平整、密实。

（2）嵌填密封材料的表面应平滑、缝边应顺直，无凹凸不平现象。

（3）密封放水处理连接部位的基层，应涂刷与密封材料相配套的基层处理剂。基层处理剂应配比准确，搅拌均匀。采用多组分基层处理剂时，应根据有效时间确定使用量。

（4）接缝处密封材料底部应填放背衬材料，外露的密封材料上应设置保护层，其宽度不应小于200mm。

（5）密封材料嵌填完成后不得碰损及污染，固化前不得踩踏。

（6）密封反水接缝宽度的允许偏差为±10%，接缝深度为宽度的0.5~0.7倍。

6.2.164 刚性防水层或保护层应采用细石混凝土。钢筋网片采用焊接型网片，混凝土浇捣时宜先铺2/3厚度的混凝土并摊平，再放置钢筋网片，后铺1/3的混凝土，振捣并碾压密实，收水后分2次压光。保水养护14天。

6.2.165 刚性防水层或保护层应设置分格缝,其间距不宜大于3m,缝宽不应大于30mm,且不小于12mm。分格缝应上下贯通,缝内不得有水泥砂浆黏结。在分格缝和周边缝隙干净干燥后,用与密封材料相匹配的基层处理剂洗刷,待其表面干燥后立即嵌填防水油膏。密封材料底层应填背衬泡沫棒,分格缝上粘贴不小于200mm宽的卷材保护层。

十四、屋面保温层

◆参照标准

DL/T 5210.1—2012《电力建设施工质量验收规程 第1部分:土建工程》;

GB 50300—2013《建筑工程施工质量验收统一标准》;

GB 50207—2012《屋面工程质量验收规范》。

◆适用范围

全厂屋面保温层。

◆施工质量标准

6.2.166 保温层应干燥,封闭式保温层的含水率应相当于该材料在当地自然风干状态下的平衡含水率。

6.2.167 屋面保温层干燥有困难时,应采用排汽措施。

6.2.168 倒置式屋面应采用吸水率小、长期浸水不腐烂的保温材料。保温层上应用混凝土等块材、水泥砂浆或卵石作为保护层;卵石保护层与保温层之间,应干铺一层无纺聚酯纤维布作为隔离层。

6.2.169 松散材料保护层施工应符合下列规定:

(1)铺设松散材料保护层的基层应平整、干燥和干净。

(2)保温层含水率应符合设计要求。

(3)松散保护层材料应分层铺设并压实,压实的程度与厚度应经试验确定。

(4)保温层施工完成后,应及时进行找平层和防水层的施工;雨季施工时,保温层应采取遮盖措施。

6.2.170 板状材料保温层施工应符合下列规定:

(1)板状材料保温层的基础应平整、干燥和干净。

(2)板状保温材料应紧靠在保温层的基层表面上,并应铺平垫稳。

(3)分层铺设的板块上下层接缝应相互错开;板间缝隙应采用同类材料嵌填密实。

(4)粘贴的板状保温材料应贴严、贴牢。

6.2.171 整体现浇(喷)保温层施工应符合下列规定:

(1)沥青膨胀蛭石、沥青膨胀珍珠岩宜用机械搅拌,并应色泽一致,无沥青团;

压实程度根据试验确定，其厚度应符合设计要求，表面应平整。

（2）硬质聚氨酯泡沫塑料应按配比准确剂量，发泡厚度均匀一致。

（3）屋面保温层各项目的质量标准见表2-6-12。

表2-6-12　　　　　　　　　　　　屋面保温层各项目的质量标准

序号	检查项目		质量标准
1	保温层厚度偏差	松散保温材料	+10% ~ -5%
		整体现浇保温层	+10% ~ -5%
		板状保温材料	± 5%，≤4mm
2	整体保温层表面平整度	无找平层	≤5mm
		有找平层	≤7mm

◆工艺要求

6.2.172　保温材料的铺设应符合下列要求。

（1）松散保温材料：分层铺设，压实适当，表面平整，找坡正确。

（2）板状保温材料：紧贴（靠）基层，铺平垫稳，拼缝严密，找坡正确。

（3）整体现浇保温层：搅拌均匀，分层铺设，压实适当，表面平整，找坡正确。

6.2.173　要求结构层以上保温层及上部砂浆找平层（或双防水的刚性面层）与女儿墙之间必须留25~30mm的伸缩缝，建议采用嵌埋苯板（刚性面层应嵌塞沥青麻丝、密封油膏），如屋面面积过大，应按规范留置伸缩缝。

6.2.174　珍珠岩或轻质陶粒保温层按间距6m设置纵横排气道。排气道应纵横贯通，并应与大气连通的排气孔相通。在保温层中预留槽作为排气道时，宽度为20~40mm，在保温层中埋置塑料或镀锌管作为排气道，管径为ϕ25mm。按36m^{2}设置一个排气孔。排气口应埋设排气管，排气管在结构层上，穿过保温层的管壁应设排气孔。

十五、突出屋面结构与女儿墙等泛水、天沟处理与落水处理

◆参照标准

DL/T 5210.1—2012《电力建设施工质量验收规程　第1部分：土建工程 》；

GB 50300—2013《建筑工程施工质量验收统一标准》；

GB 50207—2012《屋面工程质量验收规范》。

◆适用范围

全厂突出屋面结构。

◆施工质量标准

6.2.175　卷材防水屋面的基层与突出屋面结构（女儿墙、立墙、天窗、变形缝、烟囱等）连接处以及基层转角处（水落口、天沟、檐沟、屋脊等）均应做成圆弧。圆弧半径，对沥青卷材为100～150mm，高聚物改性沥青卷材为50mm，合成高分子防水卷材为20mm。高度不低于250mm（管道处不小于300mm），防水层收头在女儿墙凹槽内或挑眉下固定，收头处应用防腐木条加盖金属条固定，钉距不得大于450mm。并用密封材料将上下封严，要保证泛水上边平直、弧度一致，应用专用工具控制。

6.2.176　对伸出屋面的管道、人孔及高出屋面的结构处均应用柔性防水材料做泛水，最后一道泛水应采用卷材，并用管箍或压条将卷材上口压紧，再用密封材料封口。

6.2.177　天沟、檐沟与屋面交接的附加层宜空铺，空铺宽度应为200mm。天沟、檐沟卷材收头应固定密封。水落口周围500mm范围内不小于5%，在落水口处卷材增加一层。

◆工艺要求

6.2.178　天沟、檐沟的防水构造应符合下列要求：

（1）沟内附加层在天沟、檐沟与屋面交接处宜空铺，空铺的宽度不应小于20mm。

（2）卷材防水层应由沟底翻上至沟外檐顶部，卷材收头应用水泥钉固定，并用密封材料封严。

（3）涂膜收头应用防水涂料多遍涂刷或用密封材料封严。

（4）檐口下端应抹出鹰嘴和滴水槽。

6.2.179　女儿墙泛水的防水构造应符合下列要求：

（1）铺贴泛水处的卷材应采用满粘法。

（2）砖墙上的卷材收头可直接铺压在女儿墙压顶下，压顶应做防水处理；也可压入砖墙凹槽内固定密封，凹槽距屋面找平层不应小于250mm，凹槽上部的墙体应做防水处理。

（3）涂膜防水层应直接涂刷至女儿墙的压顶下，收头处理应用防水涂料多遍涂刷封严，压顶应做防水处理。

（4）混凝土墙上的卷材收头应采用金属压条钉压，并用密封材料封严。

十六、室内外落水管

◆参照标准

DL/T 5210.1—2012《电力建设施工质量验收规程　第1部分：土建工程》；

GB 50300—2013《建筑工程施工质量验收统一标准》；

GB 50141—2008《给水排水构筑物工程施工及验收规范》；

GB 50242—2002《建筑给水排水及采暖工程施工质量验收规范》。

◆适用范围

全厂室外落水管。

◆施工质量标准

落水管安装要垂直于墙面，上下顺直。

室内外落水管各项目的质量标准见表2-6-13。

表2-6-13 室内外落水管各项目的质量标准

序号	检查项目		质量标准
1	排水管道的安装偏差	每米	≤1.5mm
		全长（25m以上）	≤38mm

◆工艺要求

6.2.180 安装牢固，距离墙面不应小于20mm，每节落水管至少应设一个管箍，管箍锚入墙内的圆钢不得小于10mm，锚入深度不得小于120mm，严禁用木楔。至少每4m安装一个伸缩节。

6.2.181 PVC管的金属管卡与管外表面之间应垫软垫片。排水口下设135°弯头，弯头距散水坡的高度为200mm。

6.2.182 对设管井的落水管，其管道应深入窨井，并加盖板，盖板与窨井口和管道应基本吻合。

6.2.183 隐蔽或埋地的排水管道在隐蔽前必须做灌水试验，其灌水高度应不低于底层卫生器具的上边缘或底层地面高度。满水15min水面下降后，再灌满观察5min，液面不降，管道及接口无渗漏为合格。

十七、吊顶工程

◆参照标准

DL/T 5210.1—2012《电力建设施工质量验收规程 第1部分：土建工程》；

GB 50300—2013《建筑工程施工质量验收统一标准》；

GB 50210—2018《建筑装饰装修工程质量验收标准》。

◆适用范围

全厂吊顶工程。

◆施工质量标准

6.2.184 吊顶标高、尺寸、起拱和造型符合设计要求。

6.2.185 饰面材料的材质、品种、规格、图案和颜色符合设计要求。

6.2.186 吊杆、龙骨的材质、规格、安装间距及连接方式符合设计要求。

6.2.187 暗龙骨吊顶工程安装的允许偏差见表2-6-14。

表2-6-14 暗龙骨吊顶工程安装的允许偏差

序号	检查项目	质量标准（mm）			
		纸面石膏板	金属板	矿棉板	木板、塑料板、格栅
1	表面平整度	3	2	2	2
2	接缝垂直度	3	1.5	3	3
3	接缝高低差	1	1	1.5	1

6.2.188 明龙骨吊顶工程安装的允许偏差见表2-6-15。

表2-6-15 明龙骨吊顶工程安装的允许偏差

序号	检查项目	质量标准（mm）			
		纸面石膏板	金属板	矿棉板	木板、塑料板、格栅
1	表面平整度	3	2	2	2
2	接缝垂直度	3	2	3	3
3	接缝高低差	1	1	2	1

◆工艺要求

6.2.189 吊顶工程的木吊杆、木龙骨和木饰面板必须进行防火处理，并应符合有关设计防火规范的规定。

6.2.190 吊顶工程中的预埋件、钢筋吊杆和型钢吊杆应进行防锈处理（包括热镀锌）。

6.2.191 安装饰面板前应完成吊顶内管道和设备的调试及验收。

6.2.192 吊顶距主龙骨端部距离不得大于300mm，当大于300mm时，应增加吊杆。当吊杆长度大于1.5m时，应设置反支撑。当吊杆与设备相遇时，应调整并增设吊杆。

6.2.193 重型灯具、电扇及其他重型设备严禁安装在吊顶工程的龙骨上。

6.2.194 饰面材料表面应洁净、色泽一致，不得有翘曲、裂缝及缺损。压条应平直、宽窄一致。

6.2.195 饰面板上的灯具、烟感器、喷淋头、风口篦子等设备的位置应合理、美观，与饰面板的交接应吻合、严密。

6.2.196 金属吊杆、龙骨的接缝应均匀一致，角缝应吻合，表面应平整，无翘曲、锤印。木质吊杆、龙骨应顺直，无劈裂、变形。

6.2.197　吊顶内填充吸声材料的品种和铺设厚度应符合设计要求，并应有防散落措施。

十八、建筑门窗安装及窗台处理

◆参照标准

DL/T 5210.1—2012《电力建设施工质量验收规程　第1部分：土建工程 》；

GB 50300—2013《建筑工程施工质量验收统一标准》；

GB 50210—2018《建筑装饰装修工程质量验收标准》。

◆适用范围

全厂所有门窗工程。

◆施工质量标准

6.2.198　木门窗安装的质量标准见表2-6-16。

表2-6-16　　　　　　　　　　　木门窗安装的质量标准

序号	检查项目		留缝限值（mm）	质量标准（mm）
1	门窗槽口对角线长度差		—	2
2	门窗框的正、侧面垂直度		—	1
3	框与扇、扇与扇接缝高低差		—	1
4	门窗扇对口缝		1.5～2	0.5
5	工业厂房双扇大门对口缝		10	2
6	门窗扇与上框间留缝		1～1.5	0.5
7	门窗扇与侧框间留缝		1～1.5	0.5
8	窗扇与下框间留缝		2～2.5	1
9	门扇与下框间留缝		3～4	1
10	双层门窗内外框间距		—	3
11	无下框时门扇与地面间留缝	外门	5～6	2
		内门	6～7	2
		卫生间门	8～10	3
		厂房大门	10	4

6.2.199　铝合金门窗安装的质量标准见表2-6-17。

表2-6-17　　　　　铝合金门窗安装的质量标准

序号	检查项目		质量标准（mm）
1	门窗槽口宽度、高度	≤1500mm	1.5
		>1500mm	2
2	门窗槽口对角线长度差	≤2000mm	3
		>2000mm	4
3	门窗框的正、侧面垂直度		2.5
4	门窗横框的水平度		2
5	门窗横框标高		5
6	门窗竖向偏离中心		5
7	双层门窗内外框间距		4
8	推拉门窗扇与框架搭接量		1.5

◆工艺要求

6.2.200　门窗框安装时应考虑所有门窗沿各层高度方向的轴线垂直和沿水平方向的标高水平，沿墙纵向方向的偏差，门窗本身的平整度、垂直度、对角线偏差。

6.2.201　门窗的保护膜要求封闭完整，再进行安装，安装后及时将门框两侧用木板条捆绑好，以防止碰撞损坏。

6.2.202　门窗框周边灌缝前应支撑好，避免框料变形，两侧灌缝前对撑好，沿高度方向同时开始灌缝。

6.2.203　采用水泥砂浆或细石混凝土堵缝时，堵后应及时将砂浆刷净，防止砂浆固化后不易清理并损坏表面氧化膜。

6.2.204　弹簧门的地弹簧应该后安装，即先确定位置，用玻璃条或铜条围出方格，楼地面施工完成后再装地弹簧。

6.2.205　为防止渗水，门窗框灌缝胶要求宽度一致且结合有效，安装用垫木应抽出用砂浆填补。

6.2.206　抹灰前应将铝合金门窗用塑料薄膜包扎或粘贴进行保护；在门窗安装前及室内外湿作业完成前，不能损坏塑料薄膜，防止砂浆对其表面的侵蚀。

6.2.207　金属门窗的品种、类型、规格、性能、开启方向、安装位置、连接方式及铝合金门窗的型材壁厚应符合设计要求。

6.2.208　金属门窗框和副框的安装必须牢靠。预埋件的数量、位置、埋设方式、与框的连接方式必须符合设计要求。

6.2.209 金属门窗扇必须安装牢靠，开启灵活，关闭严密，无倒翘。推拉门必须有防止脱落的措施。

6.2.210 金属门窗的配件型号、规格、数量应符合设计要求，安装应牢固，位置应准确，功能应满足使用要求。

6.2.211 金属门窗表面应清洁、平整、光滑、色泽一致，无锈蚀、大面积划痕、碰伤。漆膜及保护层应连接。

6.2.212 金属门窗框与墙体之间的缝隙应填嵌饱满，并采用密封胶密封。密封胶表面应光滑、顺直，无裂纹。

6.2.213 金属门窗的塑胶密封条或毛毡密封条应安装完好，不得脱槽。密封胶条不应采用再生胶条。

6.2.214 有排水孔的金属门窗，排水孔应通畅，位置与数量应符合设计要求。

6.2.215 门窗洞口用防水砂浆刮糙处理，然后实施外框固定。固定后的外框与墙体应根据饰面材料确定间隙。

6.2.216 门窗安装应采用镀锌铁片连接固定，镀锌铁片厚度不小于1.5mm，固定点位置在转角处180mm，框边处不大于500mm。严禁用长脚膨胀螺栓穿透型材固定门窗框。

6.2.217 门窗洞口应干净，干燥后施打发泡剂，发泡剂应连续施打、一次成型、充填饱满，溢出门框外的发泡剂应在结膜前塞入缝隙内，防止发泡剂外膜破损。

6.2.218 门窗框外侧应留置5mm宽的打胶槽口。

6.2.219 打胶面应干净，干燥后施打密封胶，且应采用中性硅酮密封胶。严禁在涂层上打密封胶。

6.2.220 铝合金门窗洞口为预留净口，按实际尺寸现场制作安装，尺寸严格控制划一。制作时，截料处不允许有加工变形，毛刺应除净，接缝平整密实。安装应牢固，正侧垂直、不串角。

6.2.221 内窗台为平面，外窗台要做流水坡，坡度为15%，外窗台不得高于窗框底部，内窗台必须高于外窗台。

十九、玻璃安装

◆参照标准

DL/T 5210.1—2012《电力建设施工质量验收规程 第1部分：土建工程》；

GB 50300—2013《建筑工程施工质量验收统一标准》；

GB 50210—2018《建筑装饰装修工程质量验收标准》。

◆适用范围

全厂所有玻璃安装。

◆施工质量标准

6.2.222　玻璃的品种、规格、尺寸、色彩、图案和涂膜朝向应符合设计要求。单块玻璃大于1.5m²时应使用安全玻璃。

6.2.223　门窗玻璃安装裁割尺寸应正确。安装后的玻璃应牢固，不得有裂纹、损失和松动。

6.2.224　玻璃的安装方法应符合设计要求。固定玻璃的钉子或钢丝卡的数量、规格应保证玻璃安装牢固。

6.2.225　镶钉木压条接触玻璃处，应与裁口边缘平齐。木压条应互相紧密连接，并与裁口边缘紧贴，割角应整齐。

6.2.226　密封条与玻璃、玻璃槽口的接触应紧密、平整。密封胶与玻璃、玻璃槽口的边缘应黏结牢固、接缝平齐。

6.2.227　带密封条的玻璃压条，其密封条必须与玻璃全部贴紧，压条与型材之间应无明显裂隙，压条接缝应不大于0.5mm。

玻璃安装各项目的质量标准见表2-6-18。

表2-6-18　　　　　　　　　玻璃安装各项目的质量标准

序号	检查项目	质量标准
1	玻璃的品种、规格、尺寸、色彩、图案和涂膜朝向	应符合设计要求，单块玻璃大于1.5㎡时应使用安全玻璃
2	玻璃裁割与安装质量	门窗玻璃裁割尺寸应正确。安装后的玻璃应牢固，不得有裂纹、损伤和松动
3	固定玻璃的钉子或钢丝卡	数量、规格应保证玻璃安装牢固
4	木压条镶钉	镶钉木压条接触玻璃处，应与裁口边缘平齐。木压条应互相紧密连接，并与裁口边缘紧贴，割角应整齐
5	密封条镶嵌	密封条与玻璃、玻璃槽口的接触应紧密、平整。密封胶与玻璃、玻璃槽口的边缘应黏结牢固、接缝平齐
6	带密封条的玻璃压条	封条必须与玻璃全部贴紧，压条与型材之间应无明显缝隙，压条接缝应不大于0.5mm

◆工艺要求

6.2.228　玻璃表面应洁净，不得有腻子、密封胶、涂料等污渍。中空玻璃内外表面均应洁净，玻璃中空层内不得有灰尘和水蒸气。

6.2.229　门窗玻璃不应直接接触型材。单面镀膜玻璃的镀膜层及磨砂玻璃的磨砂面应朝向室内。中空玻璃的单面镀膜玻璃应在最外层，镀膜层应朝向室内。

6.2.230 腻子应填抹饱满、黏结牢固；腻子边缘与裁口应平齐。固定玻璃的卡子不应在腻子表面显露。

二十、滴水线及滴水槽

◆质量标准

DL/T 5210.1—2012《电力建设施工质量验收规程　第1部分：土建工程 》

GB 50300—2013《建筑工程施工质量验收统一标准》

GB 50210—2018《建筑装饰装修工程质量验收标准》

◆适用范围

全厂雨篷、窗台、楼梯。

◆施工质量标准

6.2.231 滴水线槽上口为8mm，下口为10mm，深度为10mm，滴水线距挑口外侧装饰面20mm，滴水线突出底面20mm，根部距两端墙面20mm。

6.2.232 鹰嘴尖端距挑口底面装饰面层10mm，呈20°设置。饰面砖立面砖底部突出挑口底面5mm。

◆工艺要求

6.2.233 除压型钢板外墙以外，外墙窗口一律抹窗套，上下加滴水线。带型窗不做窗套，只做滴水线。

6.2.234 雨篷及挑檐按标准工艺镶嵌铝合金条做滴水槽，楼梯间做滴水线条。窗台、窗眉、阳台、雨篷、腰线和挑檐等处粉刷的排水坡度不应小于30%。滴水线粉刷应密实、顺直，不得出现爬水和排水不畅的现象。女儿墙压顶应设置伸缩缝，向屋面坡度为10%，做鹰嘴式滴水线，顺直一致，四周交圈。

◆图片效果

滴水线及滴水槽的理想效果见图2-6-8。

图2-6-8　滴水线及滴水槽的理想效果

二十一、消防箱安装

◆参照标准

DL/T 5210.1—2012《电力建设施工质量验收规程 第1部分：土建工程》；

GB 50300—2013《建筑工程施工质量验收统一标准》；

GB 50268—2008《给水排水管道工程施工及验收规范》。

◆适用范围

全厂消防箱安装。

◆施工质量标准

消防箱安装要求方正、平整、顺直，与墙面高低差小于等于3mm。

◆工艺要求

安装位置和朝向便于操作，且不影响人员通行和箱门开启。固定螺栓安装在箱内，开孔采用机械开孔。

二十二、上下水管道及卫生器具安装

◆参照标准

DL/T 5210.1—2012《电力建设施工质量验收规程 第1部分：土建工程》；

GB 50300—2013《建筑工程施工质量验收统一标准》；

GB 50141—2008《给水排水构筑物工程施工及验收规范》；

GB 50242—2002《建筑给水排水及采暖工程施工质量验收规范》。

◆适用范围

全厂上下水管道及卫生器具安装。

◆施工质量标准

6.2.235 卫生器具安装：

（1）排水栓和地漏的安装应平正、牢固，低于排水表面，周边无渗漏。地漏水封高度不得小于50mm。

（2）卫生器具的支、托架必须防腐良好，安装平整、牢固，与器具接触紧密、平稳。

（3）卫生器具安装的质量标准见表2-6-19。

表2-6-19　　　　　　　　卫生器具安装的质量标准

序号	检查项目		质量标准（mm）
1	坐标	单独器具	≤ 10
		成排器具	≤ 5

续表

序号	检查项目		质量标准（mm）
2	标高偏差	单独器具	±15
		成排器具	±10
3	器具水平度		≤2
4	器具垂直度		≤3

6.2.236　上下水管道安装：

（1）给水管道必须用与管材相适应的管件。生活给水系统所涉及的材料必须达到饮用水标准。

（2）生产给水系统管道在交付使用前必须冲洗和消毒，并经有关部门取样检验，符合 GB 5749—2022《生活饮用水卫生标准》方可使用。

（3）上下水管道安装的质量标准见表2-6-20。

表2-6-20　　　　　　　　　　　上下水管道安装的质量标准

序号	检查项目			质量标准（mm）
1	水平管道纵横方向弯曲	钢管	每米	1
			全长25m以上	≤25
		塑料、复合管	每米	1.5
			全长25m以上	≤25
		铸钢管	每米	2
			全长25m以上	≤25
2	立管垂直度	钢管	每米	3
			5m以上	≤8
		塑料、复合管	每米	2
			5m以上	≤8
		铸铁管	每米	3
			5m以上	≤10
3	成排管段和成排阀门		在同一水平面上间距	3

◆工艺要求

6.2.237　上下水管道套管及预留洞口坐标位置正确，洞口形状上大下小。套管高出建筑层50mm，套管在楼层混凝土中应设止水环。

6.2.238　上下水管道要横平竖直，外露螺纹不超过三扣。下水管道坡度符合设计规定，焊口要打磨并防腐。阀门、暖气片要逐个打压，做强度和气密性检验。

6.2.239　卫生器具如大便器、水箱、洗手池等按标准工艺制作，高低及位置要符合标准。

二十三、管道过楼板洞口处理

◆参照标准

DL/T 5210.1—2012《电力建设施工质量验收规程　第1部分：土建工程》；

GB 50300—2013《建筑工程施工质量验收统一标准》；

GB 50204—2015《混凝土结构工程施工质量验收规范》。

◆适用范围

全厂所有过楼板洞口、孔洞管道。

◆施工质量标准

6.2.240　孔洞边缘与设备、管道之间的间隙：与高温热管道保温外护之间间隙大于100mm且小于150mm；与低温热力管道之间间隙为80mm；与热工小管道（或不保温管道、设备）四周间隙为50mm。

6.2.241　管道穿楼板及墙体的孔洞，使用与其所在区域的保温外护板相同材料做成护罩。

6.2.242　管道穿过墙面及顶板处采用专用垫圈，确保密封良好，牢固美观。金属管道穿越墙面时采用特制的不锈钢护圈，离墙500mm范围内设吊架，保证管道位置准确、牢固。

6.2.243　楼地面洞口：管道套管及预留洞口坐标位置正确。套管高出建筑层50mm，套管在楼层混凝土中应设挡水圈。

6.2.244　管道穿过网格板孔洞，对孔洞提前进行设计，在孔洞边采用角铝（或不锈钢）型材压边收口，保证管道与网格的间距均匀。

6.2.245　管道穿过楼面，孔洞边挡水沿镶贴贴面砖，孔洞上盖镀锌花纹钢板，层次清晰，美观大方，花纹钢板采用专用工具割孔，管道穿越时与花纹钢板间距一致。花纹盖板尺寸与孔洞一致，接缝严密。标高与地面相平，偏差小于等于2mm。采用专用工具进行盖板下料，盖板尺寸为偏差小于等于2mm。

◆工艺要求

6.2.246　现浇板预留孔洞填塞前，应将洞口清洗干净、毛化处理、涂刷掺胶水泥浆作为黏结层。洞口填塞分两次浇筑，先掺入抗裂防渗剂的微膨胀细石混凝土浇筑至楼板厚度的2/3处，待混凝土凝固后进行4h蓄水试验；无渗漏后，用掺入抗裂防渗剂的水泥砂浆填塞，振捣密实。上留20mm的凹面，刷一道防水油膏后，再用1∶2的水泥砂浆找平。管道安装后，应在洞口处进行24h蓄水试验。

6.2.247　管道过楼板处加钢套管，钢套管用车床加工倒角，高出地面面层20mm。补洞按上述工艺，套管内用油麻填塞、油膏封口，套管外露地面以上部分刷两道油漆。

6.2.248　管道处的地板砖必须按实量尺寸，在地板砖上放样，用钻割圆孔，然后锯割一分为二进行粘贴，墙面贴瓷片也按此方法。

◆图片效果

管道过楼板洞口处理的理想效果见图2-6-9。

图2-6-9　管道过楼板洞口处理的理想效果

二十四、涂饰工程

◆质量标准

DL/T 5210.1—2012《电力建设施工质量验收规程　第1部分：土建工程》；

GB 50300—2013《建筑工程施工质量验收统一标准》；

JGJ/T 29—2015《建筑涂饰工程施工及验收规程》。

◆适用范围

全厂所有建构物涂饰工程。

◆施工质量标准

6.2.249　涂料不得掉粉、起皮、泛碱、透底、咬色，色泽要一致，无刷纹。

6.2.250　分色线要平直，偏差不得大于2mm。

◆工艺要求

6.2.251　涂饰工程的基层处理应符合下列要求：

（1）新建筑物的混凝土或抹灰基层在涂饰涂料前应涂刷抗碱封闭底漆。

（2）混凝土或抹灰基层涂刷溶剂型涂料时，含水率不得大于8%；涂刷乳液型涂料时，含水率不得大于10%。木材基层的含水率不得大于12%。

（3）基层腻子应平整、坚实、牢固，无粉化、起皮和裂缝；内墙腻子的黏结强度应符合JG/T 298《建筑室内用腻子》的规定。

（4）厨房、卫生间墙面必须使用耐水腻子。

6.2.252　涂饰工程施工应按"底涂层、中间涂层、面涂层"的要求进行施工，后一遍涂饰材料的施工必须在前一遍涂饰材料表面干燥后进行；涂饰溶剂型涂料时，后一遍涂料必须在前一遍涂料实干后进行。每一遍涂饰材料应涂饰均匀，各层涂饰材料必须结合牢固，对有特殊要求的工程可增加面涂层次数。

6.2.253　涂饰材料使用前满足下列要求：

（1）在整个施工过程中，涂饰材料的施工黏度应根据施工方法、施工季节、温度、湿度等条件严格控制，应有专人按说明书负责调配，不得随意加稀释剂或水。

（2）双组分涂饰材料的施工，应严格按产品说明书规定的比例配制，根据实际使用量分批配合，并按说明书的要求静置一段时间，并在规定的时间内用完。

（3）外墙涂饰、同一墙面同一颜色应根据相同批号的涂饰材料。当同一颜色批号不同时，应预先混匀，以保证同一墙面不产生色差。

6.2.254　配料及操作地点的环境条件应符合下列要求：

（1）配料及操作地点应经常保持整洁，保持良好的通风条件。

（2）使用可燃性溶剂时严禁明火。

（3）未用完的涂饰材料应密封保存，不得泄漏或溢出。

（4）涂饰工程应涂饰均匀、黏结牢固，不得漏涂、透底、起皮和掉粉。

◆图片效果

涂饰工程处理的理想效果见图2-6-10。

图2-6-10　涂饰工程处理的理想效果

二十五、室外散水

◆参照标准

DL/T 5210.1—2012《电力建设施工质量验收规程　第1部分：土建工程》；

GB 50300—2013《建筑工程施工质量验收统一标准》；

GB 50141—2008《给水排水构筑物工程施工及验收规范》；

GB 50242—2002《建筑给水排水及采暖工程施工质量验收规范》。

◆适用范围

全厂所有建构物室外散水。

◆施工质量标准

6.2.255　散水坡度要符合设计要求。

6.2.256　沉降缝要顺直、平整。

◆工艺要求

6.2.257　施工前要将地面夯实。散水坡、台阶、明沟设置伸缩缝，其延长米间距不应大于10m。外墙阴阳角位按45°角留沉降缝。散水坡与台阶交接处留沉降缝分隔。

6.2.258　室外散水与建筑物之间沉降缝宽15～20mm，以1：2沥青砂浆填缝，上面用1：2沥青砂浆做圆弧角，$R=25mm$；散水坡度为4%；散水与墙体连接处做一道装饰条。

◆图片效果

室外散水处理的理想效果见图2-6-11。

图2-6-11　室外散水处理的理想效果

二十六、伸缩缝处理

◆参照标准

DL/T 5210.1—2012《电力建设施工质量验收规程　第1部分：土建工程》；

GB 50300—2013《建筑工程施工质量验收统一标准》；

GB 50204—2015《混凝土结构工程施工质量验收规范》。

◆适用范围

全厂伸缩缝。

◆施工质量标准

6.2.259　钢筋混凝土结构伸缩缝的最大间距见表2-6-21。

表2-6-21　　　　　　　钢筋混凝土结构伸缩缝的最大间距　　　　　　　　m

序号	结构类别	室内或土中	露天
1	框架结构（现浇式）	55	35
2	剪力墙结构（现浇式）	45	30
3	挡土墙、地下室墙壁等结构	30	20

6.2.260　现浇挑檐、雨罩等外露结构的伸缩缝间距不宜大于12m。

6.2.261　具有独立基础的排架、框架结构，当设置伸缩缝时，其双柱基础可不断开。

◆工艺要求

6.2.262　缝内填充材料要符合设计要求，表面应采用S30408不锈钢或铝板，宽度为设计缝宽+200mm。平整度应与墙面或楼地面一致。

6.2.263　汽轮机平台与汽轮机基座伸缩缝（或盖板边伸缩缝）采用铜条（或不锈

钢条）镶嵌，保证与地面平整一致。

6.2.264　室内地面伸缩缝采用镶铜条，保证与两侧的地面平整一致。

6.2.265　变形缝内填充材料要符合设计要求，表面应采用S30408不锈钢或铝板，宽度为设计缝宽+200mm。平整度应与墙面或楼地面一致。

◆图片效果

伸缩缝处理的理想效果见图2-6-12。

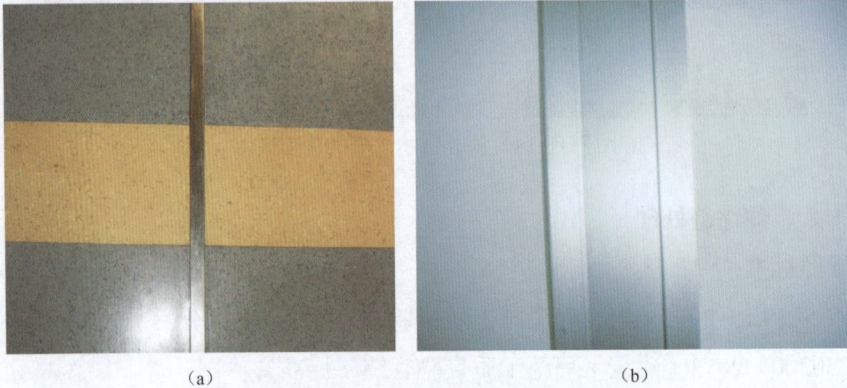

图2-6-12　伸缩缝处理的理想效果

（a）地面水平变形缝；（b）不锈钢竖直墙缝

二十七、沥青混凝土道路

◆参照标准

DL/T 5210.1—2012《电力建设施工质量验收规程　第1部分：土建工程》；

GB 50300—2013《建筑工程施工质量验收统一标准》；

GB 50204—2015《混凝土结构工程施工质量验收规范》；

GB 50209—2010《建筑地面工程施工质量验收规范》。

◆适用范围

全厂沥青道路。

◆施工质量标准

6.2.266　道路基层应满足设计要求，软基处理得当。

6.2.267　面层厚度应符合设计规定，允许偏差为-5～10mm。

6.2.268　路面表面平整、坚实，接缝紧密，无枯焦；不应有明细轮迹、推挤裂缝、脱落、烂边、油斑、掉渣等现象，不得污染其他构筑物。面层与路缘石、平石及其他构筑物应接顺，坡度坡向正确，不得有积水现象。井口结合严密，转弯处弧度圆滑。

◆工艺要求

6.2.269　在引进材料时，为保证材料的质量，应选择规模大、口碑良好的材料供应厂商；对拟采用的沥青、粗细集料等主要原材料要进行质量抽检，从源头上来保障路面施工的质量，避免有不合格原材料混入其中，影响到路面的整体质量。

6.2.270　原材料进场过程中的控制应符合下列要求：

（1）严格控制配合比设计过程，确定矿料级配及最佳沥青用量，沥青混合料的配合比设计应根据以往同类材料的配合比设计经验进行。

（2）工程实际使用的材料应优选矿料级配，确定最佳沥青用量。检查是否符合配合比设计技术标准和配合比设计检验要求，以此作为目标配合比，供拌和机确定各冷料仓的供料比例、进料拌和机转速及试拌使用。

（3）应按规定方法取样测试各热料仓的级配，确定各热料仓的配合比。取目标配合比设计的最佳沥青用量进行马歇尔试验和试拌，通过室内试验及从拌和机取样试验综合确定生产配合比的最佳沥青用量及级配。

（4）拌和机按生产配合比的结果进行试拌、铺筑试验段，并进行马歇尔试验，同时从路上钻取芯样观察空隙率的大小，由此确定生产用的标准配合比。

（5）配合比完成后，整理资料报于监理及审核，经监理审核完成批复后方可用于工程。

6.2.271　在进行沥青路面施工前，应对拟采用的施工设备进行仔细检验，保证设备能够在施工期间正常运行。要保证运输设备数量充足。对于所需要的洒油车、压路机等重型设备，要进行全方位的检验，以保证机械设备在施工过程中能够稳定地运行。要在施工前，保障各个部件准备齐全，提前对设备进行养护和调试，尽可能消除设备的运作故障，从而保障工期，提高沥青路面施工的效率和施工质量。

6.2.272　下承层清扫：

（1）将基层或沥青层表面结块泥土等附着物、黏结物清除干净。

（2）洒布透层油前人工采用强力吹风机吹净基层表面落入的浮土。清扫完成，达到表面粗糙、干燥、坚实、无松散、清洁无尘。

（3）下承层轻微离析处：对于基层表面粗集料集中处，应人工清除。

（4）对于离析较严重部位（3~5cm），划出离析范围，铣刨机铣出或人工开出规则形状，洒布乳化沥青并对槽壁涂刷均匀。待乳化沥青破乳后，利用沥青混合料进行铺筑，铺筑高度略高于基层1cm，确保压实。

（5）压实完成后，涂刷乳化沥青，铺设土工布，土工布纵横向接缝处要搭接10~20cm。

6.2.273　透层（黏层）施工：

（1）透层施工前应先安装路缘石，确保油层施工直顺、不偏位。

（2）采用塑料薄膜对路缘石进行保护，选用沥青含量不小于50%的SBS改性乳化沥青，采用智能洒布车洒布。

（3）洒布量通过试验确定，一般控制在 $1 \sim 1.2 kg/m^2$，洒布的沥青成均匀雾状，在洒布沥青范围内均匀分布成一薄层，不得有洒花漏空或成条状，也不得有堆积。

（4）大风大雾、下雨或即将下雨时不得施工。

（5）个别路口由于通车污染严重，用水冲刷后，下承层清理要彻底，较难清理的部位可人工重点处理，随后彻底清扫，保证下承层表面清洁；路口洒布完毕，采用设彩钢瓦或隔离墩进行封闭并设专人看管，夜间加设警示灯或爆闪指示灯。

6.2.274　根据拌和站的生产能力和作业要求，组织运输车，防止运输过程中混合料离析。运输车在料斗下装料时，先装车斗靠前部分，再装车斗靠后部分，最后装中间部分。并且运输车辆在运往施工现场的途中，应尽量匀速行驶，避免颠簸。车厢内不能沾有积余的有机物质，并在车厢和底板喷涂一薄层隔离剂，不留有余液积聚。等运料车多于半数后开始摊铺。运输车均采用双层篷布和棉被进行保温，车厢壁板安装保温板。到达摊铺现场后，不得随意揭开保温覆盖层，即将摊铺时才允许揭开。进入施工现场前，运输车辆须清洗车轮，避免车轮泥土污染路面；进入施工现场后，运输车按照"施工通道"标志进行，在整个运输过程中，按照现场的限速标识进行限速行驶。

6.2.275　摊铺前安排专人清除下承层松土及杂物；摊铺前检查摊铺机各部分运转情况；调整好传感器臂与控制线的关系，严格控制下面层厚度和高程；摊铺机连续摊铺，摊铺速度在 2.5m/min 左右；沥青混合料摊铺采用一台摊铺机全幅摊铺，做到缓慢、均匀、不间断地摊铺，不准任意快速摊铺后停机待料；摊铺机的螺旋布料器应有 2/3 埋入混合料中；在摊铺机后人工消除离析现象，应该铲除局部粗集料"窝"，并用新拌混合料填补；摊铺前要对每车的沥青混合料进行检验，发现超温料、花白料、不合格材料要拒绝摊铺，退回废弃。摊铺机熨平板使用电加热，提前 1h 开始对熨平板进行预热，以不低于 100℃ 为限。

6.2.276　每台摊铺机后面紧跟碾压，一次碾压长度一般为 50m。碾压段落层次分明，设置明显的初压、复压、终压标志；碾压遵循试铺路段的碾压方案。稳压充分，振压不起浪、不推移；压路机碾压时重叠 1/2 轮宽；压路机倒车自然停车，不许刹车；换挡要轻且平顺，不要拉动基层。在第一遍初步静压时，倒车后原路返回，换挡位置应在已压好的段落上，在未碾压的一头换挡倒车位置错开，要成齿状，出现个别拥包时，进行铲平处理。压路机碾压时的行驶速度，第 1 ~ 2 遍为 2 ~ 2.5km/h，以后各遍为 3.0 ~ 4.5km/h；压路机停车要错开，相隔间距不小于 3m，应停在已碾压好的路段上；严禁压路机在已完成或正在碾压的路段上调头和急刹车。

6.2.277　对每天起步处的接头进行预热软化，并在接头处涂洒乳化沥青，先进行横向碾压，后进行纵向碾压。完工接头方面，对完工处的接头混合料进行补齐，补齐后全面碾压，碾压合格后将1m范围内的摊铺层切割，清除切割后的废料。

6.2.278 沥青混凝土施工完毕后，在施工段落前后及时设置标志标牌，封锁交通，禁止任何车辆设备通行。如须通行，则在温度下降到50℃以下时可开放交通。

二十八、建构筑物压型钢板

◆参照标准

DL/T 5210.1—2012《电力建设施工质量验收规程　第1部分：土建工程》；

GB 50300—2013《建筑工程施工质量验收统一标准》；

GB 50205—2020《钢结构工程施工质量验收标准》；

GB/T 12755—2008《建筑用压型钢板》。

◆适用范围

主厂房及全厂其他建构筑物。

◆施工质量标准

6.2.279 基板不应有裂纹，涂、镀层不应有肉眼可见的裂纹、剥落、擦痕及颜色不均等缺陷。

6.2.280 连接件（锚固件）位置、数量、间距应符合要求，安装固定可靠、牢固，接缝严密，搭接顺流水向，防腐涂料涂刷和密封材料敷设应完好。

6.2.281 组合楼板中压型钢板与主体结构（梁）的锚固支承长度应符合设计要求，且不应小于50mm。

6.2.282 压型钢板做模板或组合楼板时，双面镀锌量不低于275g/m²。

6.2.283 压型钢板安装的质量标准见表2-6-22。

表2-6-22　　　　　　　　　压型钢板安装的质量标准

序号	检查项目			质量标准（mm）
1	搭接长度	截面高度大于70mm		375
		截面高度不大于70mm	屋面坡度小于1/10	250
			屋面坡度不小于1/10	200
		墙面		200
2	屋面	檐口与屋脊的平行度		≤12.0
		波纹线对屋脊的垂直度		不大于L_b/800，且不大于25.0
		檐口相邻两板端部错位		≤6.0
		卷边板件最大波浪高		≤4.0

序号	检查项目		质量标准（mm）
3	墙面	墙板波纹线的垂直度	不大于 H_d/1000，且不大于20.0
		墙板包角板的垂直度	不大于 H_d/600，且不大于25.0
		相邻两板的下端错位	≤6.0
		相邻搭接	不小于1个波
		水平接缝平直偏差	≤25.0
		各种洞口中心线偏移	≤5.0
		各种洞口截面尺寸偏差	≤10.0
4	压型金属板在钢梁上相邻的错位		≤15.0

◆工艺要求

6.2.284　建筑用压型钢板不应采用电镀锌钢板或无任何镀层与涂层的钢板（带）。

6.2.285　组合楼盖用压型钢板应采用热镀锌钢板。

6.2.286　压型钢板复合屋面的下板为穿孔吸声板时，其孔径、孔距等应专门设计确定。

6.2.287　同一屋面工程或同一墙面工程的压型钢板，宜按同一批号彩涂板订货与供货，以避免色差。

6.2.288　金属板材墙面、屋面所使用的压型钢板和辅助材料、密封材料应有产品合格证及性能检测报告，材料的品种、规格、性能应符合国家产品标准和设计要求。

6.2.289　材料进场后应进行外观质量检查和抽样复验，不合格的材料不得在墙面、屋面中使用。

6.2.290　门、窗、穿墙管道的收边处理按照事先策划方案先做样板，然后按照样板实施。

6.2.291　压型钢板进场后应进行外形尺寸和外观质量检查，并应符合下列要求：

（1）压型钢板表面清洁，色泽均匀，波纹一致，无明显手感凹凸，波形完整。

（2）切口整齐、平直，无裂纹和扭翘。

（3）有涂层的压型金属板，表层不应有肉眼可见的裂纹、剥落和擦痕等缺陷。

（4）屋面板有隔热材料时，钢板与隔热材料黏结牢固，无撕裂、剥落。

6.2.292　为了防止吊篮划伤板材，吊篮内侧应采用棉纱布将角钢包住，防止吊篮划伤板材。运输用吊架及手推车应用同样的办法处理后才能投入使用。为了防止顶板划伤，施工人员必须穿胶底防滑鞋。同时不得在顶板上拖动其他材料。安装屋面顶板时应有脚手板及其他相应保护，防止划伤板材。

6.2.293　压型金属板搭接平直，方向一致，贴合紧密；屋面檐口与墙面下端应是直线。

6.2.294　压型钢板的横向搭接不小于一个波。

6.2.295　连接压型钢板与骨架时，钻孔孔径宜比抽芯铆钉直径大0.2mm。固定螺钉排列整齐，横平竖直。自攻螺钉材质为S30408不锈钢。

6.2.296　安装采用线坠及经纬仪共同找正，经纬仪进行上下通长的找正。线坠进行局部或单张板材安装时的找正。

6.2.297　包边板安装前对墙板的平整度和垂直度进行校核验收，合格后放基准控制线后进行阴阳角板的安装。安装的同时应间隔3~5块板材进行调整一次，保证板材安装的准确性。

6.2.298　包边板应根据实际位置尺寸加工定做，安装顺序为先安装屋面板及墙板后，再进行阴阳角的安装。在结构上返出阴阳角包边板的起始线，并拉线控制板的直线度和垂直。安装阴阳角包边板应用线坠吊垂线或用经纬仪进行测定，保证板面的垂直度。

6.2.299　为保证包边板的工艺，应从墙板檩条安装开始控制，墙板安装前先施工底部压条，使之与砖结构相连，之后贴密封条。按控制线进行压型钢板的安装，经检查压型钢板满足垂直度、平整度要求后开始进行包边板的安装。

6.2.300　包边板安装从下部向上部依次进行，切割后板的毛刺使用打磨专用工具打磨平整，并用与板相同颜色的油漆或清漆进行涂刷处理，以防止日后生锈而影响整体的工艺质量。

6.2.301　包边板的接头位置应尽量与面板位置一致，板边应于处于坡峰处与面板固定牢固，固定螺钉水平位置控制在与面板相同标高的位置上，纵向在一条垂直线上。

6.2.302　搭接面用密封胶条密封，再用防水密封膏密封，并用自攻螺钉与檩条固定。

6.2.303　钢板间连接只搭接一个肋，母肋必须搭在公肋上，搭接合适，避免出现大缝隙和扣合不严的情况。

6.2.304　在转角、搭接及预留洞口、窗口的钢板，应事先放大样，按大样进行裁剪后进行安装。

6.2.305　各窗洞、管道预留洞等洞口，包边、泛水板必须现场量好尺寸裁剪好进行安装，接口严密，固定牢固，平直，统一。

6.2.306　在女儿墙顶、窗洞边、洞口边、各转角处等细部区域，应有严密的防漏水构造措施；同时其压顶板应与骨架连接牢固。

6.2.307 包边钢板的搭接尽可能背风向，搭接长度大于20~50mm，拉铆钉间距小于500mm。

6.2.308 压型钢板装车、卸车都要做到轻拿轻放，严禁运输或搬运时单头在地上拖运。

6.2.309 压型板厂家加工制作成品后，表面应覆盖一层塑料薄膜加以保护，压型金属板应堆放在平整、坚实、排水通畅的场地上。

6.2.310 堆放时应分层，堆高不大于1.5m，并铺垫木条，垫木间距不大于1.5m。室外堆放应用油布遮盖。

6.2.311 压型金属板施工完成后墙体及屋面不应有施工残留物、污物及未经处理的错钻孔洞。

二十九、主控室墙板

◆参照标准

DL/T 5210.1—2012《电力建设施工质量验收规程 第1部分：土建工程》；

GB 50300—2013《建筑工程施工质量验收统一标准》；

GB 50210—2018《建筑装饰装修工程质量验收标准》。

◆适用范围

集控室。

◆施工质量标准

主控室墙板施工的质量标准见表2-6-23。

表2-6-23　　　　　　　主控室墙板施工的质量标准

序号	检查项目	质量标准（mm）
1	立面垂直度	2
2	表面平整度	3
3	阴阳角方正	3
4	接缝垂直度	1
5	墙裙、勒脚上口直线度	2
6	接缝高低差	1
7	接缝高度	1

◆工艺要求

6.2.312 主控室墙板施工前，应进行详细的二次设计，施工前主业应对二次设计文件进行确认。

6.2.313 主控室墙板的品种、规格、颜色和性能应符合设计要求，木龙骨、木墙板和塑料墙板的燃烧性能等级应符合设计要求。墙板孔、槽的数量、位置和尺寸应符合设计要求。

6.2.314 墙板安装工程的预埋件（或后置埋件）、连接件的数量、规格、位置、连接方法和防腐处理必须符合设计要求，后置埋件的现场拉拔强度必须符合设计要求，墙板安装必须牢固。

6.2.315 墙板表面应平整、洁净、色泽一致，无裂痕和缺损。

6.2.316 墙板嵌缝应密实、平直，宽度和深度应符合设计要求，嵌缝材料色泽应一致。

6.2.317 墙板施工至交付使用前，应采取保护措施。

三十、主控室顶棚装饰板

◆参照标准

DL/T 5210.1—2012《电力建设施工质量验收规程 第1部分：土建工程》；

GB 50300—2013《建筑工程施工质量验收统一标准》；

GB 50210—2018《建筑装饰装修工程质量验收标准》。

◆适用范围

集控室。

◆施工质量标准

主控室顶棚装饰板施工的质量标准表2-6-24。

表2-6-24　　　　　主控室顶棚装饰板施工的质量标准

序号	检查项目	质量标准（mm）
1	表面平整度	2
2	接缝直线度	1.5
3	接缝高低差	1

◆工艺要求

6.2.318 主控室顶棚装饰装修前，应进行详细的二次设计，设计应有详细的施工图纸和效果图，装饰装修施工前主业应对二次设计文件进行确认。

6.2.319 饰面板的分割要拉通线调整，在墙面、柱面、灯具、通风口等部位的收边、收口工艺要精细，应用角铝型材压边收口，灯具、烟雾报警装置、自动喷淋装置等应尽量安装在吊顶板材的中心。

6.2.320 吊顶骨架构造及固定必须符合设计要求，构造正确，固定牢固，无松动。

6.2.321 饰面板连接紧密，安装牢固，表面平整，无脱层、翘边缝、折裂、缺棱掉角、锤伤等缺陷；表面洁净，颜色一致、整齐，接缝严密。

6.2.322 压条宽窄一致，平直整齐，接缝严密；饰面板与照明灯具、消防喷淋头、烟火报警器、通风口箅子等设备的接缝应严密。

三十一、变压器安全护栏

◆参照标准

DL/T 5210.1—2012《电力建设施工质量验收规程 第1部分：土建工程》；

GB 50300—2013《建筑工程施工质量验收统一标准》；

GB 50210—2018《建筑装饰装修工程质量验收标准》。

◆适用范围

主厂房A排外变压器安全护栏。

◆施工质量标准

符合设计和有关标准规定，无因运输、堆放和吊装等造成的变形及涂层脱落。具体质量标准见表2-6-25。

表2-6-25　　　　变压器安全护栏施工的质量标准

序号	检查项目	质量标准
1	基础表面埋件平整度	±5mm
2	基础轴线直线度	±5mm
3	结构表面	应干净，不得有疤痕、泥沙等污垢
4	栏杆高度偏差	±15mm
5	栏杆立柱间距偏差	±15mm
6	现场焊缝组对间隙偏差	3.0～-2.0mm

◆工艺要求

6.2.323 施工前招标方应对安全护栏的型式、尺寸、颜色进行确认。

6.2.324 安装前应检查护栏构件，无因运输、堆放等造成的变形及涂层脱落。栏杆构件尺寸、高度偏差在规范允许的范围内。

6.2.325 栏杆接口应使用机械切割下料。

6.2.326 拐弯栏杆应使用冷弯机械加工，或订购特殊异型件。

6.2.327 固定栏杆的预埋件在栏杆安装前应放线，当误差较大时，应另用铁件找平。

6.2.328 栏杆的角度，对口全部使用L=500mm方尺四面归方后方能焊接。栏杆安装连接应牢固可靠。

6.2.329　栏杆接口焊接应使用 $\phi3mm$ 以下焊条，并使用小电流参数，以防止夹渣。其对口一般应打坡口，栏杆焊接工作应一次完成，栏杆接头焊接后要打磨光滑。

6.2.330　栏杆立柱的垂直、间距要均匀，立柱安装应拉线校准在同一高度和垂直线上，靠转弯处应装一根立柱。

6.2.331　涂装前构件表面除锈应彻底，漆料、涂装遍数及涂层厚度符合设计要求。不误漆、漏涂，涂层均匀，无脱皮、返锈，且无明显的皱皮、流坠、针眼和气泡等。

6.2.332　构件标志、标记和编号应清晰完整。

三十二、其他的建筑要求

6.2.333　混凝土采用商品混凝土方式，承包商必须按照规范要求做好对商品混凝土的检验工作。

6.2.334　本工程范围内所有钢结构的采购（锅炉及锅炉电梯钢结构除外）、节点设计、加工、安装施工等工作由承包商负责。主厂房屋顶实腹式钢梁结构、屋面檩条及与之相应的设备基础、检修通道、屋面压型板及外围护板系统（包括屋面不锈钢排水天沟及其支撑、因跨度过大增设的较大刚度垂直檩条或受力钢柱、压型钢板雨篷、压型钢板百叶窗及屋面采光板等）的采购、节点设计、加工、安装施工等工作，由承包商负责。

6.2.335　除设备供货厂家提供的设备预埋地脚螺栓之外，建（构）筑物埋置在结构内的埋件、埋管及防雷接地设施均由承包商采购，包括厂家提供的设备预埋地脚螺栓在内的所有预埋件施工由承包商负责。

6.2.336　建（构）筑物的主要通道（包括消防通道）的平台、楼梯、栏杆由承包商负责采购、施工；设备（锅炉除外）或阀门检修用平台、楼梯、栏杆由承包商负责采购、施工。

6.2.337　所有有门禁要求的门锁需按门禁系统要求配套。

6.2.338　主厂房屋面所有竖向管道穿过时，结构层应有足够高的、与屋面板材料相同的防水套坎（高度应考虑屋面保温厚度与排水坡度），应使卷材防水能固定其上。同时安装管道上亦应采取伞形罩的防雨措施。

6.2.339　如采用钢梁、钢筋混凝土板结构，特别是按组合断面设计时，应做好梁顶剪力键的施工。

6.2.340　有防火要求的区域的钢结构，必须按设计喷涂防火涂料，满足防火规范的要求，满足消防部门的验收标准。

6.2.341　承包商要按设计要求定期进行沉降观测，并将测量结果报监理、生产经营单位。承包商使用的测量仪器必须经过国家认可的检测单位检测。

6.2.342　二次回填的要求：厂区室内二次回填区域和室外地坪回填区按照设计要求进行回填，回填密实度必须达到设计要求。

6.2.343　不能发生火花的地面要求混凝土中不能使用砂做细骨料，只能用大理石或白云石磨成粉末做细骨料。

6.2.344　所有地下箱形结构和水池的混凝土根据设计要求采用抗渗混凝土，掺加抗渗添加剂。大体积混凝土浇注要采取防裂措施，掺加减少水化热的添加剂。

6.2.345　防水材料的相关技术指标见15ZJ《中南地区工程建设标准设计建筑图集2015》、05J909《国家建筑标准设计图集 工程做法》。

6.2.346　综合布线。承包商需统筹负责生产区建构筑物、厂前区建构筑物等建筑内所有电源、网络、电话、视频监控、火灾报警、门禁巡更、周界防护、视频会议等设备的布线（含互联互通）、安装。具体要求如下：

（1）网线。承包商负责从各房间、通道预留的网线接口插座面板铺设至各楼层弱电井或就近的网络交换机处，并预留足够长度供厂家施工使用，两端标记清楚一致，说明从某交换机至某房间某接口面板。

（2）电话线。承包商负责从各房间、通道预留的电话线接口插座面板铺设至各楼层弱电井或就近的通信接线盒处，两端标记清楚一致，说明从某接线盒至某房间某接口面板。

（3）电源线。承包商负责从各房间、通道预留的照明开关、照明灯具、电源接口插座面板铺设至各房间的电源分配盒处，两端标记清楚一致，说明从某电源分配盒至某房间某接口面板。

（4）电视视频线。承包商负责从各房间、通道预留的电视线接口插座面板铺设至各楼层电井或就近的视频接线盒处，两端标记清楚一致，说明从某视频接线盒至某房间某接口面板。

（5）应急照明、消防报警、烟感接线。承包商负责从各房间、通道预留的应急照明、消防报警、烟感位置铺设至各楼层电井或就近的消防系统接线盒处，并预留足够长度供厂家施工使用，两端标记清楚一致，说明从某消防系统接线盒至某房间某预留点。

（6）视频监控接线。承包商负责从各房间、通道预留的视频监控点铺设至各楼层电井或就近的视频监控网络交换机和电源分配接线盒处，并预留足够长度供厂家施工使用，两端标记清楚一致，说明从某视频监控网络交换机至某房间某视频网络点。

（7）门禁巡更接线。承包商负责从各房间、通道预留的门禁巡更接口及插座面板铺设至各楼层电井或就近的门禁巡更接线盒处，两端标记清楚一致，说明从某门禁巡更接线盒至某房间某接口面板。

（8）线管之间采用螺纹连接，禁止焊接，线管连接部位、线管与灯具、线管与接线盒之间必须装设接地跨接线，线管两端必须接地。线管螺纹加工处必须进行油漆防腐处理。防爆区域必须采用防爆产品。所有产品均采用优等系列产品。

6.2.347　所有建筑物的地下混凝土基础隐蔽以前及地上建筑、房间等必须采取防白蚁措施，且必须由具有相关资质的单位做好白蚁防治措施，费用包含在总价中。

6.3　建筑材料选择要求

6.3.1　施工图与以下要求不一致时，以其中较高要求者为准执行。

（1）型钢、钢管、预埋铁、钢盖板、钢梯采用Q235B和Q345-B热轧钢、不锈钢。

（2）钢格栅板、花纹钢板采用厂家定型产品，Q235B热轧钢，热浸镀锌防腐。

（3）钢筋采用Ⅰ级（HPB300）、Ⅲ级（HRB400）。

（4）压型钢板作为钢筋混凝土楼板底模时（余热锅炉辅助间），应采用热镀锌防腐，作为永久模板在使用期间不得锈蚀。

（5）压型钢板作为建筑外围护系统或屋面时，采用氟碳烤漆镀铝锌彩色压型钢板。外层板基材厚度不小于0.80mm（内层板基材厚度不应小于0.50mm），并应满足建筑物防雷设计要求；基材板采用高强度钢，双面镀铝锌量大于等于275g/m²，PVDF氟碳涂层厚度不小于35μm。除注明外，压型钢板纵向搭接长度不得小于200mm，波高不低于30mm；联合厂房（燃气-蒸汽轮机发电机组厂房）屋面采用双层复合保温镀铝锌压型钢板（带厚度不小于75mm岩棉或玻璃纤维），360°咬口锁边连接方式，波高不少于50mm。压型钢板涂层应满足防盐雾腐蚀和对电厂粉尘、酸性介质的抗污染要求，保证其不低于20年免维护要求。

（6）根据不同建构筑物的具体情况，分别采用C30~C50混凝土，基础垫层采用C20。

（7）水泥采用普通硅酸盐水泥或矿渣硅酸盐水泥。

（8）块石料饱和抗压强度$R_b>50MPa$，应坚硬、新鲜、无剥落层及严重裂纹的未风化岩石。

（9）碎石、砂的质量标准应符合JGJ 52《普通混凝土用砂、石质量及检验方法标准》。

（10）拌制混凝土采用淡水，水质应符合国家标准JGJ 63《混凝土用水标准》（以上为结构）。

（11）橡胶止水带采用400mm规格，主要质量指标应符合下列要求：拉伸强度大于等于15MPa，伸长率大于等于380%，永久变形小于20%，撕裂强度大于等于30MPa，邵氏硬度为60±5。

（12）对铝合金窗的要求：全厂建筑物一般部位采用加强型铝合金窗，要求必须为专业正规工厂制造。全厂所有铝合金窗型材要求不低于所列厂家的优质产品，且厚度不得低于2.0mm，并要求由专业门窗商出具详细方案。玻璃采用国内名牌厂家产品制作。主厂房主控室门采用不锈钢防火玻璃门（具体要求见"集控室二次装修要求"），有降噪要求的建筑物窗采用隔声中空玻璃窗，单层玻璃厚度不小于5mm。

（13）玻璃幕墙采用钢化玻璃，其中有降噪要求的部位还须采用钢化中空玻璃；玻璃屋面及雨棚采用夹胶钢化玻璃，并有防坠落措施。本工程所有钢化玻璃须选用名牌优质产品，并应采取热浸处理（有厂家出具的相关质量证明文件）等有效措施，以降低自爆率。若质量保修期内发生玻璃自爆，由承包商负责更换。

（14）除注明外，全厂建筑物墙体以加气混凝土砌块为主，墙面材料为涂料或面砖；主厂房屋顶钢结构、屋面檩条及与之相应的设备基础、检修通道的采购、节点设计、加工单位必须是国家大型钢结构设计、加工企业，具备相应的资质。要求钢结构设计资质不低于乙级，制造资质不低于一级，并且要求有类似的电力行业施工业绩。

（15）电气照明：全厂照明线管均采用PVC管，室外照明开关、检修电源插座、分线盒、接线盒采用防水型，照明导线采用耐受温度为105℃的绝缘导线。照明线管之间采用螺纹连接，禁止焊接，线管连接部位、线管与灯具、线管与接线盒之间必须装设接地跨接线，线管两端必须接地。线管螺纹加工处必须进行油漆防腐处理，防爆区域必须采用防爆产品。设备区域及道路照明采用节能控制箱，采用时控、光控、混合控制。

（16）钢结构防腐：环氧富锌底漆及聚氨酯橡胶面漆用于钢结构构件。底漆涂刷两遍，采用环氧富锌底漆，干膜厚度不小于70μm；中间漆一遍，采用快干性环氧中间封闭漆，干膜厚度不小于100μm；面漆涂刷两遍，采用聚氨酯面漆，干膜厚度不小于70μm；最后一道面漆颜色由招标方确认（应达到室外10年、室内15年免维护的技术要求）。钢结构防火涂料采用超薄型水溶性防火涂料。

（17）高强无收缩灌浆材料用于设备基础及柱头的二次灌浆，要求三天后强度大于40MPa。

6.3.2　建筑工程主要材料、设备的品牌要求。

（1）本工程的材料要求使用大厂、名牌的优质产品，若本工程中有设备材料供应商推荐清单中所列材料，承包商应优先选择其中相应的推荐厂家、品牌（或同等级）的产品。若设备材料供应商推荐清单未提供厂家品牌，则在施工过程中由承包商补充厂家品牌，经生产经营单位书面确定同意后执行。

（2）所使用的材料均必须为原厂正品，有国家免检产品的优先使用国家免检产品；所使用的瓷砖等级均为优等品；本工程使用的主要建筑工程材料（含型材、成品设备、装饰装修材料等），承包商应先取样板，与生产经营单位商定，报审合格后方可订货采购；对易产生色差、规格差的材料，应选择同一厂家同一批产品。如承包商未经生产经营单位同意，采购的产品产生色差、规格差，生产经营单位有权让承包商退货并重新采购合格产品，造成的工期损失由承包商负责，生产经营单位将按规定进行处罚。

附　录

附录A 自动化仪表分项工程质量验收记录

自动化仪表分项工程质量验收记录

分项工程名称				被检批数	
施工单位		项目经理		项目技术负责人	
分包单位		分包单位负责人		分包单位技术负责人	
序号	被检项目	施工单位检验结果		建设（监理）单位验收结论	
1	主控项目			□合格 □不合格	
2				□合格 □不合格	
3				□合格 □不合格	
4				□合格 □不合格	
5				□合格 □不合格	
6				□合格 □不合格	
7				□合格 □不合格	
8				□合格 □不合格	
9	一般项目			□合格 □不合格	
10				□合格 □不合格	
11				□合格 □不合格	
12				□合格 □不合格	
13				□合格 □不合格	
14				□合格 □不合格	
15				□合格 □不合格	
16				□合格 □不合格	
质量控制资料				□合格 □不合格	

施工单位质量检验员：
施工单位专业技术质量负责人：

建设（监理）单位验收结论专业技术负责人（监理工程师）：

　　　　　　　　年　月　日　　　　　　　　　　　　　　年　月　日

附录B 节流装置所要求的最短直管段长度

B.0.1 孔板所要求的最短直管段长度宜符合表B.0.1的规定。

表B.0.1 孔板所要求的最短直管段长度

直径比β	单个90°弯头或任一平面上两个90°弯头（S>30D）		同一平面上两个90°弯头S形结构（30D≥S>10D）		同一平面上两个90°弯头S形结构（10D≥S）		互成垂直平面上两个90°弯头（S≥5D）		互成垂直平面上两个90°弯头（5D＞S）		带或不带延伸部分的单个90°三通斜接90°弯头		单个45°弯头同一平面上两个45°弯头		同心渐缩管（在1.5D~3D长度内由2D变为D）		同心渐缩管（在D~2D长度内由0.5D变为3D）		全孔球阀或闸阀全开		突然对称收缩		温度计插套或套管直径≤0.03D		管件和密度计套管	
	2		3		4		5		6		7		8		9		10		11		12		13		14	
	A	B	A	B	A	B	A	B	A	B	A	B	A	B	A	B	A	B	A	B	A	B	A	B	A	B
β≤0.20	6	3	10	*	10	*	19	18	34	17	3	*	7	*	5	*	6	*	12	6	30	15	5	3	4	2
0.40	16	3	10	*	10	*	44	18	50	25	9	3	30	9	5	*	12	8	12	6	30	15	5	3	6	3
0.50	22	9	18	10	22	10	44	18	75	34	19	9	30	18	8	5	20	9	12	6	30	15	5	3	7	3.5
0.60	42	13	30	18	42	18	44	18	65	25	29	18	30	18	9	5	26	11	14	7	30	15	5	3	7	3.5
0.67	44	20	44	18	44	20	44	20	60	18	36	18	44	18	12	6	28	14	18	9	30	15	5	3	7	3.5
0.75	44	20	44	18	44	22	44	20	75	18	44	18	44	18	13	8	36	18	24	12	30	15	5	3	8	4

上游两列（2~11栏）为孔板的上游（入口）侧，第14栏为孔板的下游（出口）侧。

注：1. 表中数值以管道内径D的倍数表示。
2. A栏为"零附加不确定度"的数值，B栏为"0.5%附加不确定度"的数值。
3. β=0.6和互成垂直平面上两个90°弯头，当S<2D，ReD>2×10^6时，A栏值应为95D。
4. 温度计插套或套管直径为0.03D~0.13D时，A栏值为"20"，B栏值为"10"。
5. *栏目前尚无较短直管段的数据。
6. S是上游弯头弯曲部分的下游端到下游弯头弯曲部分的上游端测得的两个弯头之间的间隔。

B.0.2 喷嘴和文丘里喷嘴所要求的最短直管段长度宜符合表 B.0.2 的规定。

表 B.0.2 喷嘴和文丘里喷嘴所要求的最短直管段长度

直径比 β	单个90°弯头或三通（仅从一个支管流出）		同一平面上两个或多个90°弯头		不同平面上两个或多个90°弯头		渐缩管（在1.5D~3D长度内由2D变为D）		渐扩管（在D~2D长度内由0.5D变为3D）		球形阀全开		全孔球阀或闸阀全开		突然对称收缩		直径≤0.03D的温度计插套或套管		直径在0.03D~0.13D之间的温度计插套或套管		各种管件（2~8栏）	
	一次装置上游（入口）侧																				一次装置下游（出口）侧	
	2		3		4		5		6		7		8		9		10		11		12	
—	A	B	A	B	A	B	A	B	A	B	A	B	A	B	A	B	A	B	A	B	A	B
0.20	10	6	14	7	34	17	5	*	16	8	18	9	12	6	30	15	5	3	20	10	4	2
0.25	10	6	14	7	34	17	5	*	16	8	18	9	12	6	30	15	5	3	20	10	4	2
0.30	10	6	16	8	34	17	5	*	16	8	18	9	12	6	30	15	5	3	20	10	5	2.5
0.35	12	6	16	8	36	18	5	*	16	8	18	9	12	6	30	15	5	3	20	10	5	2.5
0.40	14	7	18	9	36	18	5	*	16	8	20	10	12	6	30	15	5	3	20	10	6	3
0.45	14	7	18	9	38	19	5	*	17	9	20	10	12	6	30	15	5	3	20	10	6	3
0.50	14	7	20	10	40	20	6	5	18	9	22	11	12	6	30	15	5	3	20	10	6	3

续表

直径比β	单个90°弯头或三通（仅从一个支管流出）		同一平面上两个或多个90°弯头		不同平面上两个或多个90°弯头		渐缩管（在1.5D~3D长度内由2D变为D）		渐扩管（在D~2D长度内由0.5D变为3D）		球形阀全开		全孔球阀或闸阀全开		突然对称收缩		直径≤0.03D的温度计插套或套管		直径在0.03D~0.13D之间的温度计插套或套管		各种管件（2~8栏）	
	一次装置上游（入口）侧																			一次装置下游（出口）侧	
栏号	2		3		4		5		6		7		8		9		10		11		12	
—	A	B	A	B	A	B	A	B	A	B	A	B	A	B	A	B	A	B	A	B	A	B
0.55	16	8	22	11	44	22	8	5	20	10	24	12	14	7	30	15	5	3	20	10	6	3
0.60	18	9	26	13	48	24	9	5	22	11	26	13	14	7	30	15	5	3	20	10	7	3.5
0.65	22	11	32	16	54	27	11	6	25	13	28	14	16	8	30	15	5	3	20	10	7	3.5
0.70	28	14	36	18	62	31	14	7	30	15	32	16	20	10	30	15	5	3	20	10	7	3.5
0.75	36	18	42	21	70	35	22	11	38	19	36	18	24	12	30	15	5	3	20	10	8	4.0
0.80	46	23	50	25	80	40	30	15	54	27	44	22	30	15	30	15	5	3	20	10	8	4.0

注 1. 表中数值以管道内径D的倍数表示。
2. A栏为"零附加不确定度"的数值，B栏为"0.5%附加不确定度"的数值。
3. *栏为目前尚无较短直管段的数据。

B.0.3　经典文丘里管所要求的最短直管段长度宜符合表 B.0.3 的规定。

表 B.0.3

经典文丘里管所要求的最短直管段长度

直径比 β	单个90°弯头		同一平面或不同平面上两个或多个90°弯头		渐缩管（在2.3D长度内由1.33D变为D）		渐扩管（在2.5D长度内由0.67D变为D）		渐缩管（在3.5D长度内由3D变为D）		渐扩管（在D长度内由0.75D变为D）		全孔球阀或闸阀全开	
1	2		3		4		5		6		7		8	
—	A	B	A	B	A	B	A	B	A	B	A	B	A	B
0.30	8	3	8	3	4	*	4	*	2.5	*	2.5	*	2.5	*
0.40	8	3	8	3	4	*	4	*	2.5	*	2.5	*	2.5	*
0.50	9	3	10	3	4	*	5	4	5.5	2.5	2.5	*	3.5	2.5
0.60	10	3	10	3	4	*	6	4	8.5	2.5	3.5	2.5	4.5	2.5
0.70	14	3	18	3	4	*	7	5	10.5	2.5	5.5	3.5	5.5	3.5
0.75	16	8	22	8	4	*	7	6	11.5	3.5	6.5	4.5	5.5	3.5

注　1. 表中数值以管道内径 D 的倍数表示。直管段应从最近的弯头弯曲部分的下游端或从渐缩管或渐扩管的弯曲或圆锥部分的下游端测量到经典文丘里管的上游端取压口平面。

2. A栏为"零附加不确定度"的数值，B栏为"0.5%附加不确定度"的数值。

3. *栏为目前尚无法延长直管段的数据。

4. 下游直管段长度为4倍喉部直径的长度。